普通高等教育公共基础课程用书

高等数学

（第三版）

赵丹君　邓　燕　柴惠文　主编

華東理工大學出版社
EAST CHINA UNIVERSITY OF SCIENCE AND TECHNOLOGY PRESS
·上海·

图书在版编目(CIP)数据

高等数学 / 赵丹君，邓燕，柴惠文主编. —3 版
.—上海：华东理工大学出版社，2023.5(2024.7 重印)

ISBN 978-7-5628-7020-3

Ⅰ.①高… Ⅱ.①赵… ②邓… ③柴… Ⅲ.①高等数学-高等学校-教材 Ⅳ.①O13

中国版本图书馆 CIP 数据核字(2022)第 202863 号

内容简介

本书是按照高等教育普及化背景下工科类专业对高等数学的基本要求，并结合教学实践修订而成的新形态教材，具有结构严谨、逻辑清晰、通俗易懂、例题丰富、便于自学等特点. 全书共 10 章，包括函数、极限与连续、导数与微分、中值定理及导数应用、不定积分、定积分、多元函数微分学、二重积分、无穷级数、常微分方程. 书中以二维码形式链接相关知识的精讲或扩展.

本书可作为高等院校工科类专业的教材或教学参考书.

项目统筹/ 马夫娇
责任编辑/ 陈婉毓
责任校对/ 张　波
装帧设计/ 徐　蓉
出版发行/ 华东理工大学出版社有限公司
地　址：上海市梅陇路 130 号，200237
电　话：021-64250306
网　址：www.ecustpress.cn
邮　箱：zongbianban@ecustpress.cn
印　　刷/ 上海展强印刷有限公司
开　　本/ 787mm×1092mm　1/16
印　　张/ 18.75
字　　数/ 508 千字
版　　次/ 2011 年 3 月第 1 版
2015 年 6 月第 2 版
2023 年 5 月第 3 版
印　　次/ 2024 年 7 月第 2 次
定　　价/ 59.80 元

第三版前言

根据我国的科教兴国战略，强化现代化建设人才支撑，必须加强基础学科、新兴学科、交叉学科建设，教材建设是加强各学科建设的基础。本书第三版是在第一版、第二版的基础上，按照高等教育普及化背景下工科类专业对本课程的要求，结合我校近几年使用教材的教学实践和学生使用情况修订而成的新形态教材。在修订中，我们保持了原教材结构严谨、逻辑清晰的风格，也保留了原教材通俗易懂、例题丰富、便于自学等特点。

本次修订主要做了以下几个方面的工作：

(1) 新增加二维码扫码学习的功能，并精选二维码对应的知识点，配以丰富的教学视频和文档资料。习题参考答案可扫描下方教材服务二维码，回复 70203 获取。

(2) 调整了对教材中部分内容的叙述方式，使条理更加清晰。

(3) 甄选了部分节、目为选学内容，以便使用者依据自己的学习需求进行选择。

(4) 修订了第二版中的部分印刷错误。

本版教材修订工作由赵丹君、邓燕、柴惠文完成。修订中也广泛听取并采纳了其他编者和同行的宝贵意见。新版教材中错误之处在所难免，恳请使用本教材的广大师生批评指正。

编者

2023 年 5 月

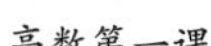

高数第一课

华理教材服务

第二版前言

本书第二版是在第一版的基础上，根据我校这几年的教学实践，按照高等教育普及化的背景下工科类(高等数学基本要求)专业对本课程的要求及学生的情况修订而成的。在修订中，我们保持原教材结构严谨、逻辑清晰的风格，以及原教材通俗易懂、例题丰富、便于自学等特点。本次修订主要做了以下几个方面的工作。

(1) 删去了部分冗长的内容，使教材内容更加紧凑、突出重点；增加了在新知识导入前的一些引导性内容，便于学生对新知识的理解和接受。

(2) 调整了一些例题，适当降低难度，对一些例题解题过程做了修改，过程更加详细，便于学生自学。

(3) 对教材中部分内容叙述也做了修改，使条理更加清晰。

(4) 对每章的总习题做了适当调整，增加了一些填空题及选择题，调换了一些计算题及证明题。

(5) 对节、目编排上也做了调整。

本版修订工作由柴惠文、邓燕、姚永芳完成。修订中广泛听取并采纳了其他编者和同行的宝贵意见。新版中错误之处在所难免，恳请使用本教材的广大师生批评指正。

编者

2015 年 2 月

第一版前言

本书参照教育部制定的高等数学教学基本要求，依据理工类各专业对高等数学基本要求编写而成.在编写过程中，按深入浅出、循序渐进的原则，突出高等数学的基本思想和基本方法，强化对掌握基本内容的基本训练及应用.对概念的叙述力求从身边的实际问题出发，自然引入；适当淡化运算上的一些技巧，降低某些理论上的要求，从简处理一些公式的推导及证明.基本编写理念是：在不失科学性的大前提下，从简某些严密论证，突出数学思想的介绍及数学方法的训练、应用；努力让学生通过学习该课程，掌握各部分知识的内在联系与区别，较好地把握高等数学的思想和方法，并把这些知识应用到实际中去的基本方法.

为提高学生的基本能力，本书的例题及习题较多，所设置的习题按学习的进程并充分考虑基本概念和基本方法的掌握来配置，也考虑到具体的应用，还在每一章后配有总复习题，以供复习提高之用.

参加本书编写的人员有柴惠文、蒋福坤、刘正春、刘静、杨晓春；由柴惠文、蒋福坤统稿.

严从荃教授认真细致地审阅了全书并提出非常宝贵的意见.在本书的编写过程中，采纳了诸多同行的有价值的建议，在此一并表示最诚挚的谢意.

由于编者水平有限，书中难免存在不妥之处，恳请广大读者批评指正，以便不断完善.

目　录

实数集$\{x \mid |x-a|<\delta,\ \delta>0\}$称为**点 a 的 δ 邻域**，记为$U(a,\ \delta)$，点 a 叫做邻域的中心，δ 叫做邻域的半径，它在数轴上表示以 a 为中心、长度为 2δ 的对称开区间，如图 1－2 所示.

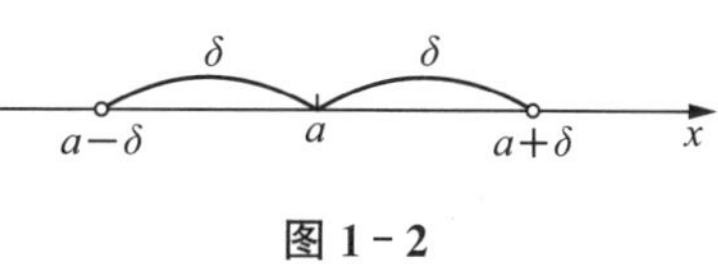

图 1－2

实数集$\{x \mid 0<|x-a|<\delta\}$称为点 a 的去心 δ 邻域，记作$\mathring{U}(a,\ \delta)$. 为了方便，有时把开区间$(a-\delta,\ a)$称为点 a 的左 δ 邻域，开区间$(a,\ a+\delta)$称为点 a 的右 δ 邻域. 当不需要强调邻域的半径时，可用$U(a)$和$\mathring{U}(a)$分别表示点 a 的某个邻域和某个去心邻域.

习题 1.1

1. 设$A=\{0,1,2\}$，$B=\{1,2\}$，下列各种写法中哪些是对的？哪些是不对的？

$1\in A$；$0\notin B$；$\{1\}\in A$；$1\subset A$；$\{1\}\subset A$；$0\subset A$；$\{0\}\subset A$；$\{0\}\subset B$；$A=B$；$A\supset B$；$\varnothing\subset A$；$A\subset A$.

2. 设$A=\{1,\ 2,\ 3\}$，$B=\{1,\ 3,\ 5\}$，$C=\{2,\ 4,\ 6\}$，求：

(1) $A\cup B$；　(2) $A\cap B$；　(3) $A\cup B\cup C$；

(4) $A\cap B\cap C$；　(5) $A\backslash B$.

3. 用区间表示满足下列不等式的所有 x 的集合：

(1) $|x|\leqslant 3$；　(2) $|x-2|\leqslant 1$；　(3) $|x-a|<\varepsilon$(a 为常数，$\varepsilon>0$)；

(4) $|x|\geqslant 5$；　(5) $|x+1|>2$；　(6) $1<|x-2|<3$.

1.2　函数

1.2.1　函数的概念

函数是变量之间满足一定条件的一种对应关系. 我们在中学数学中也学习过函数，现在我们把函数的概念叙述如下.

定义 1　设有两个变量 x 与 y，D 为一个非空实数集. 如果存在一个确定的法则（或称对应法则）f，使得对于每一个 $x\in D$，都有唯一的一个实数 y 与之对应，那么称这个对应法则 f 为定义在实数集 D 上的一个**一元函数**，简称**函数**，记为 $y=f(x)$，称 D 为 $f(x)$的**定义域**. 函数 $f(x)$的定义域 D 通常记为 $D(f)$.

对于 $x_0\in D(f)$，由对应法则 f 所对应的实数值 y 称为函数 $f(x)$在点 x_0 处的函数值，通常记为 $f(x_0)$，有时也记为 $y|_{x=x_0}$，此时也称函数 $f(x)$在点 x_0 处有定义. 全体函数值组成的集合称为函数 $f(x)$的**值域**，通常记为 $R(f)$，即

$$R(f)=\{y \mid y=f(x),\ x\in D(f)\}.$$

从函数的定义上看，当定义域与对应法则确定时，函数就完全确定了. 可见定义域与对应法则是确定函数的两个要素. 因此，对于函数 $f(x)$，$g(x)$，如果它们有相同的定义域和对应法则，那么它们就是同一个函数.

表示函数的方法主要有三种：表格法，图形法，解析法（公式法）. 其中，图形法表示函数是基于函数图形的概念的，即坐标平面上的点集

$$\{(x,\ y) \mid y=f(x),\ x\in D(f)\}$$

称为函数 $y=f(x)$，$x\in D(f)$的图形，如图 1－3 所示.

对于由解析式表示的函数，其定义域一般是指使得函数表达式有意义的自变量取值的全体，这种定义域也称为函数的**自然定义域**.

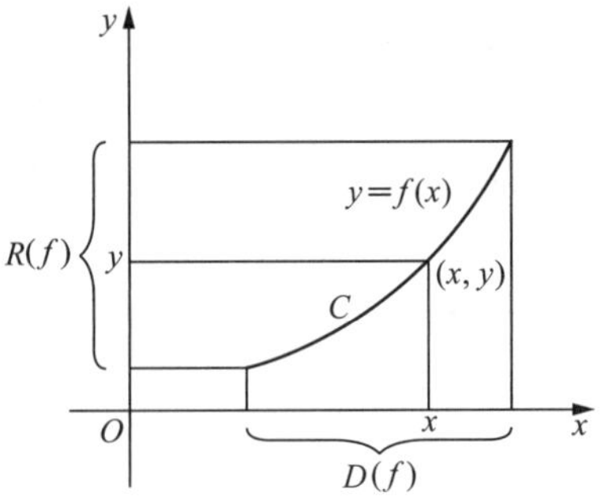

图 1-3

例 1 求函数 $y=\dfrac{1}{\lg(3x-2)}$ 的定义域.

解 当 $3x-2>0$ 且 $3x-2\neq 1$，即 $x>\dfrac{2}{3}$ 且 $x\neq 1$ 时，$\dfrac{1}{\lg(3x-2)}$ 才有意义，因此函数 $y=\dfrac{1}{\lg(3x-2)}$ 的定义域为

$$D(f)=\left(\frac{2}{3},\ 1\right)\cup(1,\ +\infty).$$

例 2 求函数 $y=\arcsin\dfrac{x-1}{5}+\dfrac{1}{\sqrt{25-x^2}}$ 的定义域.

解 当 $\left|\dfrac{x-1}{5}\right|\leqslant 1$ 且 $x^2<25$，即 $-4\leqslant x\leqslant 6$ 且 $-5<x<5$ 时，$\arcsin\dfrac{x-1}{5}+\dfrac{1}{\sqrt{25-x^2}}$ 才有意义，因此函数 $y=\arcsin\dfrac{x-1}{5}+\dfrac{1}{\sqrt{25-x^2}}$ 的定义域为

$$D(f)=[-4,\ 5).$$

在用解析法表示函数时，有一种特别的情形：函数在定义域的不同部分用不同的解析式表示，这种函数称为**分段函数**.

例如，函数

$$y=|x|=\begin{cases}x, & x\geqslant 0,\\ -x, & x<0\end{cases}$$

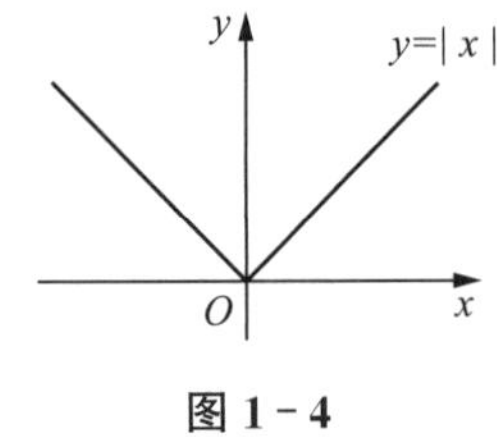

图 1-4

是一个定义域 $D(f)=(-\infty,\ +\infty)$、值域 $R(f)=[0,\ +\infty)$ 的函数，它的图形如图 1-4 所示. 当自变量 x 取 $(-\infty,\ 0)$ 内的数值时，函数值由 $y=-x$ 确定，而当自变量 x 取 $[0,\ +\infty)$ 内的数值时，函数值由 $y=x$ 确定，因此该函数是分段函数.

又如，函数

$$y=\operatorname{sgn} x=\begin{cases}1, & x>0,\\ 0, & x=0,\\ -1, & x<0\end{cases}$$

也是分段函数. 它的定义域 $D(f)=(-\infty,\ +\infty)$，值域 $R(f)=\{-1,\ 0,\ 1\}$，图形如图 1-5 所示. 此函数也称为符号函数.

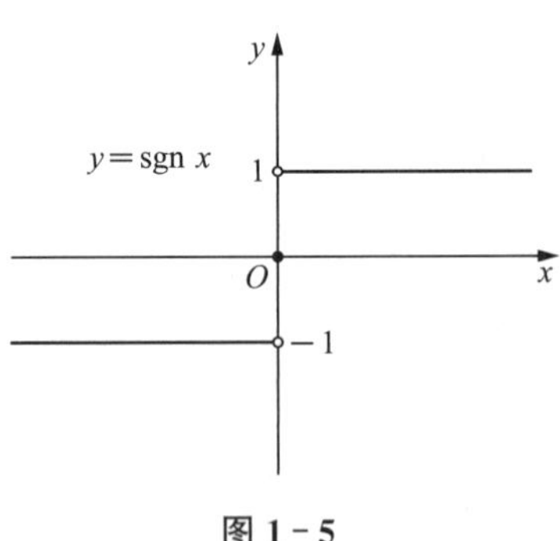

图 1-5

1.2.2 反函数

定义 2 设函数 $y=f(x)$ 的定义域是 $D(f)$，值域是 $R(f)$，如果对于每一个 $y\in R(f)$，都有唯一确定的 $x\in D(f)$ 与之对应，且满足 $y=f(x)$，那么 x 是定义在 $R(f)$ 上以 y 为自变量的函数，记此函数为

$$x=f^{-1}(y),\ y\in R(f),$$

并称其为函数 $y=f(x)$ 的**反函数**.

显见 $x=f^{-1}(y)$ 与 $y=f(x)$ 互为反函数，且 $x=f^{-1}(y)$ 的定义域和值域分别是 $y=f(x)$ 的值域和定义域.

注意到在 $x=f^{-1}(y)$ 中，y 是自变量，x 是因变量. 但是习惯上，常用 x 作为自变量，y 作为因变量. 因此，$y=f(x)$ 的反函数 $x=f^{-1}(y)$ 常记为

$$y=f^{-1}(x),\ x\in R(f).$$

在平面直角坐标系 xOy 中，函数 $y=f(x)$ 的图形与其反函数 $y=f^{-1}(x)$ 的图形关于直线 $y=x$ 对称，如图 1－6 所示.

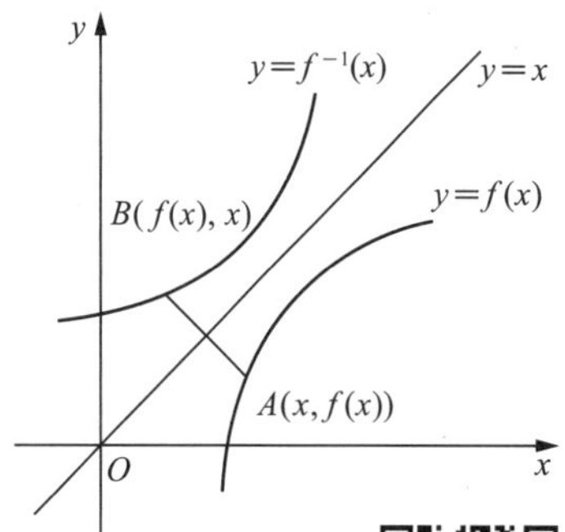

图 1－6

反函数

什么样的函数才有反函数呢? 由定义可知，函数 $y=f(x)$ 具有反函数的充分必要条件是对应法则 f 使得定义域中的点与值域中的点是一一对应的. 因为单调函数具有这种性质，所以单调函数必有反函数.

对于单调函数，求其反函数的步骤是先从 $y=f(x)$ 中解出 $x=f^{-1}(y)$，然后将变量 x 与 y 互换，便得到反函数 $y=f^{-1}(x)$.

习题 1.2

1. 下列各题中，函数 $f(x)$ 和 $g(x)$ 是否相同? 为什么?

(1) $f(x)=\ln x^2$, $g(x)=2\ln x$;　(2) $f(x)=\dfrac{x^2-1}{x-1}$, $g(x)=x-1$;

(3) $f(x)=x$, $g(x)=\sin(\arcsin x)$;　(4) $f(x)=x$, $g(x)=e^{\ln x}$.

2. 求下列函数的定义域:

(1) $y=\sqrt{x-2}+\dfrac{1}{x-3}+\ln(5-x)$;　(2) $y=\dfrac{\sqrt{x+2}}{|x|-x}$;　(3) $y=2^{\frac{1}{x}}+\arcsin(\ln\sqrt{1-x})$;

(4) $y=\arcsin\dfrac{1}{x}$;　(5) $y=\sqrt{\lg\dfrac{5x-x^2}{4}}$;　(6) $y=1-e^{1-x^2}$.

3. 求下列分段函数的定义域，并画出函数的图形:

(1) $y=\begin{cases}\sqrt{4-x^2}, & |x|<2,\\ x^2-1, & 2\leqslant|x|<4;\end{cases}$　(2) $y=\begin{cases}\dfrac{1}{x}, & x<0,\\ x-3, & 0\leqslant x<1,\\ -2x+1, & 1\leqslant x<+\infty.\end{cases}$

4. 设 $f(x)=\begin{cases}1-2x, & |x|\leqslant1,\\ x^2+1, & |x|>1,\end{cases}$ 求 $f(0)$, $f(1)$, $f(-1.5)$, $f(1+h)-f(1)$.

5. 求下列函数的反函数:

(1) $y=2x+1$;　(2) $y=\dfrac{x+2}{x-1}$;　(3) $y=x^3+2$;　(4) $y=1+\ln(x+2)$.

1.3 函数的基本性质

1.3.1 函数的奇偶性

设函数 $y=f(x)$ 的定义域 $D(f)$ 关于原点对称. 如果对于任何 $x\in D(f)$,都有 $f(-x)=f(x)$,那么称 $y=f(x)$ 为**偶函数**;如果对于任何 $x\in D(f)$,都有 $f(-x)=-f(x)$,那么称 $y=f(x)$ 为**奇函数**. 既不是偶函数也不是奇函数的函数,称为**非奇非偶函数**.

由定义知,偶函数的图形关于 y 轴对称,奇函数的图形关于原点对称,如图 1－7 所示.

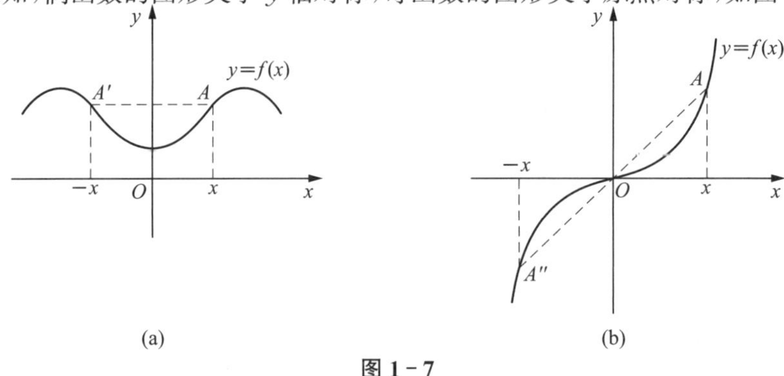

图 1－7

例如,$y=x^2$ 和 $y=\cos x$ 在 $(-\infty,+\infty)$ 内是偶函数;$y=x^3$ 和 $y=\sin x$ 在 $(-\infty,+\infty)$ 内是奇函数;而 $y=x+\cos x$ 既不是奇函数也不是偶函数.

1.3.2 函数的周期性

设函数 $y=f(x)$ 的定义域为 $D(f)$,如果存在一个正数 l,使得对于任何 $x\in D(f)$,都有 $(x\pm l)\in D(f)$,且

$$f(x\pm l)=f(x)$$

恒成立,那么称 $y=f(x)$ 为**周期函数**,称 l 为函数 $y=f(x)$ 的**周期**. 周期函数的周期通常是指**最小正周期**.

周期为 l 的函数,在其定义域内长度为 l 的区间上,函数图形具有相同的形状,如图 1－8 所示.

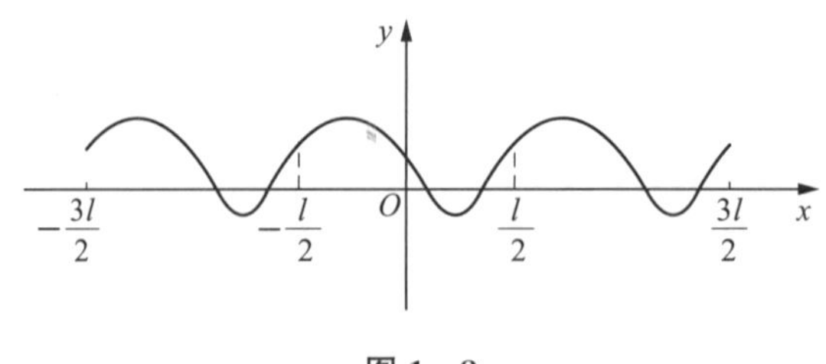

图 1－8

例如,函数 $y=\sin x$, $y=\cos x$ 都是以 2π 为周期的周期函数.

1.3.3 函数的单调性

设函数 $y=f(x)$在区间 I 上有定义,若对于区间 I 内任意两点 x_1, x_2,当 $x_1<x_2$ 时,有

$$f(x_1)<f(x_2),$$

则称函数 $y=f(x)$在区间 I 上**单调增加**;当 $x_1<x_2$ 时,有

$$f(x_1)>f(x_2),$$

则称函数 $y=f(x)$在区间 I 上**单调减少**.

例如,函数 $y=x^2$ 在$[0, +\infty)$内单调增加,在$(-\infty, 0]$内单调减少. 又如,函数 $y=x^3$ 在$(-\infty, +\infty)$内是单调增加的.

函数单调增加、单调减少统称为**函数是单调的**. 从函数的图形上看,单调增加的函数在 x 自左向右变化时,函数的图形逐渐上升,而单调减少的函数在 x 自左向右变化时,函数的图形逐渐下降,如图 1-9 所示.

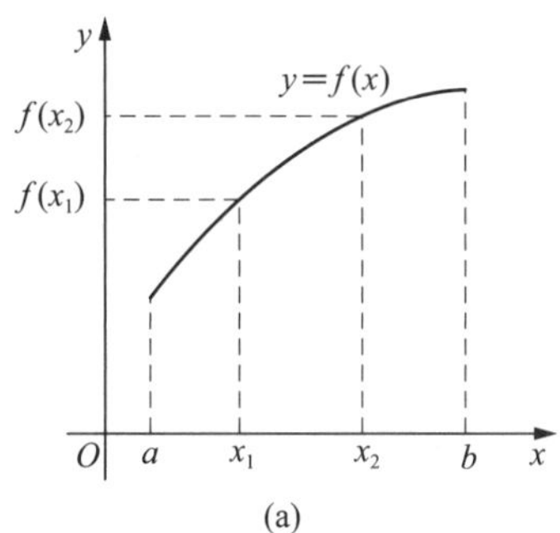

(a)

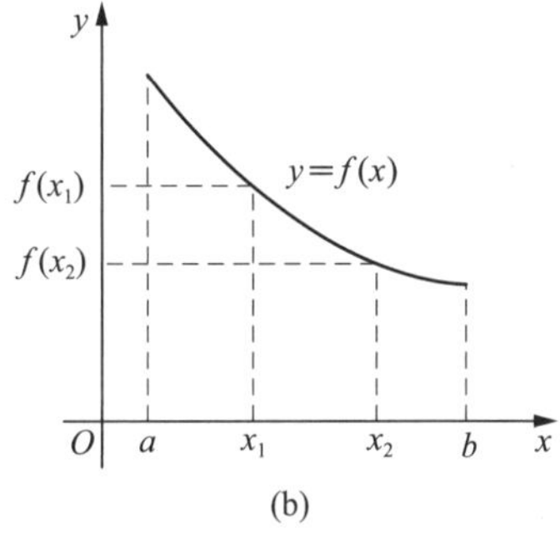

(b)

图 1-9

1.3.4 函数的有界性

设函数 $f(x)$在区间 I 上有定义,若存在一个正数 M,使得当 $x\in I$ 时,恒有

$$|f(x)|\leqslant M$$

成立,则称函数 $f(x)$为区间 I 上的**有界函数**,如图 1-10 所示;否则,称函数 $f(x)$为区间 I 上的**无界函数**.

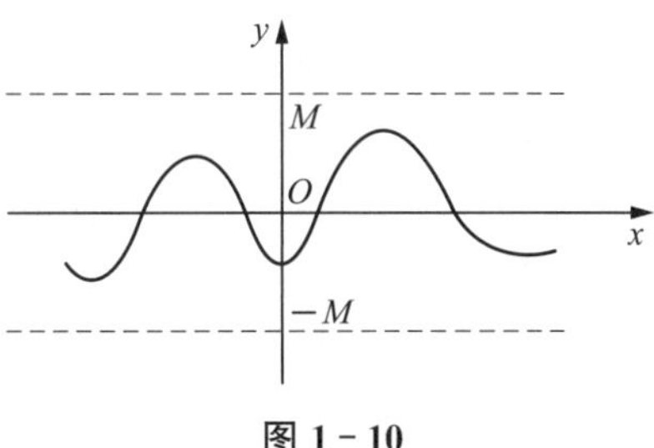

图 1-10

例如,函数 $y=\sin x$ 在$(-\infty, +\infty)$内为有界函数,因为$|\sin x|\leqslant 1$ 对任何 $x\in(-\infty, +\infty)$都成立;而函数 $y=\dfrac{1}{x}$在开区间$(0, 1)$内为无界函数,因为不存在正数 M,使$\left|\dfrac{1}{x}\right|\leqslant M$ 对$(0, 1)$内的一切 x 都成立.

有的函数可能在定义域的某一部分内为有界函数,而在另一部分内为无界函数. 例如,函数 $y=\tan x$ 在$\left[-\dfrac{\pi}{3}, \dfrac{\pi}{3}\right]$上为有界函数,而在$\left(-\dfrac{\pi}{2}, \dfrac{\pi}{2}\right)$内为无界函数. 因此,当我们说一个函数是有界函数或无界函数时,应同时指出其自变量的变化范围.

习题 1.3

1. 讨论下列函数的奇偶性：

(1) $f(x)=\dfrac{\sin x}{x}+\cos x$；　(2) $f(x)=x\sqrt{x^2-1}+\tan x$；　(3) $f(x)=\ln\dfrac{1-x}{1+x}$；

(4) $f(x)=\dfrac{e^x+e^{-x}}{e^x-e^{-x}}$；　(5) $f(x)=\cos(\ln x)$；　(6) $f(x)=\begin{cases}1-x, & x<0,\\ 1+x, & x\geqslant 0.\end{cases}$

2. 判断下列函数是否为周期函数，若为周期函数，则求其周期：

(1) $f(x)=\sin(2x+3)$；　(2) $f(x)=x\cos x$；　(3) $f(x)=1+|\sin 2x|$.

3. 讨论下列函数的单调性(指出其单调增加区间和单调减少区间)：

(1) $y=e^{ax}\ (a\neq 0)$；　(2) $y=\sqrt{4x-x^2}$；　(3) $y=x+\dfrac{1}{x}$.

4. 判断下列函数的有界性：

(1) $y=\dfrac{x}{1+x^2}$；　(2) $y=\sin\dfrac{1}{x}$；　(3) $y=x\cos x$.

1.4 初等函数

1.4.1 基本初等函数

我们把常数函数、幂函数、指数函数、对数函数、三角函数和反三角函数这 6 类函数称为**基本初等函数**. 下面分别介绍这些函数的表达式、定义域及图形.

1. 常数函数

函数
$$y=C\quad (C\text{ 为常数})$$
称为**常数函数**. 它的定义域为$(-\infty,\ +\infty)$，图形如图 1－11 所示，是一条平行于 x 轴的直线.

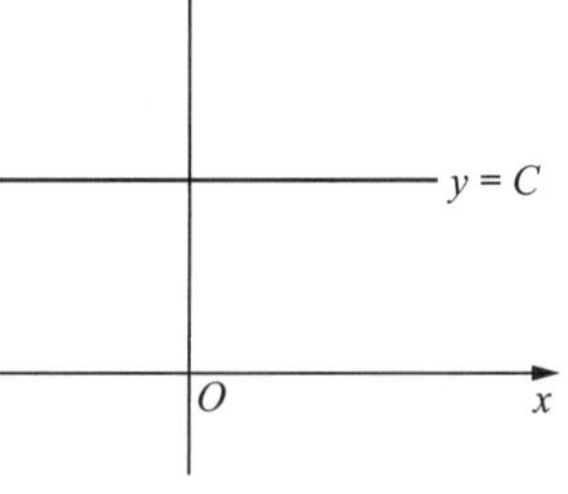

图 1－11

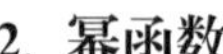

2. 幂函数

函数
$$y=x^{\mu}\quad (\mu\text{ 是常数})$$
称为**幂函数**. 其定义域随 μ 的不同而相异，但不论 μ 取何值，$y=x^{\mu}$ 在$(0,\ +\infty)$内总有定义，并且图形都经过点$(1,\ 1)$. 图 1－12(a)(b)为几个不同的幂函数在$(0,\ +\infty)$内的图形，图 1－12(c)为幂函数 $y=x^{-1}$ 的图形.

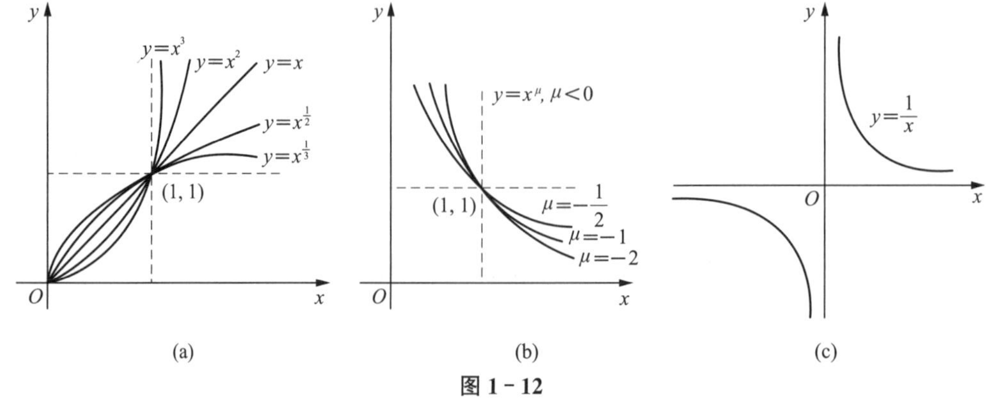

图 1－12

3. 指数函数

函数
$$y=a^x \quad (a \text{ 是常数}, a>0,\ a\neq 1)$$
称为**指数函数**,其定义域为$(-\infty,\ +\infty)$. 当 $0<a<1$ 时,$y=a^x$ 为单调减少函数;当 $a>1$ 时,$y=a^x$ 为单调增加函数. 图 1-13 显示了几个不同的指数函数的图形.

4. 对数函数

函数
$$y=\log_a x \quad (a \text{ 是常数}, a>0,\ a\neq 1)$$
称为**对数函数**. 它是指数函数 $y=a^x$ 的反函数,其定义域为$(0,\ +\infty)$. 当 $0<a<1$ 时,$y=\log_a x$ 为单调减少函数;当 $a>1$ 时,$y=\log_a x$ 为单调增加函数. 图 1-14 显示了几个不同的对数函数的图形.

通常以 10 为底的对数函数记为 $y=\lg x$,称为**常用对数**;而以 e 为底的对数函数记为 $y=\ln x$,称为**自然对数**.

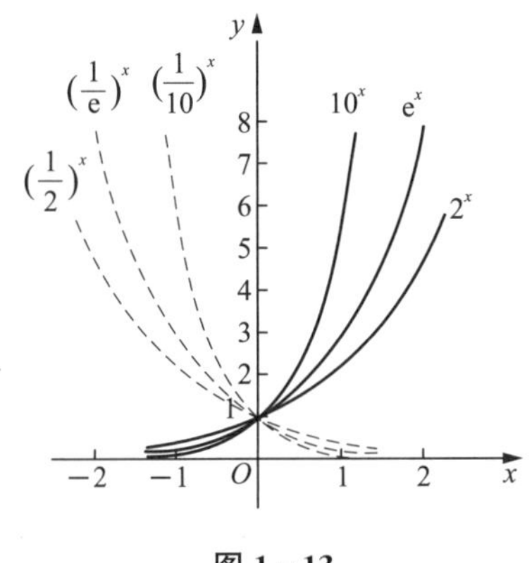

图 1-13

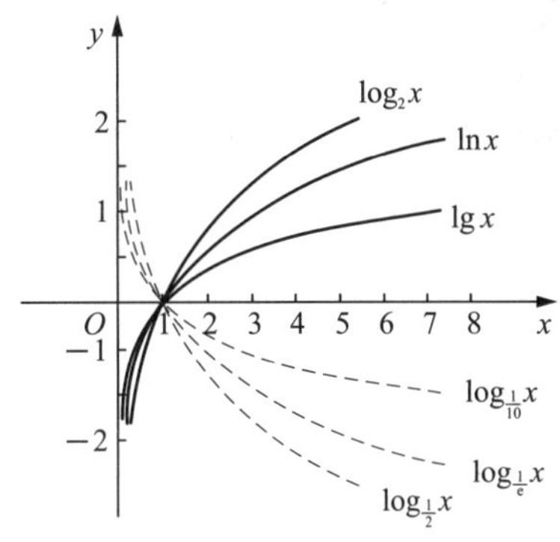

图 1-14

5. 三角函数

下面 6 个函数统称为**三角函数**:

正弦函数　$y=\sin x$,　　余弦函数　$y=\cos x$,

正切函数　$y=\tan x$,　　余切函数　$y=\cot x$,

正割函数　$y=\sec x$,　　余割函数　$y=\csc x$.

6 个三角函数的基本性质见表 1-1.

表 1-1　三角函数的基本性质

函数	基本性质		
$y=\sin x$	定义域	$(-\infty,+\infty)$	
	值域	$[-1,1]$	
	单调性	在 $\left[-\frac{\pi}{2}+2k\pi,\frac{\pi}{2}+2k\pi\right]$ 上单调递增; 在 $\left[\frac{\pi}{2}+2k\pi,\frac{3\pi}{2}+2k\pi\right]$ 上单调递减($k\in\mathbf{Z}$)	
	奇偶性	奇函数	
	周期性	是周期函数,最小正周期为 2π	

续表

函数	基本性质	
$y=\cos x$	定域义	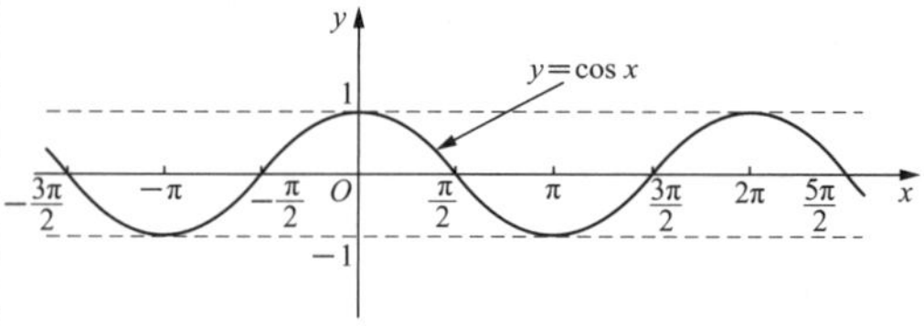 $(-\infty,+\infty)$
	值域	$[-1,1]$
	单调性	在$[-\pi+2k\pi,2k\pi]$上单调递增； 在$[2k\pi,\pi+2k\pi]$上单调递减$(k\in\mathbf{Z})$
	奇偶性	偶函数
	周期性	是周期函数，最小正周期为 2π
$y=\tan x$	定域义	$\{x\mid x\in\mathbf{R}$ 且 $x\neq\frac{\pi}{2}+k\pi,k\in\mathbf{Z}\}$ 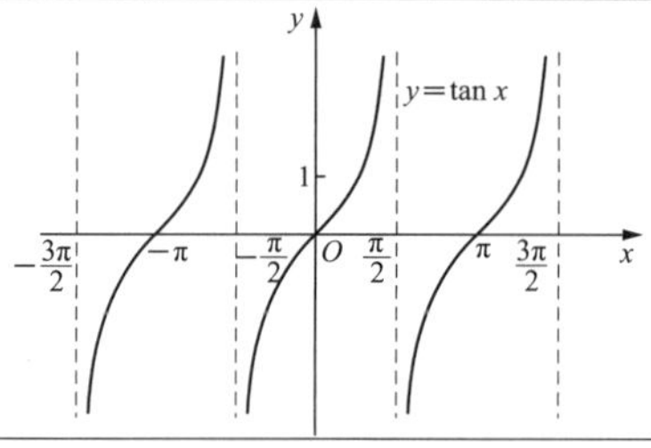
	值域	$(-\infty,+\infty)$
	单调性	在$\left(-\frac{\pi}{2}+k\pi,\frac{\pi}{2}+k\pi\right)$内单调递增$(k\in\mathbf{Z})$
	奇偶性	奇函数
	周期性	是周期函数，最小正周期为 π
$y=\cot x$	定域义	$\{x\mid x\in\mathbf{R}$ 且 $x\neq\pi+k\pi,k\in\mathbf{Z}\}$ 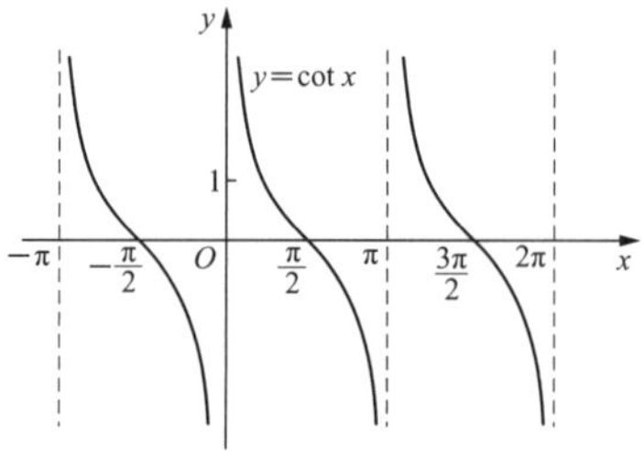
	值域	$(-\infty,+\infty)$
	单调性	在$(k\pi,\pi+k\pi)$内单调递减$(k\in\mathbf{Z})$
	奇偶性	奇函数
	周期性	是周期函数，最小正周期为 π
$y=\sec x$	定域义	$\{x\mid x\in\mathbf{R}$ 且 $x\neq\frac{\pi}{2}+k\pi,k\in\mathbf{Z}\}$ 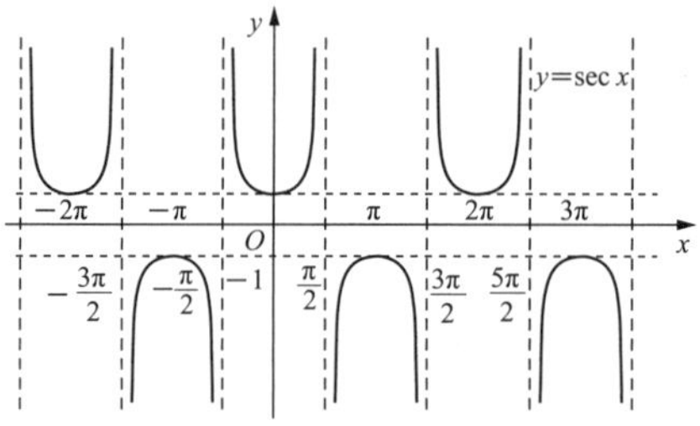
	值域	$(-\infty,-1]\cup[1,+\infty)$
	单调性	在$\left(2k\pi-\frac{\pi}{2},2k\pi\right)\cup\left(2k\pi+\pi,2k\pi+\frac{3\pi}{2}\right)$内单调递减$(k\in\mathbf{Z})$； 在$\left(2k\pi,2k\pi+\frac{\pi}{2}\right)\cup\left(2k\pi+\frac{\pi}{2},2k\pi+\pi\right)$内单调递增$(k\in\mathbf{Z})$
	奇偶性	偶函数
	周期性	是周期函数，最小正周期为 2π
$y=\csc x$	定域义	$\{x\mid x\in\mathbf{R}$ 且 $x\neq k\pi,k\in\mathbf{Z}\}$ 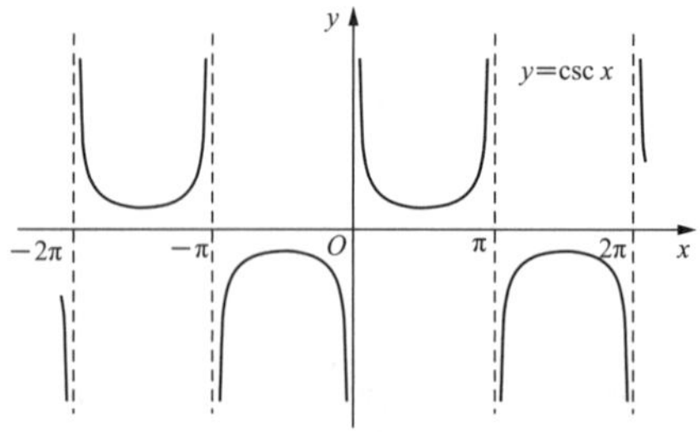
	值域	$(-\infty,-1]\cup[1,+\infty)$
	单调性	在$\left(2k\pi-\frac{\pi}{2},2k\pi\right)\cup\left(2k\pi,2k\pi+\frac{\pi}{2}\right)$内单调递减$(k\in\mathbf{Z})$； 在$\left(2k\pi+\frac{\pi}{2},2k\pi+\pi\right)\cup\left(2k\pi+\pi,2k\pi+\frac{3\pi}{2}\right)$内单调递增$(k\in\mathbf{Z})$
	奇偶性	奇函数
	周期性	是周期函数，最小正周期为 2π

三角函数之间有诸多的相互关系，详细见三角函数的相关恒等式表(表 1－2).

表 1－2　三角函数恒等式

<table>
<tr><td rowspan="2">同角三角函数基本公式</td><td>平方关系</td><td>$\sin^2 x+\cos^2 x=1$；
$1+\tan^2 x=\sec^2 x$；
$1+\cot^2 x=\csc^2 x$</td></tr>
<tr><td>倒数关系</td><td>$\sec x=\dfrac{1}{\cos x}$；$\csc x=\dfrac{1}{\sin x}$；$\cot x=\dfrac{1}{\tan x}$</td></tr>
<tr><td>两角和与差公式</td><td colspan="2">$\sin(x\pm y)=\sin x\cos y\pm\cos x\sin y$；
$\cos(x\pm y)=\cos x\cos y\mp\sin x\sin y$；
$\tan(x\pm y)=\dfrac{\tan x\pm\tan y}{1\mp\tan x\tan y}$</td></tr>
<tr><td>和差化积公式</td><td colspan="2">$\sin x+\sin y=2\sin\dfrac{x+y}{2}\cos\dfrac{x-y}{2}$；
$\sin x-\sin y=2\sin\dfrac{x-y}{2}\cos\dfrac{x+y}{2}$；
$\cos x+\cos y=2\cos\dfrac{x+y}{2}\cos\dfrac{x-y}{2}$；
$\cos x-\cos y=-2\sin\dfrac{x+y}{2}\sin\dfrac{x-y}{2}$</td></tr>
<tr><td>积化和差公式</td><td colspan="2">$\sin x\sin y=\dfrac{1}{2}[\cos(x-y)-\cos(x+y)]$；
$\cos x\cos y=\dfrac{1}{2}[\cos(x-y)+\cos(x+y)]$；
$\sin x\cos y=\dfrac{1}{2}[\sin(x-y)+\sin(x+y)]$</td></tr>
<tr><td>万能公式</td><td colspan="2">$\sin x=\dfrac{2\tan\frac{x}{2}}{1+\tan^2\frac{x}{2}}$；$\cos x=\dfrac{1-\tan^2\frac{x}{2}}{1+\tan^2\frac{x}{2}}$；$\tan x=\dfrac{2\tan\frac{x}{2}}{1+\tan^2\frac{x}{2}}$</td></tr>
<tr><td>两倍角公式</td><td colspan="2">$\sin 2x=2\sin x\cos x$；
$\cos 2x=\cos^2 x-\sin^2 x=1-2\sin^2 x=2\cos^2 x-1$</td></tr>
<tr><td>降幂公式与半角公式</td><td colspan="2">$\sin^2 x=\dfrac{1-\cos 2x}{2}$；$\cos^2 x=\dfrac{1+\cos 2x}{2}$；$\tan\dfrac{x}{2}=\dfrac{\sin x}{1+\cos x}=\dfrac{1-\cos x}{\sin x}$</td></tr>
</table>

6. 反三角函数

反三角函数

下面 4 个函数统称为反三角函数：

反正弦函数 $y=\arcsin x$，　　反余弦函数 $y=\arccos x$，

反正切函数 $y=\arctan x$，　　反余切函数 $y=\text{arccot}\, x$.

4 个反三角函数的基本性质见表 1－3.

表 1-3　反三角函数的基本性质

函数	基本性质	
$y=\arcsin x$	定义域	$[-1,1]$
	值域	$\left[-\frac{\pi}{2},\frac{\pi}{2}\right]$
	奇偶性	奇函数
	单调性	在$[-1,1]$上单调递增
	周期性	无
$y=\arccos x$	定义域	$[-1,1]$
	值域	$[0,\pi]$
	奇偶性	非奇非偶函数
	单调性	在$[-1,1]$上单调递减
	周期性	无
$y=\arctan x$	定义域	$(-\infty,+\infty)$
	值域	$\left(-\frac{\pi}{2},\frac{\pi}{2}\right)$
	奇偶性	奇函数
	单调性	在$(-\infty,+\infty)$内单调递增
	周期性	无
$y=\text{arccot}x$	定义域	$(-\infty,+\infty)$
	值域	$(0,\pi)$
	奇偶性	非奇非偶函数
	单调性	在$(-\infty,+\infty)$内单调递减
	周期性	无

读者务必熟悉上述三张表格内的三角函数和反三角函数的基本性质以及三角函数的相关恒等式.

1.4.2　复合函数

复合函数

定义 3　已知函数

$$y=f(u),\ u\in D(f),\ y\in R(f),$$
$$u=\varphi(x),\ x\in D(\varphi),\ u\in R(\varphi).$$

如果 $D(f)\cap R(\varphi)\neq\varnothing$(空集),那么称函数

$$y=f[\varphi(x)],\ x\in\{x\,|\,\varphi(x)\in D(f)\}$$

为由函数 $y=f(u)$和 $u=\varphi(x)$复合而成的**复合函数**,其中称 y 为因变量,称 x 为自变量,而称 u 为中间变量,称集合$\{x\,|\,\varphi(x)\in D(f)\}$为复合函数 $y=f[\varphi(x)]$的定义域.

例 1　讨论下列各组函数能否复合成复合函数,若能,则求出复合函数及其定义域:

(1) $y=f(u)=\sqrt{u+1}$, $u=\varphi(x)=\ln x$;

(2) $y=f(u)=\ln(u^2-1)$, $u=\varphi(x)=\cos x$.

解 (1) 因为 $D(f)=\{u|u\geqslant -1\}$, $R(\varphi)=\{u|-\infty<u<+\infty\}$,

所以
$$D(f)\cap R(\varphi)=\{u|u\geqslant -1\}\neq\varnothing,$$
因此 $f(u)=\sqrt{u+1}$ 与 $u=\ln x$ 能复合成复合函数,其表达式为
$$y=\sqrt{\ln x+1},$$
定义域为 $\{x|\ln x\geqslant -1\}$,即 $\{x|x\geqslant \mathrm{e}^{-1}\}$;

(2) 因为 $D(f)=\{u|u>1\}\cup\{u|u<-1\}$, $R(\varphi)=\{u|-1\leqslant u\leqslant 1\}$,

所以
$$D(f)\cap R(\varphi)=\varnothing,$$
因此 $f(u)=\ln(u^2-1)$ 与 $u=\cos x$ 不能复合成复合函数.

复合函数的中间变量可以多于 1 个. 例如,由 3 个函数 $y=\mathrm{e}^u$, $u=\sqrt{v}$, $v=\sin x+2$ 可复合成复合函数 $y=\mathrm{e}^{\sqrt{\sin x+2}}$,这里的 u 与 v 都是中间变量.

利用复合函数不仅能将若干个简单的函数复合成一个复合函数,还能把一个较复杂的函数看成由几个简单的函数复合而成,这对于今后的许多运算是很有用的.

例 2 指出下列函数是由哪些简单的函数复合而成的:

(1) $y=(\sin 5x)^3$;　(2) $y=\ln(1+\sqrt{1+x^2})$;　(3) $y=\arctan(\sin \mathrm{e}^{4x})$.

解 (1) $y=(\sin 5x)^3$ 是由 $y=u^3$, $u=\sin v$, $v=5x$ 复合而成的;

(2) $y=\ln(1+\sqrt{1+x^2})$ 是由 $y=\ln u$, $u=1+\sqrt{v}$, $v=1+x^2$ 复合而成的;

(3) $y=\arctan(\sin \mathrm{e}^{4x})$ 是由 $y=\arctan u$, $u=\sin v$, $v=\mathrm{e}^w$, $w=4x$ 复合而成的.

1.4.3 初等函数

定义 4 由基本初等函数经过有限次四则运算及有限次复合运算所构成并可用一个式子表示的函数,称为**初等函数**.

例如, $y=\sqrt{1-x^2}$, $y=\dfrac{\sqrt{1+\mathrm{e}^{2x}}}{1+\sin^2 x}$, $y=\dfrac{\ln(x+\sqrt{1+x^2})}{\tan^2 2x+\cot^2 x}$ 都是初等函数.

初等函数是我们研究的主要对象. 不是初等函数的函数一般称为非初等函数,某些分段函数就是**非初等函数**. 例如,函数
$$f(x)=\begin{cases}x+3, & x\geqslant 0,\\ x^2, & x<0\end{cases}$$
是非初等函数,因为它在定义域内不能用一个式子表示.

习题 1.4

1. 指出下列函数的图形与函数 $y=3^x$ 的图形的关系:

(1) $y=3^x+4$;　(2) $y=-3^x$;　(3) $y=3^{-x}$.

2. 下列各对函数 $f(u)$ 与 $u=\varphi(x)$ 中,哪些可以复合成复合函数 $f[\varphi(x)]$? 哪些不能复合成复合函数? 为什么?

(1) $f(u)=\arcsin u$, $u=\dfrac{x}{1+x^2}$;　(2) $f(u)=\sqrt{u}$, $u=\ln\dfrac{1}{2+x^2}$;　(3) $f(u)=\ln(1-u)$, $u=\sin x$.

3. 指出下列函数是由哪些简单的函数复合而成的:

(1) $y=\sqrt{2-x^2}$;　(2) $y=\ln\sqrt{1+x}$;　(3) $y=\sin^2(1+2x)$;

(4) $y=[\arcsin(1-x^2)]^3$;　　(5) $y=e^{\cos^3 x}$;　　(6) $y=\ln\tan\frac{x}{2}$.

4. 已知$f(x)=x^3-x$，$\varphi(x)=\sin 2x$,求 $f[\varphi(x)]$，$\varphi[f(x)]$.

1.5 函数关系的建立　双曲函数

1.5.1 函数关系的建立

用数学解决实际问题时,须先将该问题量化,再找出各个量之间的相互关系——**函数关系**,即建立该问题的**数学模型**.具体如下:先找出问题中的各种量,明确哪些是常量,哪些是变量;再依据问题的本质选取哪个为自变量,哪个为因变量;最后根据各个量之间的关联性建立函数关系,同时给出自变量的变化范围——定义域.

例 1 某商店半年可销售 400 件小器皿,假设为均匀销售.为节约库存费用而分批进货,每批进货费用为 60 元,每件器皿的储存费用为每月 0.2 元,试列出储存费用和进货费用之和与批量之间的函数关系.

解 设分批进货的批量为 x 件,即每批进货量为 x 件.由于均匀销售,库存货量由 x 件逐渐均匀地减少到零,平均库存货量为$\frac{x}{2}$件.半年的储存费用记为 E_1,则

$$E_1=0.2\times\frac{x}{2}\times 6=0.6x(\text{元}).$$

每次进货 x 件,半年(6 个月)需进货$\frac{400}{x}$次.总的进货费用记为 E_2,则

$$E_2=60\times\frac{400}{x}=\frac{2400}{x}(\text{元}).$$

于是,总的费用 E 表示为

$$E=E_1+E_2=0.6x+\frac{2400}{x}(\text{元}).$$

例 2 某地区上年度电价为 0.8 元/(kW・h),年用电量为 a kW・h,本年度将电价降到 0.55～0.75 元/(kW・h),而用户期望电价为 0.4 元/(kW・h).经测算,下调后新增的用电量与实际电价和用户期望电价的差成反比(比例系数为 k),该地区电力的成本价为 0.3 元/(kW・h).写出本年度电价下调后,电力部门的收益 y 与实际电价 x 的函数关系式.

解 分析知,收益=实际用电量×(实际电价－成本价),所以所求函数关系式为

$$y=\left(a+\frac{k}{x-0.4}\right)(x-0.3)(0.55\leqslant x\leqslant 0.75).$$

例 3 某房地产公司要在荒地 $ABCDE$ 上划出一块长方形的地面,用于修建一座公寓楼,见图 1－15.设 $NG=x$,试建立公寓楼地面的面积 A 与 x 的关系式.

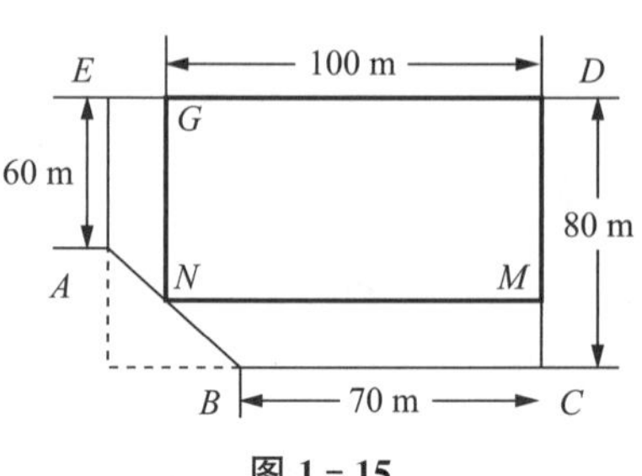

图 1－15

解 分析知,$MN=70+\frac{3}{2}(80-x)=-\frac{3}{2}x+190$,

所以 $A=x\left(-\frac{3}{2}x+190\right)=-\frac{3}{2}x^2+190x,x\in[0,80]$.

1.5.2 双曲函数

下面介绍双曲函数，它是在工程技术上常用到的一类函数，主要有双曲正弦、双曲余弦和双曲正切：

双曲正弦 $\mathrm{sh}\,x=\dfrac{\mathrm{e}^x-\mathrm{e}^{-x}}{2}$,

双曲余弦 $\mathrm{ch}\,x=\dfrac{\mathrm{e}^x+\mathrm{e}^{-x}}{2}$,

双曲正切 $\mathrm{th}\,x=\dfrac{\mathrm{sh}\,x}{\mathrm{ch}\,x}=\dfrac{\mathrm{e}^x-\mathrm{e}^{-x}}{\mathrm{e}^x+\mathrm{e}^{-x}}$.

从双曲函数的定义可知，它们是由指数函数生成的初等函数，性态如下.

(1)双曲正弦 $\mathrm{sh}\,x$　如图 1-16 所示，定义域为 $(-\infty,+\infty)$，值域为 $(-\infty,+\infty)$；是单调增加的奇函数；图形过原点且关于原点对称. 当 x 的绝对值很大时，其图形在第一象限内近似于曲线 $y=\frac{1}{2}\mathrm{e}^x$，在第三象限内近似于曲线 $y=-\frac{1}{2}\mathrm{e}^{-x}$.

(2)双曲余弦 $\mathrm{ch}\,x$　如图 1-16 所示，定义域为 $(-\infty,+\infty)$，值域为 $[1,+\infty)$；是偶函数，在区间 $(-\infty,0)$ 内单调减少，在区间 $(0,+\infty)$ 内单调增加；图形关于 y 轴对称. 当 x 的绝对值很大时，其图形在第一象限内近似于曲线 $y=\frac{1}{2}\mathrm{e}^x$，在第二象限内近似于曲线 $y=\frac{1}{2}\mathrm{e}^{-x}$.

(3)双曲正切 $\mathrm{th}\,x$　如图 1-17 所示，定义域为 $(-\infty,+\infty)$，值域为 $(-1,1)$；是单调增加的奇函数；图形过原点且关于原点对称，夹在水平直线 $y=-1$ 与 $y=1$ 之间. 当 x 的绝对值很大时，其图形在第一象限内渐近于直线 $y=1$，在第三象限内渐近于直线 $y=-1$.

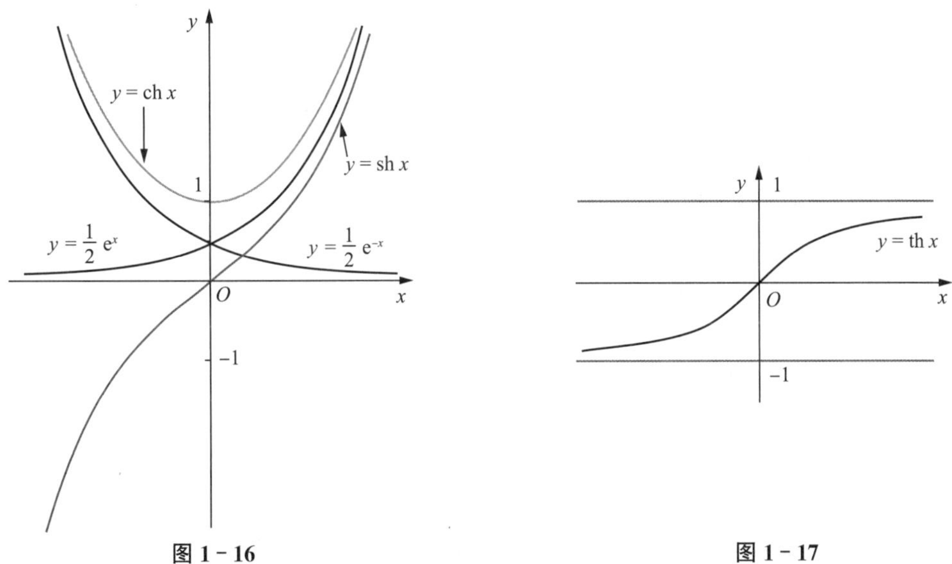

图 1-16　　图 1-17

类似于三角函数的正弦、余弦及正切函数所满足的恒等式，双曲正弦、双曲余弦及双曲正切函数也满足相应的恒等式. 由双曲函数的定义可以证明下列恒等式：

$$\mathrm{sh}(x\pm y)=\mathrm{sh}\,x\cdot\mathrm{ch}\,y\pm\mathrm{ch}\,x\cdot\mathrm{sh}\,y;$$

$$\mathrm{ch}(x\pm y)=\mathrm{ch}\,x\cdot\mathrm{ch}\,y\pm\mathrm{sh}\,x\cdot\mathrm{sh}\,y.$$

在上式中,令 $x=y$,又 $\mathrm{ch}\,0=1$,得

$$\mathrm{ch}^2 x-\mathrm{sh}^2 x=1,$$
$$\mathrm{sh}\,2x=2\mathrm{sh}\,x\cdot\mathrm{ch}\,x,$$
$$\mathrm{ch}\,2x=\mathrm{ch}^2 x+\mathrm{sh}^2 x.$$

下面证明 $\mathrm{sh}(x+y)=\mathrm{sh}\,x\cdot\mathrm{ch}\,y+\mathrm{ch}\,x\cdot\mathrm{sh}\,y$. 由定义得

$$\begin{aligned}\mathrm{sh}\,x\cdot\mathrm{ch}\,y+\mathrm{ch}\,x\cdot\mathrm{sh}\,y&=\frac{e^x-e^{-x}}{2}\cdot\frac{e^y+e^{-y}}{2}+\frac{e^x+e^{-x}}{2}\cdot\frac{e^y-e^{-y}}{2}\\&=\frac{e^{x+y}-e^{y-x}+e^{x-y}-e^{-(x+y)}}{4}+\frac{e^{x+y}+e^{y-x}-e^{x-y}-e^{-(x+y)}}{4}\\&=\frac{e^{x+y}-e^{-(x+y)}}{2}=\mathrm{sh}(x+y).\end{aligned}$$

习题 1.5

1. 火车站行李寄存收费规定如下:当行李质量不超过 50 kg 时,按每千克 0.15 元收费;当行李质量超过 50 kg 时,超过部分按每千克 0.25 元收费. 试建立行李收费 y 与行李质量 x 之间的函数关系.
2. 在半径为 r 的球内嵌入一圆柱体,试将圆柱体的体积 V 表示为圆柱体的高 x 的函数.
3. 某工厂生产某种产品,年产量为 x,每台售价为 250 元. 当年产量在 600 台以内时,可以全部售出;当年产量超过 600 台时,经广告宣传可多售出 200 台,每台广告费平均为 20 元;生产再多时,本年就售不出去了. 试建立本年的销售收入 R 与年产量 x 的函数关系.
4. 证明:$\mathrm{ch}(x\pm y)=\mathrm{ch}\,x\cdot\mathrm{ch}\,y\pm\mathrm{sh}\,x\cdot\mathrm{sh}\,y$.

总习题一

1. 填空题.

(1) 函数 $f(x)=\dfrac{1}{1+\dfrac{1}{1+x}}$ 的定义域为__________.

(2) 函数 $y=\sin\dfrac{\pi x}{3(1+x^2)}$ 的值域为__________.

(3) 函数 $y=|\sin x+\cos x|$ 的周期为__________.

(4) 设 $f(x)=2\sin x$,$f[\varphi(x)]=1-x^2$,则 $\varphi(x)$ 的定义域为__________.

(5) 设 $f(x)=\dfrac{1}{x-1}$,则 $f\Big[f[f(x)]\Big]=$__________.

2. 选择题.

(1) 函数 $y=\lg(x-1)$ 在区间( )内有界.

(A) $(1,+\infty)$ (B) $(2,+\infty)$ (C) $(1,2)$ (D) $(2,3)$

(2) 设 $f(x)=\begin{cases}1, & 0\leqslant x\leqslant 1,\\ 2, & 1<x\leqslant 2,\end{cases}$ 则 $g(x)=f(2x)+f(x-2)$ ( ).

(A) 无意义 (B) 在$[0,2]$上有意义

(C) 在$[0,4]$上有意义 (D) 在$[2,4]$上有意义

(3) 设$f(x)=\begin{cases}x^2, & x<0,\\ -x, & x\geqslant 0,\end{cases}$ $g(x)=\begin{cases}2-x, & x<0,\\ x+2, & x\geqslant 0,\end{cases}$ 则 $g[f(x)]=$( ).

(A) $\begin{cases}2+x^2, & x<0,\\ 2-x, & x\geqslant 0\end{cases}$ (B) $\begin{cases}2-x^2, & x<0,\\ 2+x, & x\geqslant 0\end{cases}$ (C) $\begin{cases}2-x^2, & x<0,\\ 2-x, & x\geqslant 0\end{cases}$ (D) $\begin{cases}2+x^2, & x<0,\\ 2+x, & x\geqslant 0\end{cases}$

(4) 设函数$f(x)=x\tan x\cdot e^{\sin x}$,则$f(x)$是(　　).

(A) 偶函数　　(B) 无界函数　　(C) 周期函数　　(D) 单调函数

(5) 下列函数中不是初等函数的是(　　).

(A) $y=\dfrac{1-x^2}{1-x}$　　(B) $y=\begin{cases}2-x, & x\leqslant 1,\\ x, & x>1\end{cases}$　　(C) $y=\left[\dfrac{\sin(e^x-1)}{\lg(1+x^2)}\right]^2$　　(D) $y=\sqrt{-2-\cos x}$

3. 判定下列各对函数是否相等:

(1) $f(x)=\sqrt{\dfrac{x-1}{x-3}}$, $g(x)=\dfrac{\sqrt{x-1}}{\sqrt{x-3}}$;　　(2) $f(x)=\sqrt[3]{x^4-x^3}$, $g(x)=x\sqrt[3]{x-1}$.

4. 求下列函数的定义域:

(1) $y=\arcsin\dfrac{3x}{1+x}$;　　(2) $y=\arcsin\dfrac{2x-1}{7}+\dfrac{\sqrt{2x-x^2}}{\lg(2x-1)}$.

5. 设$f(x)$的定义域为$D(f)=[0, 1]$,求下列各函数的定义域:

(1) $f(\log_3 x)$;　　(2) $f(\sin x)$;　　(3) $f(e^{-x})$.

6. 设$f(x)$满足$af(x)+bf(1-x)=\dfrac{c}{x}$($a$, b, c均为常数,且$|a|\neq|b|$),求$f(x)$.

7. 设$f(x)$是在$(-\infty, +\infty)$内有定义的偶函数,且对于任意的实数x,满足$f(x+2\pi)=f(x)$,当$0\leqslant x\leqslant\pi$时,$f(x)=x$,求$f(x)$在$[0, 2\pi]$上的表达式.

8. 指出下列函数是由哪些简单的函数复合而成的:

(1) $y=\sqrt{\ln(3+x^3)}$;　　(2) $y=3^{\tan^2\frac{1}{x}}$;　　(3) $y=\cos[\lg(1+x^2)]$;　　(4) $y=\ln\dfrac{1}{1+[f(x)]^2}$.

9. 收音机每台售价为90元,成本为60元,厂方为鼓励销售商大量采购,决定凡是订购超过100台以上的,每多订购100台,售价就降低1元,但最低价为每台75元.

(1) 将每台的实际售价P表示为订购量x的函数;

(2) 将厂方所获的利润L表示成订购量x的函数;

(3) 某一商行订购了1000台,厂方可获利润多少?

10. 每印一本杂志的成本为1.22元,每售出一本杂志仅能得1.20元的收入,但当销售量超过15000本时,还能获得超过部分收入的10%作为广告费收入,试问:至少销售多少本时杂志才能保本?销售量达到多少时才能获利1000元?

11. 某大楼有50间办公室出租,若每间每月租金为120元,则可全部租出,租出的办公室每月需由房主负责维修费10元,若每月租金每提高一个5元,将会空出一间办公室,试求房主所获得利润与闲置办公室间数的函数关系,每间每月租金为多少时才能获得最大利润?这时利润是多少?

2 极限与连续

函数是微积分研究的主要对象，而极限方法是研究函数的一种基本分析方法. 因此，深入而准确地理解极限的概念、掌握极限的运算方法是学好微积分的基础. 在本章中，我们将讨论数列与函数的极限的定义、性质及基本运算方法. 在极限的基础上，我们还将讨论函数的一类重要性质——连续性.

2.1 数列的极限

2.1.1 数列的概念与性质

按正整数的顺序排列起来的无穷多个数

$$x_1,\ x_2,\ \cdots,\ x_n,\ \cdots$$

称为**数列**，记作$\{x_n\}$或$x_n(n=1,\ 2,\ \cdots)$，并把每个数称为数列的**项**，第n个数称为数列的**第n项**或**通项**.

若记
$$x_n=f(n)\ (n=1,\ 2,\ \cdots),$$
则可以看出，数列实际上是定义在正整数集$\mathbf{Z}^+$上的函数，即整标函数.

例如：

(1) $1,\ \frac{1}{2},\ \frac{1}{3},\ \cdots,\ \frac{1}{n},\ \cdots$

(2) $\frac{1}{2},\ \frac{2}{3},\ \frac{3}{4},\ \cdots,\ \frac{n}{n+1},\ \cdots$

(3) $\frac{1}{2},\ -\frac{1}{4},\ \frac{1}{8},\ \cdots,\ (-1)^{n-1}\frac{1}{2^n},\ \cdots$

(4) $1,\ 4,\ 9,\ \cdots,\ n^2,\ \cdots$

都是数列，可分别记为$\left\{\frac{1}{n}\right\}$，$\left\{\frac{n}{n+1}\right\}$，$\left\{(-1)^{n-1}\frac{1}{2^n}\right\}$及$\{n^2\}$.

对于数列$\{x_n\}$，若有
$$x_1\leqslant x_2\leqslant\cdots\leqslant x_n\leqslant\cdots,$$
则称数列$\{x_n\}$是**单调增加**的；若有
$$x_1\geqslant x_2\geqslant\cdots\geqslant x_n\geqslant\cdots,$$
则称数列$\{x_n\}$是**单调减少**的. 单调增加数列和单调减少数列统称为**单调数列**.

一个数列$\{x_n\}$，若存在正数M，使得对于一切n都有
$$|x_n|\leqslant M,$$
则称数列$\{x_n\}$是**有界**的；若上述的正数M不存在，即不论M多么大，都有正整数n_0存在，使得
$$|x_{n_0}|>M,$$
则称数列$\{x_n\}$是**无界**的.

对于数列$\{x_n\}$，若存在常数A(或B)，使得对于一切n都有

$$x_n \geqslant A \ (x_n \leqslant B),$$

则称数列$\{x_n\}$**下有界(上有界)**，常数A(或B)称为数列$\{x_n\}$的**下界(上界)**. 显然，数列$\{x_n\}$有界的充分必要条件是数列既上有界又下有界.

2.1.2 数列的极限

对于数列$\{x_n\}$，我们要研究当n无限增大(记为$n \to \infty$)时，对应的项x_n的变化趋势，它能否无限地接近于某个常数，这就是数列的极限问题.

极限的概念是由于求某些问题的精确解答而产生的. 例如，我国古代数学家刘徽(公元3世纪)利用圆内接正多边形来推算圆面积的方法——割圆术，就是极限思想在几何上的应用.

设有一个圆，首先作圆的内接正六边形，其面积记为A_1，然后作内接正十二边形，其面积记为A_2，再作内接正二十四边形，其面积记为A_3……如此下去，每次边数加倍，一般地把内接正3×2^n边形的面积记为A_n. 这样就得到一系列内接正多边形的面积A_n的值，它们构成一列有次序的数(数列)

$$A_1, A_2, \cdots, A_n, \cdots$$

其中，n越大，内接正多边形与圆的几何差异就越小，从而以内接正3×2^n边形的面积A_n作为圆面积的近似值就越精确. 但是无论n取得多么大，只要n确定了，A_n终究只是内接正多边形的面积，而不是圆的面积.

因此，设想n无限增大，即内接正多边形的边数无限增加，这个过程中内接正多边形无限接近于圆，同时A_n也无限接近于某一确定的数值A. 这个数值A便可以理解为圆的面积. 这个数值A在数学上称为数列$\{A_n\}$当$n \to \infty$时的极限. 在圆的面积问题中，我们看到正是这个数列的极限A精确表达了圆的面积.

解决实际问题中逐渐形成的这种极限方法正是微积分中的一种基本方法. 为此，下面先给出直观的数列极限的定义.

对于数列$\{x_n\}$，若当n无限增大($n \to \infty$)时，对应的项x_n无限地接近于某一个常数A，则称常数A为数列$\{x_n\}$的极限，或者称数列$\{x_n\}$收敛于A，记为

$$\lim_{n \to \infty} x_n = A \quad 或 \quad x_n \to A(n \to \infty).$$

例如，数列$\left\{\frac{n}{n+1}\right\}$当$n$无限增大时，$\frac{n}{n+1}$无限接近于常数1，所以1是数列$\left\{\frac{n}{n+1}\right\}$的极限；数列$\left\{(-1)^{n-1}\frac{1}{2^n}\right\}$当$n$无限增大时，$(-1)^{n-1}\frac{1}{2^n}$无限接近于常数0，所以0是数列$\left\{(-1)^{n-1}\frac{1}{2^n}\right\}$的极限；数列$\{n^2\}$当$n$无限增大时，$n^2$不能无限接近于某一个常数，所以数列$\{n^2\}$没有极限.

在这种直观的描述性定义中，“n无限增大”“x_n无限地接近于某一个常数A”等，含义都比较模糊. 因此，极限的定义有必要加以严密论述.

我们知道数列的通项x_n与数值A的接近程度可用两个数的差的绝对值$|x_n - A|$来度量，所谓“当n无限增大时，x_n与A无限接近”就是指当n无限增大时，$|x_n - A|$可以任意小，但这种可以任意小的特性是和n可无限增大相联系的.

例如，对于数列$\left\{\frac{n}{n+1}\right\}$. 当$n$无限增大时，$\left|\frac{n}{n+1} - 1\right| = \frac{1}{n+1}$可以任意小，要有多小就有

多小,就是说,要使$\left|\frac{n}{n+1}-1\right|$有多小,只要 n 大到一定的程度后就能有多小. 比如,要使$\left|\frac{n}{n+1}-1\right|=\frac{1}{n+1}<\frac{1}{100}$,只要 $n>99$ 就可以了;又如,要使$\left|\frac{n}{n+1}-1\right|=\frac{1}{n+1}<\frac{1}{10000}$,只要 $n>9999$ 就可以了. 一般地,对于任意预先给定的正数 ε,要使$\left|\frac{n}{n+1}-1\right|=\frac{1}{n+1}<\varepsilon$,只要$n>\frac{1}{\varepsilon}-1$ 就可以了. 所以,在 n 无限增大的过程中,$\left|\frac{n}{n+1}-1\right|=\frac{1}{n+1}$可以任意小. 因此,数列$\left\{\frac{n}{n+1}\right\}$是以 1 为极限的.

数列极限的定义

一般说来,如果有一个数列$\{x_n\}$,不论预先给定一个多么小的正数 ε,在 n 无限增大的变化过程中,总有那么一个时刻(存在正整数 N),从那个时刻以后(当 $n>N$ 时),总有$|x_n-A|$小于预先给定的正数 ε,这样我们就称常数 A 是数列$\{x_n\}$的极限.

定义 1　设数列$\{x_n\}$,若存在一个常数 A,对于任意给定的正数 ε(不论它有多么小),总存在正整数 N,使得当 $n>N$ 时,恒有$|x_n-A|<\varepsilon$ 成立,则称 A 是**数列$\{x_n\}$当 $n\to\infty$时的极限**,或者称数列$\{x_n\}$收敛于 A,记为

$$\lim_{n\to\infty}x_n=A \quad 或 \quad x_n\to A\ (n\to\infty).$$

如果这样的常数 A 不存在,就说数列$\{x_n\}$当 $n\to\infty$时**没有极限**,或者说数列$\{x_n\}$是**发散**的,习惯上也说$\lim\limits_{n\to\infty}x_n$ 不存在.

数列极限有明显的几何意义:若$\lim\limits_{n\to\infty}x_n=A$,则对于任意给定的正数 ε,都存在正整数 N,使得当 $n>N$ 时,$|x_n-A|<\varepsilon$,即从第 $N+1$ 项开始,数列$\{x_n\}$后面的所有项全部落到点 A 的 ε 邻域$(A-\varepsilon,\ A+\varepsilon)$中,在这个邻域之外,最多只有有限项 $x_1,\ x_2,\ \cdots,\ x_N$(图 2 - 1).

图 2 - 1

对数列极限的定义的理解要注意以下两点:

(1) 正数 ε 是任意给定的,因为只有这样,不等式$|x_n-A|<\varepsilon$ 才能表达 x_n 与 A 无限接近的意思.

(2) 正整数 N 与任意给定的正数 ε 有关,它随着 ε 的给定而给定;用 $n>N$ 刻画 n 足够大,它是保证$|x_n-A|<\varepsilon$ 成立的条件,对应于一个给定的 $\varepsilon>0$,N 不是唯一的.

例 1　用数列极限的定义证明$\lim\limits_{n\to\infty}\frac{2n+3}{n}=2$.

证　对于任意给定的正数 ε,要使$|x_n-2|=\left|\frac{2n+3}{n}-2\right|=\frac{3}{n}<\varepsilon$,只要 $n>\frac{3}{\varepsilon}$ 即可,所以可取正整数 $N=\left[\frac{3}{\varepsilon}\right]$①,那么当 $n>N$ 时,总有$\left|\frac{2n+3}{n}-2\right|<\varepsilon$,由定义可知$\lim\limits_{n\to\infty}\frac{2n+3}{n}=2$.

例 2　证明 $\lim\limits_{n\to\infty}q^n=0\ (|q|<1)$.

证　(1) 当 $q=0$ 时,等式$\lim\limits_{n\to\infty}q^n=0$ 显然成立.

(2) 当 $0<|q|<1$ 时,因为对于任意给定的正数 ε,要使$|x_n-0|=|q^n-0|=|q|^n<\varepsilon$,只

---

① $[x]$表示不超过 x 的最大整数.

要 $n\ln|q|<\ln\varepsilon$，即 $n>\dfrac{\ln\varepsilon}{\ln|q|}$（因为 $\ln|q|<0$），所以取正整数 $N=\left[\dfrac{\ln\varepsilon}{\ln|q|}\right]$，那么当 $n>N$ 时，总有 $|q^n-0|<\varepsilon$，由定义可知 $\lim\limits_{n\to\infty}q^n=0$.

由(1)(2)可得 $\lim\limits_{n\to\infty}q^n=0(|q|<1)$.

2.1.3　数列极限的性质

性质 1(极限的唯一性)　若数列 $\{x_n\}$ 有极限，则其极限唯一.

证　反证法. 设数列有极限 A 和 B，且 $A\neq B$，不妨设 $A>B$. 取 $\varepsilon=\dfrac{A-B}{2}$，由 A 是数列 $\{x_n\}$ 的极限可知，存在正整数 N_1，当 $n>N_1$ 时，有

$$|x_n-A|<\frac{A-B}{2},$$

即

$$A-\frac{A-B}{2}<x_n<A+\frac{A-B}{2},$$

从而有

$$x_n>\frac{A+B}{2}.$$

根据 B 也是数列 $\{x_n\}$ 的极限，对于上述 $\varepsilon=\dfrac{A-B}{2}$，存在正整数 N_2，当 $n>N_2$ 时，有

$$|x_n-B|<\frac{A-B}{2},$$

即

$$B-\frac{A-B}{2}<x_n<B+\frac{A-B}{2},$$

从而有

$$x_n<\frac{A+B}{2}.$$

取 $N=\max\{N_1,\ N_2\}$，当 $n>N$ 时，$x_n>\dfrac{A+B}{2}$ 与 $x_n<\dfrac{A+B}{2}$ 同时成立，这显然是矛盾的. 因此数列若有极限，其极限必定唯一.

性质 2(有界性)　若数列 $\{x_n\}$ 收敛，则数列 $\{x_n\}$ 有界.

证　设数列 $\{x_n\}$ 收敛于 A，根据数列极限的定义，取正数 $\varepsilon=1$，存在正整数 N，当 $n>N$ 时，都有

$$|x_n-A|<1$$

成立. 于是，当 $n>N$ 时，有

$$|x_n|=|(x_n-A)+A|\leqslant|x_n-A|+|A|<1+|A|.$$

取 $M=\max\{|x_1|,\ |x_2|,\ \cdots,\ |x_N|,\ 1+|A|\}$，则对于一切 n 都有

$$|x_n|\leqslant M,$$

所以数列 $\{x_n\}$ 有界.

收敛数列有界性的几何意义

注意　本性质的逆命题不成立，即有界数列不一定有极限.

性质 3(保号性)　若 $\lim\limits_{n\to\infty}x_n=A$，且 $A>0$ (或 $A<0$)，则存在正整数 N，当 $n>N$ 时，恒有 $x_n>0$ (或 $x_n<0$).

证　设 $A>0$，取 $\varepsilon=\dfrac{A}{2}$，由数列极限的定义可知，存在正整数 N，当 $n>N$ 时，有

$|x_n - A| < \frac{A}{2}$,即 $0 < \frac{A}{2} < x_n < \frac{3}{2}A$;类似地,可以证明 $A<0$ 的情形.

根据性质 3,可得如下推论.

推论 若 $\lim\limits_{n\to\infty} x_n = A$,且 $x_n > 0$ (或 $x_n < 0$),则 $A \geqslant 0$ (或 $A \leqslant 0$).

保号性的几何意义

习题 2.1

1. 观察下列数列的变化趋势,判定哪些数列有极限,如有极限,写出它们的极限:

(1) $x_n = (-1)^{n-1}\frac{1}{n}$; (2) $x_n = \frac{n+1}{2n-1}$; (3) $x_n = \frac{1}{2^n} + 1$;

(4) $x_n = (-1)^n n$; (5) $x_n = \cos\frac{1}{n}$; (6) $x_n = \frac{n^2-1}{(n+2)(n+3)}$.

2. 用数列极限的定义证明:

(1) $\lim\limits_{n\to\infty}\frac{1}{n^2} = 0$; (2) $\lim\limits_{n\to\infty}\frac{2n+1}{3n+2} = \frac{2}{3}$;

(3) $\lim\limits_{n\to\infty}\left(-\frac{1}{2}\right)^n = 0$; (4) $\lim\limits_{n\to\infty}\frac{\sin n}{n} = 0$.

3. 下列结论是否正确?为什么?

(1) 若 $\lim\limits_{n\to\infty} x_n = A$,则 $\lim\limits_{n\to\infty}|x_n| = |A|$; (2) 若 $\lim\limits_{n\to\infty}|x_n| = |A|$,则 $\lim\limits_{n\to\infty} x_n = A$;

(3) 有界数列 $\{x_n\}$ 必收敛; (4) 无界数列 $\{x_n\}$ 必发散;

(5) 发散数列 $\{x_n\}$ 必无界.

2.2 函数的极限

2.2.1 函数极限的定义

数列是定义在正整数集 $\mathbf{Z}^+$ 上的函数,它的极限只是一种特殊的函数(整标函数)的极限.现在,我们讨论定义在实数集合上的函数 $y=f(x)$ 的极限.由于自变量的变化过程不同,函数的极限有不同的形式.这里主要研究两种情形:

(1) 自变量 x 的绝对值 $|x|$ 无限增大,即当 x 趋于无穷大(记作 $x\to\infty$)时,对应的函数值 $f(x)$ 的变化情形;

(2) 自变量 x 的取值无限地接近于有限值 x_0,即当 x 趋于有限值 x_0(记作 $x\to x_0$)时,对应的函数值 $f(x)$ 的变化情形.

1. 当 $x\to\infty$ 时,函数 $f(x)$ 的极限

先看一个例子:当 $|x|$ 无限增大,即 $x\to\infty$ 时,考查函数 $f(x)=\frac{2x+3}{x}$ 的变化趋势.我们可以看出当 $x\to\infty$ 时,对应的函数值 $f(x)=\frac{2x+3}{x}=2+\frac{3}{x}$ 无限接近于常数 2.

一般地,若当 $x\to\infty$ 时,函数 $f(x)$ 的值无限地接近于一个常数 A($|f(x)-A|$ 无限地接近于 0),则称常数 A 为函数 $f(x)$ 当 $x\to\infty$ 时的极限,记为

$$\lim_{x\to\infty} f(x) = A \quad 或 \quad f(x)\to A\ (x\to\infty).$$

当 $x\to\infty$ 时,函数 $f(x)$ 的极限是数列极限的推广,由数列极限的分析定义可得当 $x\to\infty$ 时函数 $f(x)$ 的极限的分析定义.

定义 2　设函数 $f(x)$ 在 $|x|$ 大于某一正数时有定义,若存在一个常数 A,对于任意给定的正数 ε(不论它有多么小),总存在正数 X,使得当 x 满足不等式 $|x|>X$ 时,对应的函数值 $f(x)$ 都满足不等式

$$|f(x)-A|<\varepsilon,$$

则称常数 A 为**函数 $f(x)$ 当 $x\to\infty$ 时的极限**,记为

$$\lim_{x\to\infty}f(x)=A \quad 或 \quad f(x)\to A\ (x\to\infty).$$

当 $x\to\infty$ 时,函数 $f(x)$ 的极限为 A 的几何意义:对于无论多么小的正数 ε,总存在正数 X,当 x 满足 $|x|>X$ 时,函数 $y=f(x)$ 的图形位于直线 $y=A-\varepsilon$ 和 $y=A+\varepsilon$ 之间(图 2-2).

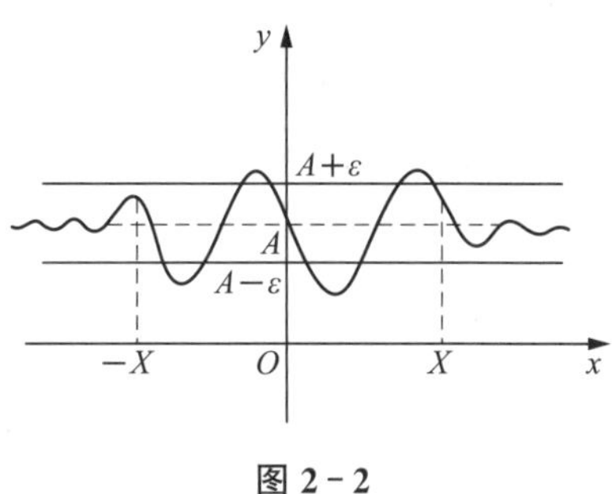

图 2-2

例 1　用函数极限的定义证明 $\lim\limits_{x\to\infty}\dfrac{\sin x}{x}=0$.

证　对于任意给定的正数 ε,要使

$$|f(x)-0|=\left|\frac{\sin x}{x}-0\right|=\frac{|\sin x|}{|x|}\leqslant\frac{1}{|x|}<\varepsilon,$$

$x\to\infty$ 的极限定义

只要 $|x|>\dfrac{1}{\varepsilon}$ 即可,因此取正数 $X=\dfrac{1}{\varepsilon}$,则当 $|x|>X$ 时,总有

$$\left|\frac{\sin x}{x}-0\right|=\frac{|\sin x|}{|x|}\leqslant\frac{1}{|x|}<\varepsilon$$

成立,由定义可知 $\lim\limits_{x\to\infty}\dfrac{\sin x}{x}=0$.

若当 $x>0$,且 $|x|$ 无限增大时,则可记为 $x\to+\infty$;若当 $x<0$,且 $|x|$ 无限增大时,则可记为 $x\to-\infty$. 有时只需或者只能考虑当 $x\to+\infty$(或者 $x\to-\infty$)时,函数 $f(x)$ 的值的变化趋势.

若当 $x\to+\infty$ 时,函数 $f(x)$ 的值无限地接近于一个常数 A($|f(x)-A|$ 无限地接近于 0),则称常数 A 为函数 $f(x)$ 当 $x\to+\infty$ 时的极限,记为

$$\lim_{x\to+\infty}f(x)=A \quad 或 \quad f(x)\to A\ (x\to+\infty).$$

若当 $x\to-\infty$ 时,函数 $f(x)$ 的值无限地接近于一个常数 A($|f(x)-A|$ 无限地接近于 0),则称常数 A 为函数 $f(x)$ 当 $x\to-\infty$ 时的极限,记为

$$\lim_{x\to-\infty}f(x)=A \quad 或 \quad f(x)\to A\ (x\to-\infty).$$

例如,$\lim\limits_{x\to+\infty}\arctan x=\dfrac{\pi}{2}$, $\lim\limits_{x\to-\infty}\arctan x=-\dfrac{\pi}{2}$.

在 $\lim\limits_{x\to\infty}f(x)=A$ 的分析定义中,把 $|x|>X$ 改为 $x>X$,就可得 $\lim\limits_{x\to+\infty}f(x)=A$ 的分析定义,而把 $|x|>X$ 改为 $x<-X$,就可得 $\lim\limits_{x\to-\infty}f(x)=A$ 的分析定义.

由上面的分析不难得出如下结论:

$\lim\limits_{x\to\infty}f(x)=A$ 的充分必要条件是 $\lim\limits_{x\to+\infty}f(x)=\lim\limits_{x\to-\infty}f(x)=A$.

例 2　用函数极限的定义证明 $\lim\limits_{x\to-\infty}2^x=0$.

证　对于任意给定的正数 ε(不妨设 $\varepsilon<1$),要使

$$|2^x-0|=2^x<\varepsilon,$$

只要 $x<\log_2\varepsilon$ 即可，因此取正数 $X=-\log_2\varepsilon$，则当 $x<-X$ 时，总有

$$|2^x-0|=2^x<\varepsilon$$

成立，由定义可知 $\lim\limits_{x\to-\infty}2^x=0$.

2. 当 $x\to x_0$ 时，函数 $f(x)$ 的极限

$x\to x_0$ 的极限定义

先看一个例子：考查当 $x\to1$ 时，函数 $f(x)=\dfrac{2x^2-2}{x-1}$ 的变化趋势. 我们可看出当 $x\neq1$ 时，函数 $f(x)=\dfrac{2x^2-2}{x-1}=2(x+1)$，所以当 $x\to1$ 时，函数 $f(x)$ 的值无限接近于常数 4.

一般地，设函数 $f(x)$ 在点 x_0 的某个去心邻域内有定义，若当 $x\to x_0$ 时，对应的函数值 $f(x)$ 无限接近于一个确定的常数 A（$|f(x)-A|$ 无限接近于 0），则称 A 为函数 $f(x)$ 当 $x\to x_0$ 时的极限，记为

$$\lim_{x\to x_0}f(x)=A \quad 或 \quad f(x)\to A\ (x\to x_0).$$

下面来讨论分析定义. $\lim\limits_{x\to x_0}f(x)=A$ 的分析定义，无非就是把"当 x 无限趋近于 x_0 时，$|f(x)-A|$ 可以任意小"这句话说清楚、说确切. 这句话的意思是当 $|x-x_0|$ 充分小（但 $|x-x_0|\neq0$）时，$|f(x)-A|$ 可以任意小，要多小就有多小；就是说，要使 $|f(x)-A|$ 有多小，只要 $|x-x_0|$ 小到一定的程度（但 $|x-x_0|\neq0$）后就能有多小. 更确切的说法应该表述成：对于任意给定的正数 ε，总可以找到这样的正数 $\delta=\delta(\varepsilon)$，使得当 $0<|x-x_0|<\delta$ 时，有

$$|f(x)-A|<\varepsilon.$$

定义 3　设函数 $f(x)$ 在点 x_0 的某个去心邻域内有定义，若存在一个常数 A，对于任意给定的正数 ε（不论它有多么小），总存在正数 δ，使得当 x 满足不等式 $0<|x-x_0|<\delta$ 时，对应的函数值 $f(x)$ 都满足不等式

$$|f(x)-A|<\varepsilon,$$

则称常数 A 为**函数 $f(x)$ 当 $x\to x_0$ 时的极限**，记为

$$\lim_{x\to x_0}f(x)=A \quad 或 \quad f(x)\to A\ (x\to x_0).$$

关于函数极限的定义应注意以下两点：

(1) 定义中的正数 ε 刻画了函数 $f(x)$ 的值与常数 A 的接近程度，正数 δ 刻画了 x 与 x_0 的接近程度，ε 是任意给定的，δ 是根据 ε 确定的；

(2) 定义中的 $0<|x-x_0|<\delta$ 表示 $x\in(x_0-\delta,\ x_0)\cup(x_0,\ x_0+\delta)$，所以当 $x\to x_0$ 时，函数 $f(x)$ 有没有极限，极限是什么，仅与函数 $f(x)$ 在 x_0 的某个去心邻域内的情况有关，与函数 $f(x)$ 在点 x_0 是否有定义并无关系.

当 $x\to x_0$ 时，函数 $f(x)$ 的极限为 A 的几何意义：对于无论多么小的正数 ε，总存在正数 δ，当 x 满足 $0<|x-x_0|<\delta$ 时，函数 $y=f(x)$ 的图形位于直线 $y=A-\varepsilon$ 和 $y=A+\varepsilon$ 之间（图 2-3）.

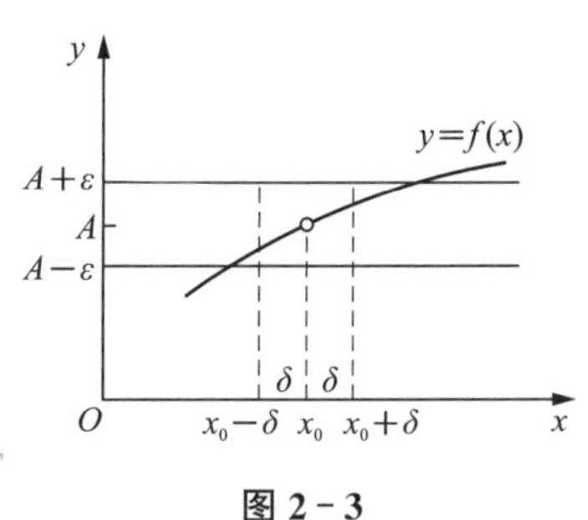

图 2-3

例 3　用函数极限的定义证明 $\lim\limits_{x\to2}\dfrac{x^2-4}{3(x-2)}=\dfrac{4}{3}$.

证 当 $x\neq 2$ 时，$f(x)=\dfrac{x^2-4}{3(x-2)}=\dfrac{1}{3}(x+2)$.

对于任意给定的正数 ε，要使

$$\left|f(x)-\frac{4}{3}\right|=\left|\frac{x^2-4}{3(x-2)}-\frac{4}{3}\right|=\frac{1}{3}|x-2|<\varepsilon,$$

只要 $|x-2|<3\varepsilon$ 即可，因此取正数 $\delta=3\varepsilon$，当 $0<|x-2|<\delta$ 时，总有

$$\left|\frac{x^2-4}{3(x-2)}-\frac{4}{3}\right|=\frac{1}{3}|x-2|<\varepsilon$$

成立，由定义可知 $\lim\limits_{x\to 2}\dfrac{x^2-4}{3(x-2)}=\dfrac{4}{3}$.

用函数极限的定义容易证明：

(1) $\lim\limits_{x\to x_0}C=C$（$C$ 为常数）；

(2) $\lim\limits_{x\to x_0}x=x_0$.

上述 $\lim\limits_{x\to x_0}f(x)=A$ 的定义中 $x\to x_0$ 是指 x 从 x_0 的两侧趋向于 x_0，但有时只需或只能考虑 x 仅从 x_0 的一侧趋向于 x_0 时函数值 $f(x)$ 的变化趋势.

若当 x 从 x_0 的左侧趋向于 x_0（记作 $x\to x_0^-$）时，对应的函数值 $f(x)$ 无限接近于一个常数 A，则称 A 为函数 $f(x)$ 当 $x\to x_0$ 时的**左极限**，记为

$$\lim_{x\to x_0^-}f(x)=A \quad 或者 \quad f(x_0-0)=A.$$

若当 x 从 x_0 的右侧趋向于 x_0（记作 $x\to x_0^+$）时，对应的函数值 $f(x)$ 无限接近于一个常数 A，则称 A 为函数 $f(x)$ 当 $x\to x_0$ 时的**右极限**，记为

$$\lim_{x\to x_0^+}f(x)=A \quad 或者 \quad f(x_0+0)=A.$$

在 $\lim\limits_{x\to x_0}f(x)=A$ 的分析定义中，把 $0<|x-x_0|<\delta$ 换成 $0<x_0-x<\delta$（或 $0<x-x_0<\delta$），就可以得到当 $x\to x_0$ 时，A 为 $f(x)$ 的左极限（或右极限）的分析定义.

由上面的分析不难得出如下结论：

$\lim\limits_{x\to x_0}f(x)=A$ 的充分必要条件是 $\lim\limits_{x\to x_0^+}f(x)=\lim\limits_{x\to x_0^-}f(x)=A$.

例 4 设 $f(x)=\begin{cases}1, & x<0,\\ x, & x\geqslant 0,\end{cases}$ 讨论当 $x\to 0$ 时，$f(x)$ 的极限是否存在.

解 当 $x<0$ 时，有

$$\lim_{x\to 0^-}f(x)=\lim_{x\to 0^-}1=1;$$

当 $x>0$ 时，有

$$\lim_{x\to 0^+}f(x)=\lim_{x\to 0^+}x=0.$$

因为 $\lim\limits_{x\to 0^-}f(x)$ 与 $\lim\limits_{x\to 0^+}f(x)$ 不相等，所以当 $x\to 0$ 时，$f(x)$ 的极限不存在.

2.2.2 函数极限的性质

对于函数极限，有与数列极限类似的性质，下面仅就 $x\to x_0$ 这种情形给出相关结论.

性质 1(极限的唯一性) 如果$\lim\limits_{x\to x_0}f(x)=A$,那么极限值 A 唯一.

性质 2(局部有界性) 如果$\lim\limits_{x\to x_0}f(x)=A$,那么存在正数 M 和正数 δ,使得当 $0<|x-x_0|<\delta$ 时,有 $|f(x)|\leqslant M$.

证 因为$\lim\limits_{x\to x_0}f(x)=A$,所以取正数 $\varepsilon=1$,存在正数 δ,当 $0<|x-x_0|<\delta$ 时,有 $|f(x)-A|<1$,由此得

$$|f(x)|\leqslant|f(x)-A|+|A|<|A|+1,$$

因此函数 $f(x)$ 局部有界.

局部有界性的几何意义

性质 3(局部保号性) 如果 $\lim\limits_{x\to x_0}f(x)=A$,且 $A>0$(或 $A<0$),那么存在正数 δ,当 $0<|x-x_0|<\delta$ 时,有 $f(x)>0$([或 $f(x)<0$].

证 设 $A<0$,因为$\lim\limits_{x\to x_0}f(x)=A$,所以取正数 $\varepsilon=-\dfrac{A}{2}>0$,存在正数 δ,当 $0<|x-x_0|<\delta$ 时,有 $|f(x)-A|<-\dfrac{A}{2}$,由此得

$$f(x)<A-\frac{A}{2}=\frac{A}{2}<0;$$

类似地,可以证明 $A>0$ 的情形.

局部保号性的几何意义

性质 4 如果在点 x_0 的某个去心邻域内 $f(x)\geqslant0$[或 $f(x)\leqslant0$],且 $\lim\limits_{x\to x_0}f(x)=A$,那么 $A\geqslant0$(或 $A\leqslant0$).

极限发展简史

习题 2.2

1. 用函数极限的定义证明:

(1) $\lim\limits_{x\to2}(2x-1)=3$;　　(2) $\lim\limits_{x\to5}\dfrac{x^2-6x+5}{x-5}=4$;

(3) $\lim\limits_{x\to\infty}\dfrac{2x+3}{x}=2$;　　(4) $\lim\limits_{x\to+\infty}3^{-x}=0$.

2. 设 $f(x)=\begin{cases}x^2+1, & x<0,\\ x, & x\geqslant0,\end{cases}$ 作函数 $f(x)$ 的图形,先求 $f(x)$ 在 $x=0$ 处的左、右极限,再说明 $f(x)$ 在这点的极限是否存在.

3. 证明 $\lim\limits_{x\to0}\dfrac{|x|}{x}$ 不存在.

4. 思考题:

(1) 设 $\lim\limits_{x\to x_0}f(x)=A$,若 $f(x)>0$,则是否有 $A>0$? 反之如何?

(2) 若 $\lim\limits_{x\to x_0}|f(x)|$ 存在,则 $\lim\limits_{x\to x_0}f(x)$ 是否存在? 反之如何?

2.3 无穷小与无穷大

在 $x\to x_0$(或 $x\to\infty$)的过程中,$f(x)$ 有两种变化趋势特别值得注意,一种是 $|f(x)|$ 无限变小,另一种是 $|f(x)|$ 无限增大,下面就这两种情形分别加以讨论.

2.3.1 无穷小

定义 4 如果当 $x\to x_0$(或 $x\to\infty$)时,函数 $f(x)$ 的极限为零,那么称函数 $f(x)$ 在 $x\to x_0$

(或 $x\to\infty$)时为**无穷小量**,简称**无穷小**,记为

$$\lim_{\substack{x\to x_0\\(x\to\infty)}} f(x)=0.$$

例如,因为$\lim\limits_{x\to 1}(\sqrt{x}-1)=0$,所以函数 $f(x)=\sqrt{x}-1$ 在 $x\to 1$ 时为无穷小.

又如,因为$\lim\limits_{x\to\infty}\dfrac{1}{x^2+1}=0$,所以函数 $f(x)=\dfrac{1}{x^2+1}$在 $x\to\infty$时为无穷小.

综上所述,只要在函数极限的分析定义中,令常数 $A=0$,就能得到无穷小的分析定义.

定义 5　如果对于任意给定的正数 ε(不论它有多么小),总存在正数 δ(或正数 X),使得当 x 满足不等式 $0<|x-x_0|<\delta$(或$|x|>X$)时,对应的函数值 $f(x)$都满足不等式$|f(x)|<\varepsilon$,那么称函数 $f(x)$在 $x\to x_0$(或 $x\to\infty$)时为无穷小,记为

$$\lim_{\substack{x\to x_0\\(x\to\infty)}} f(x)=0.$$

无穷小定义中的常见问题

应当注意,无穷小是一个以零为极限的变量,而不是一个绝对值很小的数.同时,无穷小还必须与自变量的某一变化过程相联系(如 $x\to x_0$ 或 $x\to\infty$),否则是不确切的.

无穷小与函数极限有如下关系.

定理 1　$\lim\limits_{\substack{x\to x_0\\(x\to\infty)}} f(x)=A$ 的充分必要条件是 $f(x)=A+\alpha(x)$,其中 $\alpha(x)$为 $x\to x_0$(或 $x\to\infty$)时的无穷小.

证　下面就 $x\to x_0$ 的情形给出证明.

设$\lim\limits_{x\to x_0}f(x)=A$,则对于任意给定的正数 ε,存在正数 δ,使得当 $0<|x-x_0|<\delta$ 时,有$|f(x)-A|<\varepsilon$,记 $\alpha(x)=f(x)-A$,按函数极限的定义,$\lim\limits_{x\to x_0}\alpha(x)=0$,即 $\alpha(x)=f(x)-A$ 是 $x\to x_0$时的无穷小,所以有

$$f(x)=A+\alpha(x);$$

反之,设 $f(x)=A+\alpha(x)$,其中 A 为常数,$\alpha(x)$为 $x\to x_0$ 时的无穷小,则由无穷小的定义知,对于任意给定的正数 ε,存在正数 δ,使得当 $0<|x-x_0|<\delta$ 时,$|\alpha(x)|=|f(x)-A|<\varepsilon$ 成立,所以

$$\lim_{x\to x_0}f(x)=A.$$

无穷小具有如下的性质.

性质 1　有限个无穷小的代数和仍为无穷小.

证　下面就 $x\to x_0$ 时两种无穷小的情形给出证明.

设$\lim\limits_{x\to x_0}\alpha(x)=0$,$\lim\limits_{x\to x_0}\beta(x)=0$,则对于任意给定的正数 ε,存在两个正数 δ_1 和 δ_2,使得当 $0<|x-x_0|<\delta_1$ 时,有$|\alpha(x)|<\dfrac{\varepsilon}{2}$,当 $0<|x-x_0|<\delta_2$ 时,有$|\beta(x)|<\dfrac{\varepsilon}{2}$.

取 $\delta=\min\{\delta_1,\delta_2\}$,则当 $0<|x-x_0|<\delta$ 时,有

$$|\alpha(x)\pm\beta(x)|\leqslant|\alpha(x)|+|\beta(x)|<\frac{\varepsilon}{2}+\frac{\varepsilon}{2}=\varepsilon,$$

所以当 $x\to x_0$ 时,$\alpha(x)\pm\beta(x)$仍为无穷小.

性质 2　无穷小与有界函数的乘积仍为无穷小,即如果 $\lim\limits_{\substack{x\to x_0\\(x\to\infty)}} \alpha(x)=0$,且存在正数 M,

δ(或 X),当 $0<|x-x_0|<\delta$(或$|x|>X$)时,有$|f(x)|\leqslant M$,那么 $\lim\limits_{\substack{x\to x_0\\(x\to\infty)}}\alpha(x)f(x)=0$.

证 下面就 $x\to x_0$ 的情形给出证明.

因为存在正数 M,δ_1,所以当 $0<|x-x_0|<\delta_1$ 时,有$|f(x)|\leqslant M$;又因为 $\lim\limits_{x\to x_0}\alpha(x)=0$,所以对于任意给定的正数 ε,存在正数 δ_2,当 $0<|x-x_0|<\delta_2$ 时,有$|\alpha(x)|<\dfrac{\varepsilon}{M}$. 于是取 $\delta=\min\{\delta_1,\delta_2\}$,当 $0<|x-x_0|<\delta$ 时,有

$$|\alpha(x)f(x)|=|\alpha(x)|\cdot|f(x)|<M\cdot\frac{\varepsilon}{M}=\varepsilon,$$

因此

$$\lim_{x\to x_0}\alpha(x)f(x)=0.$$

例 1 求 $\lim\limits_{x\to 0}\left(x\sin\dfrac{1}{x}\right)$.

解 因为$\lim\limits_{x\to 0}x=0$,且当 $x\neq 0$ 时,$\left|\sin\dfrac{1}{x}\right|\leqslant 1$,即 $\sin\dfrac{1}{x}$在 $x=0$ 的去心邻域内有界,所以由性质 2 得

$$\lim_{x\to 0}x\sin\frac{1}{x}=0.$$

由性质 2 可得出下面的推论.

推论 1 常数与无穷小的乘积为无穷小.

推论 2 有限个无穷小的乘积为无穷小.

2.3.2 无穷大

定义 6 如果当 $x\to x_0$(或 $x\to\infty$)时,函数 $f(x)$的绝对值$|f(x)|$无限增大,那么称函数 $f(x)$在 $x\to x_0$(或 $x\to\infty$)时为**无穷大量**,简称**无穷大**.

例如,函数 $f(x)=\dfrac{1}{x-1}$的绝对值$\left|\dfrac{1}{x-1}\right|$当 $x\to 1$ 时无限增大,所以当 $x\to 1$ 时,$f(x)=\dfrac{1}{x-1}$为无穷大.

当 $x\to x_0$(或 $x\to\infty$)时,函数$f(x)$为无穷大,有下述分析定义.

定义 7 设函数 $f(x)$在 x_0 的某个去心邻域内(或$|x|$大于某一正数时)有定义. 如果对于任意给定的正数 M(不论它有多么大),总存在正数 δ(或正数 X),当 x 满足不等式 $0<|x-x_0|<\delta$(或$|x|>X$)时,总有

$$|f(x)|>M,$$

那么称函数 $f(x)$在 $x\to x_0$(或 $x\to\infty$)时为无穷大.

为方便起见,函数 $f(x)$在 $x\to x_0$(或 $x\to\infty$)时为无穷大,常记为 $\lim\limits_{\substack{x\to x_0\\(x\to\infty)}}f(x)=\infty$,但按函数的极限定义,极限是不存在的.

如果将定义 7 中的$|f(x)|>M$改成$f(x)>M$[或 $f(x)<-M$],则可得到函数 $f(x)$在 $x\to x_0$(或 $x\to\infty$)时为正无穷大(或负无穷大)的定义,相应地记为 $\lim\limits_{\substack{x\to x_0\\(x\to\infty)}}f(x)=+\infty$[或 $\lim\limits_{\substack{x\to x_0\\(x\to\infty)}}f(x)=-\infty$].

与无穷小类似，无穷大也是一个变量，而不是一个绝对值很大的数. 它也是与自变量的某一变化过程（$x\to x_0$ 或 $x\to\infty$）相联系的.

例 2　用定义证明 $\lim\limits_{x\to -1}\dfrac{1}{x+1}=\infty$.

证　对于任意给定的正数 M，要使 $\left|\dfrac{1}{x+1}\right|>M$，只要 $|x+1|<\dfrac{1}{M}$ 即可，于是取 $\delta=\dfrac{1}{M}$，当 $0<|x+1|<\delta$ 时，总有

$$\left|\frac{1}{x+1}\right|>M$$

成立，所以 $\lim\limits_{x\to -1}\dfrac{1}{x+1}=\infty$.

无穷小与无穷大有下面的关系.

定理 2　如果当 $x\to x_0$（或 $x\to\infty$）时，函数 $f(x)$ 为无穷大，那么 $\dfrac{1}{f(x)}$ 为无穷小；反之，如果当 $x\to x_0$（或 $x\to\infty$）时，函数 $f(x)$ 为无穷小，且 $f(x)\neq 0$，那么 $\dfrac{1}{f(x)}$ 为无穷大.

证　下面就 $x\to x_0$ 的情形给出证明.

设 $\lim\limits_{x\to x_0}f(x)=\infty$，要证 $\lim\limits_{x\to x_0}\dfrac{1}{f(x)}=0$.

对于任意给定的正数 ε，根据无穷大的定义，取 $M=\dfrac{1}{\varepsilon}$，存在正数 δ，当 $0<|x-x_0|<\delta$ 时，有 $|f(x)|>M=\dfrac{1}{\varepsilon}$，从而 $\left|\dfrac{1}{f(x)}\right|<\varepsilon$，所以 $\dfrac{1}{f(x)}$ 在 $x\to x_0$ 时为无穷小.

反之，设 $\lim\limits_{x\to x_0}f(x)=0$，且 $f(x)\neq 0$，要证 $\lim\limits_{x\to x_0}\dfrac{1}{f(x)}=\infty$.

对于任意给定的正数 M，根据无穷小的定义，取 $\varepsilon=\dfrac{1}{M}$，存在正数 δ，当 $0<|x-x_0|<\delta$ 时，有 $|f(x)|<\varepsilon=\dfrac{1}{M}$，由于 $f(x)\neq 0$，从而 $\left|\dfrac{1}{f(x)}\right|>M$，所以 $\dfrac{1}{f(x)}$ 在 $x\to x_0$ 时为无穷大.

习题 2.3

1. 观察下列各题，判断哪些是无穷小，哪些是无穷大：

（1）$\dfrac{1+2x}{x}$ $(x\to 0)$；　（2）$\dfrac{1+2x}{x^2}$ $(x\to\infty)$；　（3）$\cot x$ $(x\to 0^+)$；

（4）e^{-x} $(x\to +\infty)$；　（5）$2^{\frac{1}{x}}$ $(x\to 0^-)$；　（6）$(-1)^n\dfrac{1}{2^n}$ $(n\to\infty)$.

2. 判断下列函数在什么情况下是无穷小，什么情况下是无穷大：

（1）$\dfrac{x+2}{x-1}$；　（2）$\ln x$；　（3）$\dfrac{x+2}{x^2}$.

3. 利用定义证明：

（1）$y=\dfrac{x^2-9}{x+3}$ 在 $x\to 3$ 时为无穷小；　（2）$y=\dfrac{1+2x}{x}$ 在 $x\to 0$ 时为无穷大.

4. 求下列函数的极限：

(1) $\lim\limits_{x\to 0}x^2\cos\dfrac{1}{x}$； (2) $\lim\limits_{x\to\infty}\dfrac{1}{x}\arctan x$； (3) $\lim\limits_{x\to\infty}\dfrac{\sin x}{x}$.

5. 函数 $y=x\sin x$ 在区间 $(0,+\infty)$ 内是否有界？当 $x\to+\infty$ 时，这个函数是否为无穷大？

2.4 极限的运算法则

本节讨论极限的一些计算方法，主要是建立极限的四则运算法则和复合函数的极限运算法则，利用这些法则，可以求某些函数的极限. 以后我们还将介绍求极限的其他方法.

2.4.1 极限的四则运算法则

在下面的讨论中，定理对自变量各种变化过程的函数极限都是成立的，故记号“lim”下面没有标明自变量的变化过程.

定理 3 设 $\lim f(x)=A$，$\lim g(x)=B$，则

(1) $\lim[f(x)\pm g(x)]=\lim f(x)\pm\lim g(x)=A\pm B$；

(2) $\lim[f(x)g(x)]=\lim f(x)\lim g(x)=AB$；

(3) $\lim\dfrac{f(x)}{g(x)}=\dfrac{\lim f(x)}{\lim g(x)}=\dfrac{A}{B}$ $[\lim g(x)=B\neq 0]$.

下面就结论(2)给出证明.

证 因为 $\lim f(x)=A$，$\lim g(x)=B$，由无穷小与函数极限的关系得 $f(x)=A+\alpha(x)$，$g(x)=B+\beta(x)$，其中 $\alpha(x)$，$\beta(x)$ 为无穷小，所以

$$\begin{aligned}f(x)g(x)&=[A+\alpha(x)][B+\beta(x)]\\&=AB+[A\beta(x)+B\alpha(x)+\alpha(x)\beta(x)].\end{aligned}$$

由无穷小的性质可知 $[A\beta(x)+B\alpha(x)+\alpha(x)\beta(x)]$ 仍为无穷小，再由无穷小与函数极限的关系得

$$\lim[f(x)g(x)]=\lim f(x)\lim g(x)=AB.$$

定理中的结论(1)和(2)可以推广到有限个函数的代数和及乘积的极限的情况. 由结论(2)可得出如下推论.

推论 1 如果 $\lim f(x)$ 存在，C 为常数，那么 $\lim[Cf(x)]=C\lim f(x)$.

推论 2 如果 $\lim f(x)$ 存在，n 为正整数，那么 $\lim[f(x)]^n=[\lim f(x)]^n$.

例 1 求 $\lim\limits_{x\to 2}(4x^4+2x^3-5x^2-8x)$.

解
$$\begin{aligned}\lim_{x\to 2}(4x^4+2x^3-5x^2-8x)&=\lim_{x\to 2}(4x^4)+\lim_{x\to 2}(2x^3)-\lim_{x\to 2}(5x^2)-\lim_{x\to 2}(8x)\\&=4(\lim_{x\to 2}x)^4+2(\lim_{x\to 2}x)^3-5(\lim_{x\to 2}x)^2-8(\lim_{x\to 2}x)\\&=64+16-20-16=44.\end{aligned}$$

一般地，设多项式

$$P_n(x)=a_nx^n+a_{n-1}x^{n-1}+\cdots+a_1x+a_0,$$

则
$$\lim_{x\to x_0}P_n(x)=a_nx_0^n+a_{n-1}x_0^{n-1}+\cdots+a_1x_0+a_0=P_n(x_0).$$

例 2 求 $\lim\limits_{x\to -1}\dfrac{2x^2+x-2}{3x^2+2}$.

解　因为 $\lim\limits_{x\to -1}(3x^2+2)=3+2=5\neq 0$，所以

$$\lim_{x\to -1}\frac{2x^2+x-2}{3x^2+2}=\frac{\lim\limits_{x\to -1}(2x^2+x-2)}{\lim\limits_{x\to -1}(3x^2+2)}=-\frac{1}{5}.$$

一般地，对于有理函数 $Q(x)=\dfrac{P_n(x)}{P_m(x)}$，如果 $\lim\limits_{x\to x_0}P_m(x)=P_m(x_0)\neq 0$，那么

$$\lim_{x\to x_0}Q(x)=\frac{\lim\limits_{x\to x_0}P_n(x)}{\lim\limits_{x\to x_0}P_m(x)}=\frac{P_n(x_0)}{P_m(x_0)}=Q(x_0).$$

极限运算中的常见问题

例 3　求 $\lim\limits_{x\to 1}\dfrac{x^2+x}{x^2-1}$.

解　因为 $\lim\limits_{x\to 1}(x^2-1)=0$，所以不能直接用商的极限的运算法则，但 $\lim\limits_{x\to 1}(x^2+x)=2\neq 0$，因此

$$\lim_{x\to 1}\frac{x^2-1}{x^2+x}=\frac{0}{2}=0,$$

由无穷小与无穷大的关系得

$$\lim_{x\to 1}\frac{x^2+x}{x^2-1}=\infty.$$

例 4　求 $\lim\limits_{x\to 4}\dfrac{x^2-7x+12}{x^2-5x+4}$.

解　当 $x\to 4$ 时，分子与分母的极限都为 0，因此分子与分母中必可约去公因式 $x-4$，

$$\lim_{x\to 4}\frac{x^2-7x+12}{x^2-5x+4}=\lim_{x\to 4}\frac{(x-3)(x-4)}{(x-1)(x-4)}=\lim_{x\to 4}\frac{x-3}{x-1}=\frac{1}{3}.$$

例 5　求 $\lim\limits_{x\to 1}\left(\dfrac{1}{1-x}-\dfrac{3}{1-x^3}\right)$.

解　当 $x\to 1$ 时，上式两项均为无穷大，不能使用极限运算法则，我们先通分，将两项合并，再求极限，

$$\begin{aligned}\lim_{x\to 1}\left(\frac{1}{1-x}-\frac{3}{1-x^3}\right)&=\lim_{x\to 1}\frac{1+x+x^2-3}{(1-x)(1+x+x^2)}=\lim_{x\to 1}\frac{x^2+x-2}{(1-x)(1+x+x^2)}\\&=\lim_{x\to 1}\frac{-(1-x)(x+2)}{(1-x)(1+x+x^2)}=\lim_{x\to 1}\frac{-(x+2)}{1+x+x^2}=-1.\end{aligned}$$

综上讨论，有理函数在 $x\to x_0$ 时的极限是容易求得的，对于在 $x\to\infty$ 时的极限，可先用分子、分母中 x 的最高次幂除之，然后求极限.

例 6　求 $\lim\limits_{x\to\infty}\dfrac{2x^2+x+3}{3x^2-x+2}$.

解　$\lim\limits_{x\to\infty}\dfrac{2x^2+x+3}{3x^2-x+2}=\lim\limits_{x\to\infty}\dfrac{2+\dfrac{1}{x}+\dfrac{3}{x^2}}{3-\dfrac{1}{x}+\dfrac{2}{x^2}}=\dfrac{2}{3}$.

一般地，当 $a_0\neq 0$，$b_0\neq 0$，m，n 为正整数时，有

$$\lim_{x\to\infty}\frac{a_0x^m+a_1x^{m-1}+\cdots+a_m}{b_0x^n+b_1x^{n-1}+\cdots+b_n}=\begin{cases}\dfrac{a_0}{b_0}, & n=m,\\ 0, & n>m,\\ \infty, & n<m.\end{cases}$$

例 7 求$\lim\limits_{n\to\infty}\left(\frac{1}{n^2}+\frac{2}{n^2}+\cdots+\frac{n}{n^2}\right)$.

解 因为是无穷多项的和,所以不能直接用和的极限的运算法则,但可以先经过恒等变形,再求极限,所以

$$\lim_{n\to\infty}\left(\frac{1}{n^2}+\frac{2}{n^2}+\cdots+\frac{n}{n^2}\right)=\lim_{n\to\infty}\frac{1+2+\cdots+n}{n^2}=\lim_{n\to\infty}\frac{\frac{1}{2}n(n+1)}{n^2}=\frac{1}{2}\lim_{n\to\infty}\left(1+\frac{1}{n}\right)=\frac{1}{2}.$$

2.4.2 复合函数的极限运算法则

定理 4 设函数 $y=f[\varphi(x)]$是由函数 $y=f(u)$与函数 $u=\varphi(x)$复合而成的,$f[\varphi(x)]$在点 x_0 的某个去心邻域内有定义. 如果$\lim\limits_{x\to x_0}\varphi(x)=u_0$, $\lim\limits_{u\to u_0}f(u)=A$,且存在 $\delta_0>0$,当 $x\in\mathring{U}(x_0,\delta_0)$时,有 $\varphi(x)\neq u_0$,那么

$$\lim_{x\to x_0}f[\varphi(x)]=\lim_{u\to u_0}f(u)=A.$$

定理的证明从略.

此定理表示,如果函数 $y=f(u)$和 $u=\varphi(x)$满足该定理的条件,那么要求$\lim\limits_{x\to x_0}f[\varphi(x)]$,可以做代换 $u=\varphi(x)$,若$\lim\limits_{x\to x_0}\varphi(x)=u_0$,则

$$\lim_{x\to x_0}f[\varphi(x)]=\lim_{u\to u_0}f(u).$$

例 8 求$\lim\limits_{x\to 1}\left[\left(\frac{x^2-1}{x-1}\right)^3+\frac{4(x^2-1)}{x-1}\right]$.

解 $y=\left(\frac{x^2-1}{x-1}\right)^3+\frac{4(x^2-1)}{x-1}$由 $y=u^3+4u$ 与 $u=\frac{x^2-1}{x-1}$复合而成,因为$\lim\limits_{x\to 1}\frac{x^2-1}{x-1}=2$,$\lim\limits_{u\to 2}(u^3+4u)=16$,所以

$$\lim_{x\to 1}\left[\left(\frac{x^2-1}{x-1}\right)^3+\frac{4(x^2-1)}{x-1}\right]=\lim_{u\to 2}(u^3+4u)=16.$$

例 9 求$\lim\limits_{x\to 4}\frac{\sqrt{2x+1}-3}{x^2-16}$.

解
$$\begin{aligned}\lim_{x\to 4}\frac{\sqrt{2x+1}-3}{x^2-16}&=\lim_{x\to 4}\frac{(\sqrt{2x+1}-3)(\sqrt{2x+1}+3)}{(x-4)(x+4)(\sqrt{2x+1}+3)}\\&=\lim_{x\to 4}\frac{2(x-4)}{(x-4)(x+4)(\sqrt{2x+1}+3)}\\&=\lim_{x\to 4}\frac{2}{(x+4)(\sqrt{2x+1}+3)}=\frac{1}{24}.\end{aligned}$$

习题 2.4

1. 求下列极限:

(1) $\lim\limits_{x\to 2}(4x^2-2x+3)$; (2) $\lim\limits_{x\to 2}\frac{2x+1}{x^2-3}$; (3) $\lim\limits_{x\to 3}\frac{2x+1}{x^2-9}$;

(4) $\lim\limits_{x\to 1}\frac{x^2-3x+2}{x^2-1}$; (5) $\lim\limits_{x\to 0}\frac{4x^3-2x^2+x}{3x^2+2x}$; (6) $\lim\limits_{h\to 0}\frac{(x+h)^3-x^3}{h}$;

(7) $\lim\limits_{x\to1}\dfrac{x^n-1}{x-1}$（$n$ 为正整数）；　(8) $\lim\limits_{x\to\infty}\dfrac{2x+1}{x^2-3x+2}$；　(9) $\lim\limits_{x\to\infty}\dfrac{3x^2+5x+1}{x^2+3x+4}$；

(10) $\lim\limits_{x\to\infty}\dfrac{2x^4-5x}{x^2-3x+1}$；　(11) $\lim\limits_{x\to\infty}\dfrac{(2x-3)^{20}\cdot(3x+2)^{30}}{(5x+1)^{50}}$；　(12) $\lim\limits_{x\to1}\left(\dfrac{2}{x^2-1}-\dfrac{1}{x-1}\right)$；

(13) $\lim\limits_{x\to1}\dfrac{\sqrt{3-x}-\sqrt{1+x}}{x^2-1}$；　(14) $\lim\limits_{x\to+\infty}\left(\sqrt{(x+2)(x-1)}-x\right)$；　(15) $\lim\limits_{n\to\infty}\dfrac{3n^2+n}{4n^2+1}$；

(16) $\lim\limits_{n\to\infty}\dfrac{5^n+2^n}{5^{n+1}+2^{n+1}}$；　(17) $\lim\limits_{n\to\infty}\left[\dfrac{1}{1\times2}+\dfrac{1}{2\times3}+\cdots+\dfrac{1}{n(n+1)}\right]$；　(18) $\lim\limits_{n\to\infty}(\sqrt{n+1}-\sqrt{n})\sqrt{n}$.

2. 设 $\lim\limits_{x\to1}\dfrac{x^2+ax+b}{1-x}=5$，求 a，b 的值.

3. 设 $\lim\limits_{x\to\infty}\left(\dfrac{x^2+1}{x+1}-ax-b\right)=0$，求 a，b 的值.

2.5　极限存在准则　两个重要极限

本节给出判定极限存在的两个准则，并利用这两个准则得出两个重要极限.

2.5.1　夹逼准则

数列夹逼准则的几何意义

准则 1　如果数列 $\{x_n\}$，$\{y_n\}$ 及 $\{z_n\}$ 满足条件

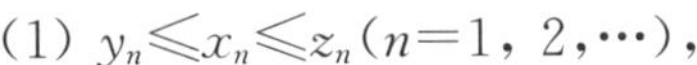

(1) $y_n\leqslant x_n\leqslant z_n(n=1,\ 2,\cdots)$，

(2) $\lim\limits_{n\to\infty}y_n=A$，$\lim\limits_{n\to\infty}z_n=A$，

那么数列 $\{x_n\}$ 的极限存在，且 $\lim\limits_{n\to\infty}x_n=A$.

证　因为当 $n\to\infty$ 时，$y_n\to A$，$z_n\to A$，所以根据数列极限的定义，对于给定的正数 ε，存在正整数 N_1，当 $n>N_1$ 时，有 $|y_n-A|<\varepsilon$；又存在正整数 N_2，当 $n>N_2$ 时，有 $|z_n-A|<\varepsilon$. 故可取 $N=\max\{N_1,\ N_2\}$，则当 $n>N$ 时，

$$|y_n-A|<\varepsilon,\ |z_n-A|<\varepsilon$$

同时成立，即

$$A-\varepsilon<y_n<A+\varepsilon,\ A-\varepsilon<z_n<A+\varepsilon,$$

从而有

$$A-\varepsilon<y_n\leqslant x_n\leqslant z_n<A+\varepsilon,$$

由此得

$$|x_n-A|<\varepsilon,$$

所以

$$\lim_{n\to\infty}x_n=A.$$

准则 1 还可推广到函数极限的情形.

准则 1′　如果函数 $f(x)$，$g(x)$ 及 $h(x)$ 满足条件

(1) 当 $x\in\mathring{U}(x_0,\ \delta)$（或 $|x|>M$）时，$g(x)\leqslant f(x)\leqslant h(x)$，

(2) $\lim\limits_{\substack{x\to x_0\\(x\to\infty)}}g(x)=A$，$\lim\limits_{\substack{x\to x_0\\(x\to\infty)}}h(x)=A$，

那么

$$\lim_{\substack{x\to x_0\\(x\to\infty)}}f(x)=A.$$

例 1　证明 $\lim\limits_{x\to0}\cos x=1$.

证　因为当 $-\dfrac{\pi}{2}<x<\dfrac{\pi}{2}$，且 $x\neq0$ 时，

$$0<1-\cos x=2\sin^2\frac{x}{2}<2\left(\frac{x}{2}\right)^2=\frac{x^2}{2},$$

又因为$\lim\limits_{x\to 0}0=0$，$\lim\limits_{x\to 0}\dfrac{x^2}{2}=0$，由准则 1′得$\lim\limits_{x\to 0}(1-\cos x)=0$，所以

$$\lim_{x\to 0}\cos x=1.$$

数列夹逼准则的应用

2.5.2 重要极限 $\lim\limits_{x\to 0}\dfrac{\sin x}{x}=1$

函数$\dfrac{\sin x}{x}$对于一切$x\neq 0$都有定义，当$x\to 0$时，函数$\dfrac{\sin x}{x}$分子和分母的极限都为 0，因此不能用函数商的极限的运算法则，下面用准则 1′来求此极限.

在图 2-4 所示的单位圆中，设圆心角$\angle AOB=x\ \left(0<x<\dfrac{\pi}{2}\right)$，点 A 处圆的切线 AD 与 OB 的延长线相交于 D，作 $BC\perp OA$，则

$$\sin x=CB,\ x=\overset{\frown}{AB},\ \tan x=AD.$$

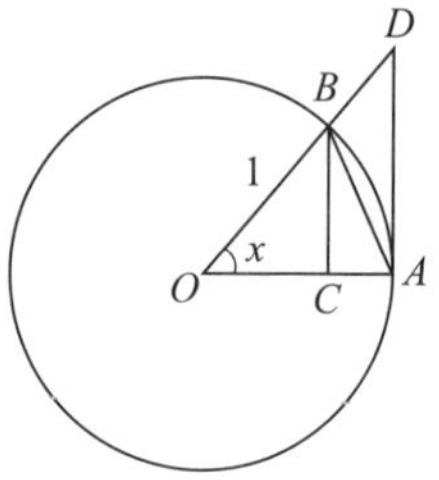

因为$\triangle AOB$ 的面积<扇形 AOB 的面积<$\triangle AOD$ 的面积，所以

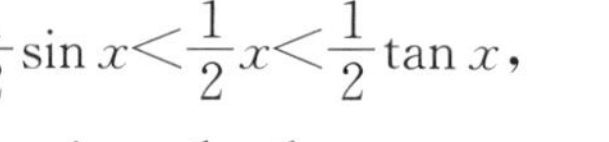

$$\frac{1}{2}\sin x<\frac{1}{2}x<\frac{1}{2}\tan x,$$

图 2-4

即
$$\sin x<x<\tan x,$$

除以 $\sin x$，得
$$1<\frac{x}{\sin x}<\frac{1}{\cos x},$$

从而有
$$\cos x<\frac{\sin x}{x}<1.$$

因为当 x 用 $-x$ 代替时，$\cos x$ 与$\dfrac{\sin x}{x}$都不变号，所以上面的不等式在$-\dfrac{\pi}{2}<x<0$时也成立. 又因为$\lim\limits_{x\to 0}\cos x=1$，$\lim\limits_{x\to 0}1=1$，所以由准则 1′得

$$\lim_{x\to 0}\frac{\sin x}{x}=1.$$

例 2 求$\lim\limits_{x\to 0}\dfrac{\tan x}{x}$.

解 $\lim\limits_{x\to 0}\dfrac{\tan x}{x}=\lim\limits_{x\to 0}\left(\dfrac{\sin x}{x}\cdot\dfrac{1}{\cos x}\right)=\lim\limits_{x\to 0}\dfrac{\sin x}{x}\cdot\lim\limits_{x\to 0}\dfrac{1}{\cos x}=1.$

例 3 求$\lim\limits_{x\to 0}\dfrac{1-\cos x}{x^2}$.

解 $\lim\limits_{x\to 0}\dfrac{1-\cos x}{x^2}=\lim\limits_{x\to 0}\dfrac{2\sin^2\dfrac{x}{2}}{x^2}=\dfrac{1}{2}\lim\limits_{x\to 0}\dfrac{\sin^2\dfrac{x}{2}}{\left(\dfrac{x}{2}\right)^2}=\dfrac{1}{2}\lim\limits_{x\to 0}\left(\dfrac{\sin\dfrac{x}{2}}{\dfrac{x}{2}}\right)^2=\dfrac{1}{2}\times 1^2=\dfrac{1}{2}.$

这里倒数第二个等号用到了复合函数的极限运算法则. 实际上，$\dfrac{\sin\dfrac{x}{2}}{\dfrac{x}{2}}$可看作由$\dfrac{\sin u}{u}$与$u=\dfrac{x}{2}$复合而成，因$\lim\limits_{x\to 0}\dfrac{x}{2}=0$，而$\lim\limits_{u\to 0}\dfrac{\sin u}{u}=1$，故

$$\lim_{x\to 0}\frac{\sin\frac{x}{2}}{\frac{x}{2}}=\lim_{u\to 0}\frac{\sin u}{u}=1.$$

一般地，根据复合函数的极限运算法则和重要极限$\lim\limits_{x\to 0}\dfrac{\sin x}{x}=1$，我们有下面的结论：当$x\in\mathring{U}(x_0,\delta)$（或$|x|>M$）时，$\varphi(x)$有定义且不为0，如果$\lim\limits_{\substack{x\to x_0\\(x\to\infty)}}\varphi(x)=0$，那么$\lim\limits_{\substack{x\to x_0\\(x\to\infty)}}\dfrac{\sin\varphi(x)}{\varphi(x)}=1$.

例4　求$\lim\limits_{n\to\infty}\left(\dfrac{n}{2}R^2\sin\dfrac{2\pi}{n}\right)$.

解　$\lim\limits_{n\to\infty}\left(\dfrac{n}{2}R^2\sin\dfrac{2\pi}{n}\right)=\lim\limits_{n\to\infty}R^2\pi\dfrac{\sin\dfrac{2\pi}{n}}{\dfrac{2\pi}{n}}=R^2\pi\cdot\lim\limits_{n\to\infty}\dfrac{\sin\dfrac{2\pi}{n}}{\dfrac{2\pi}{n}}=\pi R^2$.

例5　求$\lim\limits_{x\to 0}\dfrac{\arctan x}{x}$.

解　令$t=\arctan x$，则$x=\tan t$，当$x\to 0$时，$t\to 0$，由复合函数的极限运算法则得

$$\lim_{x\to 0}\frac{\arctan x}{x}=\lim_{t\to 0}\frac{t}{\tan t}=1.$$

***例6**　求$\lim\limits_{n\to\infty}\left(\dfrac{1}{\sqrt{n^2+1}}+\dfrac{1}{\sqrt{n^2+2}}+\cdots+\dfrac{1}{\sqrt{n^2+n}}\right)$.

第一重要极限在求极限中的应用

解　记$a_n=\dfrac{1}{\sqrt{n^2+1}}+\dfrac{1}{\sqrt{n^2+2}}+\cdots+\dfrac{1}{\sqrt{n^2+n}}$，则有

$$a_n<\frac{1}{\sqrt{n^2+1}}+\frac{1}{\sqrt{n^2+1}}+\cdots+\frac{1}{\sqrt{n^2+1}}=\frac{n}{\sqrt{n^2+1}},$$

$$a_n>\frac{1}{\sqrt{n^2+n}}+\frac{1}{\sqrt{n^2+n}}+\cdots+\frac{1}{\sqrt{n^2+n}}=\frac{n}{\sqrt{n^2+n}},$$

即

$$\frac{n}{\sqrt{n^2+n}}<a_n<\frac{n}{\sqrt{n^2+1}}.$$

由于

$$\lim_{n\to\infty}\frac{n}{\sqrt{n^2+n}}=1,\ \lim_{n\to\infty}\frac{n}{\sqrt{n^2+1}}=1,$$

由夹逼准则可知

$$\lim_{n\to\infty}\left(\frac{1}{\sqrt{n^2+1}}+\frac{1}{\sqrt{n^2+2}}+\cdots+\frac{1}{\sqrt{n^2+n}}\right)=1.$$

2.5.3　单调有界准则

准则2　如果数列$\{x_n\}$是单调有界数列，那么$\lim\limits_{n\to\infty}x_n$一定存在，即单调有界数列一定有极限.

对于准则2，我们不给出证明，仅从几何上给予直观的解释. 如图2-5所示，用数轴上的点表示数列[x_n]. 设数列$\{x_n\}$是单调增加的，且有上界M，即$x_1\leqslant x_2\leqslant\cdots\leqslant x_n\leqslant\cdots\leqslant M$. 则数轴上表示数列[$x_n$]的点一定从左向右移动，所以点$x_n$沿数轴移向无穷远（$x_n\to+\infty$），或者无限趋近于某一定点$A$. 现在$x_n\leqslant M$对一切$n$成立，因此不可能出现$x_n\to+\infty$的情况. 这样数列$\{x_n\}$一定有极限$A$，且$A$不超过$M$.

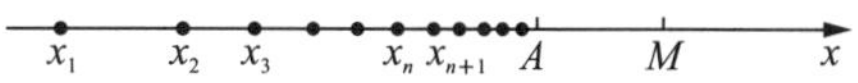

x_1　x_2　x_3　x_n　x_{n+1}　A　M　x

图2-5

2.5.4 重要极限$\lim\limits_{x\to\infty}\left(1+\dfrac{1}{x}\right)^x=e$

下面我们用准则 2 证明数列极限$\lim\limits_{n\to\infty}\left(1+\dfrac{1}{n}\right)^n$存在.

设$x_n=\left(1+\dfrac{1}{n}\right)^n$,只需证明数列$\{x_n\}$单调有界即可. 利用基本不等式可得

$$x_n=\left(1+\frac{1}{n}\right)^n=\overbrace{\left(1+\frac{1}{n}\right)\left(1+\frac{1}{n}\right)\cdots\left(1+\frac{1}{n}\right)}^{n个}\times 1$$

$$\leqslant\left(\frac{\overbrace{\left(1+\frac{1}{n}\right)+\left(1+\frac{1}{n}\right)+\cdots+\left(1+\frac{1}{n}\right)}^{n个}+1}{n+1}\right)^{n+1}$$

$$=\left(\frac{n+2}{n+1}\right)^{n+1}=\left(1+\frac{1}{n+1}\right)^{n+1}=x_{n+1},$$

所以数列$\{x_n\}$是单调增加数列.

又因为对于任意的正整数 n,有

$$\frac{1}{2}\times\frac{1}{2}x_n=\frac{1}{2}\times\frac{1}{2}\left(1+\frac{1}{n}\right)^n$$

$$\leqslant\left(\frac{\overbrace{\left(1+\frac{1}{n}\right)+\left(1+\frac{1}{n}\right)+\cdots+\left(1+\frac{1}{n}\right)}^{n个}+\frac{1}{2}+\frac{1}{2}}{n+2}\right)^{n+2}$$

$$=\left(\frac{n\left(1+\frac{1}{n}\right)+1}{n+2}\right)^{n+2}=1,$$

所以

$$x_n=\left(1+\frac{1}{n}\right)^n\leqslant 4.$$

因此数列$\{x_n\}$是有界数列.

根据准则 2,极限$\lim\limits_{n\to\infty}x_n=\lim\limits_{n\to\infty}\left(1+\dfrac{1}{n}\right)^n$存在. 我们可以从表 2－1 中观察 n 增大过程中数列$x_n=\left(1+\dfrac{1}{n}\right)^n$的变化趋势.

表 2－1

n	1	3	5	10	100	1000	10000	100000	…
$\left(1+\frac{1}{n}\right)^n$	2	2.37	2.488	2.594	2.705	2.7169	2.71815	2.71827	…

数列$\{x_n\}=\left\{\left(1+\dfrac{1}{n}\right)^n\right\}$的极限值$\lim\limits_{n\to\infty}\left(1+\dfrac{1}{n}\right)^n$为常数 e,即

$$\lim_{n\to\infty}\left(1+\frac{1}{n}\right)^n=e.$$

无理数 e 的简介

e 是无理数,它的值为 2.718281828459045…. 指数函数 $y=e^x$ 和自然对数 $y=\ln x$ 中的

e 就是这个常数.

可以证明，当 x 取实数而趋于 $+\infty$ 或 $-\infty$ 时，函数 $\left(1+\frac{1}{x}\right)^x$ 的极限都存在，且都等于 e，即

$$\lim_{x\to\infty}\left(1+\frac{1}{x}\right)^x=\mathrm{e}.$$

若做代换 $t=\frac{1}{x}$，则当 $t\to 0$ 时，有 $x\to\infty$，由复合函数的极限运算法则得

$$\lim_{t\to 0}(1+t)^{\frac{1}{t}}=\lim_{x\to\infty}\left(1+\frac{1}{x}\right)^x=\mathrm{e}.$$

例 7 求 $\lim\limits_{x\to\infty}\left(1+\frac{3}{x}\right)^{2x}$.

解 令 $t=\frac{3}{x}$，则当 $x\to\infty$ 时，$t\to 0$，因此得

$$\lim_{x\to\infty}\left(1+\frac{3}{x}\right)^{2x}=\lim_{t\to 0}(1+t)^{\frac{6}{t}}=\left[\lim_{t\to 0}(1+t)^{\frac{1}{t}}\right]^6=\mathrm{e}^6.$$

一般地，根据复合函数的极限运算法则和重要极限 $\lim\limits_{x\to 0}(1+x)^{\frac{1}{x}}=\mathrm{e}$，我们有下面的结论：当 $x\in \mathring{U}(x_0,\delta)$（或 $|x|>M$）时，$\varphi(x)$ 有定义且不为 0，如果 $\lim\limits_{\substack{x\to x_0\\(x\to\infty)}}\varphi(x)=0$，那么 $\lim\limits_{\substack{x\to x_0\\(x\to\infty)}}[1+\varphi(x)]^{\frac{1}{\varphi(x)}}=\mathrm{e}$.

例 8 求 $\lim\limits_{x\to\infty}\left(\frac{2x+2}{2x+1}\right)^{2x}$.

解
$$\begin{aligned}\lim_{x\to\infty}\left(\frac{2x+2}{2x+1}\right)^{2x}&=\lim_{x\to\infty}\left(1+\frac{1}{2x+1}\right)^{2x+1-1}=\lim_{x\to\infty}\left(1+\frac{1}{2x+1}\right)^{2x+1}\cdot\lim_{x\to\infty}\left(1+\frac{1}{2x+1}\right)^{-1}\\&=\mathrm{e}\times 1=\mathrm{e}.\end{aligned}$$

例 9 求 $\lim\limits_{x\to\infty}\left(1-\frac{1}{x^2}\right)^x$.

解
$$\begin{aligned}\lim_{x\to\infty}\left(1-\frac{1}{x^2}\right)^x&=\lim_{x\to\infty}\left(1+\frac{1}{x}\right)^x\left(1-\frac{1}{x}\right)^x=\lim_{x\to\infty}\left(1+\frac{1}{x}\right)^x\cdot\lim_{x\to\infty}\left(1-\frac{1}{x}\right)^{-x\cdot(-1)}\\&=\mathrm{e}\times\mathrm{e}^{-1}=1.\end{aligned}$$

***例 10** 设 $x_0=1$，$x_1=1+\frac{x_0}{1+x_0}$，…，$x_{n+1}=1+\frac{x_n}{1+x_n}$，证明 $\lim\limits_{n\to\infty}x_n$ 存在，并求其极限.

证 显然有 $x_n>0(n=0,1,2,\cdots)$，且 $x_1=\frac{3}{2}>x_0=1$. 设 $x_k>x_{k-1}$，则

$$x_{k+1}-x_k=\left(1+\frac{x_k}{1+x_k}\right)-\left(1+\frac{x_{k-1}}{1+x_{k-1}}\right)=\frac{x_k-x_{k-1}}{(1+x_k)(1+x_{k-1})}>0,$$

由数学归纳法知数列 $\{x_n\}$ 单调增加.

再由 $x_n=1+\frac{x_{n-1}}{1+x_{n-1}}<1+1=2\ (n=1,2,\cdots)$ 知数列 $\{x_n\}$ 上有界. 根据单调有界准则，可知 $\lim\limits_{n\to\infty}x_n$ 存在，设

$$\lim_{n\to\infty}x_n=a,$$

则也有 $\lim\limits_{n\to\infty}x_{n+1}=a$. 由已知条件得

$$\lim_{n\to\infty}x_{n+1}=\lim_{n\to\infty}\left(1+\frac{x_n}{1+x_n}\right),$$

即
$$a=1+\frac{a}{1+a},$$
解得
$$a=\frac{1\pm\sqrt{5}}{2}.$$
根据题意,负值 $a=\frac{1-\sqrt{5}}{2}$ 舍去,所以
$$\lim_{n\to\infty}x_n=\frac{1+\sqrt{5}}{2}.$$

第二重要极限在求极限中的应用

2.5.5 连续复利

设一笔贷款 A_0(称为本金),年利率为 r. 若每年结算利息一次,则一年后的本利和为
$$A_1=A_0(1+r),$$
k 年后的本利和为
$$A_k=A_0(1+r)^k;$$
若一年分 n 期计息,年利率仍为 r,则每期利率为 $\frac{r}{n}$,于是一年后的本利和为
$$A_1=A_0\left(1+\frac{r}{n}\right)^n,$$
k 年后的本利和为
$$A_k=A_0\left(1+\frac{r}{n}\right)^{nk};$$
若计息期数 $n\to\infty$,即每时每刻计算复利(称为连续复利),则 k 年后的本利和为
$$A_k=\lim_{n\to\infty}A_0\left(1+\frac{r}{n}\right)^{nk}=\lim_{n\to\infty}A_0\left[\left(1+\frac{r}{n}\right)^{\frac{n}{r}}\right]^{rk}=A_0\mathrm{e}^{rk}.$$

习题 2.5

1. 计算下列极限:

(1) $\lim\limits_{x\to0}\frac{\tan x-\sin x}{x}$;　(2) $\lim\limits_{x\to0}\frac{\sin 3x}{\tan 5x}$;　(3) $\lim\limits_{x\to0}\frac{1-\cos 4x}{x\sin x}$;

(4) $\lim\limits_{n\to\infty}2^n\sin\frac{x}{2^n}$ ($x\neq0$ 为常数);　(5) $\lim\limits_{x\to\pi}\frac{\sin x}{\pi-x}$;　(6) $\lim\limits_{x\to a}\frac{\sin x-\sin a}{x-a}$;

(7) $\lim\limits_{x\to0}\frac{\tan x-\sin x}{\sin^3 x}$;　(8) $\lim\limits_{x\to1}(1-x)\tan\frac{\pi x}{2}$;　(9) $\lim\limits_{x\to1}\frac{\sin^2(x-1)}{x^2-1}$.

2. 计算下列极限:

(1) $\lim\limits_{x\to0}(1-2x)^{\frac{1}{x}}$;　(2) $\lim\limits_{x\to\infty}\left(1+\frac{3}{x}\right)^{x+3}$;　(3) $\lim\limits_{x\to\infty}\left(\frac{x-1}{x+1}\right)^x$;

(4) $\lim\limits_{x\to+\infty}\left(1-\frac{1}{x}\right)^{\sqrt{x}}$;　(5) $\lim\limits_{x\to\infty}\left(\frac{x^2}{x^2-1}\right)^x$;　(6) $\lim\limits_{x\to\frac{\pi}{2}}(1+3\cos^2 x)^{\sec^2 x}$.

***3.** 利用极限存在准则证明:

(1) $\lim\limits_{n\to\infty}\left[n\left(\frac{1}{n^2+\pi}+\frac{1}{n^2+2\pi}+\cdots+\frac{1}{n^2+n\pi}\right)\right]=1$;

(2) 设 $A=\max\{a_1, a_2, \cdots, a_m\}$ ($a_i>0$, $i=1, 2, \cdots, m$),则有
$$\lim_{n\to\infty}\sqrt[n]{a_1^n+a_2^n+\cdots+a_m^n}=A;$$

(3) 数列 $x_1=2$，$x_{n+1}=\frac{1}{2}\left(x_n+\frac{1}{x_n}\right)$的极限存在.

2.6 无穷小的比较

在第 2.3 节中，我们已经知道两个无穷小的和、差与积仍为无穷小，但是两个无穷小的商却会出现不同的情形. 例如，当 $x\to0$ 时，$3x$，x^2，$\sin x$ 都是无穷小，但是

$$\lim_{x\to0}\frac{x^2}{3x}=0,\ \lim_{x\to0}\frac{3x}{x^2}=\infty,\ \lim_{x\to0}\frac{\sin x}{3x}=\frac{1}{3}.$$

两个无穷小之比的极限会出现多种不同情形，这反映了不同的无穷小趋于零的速度有快有慢. 就上面 3 个例子来说，当 $x\to0$ 时，$x^2\to0$ 比 $3x\to0$ 快些，$3x\to0$ 比 $x^2\to0$ 慢些，而 $\sin x\to0$ 与 $3x\to0$ 的快慢差不多.

下面，我们就无穷小之比的极限存在或极限为无穷大时的情形来说明两个无穷小之间的比较.

定义 8 设 α 及 β 都是在自变量的同一个变化过程中的无穷小，且 $\alpha\neq0$，$\lim\frac{\beta}{\alpha}$ 是在这个变化过程中的极限.

(1) 如果 $\lim\frac{\beta}{\alpha}=0$，那么称 **$\beta$ 是比 α 高阶的无穷小**，记作 $\beta=o(\alpha)$；

(2) 如果 $\lim\frac{\beta}{\alpha}=\infty$，那么称 **$\beta$ 是比 α 低阶的无穷小**；

(3) 如果 $\lim\frac{\beta}{\alpha}=c\neq0$，那么称 **$\beta$ 是与 α 同阶的无穷小**；

(4) 如果 $\lim\frac{\beta}{\alpha^k}=c\neq0$，$k>0$，那么称 **$\beta$ 是关于 α 的 k 阶无穷小**；

(5) 如果 $\lim\frac{\beta}{\alpha}=1$，那么称 **$\beta$ 与 α 是等价无穷小**，记作 $\beta\sim\alpha$.

无穷小趋于零的速度比较

例如，$\lim\limits_{x\to0}\frac{x^2}{3x}=0$，所以当 $x\to0$ 时，x^2 是比 $3x$ 高阶的无穷小，即 $x^2=o(3x)\ (x\to0)$.

$\lim\limits_{x\to2}\frac{x^2-4}{x-2}=4$，所以当 $x\to2$ 时，x^2-4 与 $x-2$ 是同阶无穷小.

$\lim\limits_{x\to0}\frac{\sin x}{x}=1$，所以当 $x\to0$ 时，$\sin x$ 与 x 是等价无穷小，即 $\sin x\sim x(x\to0)$.

由此可以证明当 $x\to0$ 时，有下列几组常见的等价无穷小：

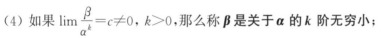

$$\sin x\sim x,\ \tan x\sim x,\ 1-\cos x\sim\frac{1}{2}x^2,\ \arcsin x\sim x,$$

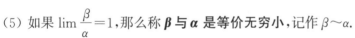

$$\arctan x\sim x,\ e^x-1\sim x,\ \ln(1+x)\sim x.$$

等价无穷小可用于简化某些极限的计算，有下面的定理.

定理 5 设在自变量的同一变化过程中，$\alpha\sim\alpha'$，$\beta\sim\beta'$，且 $\lim\frac{\beta'}{\alpha'}$ 存在，则

$$\lim\frac{\beta}{\alpha}=\lim\frac{\beta'}{\alpha'}.$$

证 由 $\alpha\sim\alpha'$, $\beta\sim\beta'$,得$\lim\frac{\alpha'}{\alpha}=\lim\frac{\beta}{\beta'}=1$,从而

$$\lim\frac{\beta}{\alpha}=\lim\left(\frac{\beta}{\beta'}\cdot\frac{\beta'}{\alpha'}\cdot\frac{\alpha'}{\alpha}\right)=\lim\frac{\beta}{\beta'}\cdot\lim\frac{\beta'}{\alpha'}\cdot\lim\frac{\alpha'}{\alpha}=\lim\frac{\beta'}{\alpha'}.$$

该定理表明,求两个无穷小之比的极限,分子或分母都可用等价无穷小来代替,从而达到简化极限计算的目的.

例 1 求$\lim\limits_{x\to0}\frac{\tan 2x}{\sin 5x}$.

等价无穷小在求极限中的应用

解 当 $x\to0$ 时,$\tan 2x\sim2x$, $\sin 5x\sim5x$,所以

$$\lim_{x\to0}\frac{\tan 2x}{\sin 5x}=\lim_{x\to0}\frac{2x}{5x}=\frac{2}{5}.$$

例 2 求$\lim\limits_{x\to0}\frac{\tan x-\sin x}{x^3}$.

解 当 $x\to0$ 时,$\sin x\sim x$, $1-\cos x\sim\frac{1}{2}x^2$(由第 2.5 节例 3 的结论得),所以

$$\lim_{x\to0}\frac{\tan x-\sin x}{x^3}=\lim_{x\to0}\frac{\sin x(1-\cos x)}{x^3\cos x}=\lim_{x\to0}\left(\frac{x}{x}\cdot\frac{\frac{1}{2}x^2}{x^2}\cdot\frac{1}{\cos x}\right)=\frac{1}{2}.$$

要注意,相乘、相除的无穷小因子可用等价无穷小代换,但是相加、相减的无穷小因子不能随意用等价无穷小代换,例如

等价无穷小代换中的常见问题

$$\lim_{x\to0}\frac{\tan x-\sin x}{x^3}\neq\lim_{x\to0}\frac{x-x}{x^3}=0.$$

习题 2.6

1. 当 $x\to0$ 时,x^2-2x 与 $x\sin x$ 相比,哪一个是高阶无穷小?
2. 当 $x\to1$ 时,无穷小 $1-x$ 和(1) $1-x^2$,(2) $\frac{1}{2}(1-x)^2$ 是否同阶?是否等价?
3. 证明当 $x\to0$ 时,有:

   (1) $\sec x-1\sim\frac{1}{2}x^2$; (2) $\sqrt{1+x\sin x}-1\sim\frac{1}{2}x^2$.
4. 利用等价无穷小的性质,求下列极限:

   (1) $\lim\limits_{x\to0}\frac{\sin 5x}{\ln(1+2x)}$; (2) $\lim\limits_{x\to0}\frac{1-\cos 2x}{x(e^x-1)}$;

   (3) $\lim\limits_{x\to0}\frac{\tan x-\sin x}{\tan^3 x}$; (4) $\lim\limits_{x\to0}\frac{\sqrt{1+x\tan x}-1}{1-\cos x}$.

2.7 函数的连续性

自然界中许多变量都是连续变化的,如气温的变化、动物与植物的生长、物体热胀冷缩的变化等,其特点是当时间变化很微小时,这些量的变化也很微小,反映在数学上就是函数的连续性.

2.7.1 函数的连续性

设函数 $y=f(x)$在点 x_0 的某个邻域内有定义,当自变量从 x_0 变到 x 时,相应的函数值

从 $f(x_0)$变到 $f(x)$,则称 $x-x_0$ 为自变量的改变量(或增量),记作 Δx,即 $\Delta x=x-x_0$(它可正可负),称 $f(x)-f(x_0)$为函数的改变量(或增量),记作 Δy,即

$$\Delta y=f(x)-f(x_0) \quad 或 \quad \Delta y=f(x_0+\Delta x)-f(x_0).$$

在几何上,函数的改变量表示当自变量从 x_0 变到 $x_0+\Delta x$ 时,函数的图形上相应点的纵坐标的改变量,如图 2-6 所示.

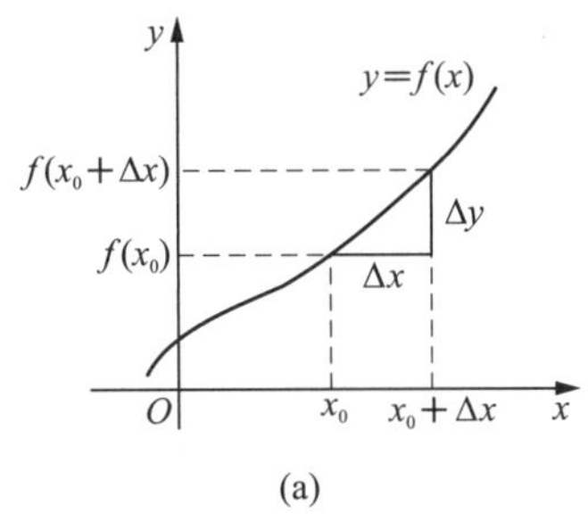

(a)

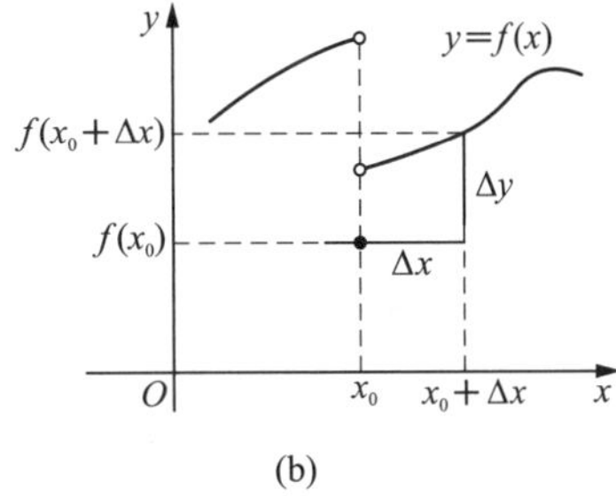

(b)

图 2-6

1. 函数在点 x_0 的连续性

函数连续的定义

定义 9 设函数 $y=f(x)$在点 x_0 的某一邻域内有定义,如果

$$\lim_{\Delta x\to 0}\Delta y=\lim_{\Delta x\to 0}[f(x_0+\Delta x)-f(x_0)]=0,$$

那么称函数 $y=f(x)$在点 x_0 处**连续**,称 x_0 为函数 $f(x)$的**连续点**.

例 1 证明$f(x)=x^3$ 在 $x=x_0$ 处连续.

证 当 x 从 x_0 处产生一个改变量 Δx 时,函数$f(x)=x^3$ 的相应改变量为

$$\Delta y=(x_0+\Delta x)^3-x_0^3=3x_0^2\Delta x+3x_0(\Delta x)^2+(\Delta x)^3,$$

因为

$$\lim_{\Delta x\to 0}\Delta y=\lim_{\Delta x\to 0}[3x_0^2\Delta x+3x_0(\Delta x)^2+(\Delta x)^3]=0,$$

所以函数 $f(x)=x^3$ 在 $x=x_0$ 处连续.

在定义 9 中,令 $x=x_0+\Delta x$,即 $\Delta x=x-x_0$ 则当 $\Delta x\to 0$ 时,$x\to x_0$,且 $\Delta y=f(x_0+\Delta x)-f(x_0)=f(x)-f(x_0)$,因而$\lim\limits_{\Delta x\to 0}\Delta y=0$ 可以改写为$\lim\limits_{x\to x_0}[f(x)-f(x_0)]=0$,即

$$\lim_{x\to x_0}f(x)=f(x_0).$$

因此,函数在点 x_0 处连续也可以有如下定义.

定义 10 设函数 $y=f(x)$在点 x_0 的某一邻域内有定义,如果函数 $f(x)$当 $x\to x_0$ 时的极限存在且等于它在该点的函数值 $f(x_0)$,即

$$\lim_{x\to x_0}f(x)=f(x_0),$$

则称函数 $y=f(x)$在点 x_0 处**连续**.

下面给出左连续及右连续的概念.

如果函数 $f(x)$满足

$$\lim_{x\to x_0^-}f(x)=f(x_0)\left[或\lim_{x\to x_0^+}f(x)=f(x_0)\right],$$

则称函数 $f(x)$在点 x_0 处**左(或右)连续**.

显然,函数 $f(x)$在点 x_0 处连续的充分必要条件是函数 $f(x)$在点 x_0 处既左连续又右连续.

例 2 讨论函数 $f(x)=\begin{cases}x-2, & x<0,\\ x^2, & x\geqslant 0\end{cases}$ 在 $x=0$ 处的连续性.

解 因为

$$\lim_{x\to 0^-} f(x)=\lim_{x\to 0^-}(x-2)=-2,$$
$$\lim_{x\to 0^+} f(x)=\lim_{x\to 0^+} x^2=0,$$
$$f(0)=0,$$

所以 $\lim\limits_{x\to 0^+} f(x)=f(0)$，$\lim\limits_{x\to 0^-} f(x)\neq f(0)$，即函数 $f(x)$在 $x=0$ 处右连续，但不左连续，因此函数 $f(x)$在 $x=0$ 处不连续.

2. 函数在区间上的连续性

如果函数 $f(x)$在开区间(a, b)内每个点处都连续，那么称函数 $f(x)$在开区间(a, b)内连续，或者称 $f(x)$为开区间(a, b)内的连续函数；如果函数 $f(x)$在开区间(a, b)内连续，且在 $x=a$ 处右连续，又在 $x=b$ 处左连续，则称函数 $f(x)$在闭区间$[a, b]$上连续，或者称 $f(x)$为闭区间$[a, b]$上的连续函数.

区间上的连续函数，它的图形在该区间上是一条连续而不间断的曲线.

例 3 证明函数 $y=\sin x$ 在$(-\infty, +\infty)$内连续.

证 设 x_0 是$(-\infty, +\infty)$内任意一点. 当 x 从 x_0 处取得改变量 Δx 时，函数取得相应的改变量

$$\Delta y=\sin(x_0+\Delta x)-\sin x_0=2\sin\frac{\Delta x}{2}\cdot\cos\left(x_0+\frac{\Delta x}{2}\right),$$

由于$\lim\limits_{\Delta x\to 0}\sin\dfrac{\Delta x}{2}=0$，又$\left|2\cos\left(x_0+\dfrac{\Delta x}{2}\right)\right|\leqslant 2$，由有界变量与无穷小的乘积仍为无穷小得

$$\lim_{\Delta x\to 0}\Delta y=0,$$

所以 $\sin x$ 在 x_0 处连续，又因为 x_0 是$(-\infty, +\infty)$内任意一点，因此 $\sin x$ 在$(-\infty, +\infty)$内连续.

同理可证 $y=\cos x$ 在$(-\infty, +\infty)$内连续.

2.7.2 函数的间断点

设函数 $f(x)$在 x_0 的某个去心邻域内有定义，如果 x_0 不是函数 $f(x)$的连续点，那么称函数 $f(x)$在 x_0 处**间断**，称 x_0 为函数 $f(x)$的**间断点**或**不连续点**.

由函数 $f(x)$在点 x_0 处连续的定义可知，函数 $f(x)$在点 x_0 处连续必须同时满足以下三个条件：

(1) 函数 $f(x)$在 x_0 处有定义；

(2) $\lim\limits_{x\to x_0} f(x)$存在；

(3) $\lim\limits_{x\to x_0} f(x)=f(x_0)$.

对于函数 $f(x)$，如果上述三个条件中至少有一个不满足，那么点 x_0 就是函数 $f(x)$的间断点.

下面举例说明函数的几类常见的间断点.

例 4 函数$f(x)=\dfrac{x^2-1}{x-1}$在 $x=1$ 处无定义，所以 $x=1$ 是函数 $f(x)$的间断点，但是

$$\lim_{x\to 1}\frac{x^2-1}{x-1}=\lim_{x\to 1}(x+1)=2.$$

如果我们补充定义，令 $f(1)=2$，那么函数 $f(x)$ 在 $x=1$ 处连续. 为此，我们把 $x=1$ 称为函数 $f(x)=\dfrac{x^2-1}{x-1}$ 的可去间断点.

例 5 函数 $f(x)=\begin{cases}\dfrac{\sin 3x}{x}, & x\neq 0,\\ 2, & x=0\end{cases}$ 在 $x=0$ 处有定义，且 $f(0)=2$，但是 $\lim\limits_{x\to 0}f(x)=\lim\limits_{x\to 0}\dfrac{\sin 3x}{x}=3\neq f(0)$，所以 $x=0$ 是函数 $f(x)$ 的间断点. 如果改变函数在 $x=0$ 处的定义，令 $f(0)=3$，那么函数 $f(x)$ 在 $x=0$ 处连续，因此 $x=0$ 也称为函数 $f(x)$ 的可去间断点.

一般地，如果 x_0 是函数 $f(x)$ 的间断点，但极限 $\lim\limits_{x\to x_0}f(x)$ 存在，那么称 x_0 是函数 $f(x)$ 的**可去间断点**. 只要补充定义 $f(x_0)$ 或改变定义 $f(x_0)$，令 $f(x_0)=\lim\limits_{x\to x_0}f(x)$，则函数 $f(x)$ 就在 x_0 处连续. 由于函数在 x_0 处的间断通过再定义 $f(x_0)$ 就能去除，因此称间断点 x_0 为可去间断点.

例 6 函数 $f(x)=\begin{cases}x+1, & x<0,\\ 0, & x=0,\\ x-1, & x>0\end{cases}$ 在 $x=0$ 处的左、右极限分别为

$$\lim_{x\to 0^-}f(x)=\lim_{x\to 0^-}(x+1)=1,$$

$$\lim_{x\to 0^+}f(x)=\lim_{x\to 0^+}(x-1)=-1,$$

由此可知函数 $f(x)$ 在 $x=0$ 处的左、右极限都存在但不相等，所以当 $x\to 0$ 时，函数 $f(x)$ 的极限不存在，因此 $x=0$ 是函数 $f(x)$ 的间断点.

如果 x_0 是函数 $f(x)$ 的间断点，而函数 $f(x)$ 在 x_0 处的左、右极限都存在但不相等，那么称 x_0 为函数 $f(x)$ 的**跳跃间断点**，例 6 中的 $x=0$ 为函数 $f(x)$ 的跳跃间断点.

可去间断点和跳跃间断点的主要特征是函数在该点处的左、右极限都存在，通常把具有这样特征的间断点统称为**第一类间断点**.

如果 x_0 是函数 $f(x)$ 的间断点，且函数 $f(x)$ 在 x_0 处的左、右极限中至少有一个不存在，那么把具有这样特征的间断点称为**第二类间断点**.

函数连续与间断的相关问题

例 7 函数 $y=\tan x$ 在 $x=\dfrac{\pi}{2}$ 处没有定义，所以函数在 $x=\dfrac{\pi}{2}$ 处间断，又因为

$$\lim_{x\to\frac{\pi}{2}}\tan x=\infty,$$

因此 $x=\dfrac{\pi}{2}$ 是函数的第二类间断点，也称为无穷间断点.

如果 x_0 是函数 $f(x)$ 的间断点，且 $\lim\limits_{x\to x_0^-}f(x)=\infty$ 或 $\lim\limits_{x\to x_0^+}f(x)=\infty$，那么称 x_0 为函数 $f(x)$ 的**无穷间断点**.

例 8 函数 $y=\sin\dfrac{1}{x}$ 在 $x=0$ 处没有定义，所以函数在 $x=0$ 处间断，又因为当 $x\to 0$ 时，函数值在 -1 与 1 之间无限次振荡，而不趋于某一固定值，如图 2-7 所示，因此 $x=0$ 是函数的第二类间断点. 这样的间断点也称为**振荡间断点**.

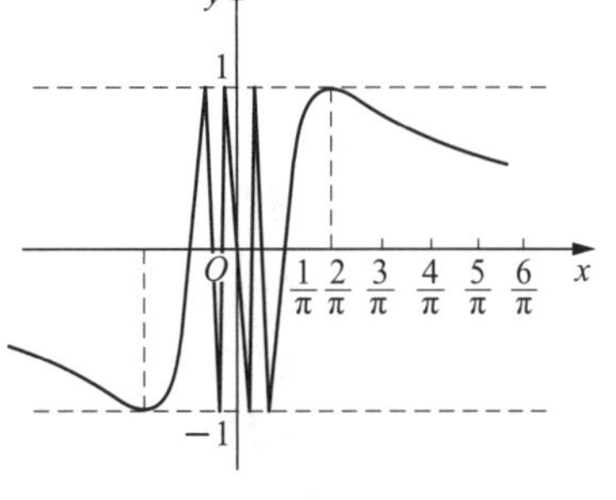

图 2-7

例 9 求函数 $f(x)=\dfrac{\cos\frac{\pi}{2}x}{x^2(1-x)}$的间断点,并指出间断点的类型.

解 因为函数 $f(x)$在 $x=0$ 和 $x=1$ 处都无定义,所以 $x=0$ 和 $x=1$ 都是函数 $f(x)$的间断点.

又因为

$$\lim_{x\to 0}f(x)=\lim_{x\to 0}\frac{\cos\frac{\pi}{2}x}{x^2(1-x)}=\infty,$$

$$\lim_{x\to 1}f(x)=\lim_{x\to 1}\frac{\cos\frac{\pi}{2}x}{x^2(1-x)}=\lim_{x\to 1}\frac{\sin\frac{\pi}{2}(1-x)}{x^2(1-x)}=\frac{\pi}{2},$$

因此,$x=0$ 是函数 $f(x)$的无穷间断点,$x=1$ 是函数 $f(x)$的可去间断点.

2.7.3 连续函数的运算与初等函数的连续性

1. 连续函数的和、差、积、商的连续性

由函数在某点连续的定义和极限的四则运算法则易得出下面的定理.

定理 6 设函数 $f(x)$和 $g(x)$在点 x_0 处连续,则 $f(x)\pm g(x)$,$f(x)\cdot g(x)$,$\dfrac{f(x)}{g(x)}$ $[g(x_0)\neq 0]$都在点 x_0 处连续.

这个定理说明连续函数的和、差、积、商(若分母不为零)都是连续函数.

我们已经证明了 $\sin x$ 与 $\cos x$ 都在其定义区间$(-\infty, +\infty)$内连续,由定理 6 可知,$\tan x=\dfrac{\sin x}{\cos x}$, $\cot x=\dfrac{\cos x}{\sin x}$, $\sec x=\dfrac{1}{\cos x}$及 $\csc x=\dfrac{1}{\sin x}$在它们的定义域内也是连续的.

2. 反函数与复合函数的连续性

定理 7 如果函数 $y=f(x)$在某区间上单调增加(或减少)且连续,那么它的反函数 $x=f^{-1}(y)$ 在相应的区间上也单调增加(或减少)且连续.

证明从略.

因为 $y=\sin x$ 在闭区间$\left[-\dfrac{\pi}{2}, \dfrac{\pi}{2}\right]$上单调增加且连续,所以它的反函数 $y=\arcsin x$ 在闭区间$[-1, 1]$上也是单调增加且连续的.

同样可以说明,$y=\arccos x$ 在闭区间$[-1, 1]$上单调减少且连续,$y=\arctan x$在区间$(-\infty, +\infty)$内单调增加且连续,$y=\operatorname{arccot} x$ 在$(-\infty, +\infty)$内单调减少且连续.

总之,反三角函数 $\arcsin x$,$\arccos x$,$\arctan x$,$\operatorname{arccot} x$ 在它们的定义域内都是连续的.

定理 8 设函数 $u=\varphi(x)$在 x_0 处连续且 $u_0=\varphi(x_0)$,函数 $y=f(u)$在 u_0 处连续,则复合函数 $y=f[\varphi(x)]$在 x_0 处连续.

证明从略.

这个定理说明连续函数的复合函数仍是连续函数.

函数 $y=\cos\dfrac{1}{x}$可看作由函数 $y=\cos u$ 和 $u=\dfrac{1}{x}$复合而成. $\cos u$ 在$-\infty<u<+\infty$时是连续的,$\dfrac{1}{x}$在$-\infty<x<0$ 和 $0<x<+\infty$时是连续的. 由定理 8 可知,函数 $\cos\dfrac{1}{x}$在区间

$(-\infty, 0)$ 和 $(0, +\infty)$ 内是连续的.

由定理 8 还可得到以下结论.

如果 $\lim\limits_{x\to x_0}\varphi(x)=\varphi(x_0)$，$\lim\limits_{u\to u_0}f(u)=f(u_0)$，且 $u_0=\varphi(x_0)$，那么

$$\lim_{x\to x_0}f[\varphi(x)]=f[\varphi(x_0)],$$

即

$$\lim_{x\to x_0}f[\varphi(x)]=f[\lim_{x\to x_0}\varphi(x)].$$

该结论表明在所给条件下求复合函数的极限时，复合函数的符号与极限符号可交换次序. 这个结论对函数 $u=\varphi(x)$ 在 x_0 处有极限，而函数 $y=f(u)$ 在对应的极限值处连续的情况也成立.

例 10 求 $\lim\limits_{x\to 3}\sqrt{\dfrac{x-3}{x^2-9}}$.

解 $y=\sqrt{\dfrac{x-3}{x^2-9}}$ 可看作由 $y=\sqrt{u}$ 与 $u=\dfrac{x-3}{x^2-9}$ 复合而成，因为 $\lim\limits_{x\to 3}\dfrac{x-3}{x^2-9}=\dfrac{1}{6}$，而函数 $y=\sqrt{u}$ 在 $u=\dfrac{1}{6}$ 处连续，所以

$$\lim_{x\to 3}\sqrt{\frac{x-3}{x^2-9}}=\sqrt{\lim_{x\to 3}\frac{x-3}{x^2-9}}=\sqrt{\frac{1}{6}}=\frac{\sqrt{6}}{6}.$$

3. 初等函数的连续性

前面证明了三角函数及反三角函数在它们的定义域内是连续的. 同样可以证明(这里不详细讨论)指数函数 a^x $(a>0, a\neq 1)$、对数函数 $\log_a x$ $(a>0, a\neq 1)$、幂函数 x^μ 在它们的定义域内也是连续的. 综合起来得到：**基本初等函数在它们的定义域内都是连续的.**

根据初等函数的定义，由基本初等函数的连续性以及本节中定理 6、定理 8 可得重要结论：**一切初等函数在其定义区间内都是连续的.** 所谓定义区间，是指包含在定义域内的区间.

根据函数 $f(x)$ 在点 x_0 处连续的定义，如果 $f(x)$ 在点 x_0 处连续，那么求 $f(x)$ 当 $x\to x_0$ 的极限时，只要求 $f(x)$ 在点 x_0 处的函数值就行了. 因此，上述关于初等函数连续性的结论也提供了一种求极限的方法. 这就是：如果 $f(x)$ 是初等函数，且 x_0 是 $f(x)$ 的定义区间内的点，那么

$$\lim_{x\to x_0}f(x)=f(x_0).$$

例如，$x_0=\dfrac{\pi}{2}$ 是初等函数 $f(x)=\ln\sin x$ 的定义区间 $(0, \pi)$ 内的点，所以

$$\lim_{x\to\frac{\pi}{2}}\ln\sin x=\ln\sin\frac{\pi}{2}=0.$$

例 11 求 $\lim\limits_{x\to 0}\dfrac{\log_a(1+x)}{x}$.

解 $\lim\limits_{x\to 0}\dfrac{\log_a(1+x)}{x}=\lim\limits_{x\to 0}\log_a(1+x)^{\frac{1}{x}}=\log_a[\lim\limits_{x\to 0}(1+x)^{\frac{1}{x}}]=\log_a e=\dfrac{1}{\ln a}$.

例 12 求 $\lim\limits_{x\to 0}\dfrac{e^x-1}{x}$.

解 令 $e^x-1=t$，则 $x=\ln(1+t)$，当 $x\to 0$ 时，$t\to 0$，于是

$$\lim_{x\to 0}\frac{e^x-1}{x}=\lim_{t\to 0}\frac{t}{\ln(1+t)}=\frac{1}{\ln e}=1.$$

根据求复合函数的极限时复合函数的符号与极限符号可交换次序,我们给出一种求形如 $u(x)^{v(x)}[u(x)>0,u(x)\neq1]$ 的函数(通常称为幂指函数)的极限的方法(推导过程从略).

如果
$$\lim_{x\to x_0}u(x)=a>0,\lim_{x\to x_0}v(x)=b,$$
那么
$$\lim_{x\to x_0}u(x)^{v(x)}=a^b.$$

例 13 求 $\lim\limits_{x\to0}(1+2x)^{\frac{1}{\tan x}}$.

解 因为
$$(1+2x)^{\frac{1}{\tan x}}=(1+2x)^{\frac{1}{2x}\cdot\frac{2x}{\tan x}}=\left[(1+2x)^{\frac{1}{2x}}\right]^{\frac{2x}{\tan x}},$$
而
$$\lim_{x\to0}(1+2x)^{\frac{1}{2x}}=\mathrm{e},\ \lim_{x\to0}\frac{2x}{\tan x}=2,$$
所以
$$\lim_{x\to0}(1+2x)^{\frac{1}{\tan x}}=\lim_{x\to0}\left[(1+2x)^{\frac{1}{2x}}\right]^{\frac{2x}{\tan x}}=\mathrm{e}^2.$$

习题 2.7

1. 研究下列函数的连续性,并画出函数的图形:

(1) $f(x)=\begin{cases}x^2, & 0\leqslant x\leqslant1,\\ 2-x, & 1<x\leqslant2;\end{cases}$　(2) $f(x)=\begin{cases}x, & -1\leqslant x\leqslant1,\\ 1, & x<-1 \text{ 或 } x>1.\end{cases}$

2. 确定常数 a, b,使函数 $f(x)=\begin{cases}a+x, & x<0,\\ 2, & x=0,\\ \dfrac{\sin bx}{x}, & x>0\end{cases}$ 在 $x=0$ 处连续.

3. 考查下列函数在指定点处的连续性,若是间断点,则指出属于哪一类,若是可去间断点,则补充或改变函数的定义,使它在该点处连续:

(1) $y=\dfrac{x^2-1}{x^2-x-2}$, $x=-1$, $x=2$;　(2) $y=\dfrac{1-\cos x}{x^2}$, $x=0$;　(3) $y=\cos^2\dfrac{1}{x}$, $x=0$;

(4) $y=\dfrac{1}{1+\mathrm{e}^{\frac{1}{x}}}$, $x=0$;　(5) $y=\begin{cases}2x-1, & x\leqslant1,\\ 4-5x, & x>1,\end{cases}$ $x=1$;　(6) $y=\dfrac{x^2-1}{\tan\pi x}$, $x=1$.

4. 求下列函数的间断点,并指出属于哪一类:

(1) $y=\dfrac{1}{x-4}$;　(2) $y=x\sin\dfrac{1}{x}$;　(3) $y=\mathrm{e}^{-\frac{1}{x}}$;

(4) $y=\dfrac{\sin x}{x}$;　(5) $y=\begin{cases}x^2, & x<1,\\ 2x-1, & x\geqslant1;\end{cases}$　(6) $y=\dfrac{\sqrt{x-3}}{\ln|x-3|}$.

5. 给下列函数的 $f(0)$ 补充定义一个数值,使它在点 $x=0$ 处连续:

(1) $f(x)=\dfrac{\sqrt{1+x}-\sqrt{1-x}}{x}$;　(2) $f(x)=\sin x\cos\dfrac{1}{x}$;　(3) $f(x)=\ln(1+kx)^{\frac{m}{x}}$.

6. 设 $f(x)=\begin{cases}\dfrac{\sin 2x}{x}, & x<0,\\ 3x^2-2x+k, & x\geqslant0,\end{cases}$ 问:当 k 为何值时,函数 $f(x)$ 在其定义域内连续?为什么?

7. 求下列极限:

(1) $\lim\limits_{x\to0}\sqrt{x^2-2x+3}$;　(2) $\lim\limits_{x\to\frac{\pi}{6}}\ln(2\cos 2x)$;　(3) $\lim\limits_{x\to0^+}\sin\left(\arctan\dfrac{1}{x}\right)$;

(4) $\lim\limits_{x\to\infty}\cos\left[\ln\left(1+\dfrac{2x-1}{x^2}\right)\right]$;　(5) $\lim\limits_{x\to0}\dfrac{\sqrt{1-x^2}-1}{x\ln(1-x)}$;　(6) $\lim\limits_{x\to0}(x+\mathrm{e}^x)^{\frac{1}{x}}$;

(7) $\lim\limits_{x\to+\infty}\dfrac{\sqrt{2x+\sin x}}{\sqrt{x+\sqrt{x}}}$；　(8) $\lim\limits_{x\to0}(\cos x)^{\frac{4}{x^2}}$；　(9) $\lim\limits_{x\to0}\dfrac{\sqrt{1+\sin^2 x}-1}{(\mathrm{e}^x-1)\ln(1+2x)}$.

2.8 闭区间上连续函数的性质

闭区间上的连续函数有很多重要性质，这里只介绍最大值和最小值定理、有界性定理、零点定理、介值定理. 从几何直观来看，这些定理是很明显的，但证明却不容易，已经超出了本教材的范围，在此从略.

2.8.1 最大值和最小值定理与有界性定理

先说明最大值和最小值的概念. 对于在区间 I 上有定义的函数 $f(x)$，如果有 $x_0\in I$，使得对于任意 $x\in I$ 都有

$$f(x)\leqslant f(x_0)\,[f(x)\geqslant f(x_0)],$$

那么称 $f(x_0)$ 是函数 $f(x)$ 在区间 I 上的**最大值**(**最小值**).

定理 9(最大值和最小值定理) 闭区间上连续的函数一定有最大值和最小值.

该定理表明，如果函数 $f(x)$ 在闭区间 $[a, b]$ 上连续，那么至少有一点 $\xi_1\in[a, b]$，使 $f(\xi_1)$ 是 $f(x)$ 在 $[a, b]$ 上的最大值，又至少有一点 $\xi_2\in[a, b]$，使 $f(\xi_2)$ 是 $f(x)$ 在 $[a, b]$ 上的最小值，如图 2-8 所示.

注意，对于在开区间内连续的函数或在闭区间上有间断点的函数，这个结论不一定正确. 如函数 $f(x)=\dfrac{1}{x}$ 在开区间 $(0, 1)$ 内连续，但它在 $(0, 1)$ 内既无最大值也无最小值. 又如函数

$$f(x)=\begin{cases}x+1, & -1\leqslant x<0,\\ 0, & x=0,\\ x-1, & 0<x\leqslant 1\end{cases}$$

在闭区间 $[-1, 1]$ 上有间断点 $x=0$，它在此区间上既无最大值也无最小值，如图 2-9 所示.

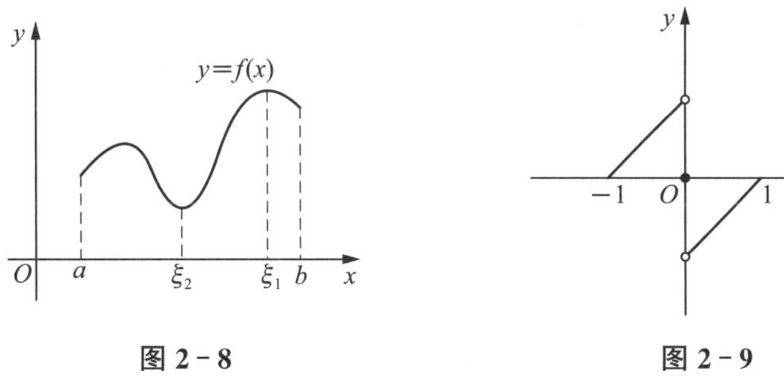

图 2-8　　图 2-9

推论(有界性定理) 闭区间上连续的函数一定有界.

2.8.2 零点定理与介值定理

零点定理的应用

如果 x_0 使 $f(x_0)=0$，那么称 x_0 为函数 $f(x)$ 的**零点**.

定理 10(零点定理) 如果函数 $f(x)$ 在闭区间 $[a,b]$ 上连续，且 $f(a)$ 与 $f(b)$ 异号，即 $f(a)\cdot f(b)<0$，那么至少存在一点 $\xi\in(a,b)$，使得

$$f(\xi)=0.$$

定理 10 的几何意义:如果连续曲线 $y=f(x)$ 的两个端点分别位于 x 轴的两侧,那么这段曲线弧与 x 轴至少有一个交点(图 2-10).

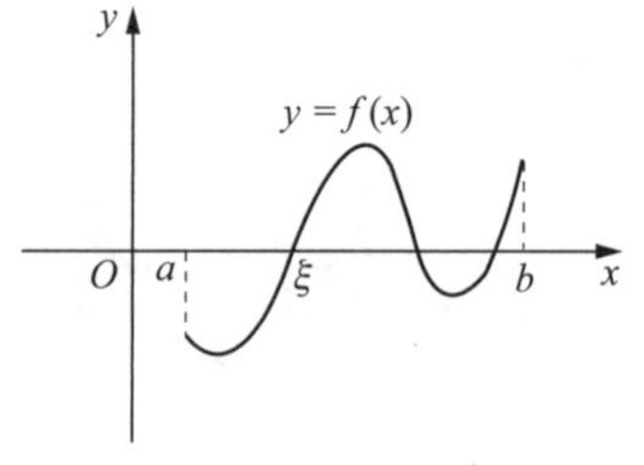

图 2-10

由于 $x=\xi$ 是方程 $f(x)=0$ 的一个根,因此零点定理也称为根的存在性定理.它可用来讨论方程的根的存在性及确定根的范围.

由零点定理可得以下的介值定理.

定理 11(介值定理) 如果函数 $f(x)$ 在闭区间 $[a,b]$ 上连续,m,M $(M>m)$ 分别是 $f(x)$ 在 $[a,b]$ 上的最小值和最大值,那么对于满足 $m<\mu<M$ 的任何实数 μ,至少存在一点 $\xi\in(a,b)$,使得

$$f(\xi)=\mu.$$

证 设 $x_1,x_2\in[a,b]$,使得

$$f(x_1)=m,\ f(x_2)=M,$$

因为 $M>m$,所以 $x_1\neq x_2$,不妨设 $x_1<x_2$.构造辅助函数

$$F(x)=f(x)-\mu,$$

由 $f(x)$ 的连续性可知 $F(x)$ 在闭区间 $[x_1,x_2]$ 上连续,而且

$$F(x_1)\cdot F(x_2)=[f(x_1)-\mu]\cdot[f(x_2)-\mu]=(m-\mu)(M-\mu)<0.$$

根据定理 10,至少存在一点 $\xi\in(x_1,x_2)\subseteq(a,b)$,使得 $F(\xi)=0$,即

$$f(\xi)=\mu.$$

介值定理表明:闭区间 $[a,b]$ 上的连续函数 $f(x)$ 一定可以取遍最小值和最大值之间的一切值.这个性质反映了函数连续变化的特征,其几何意义:闭区间上的连续曲线 $y=f(x)$ 与水平直线 $y=\mu(m<\mu<M)$ 至少有一个交点(图 2-11).

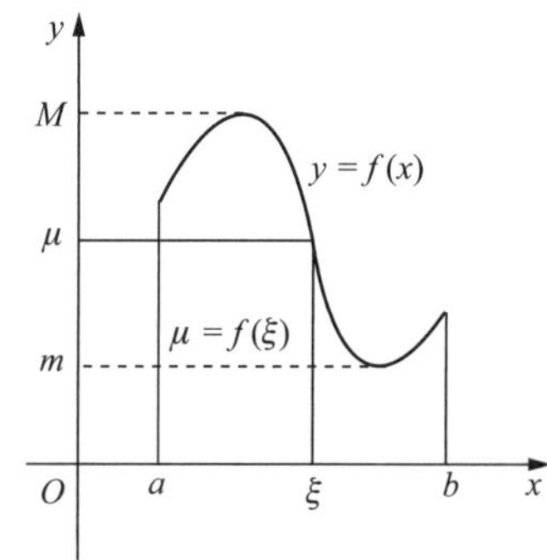

图 2-11

推论 如果函数 $f(x)$ 在闭区间 $[a,b]$ 上连续,且 $f(a)\neq f(b)$,那么对于 $f(a)$ 与 $f(b)$ 之间的任意一个实数 μ,至少存在一点 $\xi\in(a,b)$,使得

$$f(\xi)=\mu.$$

设 $f(x)$ 在区间 $[a,b]$ 上的最小值和最大值分别为 m 和 M,那么必有 $m<\mu<M$,由介值定理即可得上述推论.

例 1 证明方程 $4x=2^x$ 在 0 与 $\frac{1}{2}$ 之间必有一个实根.

证 设 $f(x)=4x-2^x$,显然函数 $f(x)$ 在闭区间 $\left[0,\ \frac{1}{2}\right]$ 上连续,且 $f(0)=-1<0$,$f\left(\frac{1}{2}\right)=2-\sqrt{2}>0$,由定理 10 可知至少存在一点 $\xi\in\left(0,\ \frac{1}{2}\right)$,使 $f(\xi)=0$,即 $4\xi=2^{\xi}$.因此方程 $4x=2^x$ 在 0 与 $\frac{1}{2}$ 之间必有一个实根.

例 2 设函数 $f(x)$ 在闭区间 $[a,\ b]$ 上连续,$x_1,\ x_2,\ x_3$ 为 $[a,\ b]$ 上的 3 个点,证明:在

$[a, b]$上至少存在一点 ξ,使得

$$f(\xi)=\frac{f(x_1)+f(x_2)+f(x_3)}{3}.$$

证 因为函数 $f(x)$在闭区间$[a,b]$上连续,所以函数 $f(x)$在闭区间$[a,b]$上必有最大值 M 与最小值 m,并设 $f(s)=M, f(t)=m(s,t\in[a,b])$,那么有

$$m\leqslant f(x_1)\leqslant M, m\leqslant f(x_2)\leqslant M, m\leqslant f(x_3)\leqslant M.$$

于是

$$3m\leqslant f(x_1)+f(x_2)+f(x_3)\leqslant 3M,$$

即

$$m\leqslant \frac{f(x_1)+f(x_2)+f(x_3)}{3}\leqslant M.$$

(1) 若$\frac{f(x_1)+f(x_2)+f(x_3)}{3}=m$ 或$\frac{f(x_1)+f(x_2)+f(x_3)}{3}=M$,取 $\xi=t$ 或 $\xi=s$,

就有

$$f(\xi)=\frac{f(x_1)+f(x_2)+f(x_3)}{3}.$$

(2) 若$\frac{f(x_1)+f(x_2)+f(x_3)}{3}$与 m,M 都不同,由定理 11 可知在(a,b)上至少存在一点 ξ,使得

$$f(\xi)=\frac{f(x_1)+f(x_2)+f(x_3)}{3}.$$

综合(1)(2),结论得证.

习题 2.8

1. 证明方程 $x^5-3x-1=0$ 在区间(1, 2)内至少有一个实根.

2. 证明曲线 $y=x^4-3x^2+7x-10$ 在 $x=1$ 与 $x=2$ 之间与 x 轴至少有一个交点.

3. 证明方程 $x=a\sin x+b$ (其中 $a>0$, $b>0$) 至少有一个正根,并且不超过 $a+b$.

4. 设函数$f(x)$和 $g(x)$在$[a, b]$上连续,且 $f(a)<g(a)$, $f(b)>g(b)$,试证:在(a, b)内至少有一点 ξ,使得$f(\xi)=g(\xi)$.

5. 设函数 $f(x)$ 在区间$[0, 2a]$上连续,且 $f(0)=f(2a)$,证明:在$[0, a]$上至少存在一点 ξ,使得$f(\xi)=f(a+\xi)$.

总习题二

求极限方法小结

1. 填空题.

(1) 极限$\lim\limits_{x\to 0}\left(x\sin\frac{1}{x}-\frac{1}{x}\sin x\right)=$______.

(2) 若$\lim\limits_{x\to\infty}\left(1+\frac{2}{x}\right)^{kx}=\mathrm{e}^{-3}$,则 $k=$__________.

(3) 若$\lim\limits_{x\to 4}\frac{x^2-3x+c}{x-4}=5$,则 $c=$__________.

(4) 已知函数 $f(x)=\begin{cases} x^2\sin\frac{1}{x}+\frac{\tan x}{x}, & x\neq 0, \\ k, & x=0 \end{cases}$ 在点 $x=0$ 处连续,则 $k=$__________.

(5) 当 $x\to 0$ 时,$\mathrm{e}^{ax}-1$ 与 $\sin 2x$ 是等价无穷小,则 $a=$__________.

2. 选择题.

(1) 设$\{x_n\}$, $\{y_n\}$, $\{z_n\}$均为非负数列,且$\lim\limits_{n\to\infty}x_n=0$, $\lim\limits_{n\to\infty}y_n=1$, $\lim\limits_{n\to\infty}z_n=+\infty$,则必有( ).

(A) $x_n<y_n$ 对任意的 n 均成立　　(B) $y_n<z_n$ 对任意的 n 均成立

(C) 极限 $\lim\limits_{n\to\infty}y_nz_n$ 不存在　　(D) 极限 $\lim\limits_{n\to\infty}x_nz_n$ 不存在

(2) 下列极限中不正确的是(　　).

(A) $\lim\limits_{x\to 0}\dfrac{\sin x}{x}=1$　　(B) $\lim\limits_{x\to\infty}x\sin\dfrac{1}{x}=1$　　(C) $\lim\limits_{x\to 0}e^{\frac{1}{x}}=\infty$　　(D) $\lim\limits_{x\to\infty}e^{\frac{1}{x}}=1$

(3) 函数 $f(x)$在 $x=x_0$ 处有极限是 $f(x)$在 $x=x_0$ 处连续的(　　).

(A) 充分非必要条件　　(B) 必要非充分条件

(C) 充分必要条件　　(D) 既不是充分条件也不是必要条件

(4) 当 $x\to 1$ 时,函数$\dfrac{x^2-1}{x-1}e^{\frac{1}{x-1}}$的极限(　　).

(A) 等于 2　　(B) 不存在但不为∞　　(C) 为∞　　(D) 等于 0

(5) 若$\lim\limits_{x\to 0}\dfrac{f(x)}{x}=2$,则$\lim\limits_{x\to 0}\dfrac{\sin 4x}{f(3x)}=$(　　).

(A) 1　　(B) $\dfrac{1}{2}$　　(C) $\dfrac{2}{3}$　　(D) $\dfrac{4}{3}$

(6) 若 $\lim\limits_{x\to+\infty}\left(\dfrac{x^2}{x+1}+ax+b\right)=1$,其中 a,b 是常数,则有(　　)

(A) $a=-1,b=1$　　(B) $a=-1,b=2$　　(C) $a=1,b=1$　　(D) $a=1,b=2$

(7) 设函数$f(x)=\dfrac{x}{a+e^{bx}}$在$(-\infty,+\infty)$内连续,且 $\lim\limits_{x\to-\infty}f(x)=0$,则常数 a, b 满足(　　).

(A) $a<0$, $b<0$　　(B) $a>0$, $b>0$　　(C) $a\geqslant 0$, $b>0$　　(D) $a\geqslant 0$, $b<0$

(8) 对于任意的 x,总有 $\varphi(x)\leqslant f(x)\leqslant g(x)$,且$\lim\limits_{x\to\infty}[g(x)-\varphi(x)]=0$,则$\lim\limits_{x\to\infty}f(x)$(　　).

(A) 存在且等于零　　(B) 存在但不一定为零　　(C) 一定不存在　　(D) 不一定存在

(9) 当 $x\to 0$ 时,下列 4 个无穷小量中,比其他 3 个更高阶的无穷小量是(　　).

(A) $\tan x-\sin x$　　(B) $1-\cos x$　　(C) $\sqrt{1-x^2}-1$　　(D) x^2

(10) 设函数 $f(x)=\dfrac{x^3-x^2}{\sin\pi x}$,则(　　).

(A) $f(x)$有 1 个可去间断点　　(B) $f(x)$有 2 个可去间断点

(C) $f(x)$有 3 个可去间断点　　(D) $f(x)$有无穷多个可去间断点

3. 求下列极限:

(1) $\lim\limits_{n\to\infty}n(\sqrt{n^2+1}-n)$;　　(2) $\lim\limits_{x\to 1}\dfrac{x^4+2x^2-3}{x^2-3x+2}$;　　(3) $\lim\limits_{x\to\infty}\left(\dfrac{2x+3}{2x+1}\right)^{3x+1}$;

(4) $\lim\limits_{x\to 0}\dfrac{x^2\tan^2 x}{(1-\cos x)^2}$;　　(5) $\lim\limits_{x\to+\infty}\dfrac{x(3+\cos x)}{\sqrt{x+x^3}}$;　　(6) $\lim\limits_{x\to 0}\dfrac{\sqrt{1+\tan x}-\sqrt{1+\sin x}}{x^3}$;

(7) $\lim\limits_{x\to 0}\dfrac{3\sin x+x^2\cos\dfrac{1}{x}}{e^x-1}$;　　(8) $\lim\limits_{x\to 0}(1+3x)^{\frac{2}{\sin x}}$;　　(9) $\lim\limits_{x\to 1}\dfrac{x+x^2+\cdots+x^n-n}{x-1}$.

4. 已知 $f(x)=\dfrac{px^2-2}{x^2+1}+3qx+5$,当 $x\to\infty$时,p, q 取何值时 $f(x)$为无穷小量? p, q 取何值时 $f(x)$为无穷大量?

5. 当 $x\to 0$ 时,下列无穷小量与 x 相比是什么阶的无穷小量:

(1) $x+\sin x^2$;　　(2) $\dfrac{x(\tan x+x^2)}{1+\sqrt{x}}$;

(3) $\ln(1+3x)$;　　(4) $\cos x-\cos 2x$.

6. 利用夹逼准则求下列极限:

(1) $\lim\limits_{n\to\infty}(1+2^n+3^n)^{\frac{1}{n}}$;　　(2) $\lim\limits_{n\to\infty}\left(\dfrac{1}{2}\times\dfrac{3}{4}\times\cdots\times\dfrac{2n-1}{2n}\right)$.

7. 求下列函数的间断点并确定其所属类型，若是可去间断点，则补充定义使它连续：

(1) $y=\dfrac{2x^2-3x}{2x}$；　(2) $y=\dfrac{\sin 2x}{|x|}$；　(3) $y=\dfrac{1}{1-e^{\frac{x}{1-x}}}$；

(4) $y=\arctan\dfrac{1}{x}$；　(5) $y=\dfrac{2^{\frac{1}{x}}-1}{2^{\frac{1}{x}}+1}$；　(6) $y=\begin{cases}\cos\dfrac{\pi}{2}x, & |x|\leqslant 1,\\ |x-1|, & |x|>1.\end{cases}$

8. 设函数 $f(x)=\begin{cases}\dfrac{\cos x}{x+2}, & x\geqslant 0,\\ \dfrac{\sqrt{a}-\sqrt{a-x}}{x}, & x<0\ (a>0).\end{cases}$

(1) 当 a 为何值时，$x=0$ 是函数 $f(x)$ 的连续点？

(2) 当 a 为何值时，$x=0$ 是函数 $f(x)$ 的间断点？是什么间断点？

9. 设函数 $f(x)$ 在 $[a, b]$ 上连续，$a<c<d<b$，$m>0$，$n>0$，试证：至少存在一点 $\xi\in(a, b)$，使得

$$mf(c)+nf(d)=(m+n)f(\xi).$$

10. 对于任意的实数 x_1，x_2，函数 $f(x)$ 满足 $f(x_1+x_2)=f(x_1)f(x_2)$，若函数 $f(x)$ 在 $x=0$ 处连续且 $f(0)\neq 0$，证明：函数 $f(x)$ 在 $(-\infty, +\infty)$ 内连续.

3 导数与微分

章节提要

微分学是微积分的重要组成部分，它的基本概念是导数与微分．本一章主要讨论导数和微分的概念以及它们的计算方法，同时以导数概念为基础，介绍经济学中十分有用的两个概念——边际与弹性，并以实例说明它们的一些简单应用.

3.1 导数的概念

3.1.1 两个引例

1. 变速直线运动的瞬时速度

设某质点做变速直线运动．在直线上引入原点和单位长度，使直线成为数轴．此外，取定一点作为质点在时刻 $t=0$ 时的位置．设时刻 t 时，质点在直线上的位置的坐标为 s(简称位置 s)．这样，质点的位置 s 是时间 t 的函数，记为 $s=s(t)$，称为位置函数．现在求质点在某时刻 t_0 的瞬时速度，如图 3－1 所示.

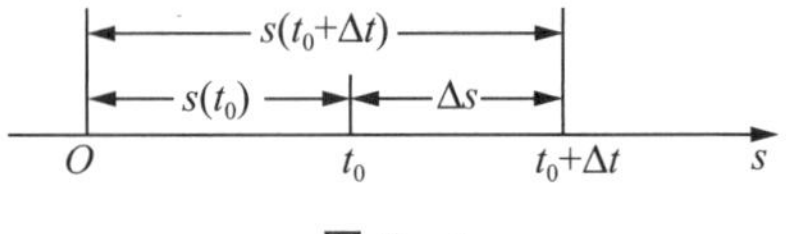

图 3－1

考虑从 t_0 到 $t_0+\Delta t$ 的时间间隔，质点在这一时间间隔内经过的路程为

$$\Delta s=s(t_0+\Delta t)-s(t_0),$$

导数产生的背景

于是比值$\dfrac{\Delta s}{\Delta t}$就是质点在 t_0 到 $t_0+\Delta t$ 这段时间内的平均速度，记为 $\bar{v}$，即

$$\bar{v}=\frac{\Delta s}{\Delta t}=\frac{s(t_0+\Delta t)-s(t_0)}{\Delta t},$$

$\bar{v}$ 可作为质点在时刻 t_0 的瞬时速度的近似值．显然，$|\Delta t|$越小，近似程度越好．令 $\Delta t\to 0$，若 $\bar{v}$ 的极限存在，则此极限值就是质点在时刻 t_0 的瞬时速度 $v(t_0)$，即

$$v(t_0)=\lim_{\Delta t\to 0}\bar{v}=\lim_{\Delta t\to 0}\frac{\Delta s}{\Delta t}=\lim_{\Delta t\to 0}\frac{s(t_0+\Delta t)-s(t_0)}{\Delta t}.$$

2. 曲线的切线的斜率

设有曲线 C 及 C 上的一点 M，如图 3－2 所示．在曲线 C 上另取一点 P，作割线 MP，当点 P 沿曲线 C 趋于点 M 时，如果割线 MP 绕点 M 旋转而趋于极限位置 MT，那么称直线 MT 为曲线 C 在点 M 处的**切线**.

现在设曲线 C 为函数 $y=f(x)$的图形，以此来讨论切线的斜率问题．设点 M 的坐标为 $M(x_0,y_0)$，点 P 的坐标为 $P(x_0+\Delta x,y_0+\Delta y)$，如图 3－3 所示．那么割线 MP 的斜率为

$$\tan\varphi=\frac{\Delta y}{\Delta x}=\frac{f(x_0+\Delta x)-f(x_0)}{\Delta x},$$

其中 φ 是割线 MP 对 x 轴的倾斜角.

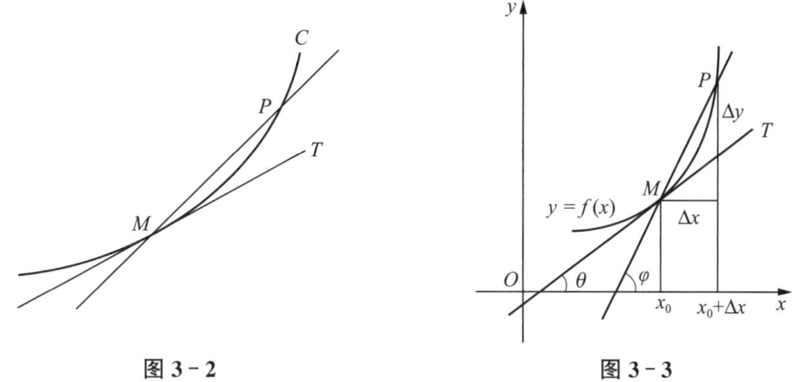

图 3-2　　　　图 3-3

当 $\Delta x\to 0$ 时,点 P 沿着曲线 C 无限趋近于点 M,割线 MP 也随之变动而无限趋近于它的极限位置 MT(如果极限位置存在). 直线 MT 就是曲线 $y=f(x)$ 在点 M 处的切线. 这时割线 MP 对 x 轴的倾斜角 φ 的极限就是切线 MT 对 x 轴的倾斜角 θ,因而割线的斜率 $\frac{\Delta y}{\Delta x}=\tan\varphi$ 的极限就是切线的斜率 $k=\tan\theta$,即

$$k=\tan\theta=\lim_{\varphi\to\theta}\tan\varphi=\lim_{\Delta x\to 0}\frac{f(x_0+\Delta x)-f(x_0)}{\Delta x}.$$

以上虽然是两个不同的具体问题,但是用来解决问题的数学方法是相同的,都是求函数的改变量与自变量的改变量之比的极限. 类似于这种的极限有很多,例如细杆的线密度、电流强度、人口增长率以及经济学中的边际成本、边际利润等. 现在撇开这些量的具体意义,抓住它们在数量关系上的共性,由此给出函数的导数的定义.

导数的定义

3.1.2 导数的定义

1. 函数在一点处的导数与导函数

定义 1 设函数 $y=f(x)$ 在点 x_0 的某个邻域内有定义,当自变量 x 在 x_0 处取得改变量 Δx(点 $x_0+\Delta x$ 仍在该邻域内)时,函数取得相应的改变量 $\Delta y=f(x_0+\Delta x)-f(x_0)$,如果极限

$$\lim_{\Delta x\to 0}\frac{\Delta y}{\Delta x}=\lim_{\Delta x\to 0}\frac{f(x_0+\Delta x)-f(x_0)}{\Delta x}$$

存在,那么称函数 $y=f(x)$ 在点 x_0 处**可导**,并称这个极限值为函数 $y=f(x)$ 在点 x_0 处的**导数**,记为 $f'(x_0)$,$y'\Big|_{x=x_0}$,$\frac{\mathrm{d}y}{\mathrm{d}x}\Big|_{x=x_0}$ 或 $\frac{\mathrm{d}f(x)}{\mathrm{d}x}\Big|_{x=x_0}$,即

$$f'(x_0)=\lim_{\Delta x\to 0}\frac{f(x_0+\Delta x)-f(x_0)}{\Delta x}. \tag{3-1}$$

函数 $f(x)$ 在点 x_0 处可导也可说成函数 $f(x)$ 在点 x_0 处具有导数或导数存在.

函数 $y=f(x)$ 在点 x_0 处的导数也称为函数 $y=f(x)$ 在 x_0 处对自变量 x 的**变化率**,它反映了因变量随自变量变化的快慢程度.

如果极限 $\lim\limits_{\Delta x\to 0}\frac{\Delta y}{\Delta x}$ 不存在,那么称函数 $y=f(x)$ 在点 x_0 处**不可导**,或者称函数 $y=f(x)$ 在点 x_0 处的导数不存在. 若不可导的原因是 $\lim\limits_{\Delta x\to 0}\frac{\Delta y}{\Delta x}=\infty$,为了方便起见,这时往往说成函数

$y=f(x)$在点 x_0 处的导数为无穷大.

函数 $f(x)$在点 x_0 处的导数有时表示为

$$f'(x_0)=\lim_{h\to 0}\frac{f(x_0+h)-f(x_0)}{h},$$

其中 h 表示自变量 x 在点 x_0 处的改变量.

在定义 1 中,令 $x=x_0+\Delta x$,则 $\Delta x=x-x_0$, $f(x_0+\Delta x)-f(x_0)=f(x)-f(x_0)$. 而且当 $\Delta x\to 0$ 时,$x\to x_0$,所以函数 $y=f(x)$在点 x_0 处的导数也可表示为

$$f'(x_0)=\lim_{x\to x_0}\frac{f(x)-f(x_0)}{x-x_0}. \tag{3-2}$$

按函数在一点处的导数的定义,本节中所举的两个实例可叙述如下:

(1) 变速直线运动在时刻 t_0 的瞬时速度,就是位置函数 $s=s(t)$在 t_0 处的导数,即

$$v(t_0)=\left.\frac{\mathrm{d}s}{\mathrm{d}t}\right|_{t=t_0};$$

(2) 曲线 $y=f(x)$在点 $M(x_0,y_0)$处的切线的斜率,就是函数 $y=f(x)$在点 x_0 处的导数,即

$$k=\left.\frac{\mathrm{d}y}{\mathrm{d}x}\right|_{x=x_0}.$$

例 1 求函数 $y=x^3$ 在 $x=2$ 处的导数.

解 当自变量 x 在点 $x_0=2$ 处的改变量为 Δx 时,函数 $y=x^3$ 的相应改变量为 $\Delta y=(2+\Delta x)^3-2^3=12\Delta x+6(\Delta x)^2+(\Delta x)^3$,所以

$$\left.\frac{\mathrm{d}y}{\mathrm{d}x}\right|_{x=2}=\lim_{\Delta x\to 0}\frac{\Delta y}{\Delta x}=\lim_{\Delta x\to 0}\frac{12\Delta x+6(\Delta x)^2+(\Delta x)^3}{\Delta x}=12.$$

如果函数 $y=f(x)$在开区间 I 内的每个点处都可导,那么称函数 $y=f(x)$在区间 I 内可导. 这时,对于区间 I 内的每个确定的 x 值,都对应一个确定的导数值 $f'(x)$,于是就确定了一个以 x 为自变量、$f'(x)$为因变量的新的函数. 这个函数称为函数 $y=f(x)$在区间 I 内的**导函数**,记为 $f'(x)$, y', $\frac{\mathrm{d}y}{\mathrm{d}x}$或$\frac{\mathrm{d}f(x)}{\mathrm{d}x}$.

由函数在一点处的导数的定义可得导函数的定义式为

$$f'(x)=\lim_{\Delta x\to 0}\frac{f(x+\Delta x)-f(x)}{\Delta x},$$

虽然上式中 x 可以取区间 I 内的任何值,但在取极限的过程中,x 是常数,Δx 是变量.

为了方便起见,导函数 $f'(x)$也常称为函数 $f(x)$的导数. 显然函数 $f(x)$在点 x_0 处的导数值 $f'(x_0)$就是导函数 $f'(x)$在 x_0 处的函数值,即

$$f'(x_0)=f'(x)\big|_{x=x_0}.$$

2. 求导举例

利用导数的定义求函数 $y=f(x)$的导数 $f'(x)$,一般步骤如下:

(1) 求出函数的改变量 $\Delta y=f(x+\Delta x)-f(x)$;

(2) 写出函数的改变量与自变量的改变量之比

$$\frac{\Delta y}{\Delta x}=\frac{f(x+\Delta x)-f(x)}{\Delta x};$$

(3) 求出当 $\Delta x\to 0$ 时$\dfrac{\Delta y}{\Delta x}$的极限，即

$$f'(x)=\lim_{\Delta x\to 0}\frac{\Delta y}{\Delta x}=\lim_{\Delta x\to 0}\frac{f(x+\Delta x)-f(x)}{\Delta x}.$$

例 2 求常函数 $y=C$ (C 为常数)的导数.

解 因为
$$\Delta y=C-C=0,$$
从而有
$$\lim_{\Delta x\to 0}\frac{\Delta y}{\Delta x}=\lim_{\Delta x\to 0}\frac{0}{\Delta x}=0,$$
所以
$$C'=0,$$
即常函数的导数等于零.

例 3 求函数 $y=x^n$(n 为正整数)的导数.

解 $\Delta y=(x+\Delta x)^n-x^n=\mathrm{C}_n^1x^{n-1}\Delta x+\mathrm{C}_n^2x^{n-2}(\Delta x)^2+\cdots+\mathrm{C}_n^n(\Delta x)^n$,

$$\lim_{\Delta x\to 0}\frac{\Delta y}{\Delta x}=\lim_{\Delta x\to 0}[\mathrm{C}_n^1x^{n-1}+\mathrm{C}_n^2x^{n-2}\Delta x+\cdots+\mathrm{C}_n^n(\Delta x)^{n-1}]=nx^{n-1},$$
所以
$$(x^n)'=nx^{n-1}.$$

此结果对于一般的幂函数 $y=x^\mu$(μ 为实数)也成立(证明在以后给出)，即
$$(x^\mu)'=\mu x^{\mu-1}(\mu\text{ 为实数}).$$

例如，函数 $y=\sqrt{x}$的导数为
$$(\sqrt{x})'=(x^{\frac{1}{2}})'=\frac{1}{2}x^{\frac{1}{2}-1}=\frac{1}{2\sqrt{x}}\ .$$

又如，函数 $y=\dfrac{1}{x}$的导数为
$$\left(\frac{1}{x}\right)'=(x^{-1})'=-x^{-2}=-\frac{1}{x^2}.$$

例 4 求正弦函数 $y=\sin x$ 的导数.

解 $\Delta y=\sin(x+\Delta x)-\sin x=2\cos\left(x+\dfrac{\Delta x}{2}\right)\sin\dfrac{\Delta x}{2}$,

$$\lim_{\Delta x\to 0}\frac{\Delta y}{\Delta x}=\lim_{\Delta x\to 0}\frac{2\cos\left(x+\frac{\Delta x}{2}\right)\sin\frac{\Delta x}{2}}{\Delta x}=\lim_{\Delta x\to 0}\cos\left(x+\frac{\Delta x}{2}\right)\frac{\sin\frac{\Delta x}{2}}{\frac{\Delta x}{2}}=\cos x,$$
所以
$$(\sin x)'=\cos x.$$

类似地，可得余弦函数 $y=\cos x$ 的导数为
$$(\cos x)'=-\sin x.$$

例 5 求指数函数 $y=a^x$($a>0,a\neq 1$)的导数.

解 $\Delta y=a^{x+\Delta x}-a^x=a^x(a^{\Delta x}-1)$,

$$\lim_{\Delta x\to 0}\frac{\Delta y}{\Delta x}=\lim_{\Delta x\to 0}a^x\ \frac{a^{\Delta x}-1}{\Delta x}=a^x\ \lim_{\Delta x\to 0}\frac{a^{\Delta x}-1}{\Delta x}=a^x\ln a$$
(上面最后一个等量关系根据当 $\Delta x\to 0$ 时，$a^{\Delta x}-1=\mathrm{e}^{\Delta x\ln a}-1\sim\Delta x\ln a$ 得到)，
所以
$$(a^x)'=a^x\ln a.$$

特别地，当 $a=\mathrm{e}$ 时，有
$$(\mathrm{e}^x)'=\mathrm{e}^x.$$

例 6 求对数函数 $y=\log_a x\,(a>0,a\neq1)$的导数.

解 $\Delta y=\log_a(x+\Delta x)-\log_a x=\log_a\left(1+\frac{\Delta x}{x}\right)$,

$$\lim_{\Delta x\to0}\frac{\Delta y}{\Delta x}=\lim_{\Delta x\to0}\frac{\log_a\left(1+\frac{\Delta x}{x}\right)}{\Delta x}=\lim_{\Delta x\to0}\frac{1}{x}\frac{\log_a\left(1+\frac{\Delta x}{x}\right)}{\frac{\Delta x}{x}}=\frac{1}{x}\lim_{\Delta x\to0}\log_a\left(1+\frac{\Delta x}{x}\right)^{\frac{x}{\Delta x}}$$

$$=\frac{1}{x}\log_a \mathrm{e}=\frac{1}{x\ln a},$$

所以

$$(\log_a x)'=\frac{1}{x\ln a}.$$

特别地,当 $a=\mathrm{e}$ 时,有

$$(\ln x)'=\frac{1}{x}.$$

3. 左导数与右导数

例 7 讨论函数 $f(x)=|x|$在 $x=0$ 处是否可导.

解 因为 $\Delta y=|\Delta x|$,$\lim\limits_{\Delta x\to0}\frac{\Delta y}{\Delta x}=\lim\limits_{\Delta x\to0}\frac{|\Delta x|}{\Delta x}$,所以

$$\lim_{\Delta x\to0^-}\frac{\Delta y}{\Delta x}=\lim_{\Delta x\to0^-}\frac{-\Delta x}{\Delta x}=-1,\quad \lim_{\Delta x\to0^+}\frac{\Delta y}{\Delta x}=\lim_{\Delta x\to0^+}\frac{\Delta x}{\Delta x}=1.$$

又因为 $\lim\limits_{\Delta x\to0^-}\frac{\Delta y}{\Delta x}\neq\lim\limits_{\Delta x\to0^+}\frac{\Delta y}{\Delta x}$,所以$\lim\limits_{\Delta x\to0}\frac{\Delta y}{\Delta x}$不存在. 因此函数 $f(x)=|x|$在 $x=0$ 处不可导.

定义 2 设函数 $y=f(x)$在 $x\in(x_0-\delta,x_0]$ $(\delta>0)$时有定义,如果极限

$$\lim_{\Delta x\to0^-}\frac{f(x_0+\Delta x)-f(x_0)}{\Delta x}$$

存在,那么称此极限值为函数 $y=f(x)$在点 x_0 处的**左导数**,记为 $f'_-(x_0)$,即

$$f'_-(x_0)=\lim_{\Delta x\to0^-}\frac{f(x_0+\Delta x)-f(x_0)}{\Delta x}.$$

设函数 $y=f(x)$在 $x\in[x_0,x_0+\delta)$ $(\delta>0)$时有定义,如果极限

$$\lim_{\Delta x\to0^+}\frac{f(x_0+\Delta x)-f(x_0)}{\Delta x}$$

存在,那么称此极限值为函数 $y=f(x)$在点 x_0 处的**右导数**,记为 $f'_+(x_0)$,即

$$f'_+(x_0)=\lim_{\Delta x\to0^+}\frac{f(x_0+\Delta x)-f(x_0)}{\Delta x}.$$

函数 $y=f(x)$在点 x_0 处的左、右导数也可分别表示为

$$f'_-(x_0)=\lim_{x\to x_0^-}\frac{f(x)-f(x_0)}{x-x_0},\quad f'_+(x_0)=\lim_{x\to x_0^+}\frac{f(x)-f(x_0)}{x-x_0}.$$

显然,函数 $y=f(x)$在点 x_0 处可导的充分必要条件是函数 $y=f(x)$在 x_0 处的左、右导数都存在且相等.

由左、右导数的定义知,例 7 中函数 $f(x)=|x|$在 $x=0$ 处的左、右导数分别为$f'_-(0)=-1$,$f'_+(0)=1$. 因为它们不相等,所以函数 $f(x)=|x|$在 $x=0$ 处不可导.

如果函数 $f(x)$在开区间(a,b)内可导,且在左端点 a 处的右导数 $f'_+(a)$和在右端点 b 处

的左导数 $f'_-(b)$都存在，那么称函数 $f(x)$在闭区间$[a,b]$上可导.

3.1.3　函数的连续性与可导性的关系

函数的连续与可导是两个重要的概念，两者有如下的关系.

定理 1　如果函数 $y=f(x)$在点 x_0 处可导，那么函数 $f(x)$在点 x_0 处连续.

证　设自变量 x 在点 x_0 处的改变量为 Δx，函数 $f(x)$的相应改变量为 Δy，因为函数 $y=f(x)$ 在点 x_0 处可导，所以

连续与可导的关系

$$\lim_{\Delta x\to 0}\frac{\Delta y}{\Delta x}=f'(x_0),$$

从而可得

$$\lim_{\Delta x\to 0}\Delta y=\lim_{\Delta x\to 0}\left(\frac{\Delta y}{\Delta x}\cdot\Delta x\right)=\lim_{\Delta x\to 0}\frac{\Delta y}{\Delta x}\lim_{\Delta x\to 0}\Delta x=f'(x_0)\cdot 0=0.$$

因此函数 $y=f(x)$在点 x_0 处连续.

注意，这个定理的逆命题不成立，也就是说函数在某点连续，却不一定在该点可导. 例如，函数 $y=|x|$在 $x=0$ 处连续，但在 $x=0$ 处不可导(见本节例 7). 因此函数在某点连续是函数在该点可导的必要条件，而不是充分条件.

例 8　讨论函数 $f(x)=\begin{cases}x\arctan\dfrac{1}{x}, & x\neq 0,\\ 0, & x=0\end{cases}$ 在点 $x=0$ 处的连续性与可导性.

解　因为$\lim\limits_{x\to 0}x=0$，当 $x\neq 0$ 时，$\left|\arctan\dfrac{1}{x}\right|<\dfrac{\pi}{2}$，所以$\lim\limits_{x\to 0}x\arctan\dfrac{1}{x}=0$，因此有

$$\lim_{x\to 0}x\arctan\frac{1}{x}=0=f(0),$$

由此可知函数 $f(x)$在 $x=0$ 处连续.

但是

$$f'_-(0)=\lim_{x\to 0^-}\frac{f(x)-f(0)}{x-0}=\lim_{x\to 0^-}\frac{x\arctan\frac{1}{x}}{x}=\lim_{x\to 0^-}\arctan\frac{1}{x}=-\frac{\pi}{2},$$

$$f'_+(0)=\lim_{x\to 0^+}\frac{f(x)-f(0)}{x-0}=\lim_{x\to 0^+}\frac{x\arctan\frac{1}{x}}{x}=\lim_{x\to 0^+}\arctan\frac{1}{x}=\frac{\pi}{2},$$

$f'_-(0)\neq f'_+(0)$，因此函数 $f(x)$在点 $x=0$ 处不可导.

3.1.4　导数的几何意义

在前面的讨论中，我们已经知道函数 $y=f(x)$在点 $x=x_0$ 处的导数 $f'(x_0)$在几何上表示曲线 $y=f(x)$在点 $M(x_0,f(x_0))$处切线的斜率，即

$$f'(x_0)=\tan\alpha,$$

其中 α 是切线的倾斜角，如图 3－4 所示. 这就是导数的几何意义. 由此可得曲线 $y=f(x)$在点 $M(x_0,f(x_0))$处的切线方程为

$$y-f(x_0)=f'(x_0)(x-x_0).$$

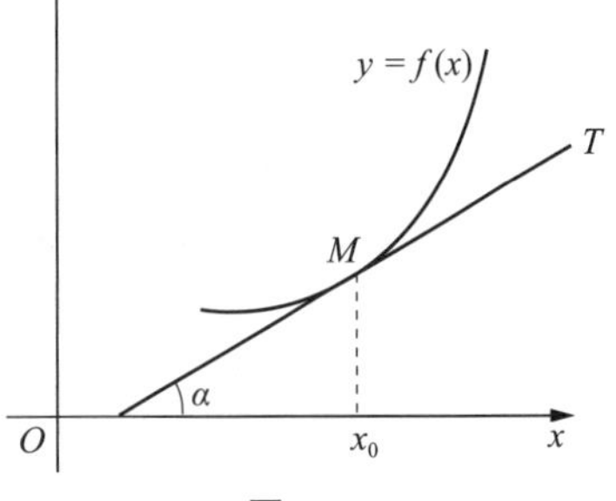

图 3－4

过切点 $M(x_0,f(x_0))$且与切线垂直的直线称为曲线 $y=f(x)$在点$M(x_0,f(x_0))$处的法线，当 $f'(x_0)\neq 0$ 时，法

线方程为

$$y-f(x_0)=-\frac{1}{f'(x_0)}(x-x_0).$$

如果函数 $y=f(x)$ 在点 x_0 处连续,且 $\lim\limits_{\Delta x\to 0}\frac{\Delta y}{\Delta x}=\infty$,此时 $f(x)$ 在点 x_0 处不可导,但是曲线 $y=f(x)$ 在 $(x_0,f(x_0))$ 处有垂直于 x 轴的切线 $x=x_0$.

导数的几何意义

例 9 求曲线 $y=x^3$ 在点(2,8)处的切线方程和法线方程.

解 因为

$$\left.\frac{\mathrm{d}y}{\mathrm{d}x}\right|_{x=2}=3x^2\big|_{x=2}=12,$$

所以曲线 $y=x^3$ 在点(2,8)处的切线方程为

$$y-8=12(x-2),$$

即

$$12x-y-16=0;$$

法线方程为

$$y-8=-\frac{1}{12}(x-2),$$

即

$$x+12y-98=0.$$

例 10 求曲线 $y=\sqrt[3]{x}$ 在点(0,0)处的切线方程与法线方程.

解 函数 $y=\sqrt[3]{x}$ 在点 $x=0$ 处连续,而在点 $x=0$ 处有

$$\lim_{\Delta x\to 0}\frac{\Delta y}{\Delta x}=\lim_{\Delta x\to 0}\frac{\sqrt[3]{\Delta x}}{\Delta x}=\lim_{\Delta x\to 0}\frac{1}{\sqrt[3]{(\Delta x)^2}}=\infty,$$

即函数 $y=\sqrt[3]{x}$ 在点 $x=0$ 处的导数为无穷大. 于是曲线 $y=\sqrt[3]{x}$ 在点(0,0)处有垂直于 x 轴的切线 $x=0$,法线为 $y=0$,如图 3-5 所示.

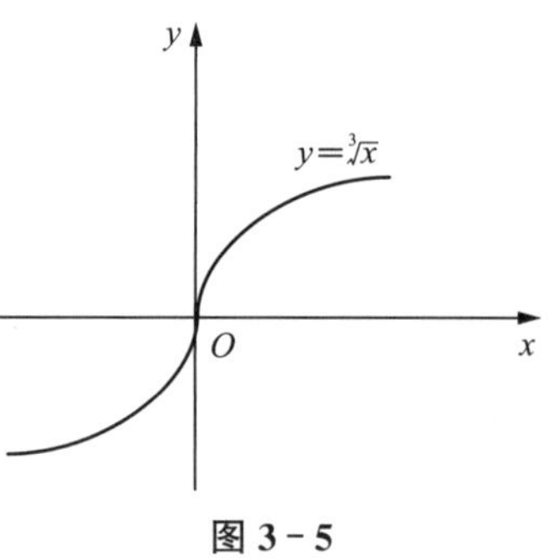

图 3-5

习题 3.1

1. 一根质量非均匀分布的细棒放在 x 轴上,它的一端位于原点,细棒分布在 $[0,x]$ 上的质量 m 是 x 的函数 $m=m(x)$. 用导数表示细棒在 x_0 处的线密度(对于均匀细棒,单位长细棒的质量叫该棒的线密度).
2. 当物体的温度高于周围介质的温度时,物体就不断冷却. 若物体的温度 T 与时间 t 的函数关系为 $T=T(t)$,应怎样确定该物体在时刻 t 的冷却速度?
3. 一物体的运动方程(位置函数)为 $s=\frac{1}{3}t^3+t$,求该物体在 $t=3$ 时的瞬时速度.
4. 设 $f(x)=1-x^2$,按定义求 $f'(1)$.
5. 设 $f'(x_0)$ 存在,求:

   (1) $\lim\limits_{\Delta x\to 0}\frac{f(x_0)-f(x_0-\Delta x)}{\Delta x}$; (2) $\lim\limits_{h\to 0}\frac{f(x_0+h)-f(x_0-h)}{h}$; (3) $\lim\limits_{t\to 0}\frac{f(x_0+3t)-f(x_0)}{t}$.
6. 设 $f(0)=0$,且 $f'(0)$ 存在,求 $\lim\limits_{x\to 0}\frac{f(x)}{x}$.
7. 设 $\lim\limits_{x\to a}\frac{f(x)-f(a)}{x-a}=A$ (A 为常数),判定下列命题的正确性:

   (1) $f(x)$ 在点 a 可导; (2) $f(x)-f(a)=A(x-a)+o(x-a)$;

   (3) $\lim\limits_{x\to a}f(x)$ 存在; (4) $\lim\limits_{x\to a}f(x)=f(a)$.

8. 求下列函数的导数：

(1) $y=x^5$；　(2) $y=\sqrt[3]{x^2}$；　(3) $y=\frac{1}{x^2}$；

(4) $y=\frac{1}{\sqrt{x}}$；　(5) $y=2^x\mathrm{e}^x$；　(6) $y=\frac{\sqrt{x\sqrt{x}}}{\sqrt[5]{x^2}}$.

9. 设函数 $f(x)$为偶函数，且 $f'(0)$存在，证明 $f'(0)=0$.

10. 求曲线 $y=\ln x$ 在点$(\mathrm{e},1)$处的切线方程.

11. 当 x 取何值时，曲线 $y=x^2$ 和 $y=x^3$ 的切线相互平行？

12. 讨论下列函数在 $x=0$ 处的连续性与可导性：

(1) $f(x)=\begin{cases}1+x, & x<0,\\ 1-x, & x\geqslant 0;\end{cases}$　(2) $f(x)=\begin{cases}-x, & x\geqslant 0,\\ \ln(1-x), & x<0;\end{cases}$

(3) $f(x)=\begin{cases}\dfrac{\sin x}{x}, & x\neq 0,\\ 0, & x=0;\end{cases}$　(4) $f(x)=\begin{cases}x^2\cos\dfrac{1}{x}, & x\neq 0,\\ 0, & x=0.\end{cases}$

13. 已知函数 $f(x)$在 $x=1$ 处连续，且$\lim\limits_{x\to 1}\frac{f(x)}{x-1}=2$，求 $f'(1)$.

14. 设函数 $f(x)=\begin{cases}2x^2, & x\leqslant 1,\\ ax+b, & x>1,\end{cases}$ 为使函数 $f(x)$在 $x=1$ 处连续且可导，a,b 应取何值？

3.2　函数的求导法则与求导公式

前面我们利用导数的定义求出了几个基本初等函数的导数，但是对于比较复杂的函数，用定义求它的导数是十分困难的. 本节将介绍一些求导数的基本法则，并利用这些法则给出其他的基本初等函数的导数公式. 利用这些法则和公式能方便地求出初等函数的导数.

3.2.1　函数的和、差、积、商的求导法则

定理 2　如果函数 $u(x)$，$v(x)$在点 x 处可导，那么 $u(x)\pm v(x)$，$u(x)v(x)$，$\frac{u(x)}{v(x)}$ $[v(x)\neq 0]$在点 x 处也可导，并且有

(1) $[u(x)\pm v(x)]'=u'(x)\pm v'(x)$；

(2) $[u(x)v(x)]'=u'(x)v(x)+u(x)v'(x)$；

(3) $\left[\frac{u(x)}{v(x)}\right]'=\frac{u'(x)v(x)-u(x)v'(x)}{v^2(x)}[v(x)\neq 0]$.

函数四则运算求导中的常见问题

以上 3 个求导法则都可以用导数的定义和极限运算法则来证明，下面以法则(2)为例给出证明过程.

证

$$\begin{aligned}[u(x)v(x)]'&=\lim_{\Delta x\to 0}\frac{u(x+\Delta x)v(x+\Delta x)-u(x)v(x)}{\Delta x}\\ &=\lim_{\Delta x\to 0}\left[\frac{u(x+\Delta x)-u(x)}{\Delta x}v(x+\Delta x)+u(x)\frac{v(x+\Delta x)-v(x)}{\Delta x}\right]\\ &=\lim_{\Delta x\to 0}\frac{u(x+\Delta x)-u(x)}{\Delta x}\lim_{\Delta x\to 0}v(x+\Delta x)+u(x)\lim_{\Delta x\to 0}\frac{v(x+\Delta x)-v(x)}{\Delta x}\\ &=u'(x)v(x)+u(x)v'(x),\end{aligned}$$

其中$\lim\limits_{\Delta x\to 0}v(x+\Delta x)=v(x)$利用了$v(x)$在点$x$处可导，$v(x)$在点$x$处一定连续这一性质，于是法则(2)得证.

定理2中的法则(1)(2)可推广到任意有限个可导函数的情形. 例如，如果函数$u(x)$，$v(x)$，$w(x)$在x处可导，那么函数$u(x)\pm v(x)\pm w(x)$，$u(x)v(x)w(x)$在x处也都可导，且

$$[u(x)\pm v(x)\pm w(x)]'=u'(x)\pm v'(x)\pm w'(x),$$

$$[u(x)v(x)w(x)]'=u'(x)v(x)w(x)+u(x)v'(x)w(x)+u(x)v(x)w'(x).$$

由法则(2)可得

$$[Cu(x)]'=Cu'(x)\ (C\text{ 为常数}).$$

例 1 求函数$y=5\cos x+\dfrac{1}{\sqrt{x}}+3^x-\log_2 x+\ln 4$的导数.

解
$$\begin{aligned}y'&=\left(5\cos x+\frac{1}{\sqrt{x}}+3^x-\log_2 x+\ln 4\right)'\\&=(5\cos x)'+\left(\frac{1}{\sqrt{x}}\right)'+(3^x)'-(\log_2 x)'+(\ln 4)'\\&=-5\sin x+\left(-\frac{1}{2}\right)x^{-\frac{3}{2}}+3^x\ln 3-\frac{1}{x\ln 2}\\&=-5\sin x-\frac{1}{2\sqrt{x^3}}+3^x\ln 3-\frac{1}{x\ln 2}.\end{aligned}$$

例 2 求函数$y=x^3\sin x\ln x$的导数.

解
$$\begin{aligned}y'&=(x^3)'\sin x\ln x+x^3(\sin x)'\ln x+x^3\sin x(\ln x)'\\&=3x^2\sin x\ln x+x^3\cos x\ln x+x^3\,\frac{1}{x}\sin x\\&=3x^2\sin x\ln x+x^3\cos x\ln x+x^2\sin x.\end{aligned}$$

例 3 设函数$y=\dfrac{\sin x}{1+\cos x}$，求$\dfrac{\mathrm{d}y}{\mathrm{d}x}$，$\left.\dfrac{\mathrm{d}y}{\mathrm{d}x}\right|_{x=\frac{\pi}{3}}$.

解
$$\begin{aligned}\frac{\mathrm{d}y}{\mathrm{d}x}&=\frac{(\sin x)'(1+\cos x)-\sin x(1+\cos x)'}{(1+\cos x)^2}\\&=\frac{\cos x(1+\cos x)-\sin x(-\sin x)}{(1+\cos x)^2}=\frac{1}{1+\cos x},\end{aligned}$$

$$\left.\frac{\mathrm{d}y}{\mathrm{d}x}\right|_{x=\frac{\pi}{3}}=\left.\frac{1}{1+\cos x}\right|_{x=\frac{\pi}{3}}=\frac{1}{1+\frac{1}{2}}=\frac{2}{3}.$$

例 4 求$y=\tan x$的导数.

解
$$\begin{aligned}y'&=(\tan x)'=\left(\frac{\sin x}{\cos x}\right)'=\frac{(\sin x)'\cos x-\sin x(\cos x)'}{(\cos x)^2}\\&=\frac{\cos^2 x+\sin^2 x}{\cos^2 x}=\frac{1}{\cos^2 x}=\sec^2 x,\end{aligned}$$

即

$$(\tan x)'=\sec^2 x.$$

同理可得

$$(\cot x)'=-\csc^2 x.$$

例 5 求$y=\sec x$的导数.

解
$$y'=(\sec x)'=\left(\frac{1}{\cos x}\right)'=\frac{-(\cos x)'}{\cos^2 x}=\frac{\sin x}{\cos^2 x}=\sec x\cdot\tan x,$$

即 $$(\sec x)'=\sec x\tan x.$$

同理可得 $$(\csc x)'=-\csc x\cot x.$$

3.2.2 反函数的求导法则

定理 3 如果函数 $x=g(y)$ 在区间 I_y 内单调、可导，值域为 I_x，且 $g'(y)\neq 0$，那么它的反函数 $y=g^{-1}(x)=f(x)$ 在区间 I_x 内可导，并且有

$$f'(x)=\frac{1}{g'(y)} \quad 或 \quad \frac{\mathrm{d}y}{\mathrm{d}x}=\frac{1}{\frac{\mathrm{d}x}{\mathrm{d}y}}.$$

证 由于函数 $x=g(y)$ 在区间 I_y 内单调且可导，因此区间 I_x 内的反函数 $y=f(x)$ 是单调连续的，对于任意的点 $x\in I_x$，设增量 $\Delta x\neq 0$，且点 $x+\Delta x\in I_x$，

反函数的求导法则

则有 $$\Delta y=f(x+\Delta x)-f(x)\neq 0,$$

于是 $$\frac{\Delta y}{\Delta x}=\frac{1}{\frac{\Delta x}{\Delta y}}.$$

因为 $y=f(x)$ 是连续的，所以当 $\Delta x\to 0$ 时，$\Delta y\to 0$. 由于 $g'(y)\neq 0$，从而

$$\lim_{\Delta x\to 0}\frac{\Delta y}{\Delta x}=\lim_{\Delta y\to 0}\frac{1}{\frac{\Delta x}{\Delta y}}=\frac{1}{\lim\limits_{\Delta y\to 0}\frac{\Delta x}{\Delta y}}=\frac{1}{g'(y)},$$

即 $$f'(x)=\frac{1}{g'(y)}.$$

此定理表明，反函数的导数等于直接函数的导数的倒数.

下面利用反函数的求导法则来求反三角函数的导数.

例 6 求 $y=\arcsin x\ (-1<x<1)$ 的导数.

解 因为函数 $y=\arcsin x\ (-1<x<1)$ 是 $x=\sin y\ \left(-\frac{\pi}{2}<y<\frac{\pi}{2}\right)$ 的反函数，$x=\sin y$ 在区间 $\left(-\frac{\pi}{2},\frac{\pi}{2}\right)$ 内单调、可导，且 $(\sin y)'=\cos y\neq 0$，所以在对应区间 $(-1,1)$ 内，$y=\arcsin x$ 可导，且

$$(\arcsin x)'=\frac{1}{(\sin y)'}=\frac{1}{\cos y}=\frac{1}{\sqrt{1-\sin^2 y}}=\frac{1}{\sqrt{1-x^2}},$$

即 $$(\arcsin x)'=\frac{1}{\sqrt{1-x^2}}.$$

同理可得 $$(\arccos x)'=-\frac{1}{\sqrt{1-x^2}}.$$

例 7 求函数 $y=\arctan x\ (-\infty<x<+\infty)$ 的导数.

解 因为函数 $y=\arctan x\ (-\infty<x<+\infty)$ 是 $x=\tan y\ \left(-\frac{\pi}{2}<y<\frac{\pi}{2}\right)$ 的反函数，$x=\tan y$ 在区间 $\left(-\frac{\pi}{2},\frac{\pi}{2}\right)$ 内单调、可导，且 $(\tan y)'=\sec^2 y\neq 0$，所以在对应区间 $(-\infty,+\infty)$ 内，$y=\arctan x$ 可导，且

$$(\arctan x)'=\frac{1}{(\tan y)'}=\frac{1}{\sec^2 y}=\frac{1}{1+\tan^2 y}=\frac{1}{1+x^2},$$

即
$$(\arctan x)'=\frac{1}{1+x^2}.$$

同理可得
$$(\operatorname{arccot} x)'=-\frac{1}{1+x^2}.$$

3.2.3 复合函数的求导法则

前面讨论了函数的四则运算求导法则和反函数的求导法则,求出了基本初等函数的导数,但是大量的初等函数是由基本初等函数经过有限次复合运算得到的. 下面介绍复合函数的求导法则.

定理 4 如果函数 $u=\varphi(x)$在点 x 处可导,函数 $y=f(u)$在点 $u=\varphi(x)$处可导,那么复合函数 $y=f[\varphi(x)]$在点 x 处可导,且有

$$\frac{\mathrm{d}y}{\mathrm{d}x}=f'(u)\varphi'(x).$$

证 设自变量在点 x 处的改变量为 Δx,函数 $u=\varphi(x)$的相应改变量为 Δu,函数 $y=f(u)$在相应的 u 处的改变量为 Δy. 由于函数 $y=f(u)$在点 u 处可导,因此当 $\Delta u\neq 0$ 时,有

$$\lim_{\Delta u\to 0}\frac{\Delta y}{\Delta u}=f'(u).$$

复合函数的求导法则

根据函数极限与无穷小的关系,得

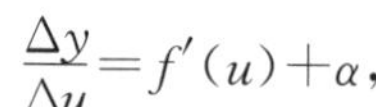

$$\frac{\Delta y}{\Delta u}=f'(u)+\alpha,$$

其中 α 为当 $\Delta u\to 0$ 时的无穷小,从而

$$\Delta y=f'(u)\Delta u+\alpha\Delta u.$$

当 $\Delta u=0$ 时,α 无定义,由于这时 $\Delta y=f(u+\Delta u)-f(u)=0$,因此可规定当 $\Delta u=0$ 时,$\alpha=0$,这样上式也成立. 用 Δx 除上式两边,得

$$\frac{\Delta y}{\Delta x}=f'(u)\frac{\Delta u}{\Delta x}+\alpha\frac{\Delta u}{\Delta x}.$$

由于函数 $u=\varphi(x)$在点 x 处可导,所以$\lim\limits_{\Delta x\to 0}\frac{\Delta u}{\Delta x}=\varphi'(x)$,由可导必连续可知 $\varphi(x)$在点 x 处连续,故当 $\Delta x\to 0$ 时,$\Delta u\to 0$, 从而得$\lim\limits_{\Delta x\to 0}\alpha=\lim\limits_{\Delta u\to 0}\alpha=0$, 因此

$$\lim_{\Delta x\to 0}\frac{\Delta y}{\Delta x}=\lim_{\Delta x\to 0}\left[f'(u)\frac{\Delta u}{\Delta x}+\alpha\frac{\Delta u}{\Delta x}\right]=f'(u)\cdot\lim_{\Delta x\to 0}\frac{\Delta u}{\Delta x}+\lim_{\Delta x\to 0}\alpha\cdot\lim_{\Delta x\to 0}\frac{\Delta u}{\Delta x}=f'(u)\varphi'(x),$$

即
$$\frac{\mathrm{d}y}{\mathrm{d}x}=f'(u)\varphi'(x)\quad \text{或}\quad \frac{\mathrm{d}y}{\mathrm{d}x}=\frac{\mathrm{d}y}{\mathrm{d}u}\cdot\frac{\mathrm{d}u}{\mathrm{d}x}.$$

此法则表明,复合函数 $y=f[\varphi(x)]$的因变量 y 对自变量 x 的导数等于因变量 y 对中间变量 u 的导数乘中间变量 u 对自变量 x 的导数. 习惯上称此法则为**链式法则**.

例 8 求函数 $y=(1+2x)^{20}$的导数.

解 $y=(1+2x)^{20}$是由 $y=u^{20}$,$u=1+2x$ 复合而成的,因此

$$\frac{\mathrm{d}y}{\mathrm{d}x}=\frac{\mathrm{d}y}{\mathrm{d}u}\cdot\frac{\mathrm{d}u}{\mathrm{d}x}=20u^{19}\times 2=40(1+2x)^{19}.$$

例 9　求函数 $y=\sin(e^x+x^2)$的导数.

解　$y=\sin(e^x+x^2)$是由 $y=\sin u, u=e^x+x^2$ 复合而成的,因此

$$\frac{dy}{dx}=\frac{dy}{du}\cdot\frac{du}{dx}=\cos u\cdot(e^x+2x)=(e^x+2x)\cos(e^x+x^2).$$

正确掌握复合函数的复合过程后,可以不必写出中间变量,只要根据复合过程,就可以进行复合函数的导数计算.

例 10　求函数 $y=\ln\cos x$ 的导数.

解　$y'=\frac{1}{\cos x}\cdot(\cos x)'=\frac{1}{\cos x}\cdot(-\sin x)=-\tan x.$

复合函数的求导法则可以推广到多个中间变量的情形,下面以两个中间变量为例给出相应的求导法则. 设 $y=f(u)$, $u=\varphi(v)$, $v=\psi(x)$都可导,则

$$(f\{\varphi[\psi(x)]\})'=f'(u)\cdot\varphi'(v)\cdot\psi'(x)\quad 或\quad \frac{dy}{dx}=\frac{dy}{du}\cdot\frac{du}{dv}\cdot\frac{dv}{dx}.$$

例 11　求函数 $y=e^{\arctan\sqrt{x}}$的导数.

解　$y=e^{\arctan\sqrt{x}}$是由 $y=e^u$, $u=\arctan v$, $v=\sqrt{x}$复合而成的, 因此

$$\frac{dy}{dx}=\frac{dy}{du}\cdot\frac{du}{dv}\cdot\frac{dv}{dx}=e^u\cdot\frac{1}{1+v^2}\cdot\frac{1}{2\sqrt{x}}=\frac{1}{2\sqrt{x}(1+x)}e^{\arctan\sqrt{x}}.$$

例 12　求函数 $y=\tan^3(1+2x^2)$的导数.

解　
$$\begin{aligned}y'&=3\tan^2(1+2x^2)\cdot[\tan(1+2x^2)]'=3\tan^2(1+2x^2)\cdot\sec^2(1+2x^2)\cdot(1+2x^2)'\\&=3\tan^2(1+2x^2)\cdot\sec^2(1+2x^2)\cdot 4x=12x\tan^2(1+2x^2)\cdot\sec^2(1+2x^2).\end{aligned}$$

例 13　求函数 $y=\ln(x+\sqrt{1+x^2})$的导数.

解　
$$\begin{aligned}y'&=\frac{1}{x+\sqrt{1+x^2}}\cdot(x+\sqrt{1+x^2})'=\frac{1}{x+\sqrt{1+x^2}}\cdot\left[1+\frac{1}{2\sqrt{1+x^2}}\cdot(1+x^2)'\right]\\&=\frac{1}{x+\sqrt{1+x^2}}\cdot\left(1+\frac{2x}{2\sqrt{1+x^2}}\right)=\frac{1}{\sqrt{1+x^2}}.\end{aligned}$$

例 14　设 $x>0$,证明幂函数的导数公式

$$(x^\mu)'=\mu x^{\mu-1}.$$

证　因为 $x^\mu=e^{\ln x^\mu}=e^{\mu\ln x}$,所以

$$(x^\mu)'=(e^{\mu\ln x})'=e^{\mu\ln x}\cdot(\mu\ln x)'=x^\mu\cdot\mu\cdot\frac{1}{x}=\mu x^{\mu-1}.$$

例 15　求双曲正弦函数 $\operatorname{sh} x=\frac{e^x-e^{-x}}{2}$的导数.

复合函数求导中的常见问题

解　$(\operatorname{sh} x)'=\left(\frac{e^x-e^{-x}}{2}\right)'=\frac{(e^x)'-(e^{-x})'}{2}=\frac{e^x+e^{-x}}{2}=\operatorname{ch} x.$

即
$$(\operatorname{sh} x)'=\operatorname{ch} x.$$

同理可得
$$(\operatorname{ch} x)'=\operatorname{sh} x.$$

3.2.4　基本求导公式与导数法则

基本初等函数的导数公式与本节所讨论的求导法则在初等函数的求导运算中起着重要的作用,必须熟练地掌握. 为了便于查阅,现在把这些导数公式和求导法则归纳如下.

1. 基本初等函数的导数公式

(1) $C'=0$，

(2) $(x^{\mu})'=\mu x^{\mu-1}$，

(3) $(\sin x)'=\cos x$，

(4) $(\cos x)'=-\sin x$，

(5) $(\tan x)'=\sec^2 x$，

(6) $(\cot x)'=-\csc^2 x$，

(7) $(\sec x)'=\sec x\tan x$，

(8) $(\csc x)'=-\csc x\cot x$，

(9) $(a^x)'=a^x\ln a$，

(10) $(\mathrm{e}^x)'=\mathrm{e}^x$，

(11) $(\log_a x)'=\dfrac{1}{x\ln a}$，

(12) $(\ln x)'=\dfrac{1}{x}$，

(13) $(\arcsin x)'=\dfrac{1}{\sqrt{1-x^2}}$，

(14) $(\arccos x)'=-\dfrac{1}{\sqrt{1-x^2}}$，

(15) $(\arctan x)'=\dfrac{1}{1+x^2}$，

(16) $(\operatorname{arccot} x)'=-\dfrac{1}{1+x^2}$.

2. 函数的和、差、积、商的求导法则

设 $u(x)$，$v(x)$都可导，则

(1) $[u(x)\pm v(x)]'=u'(x)\pm v'(x)$，

(2) $[Cu(x)]'=Cu'(x)$，

(3) $[u(x)v(x)]'=u'(x)v(x)+u(x)v'(x)$，

(4) $\left[\dfrac{u(x)}{v(x)}\right]'=\dfrac{u'(x)v(x)-u(x)v'(x)}{v^2(x)}\ [v(x)\neq 0]$.

3. 反函数的求导法则

设函数 $x=g(y)$ 在区间 I_y 内单调、可导，值域为 I_x，且 $g'(y)\neq 0$，则它的反函数 $y=f(x)$ 在区间 I_x 内可导，并且有

$$f'(x)=\frac{1}{g'(y)}\quad \text{或}\quad \frac{\mathrm{d}y}{\mathrm{d}x}=\frac{1}{\dfrac{\mathrm{d}x}{\mathrm{d}y}}.$$

4. 复合函数的求导法则

设 $y=f(u)$，而 $u=\varphi(x)$，且 $y=f(u)$及 $u=\varphi(x)$都可导，则复合函数 $y=f[\varphi(x)]$的导数为

$$\frac{\mathrm{d}y}{\mathrm{d}x}=f'(u)\varphi'(x)\quad \text{或}\quad \frac{\mathrm{d}y}{\mathrm{d}x}=\frac{\mathrm{d}y}{\mathrm{d}u}\cdot\frac{\mathrm{d}u}{\mathrm{d}x}.$$

下面再举几个求函数的导数的例子.

例 16 求函数 $y=\sin nx\cdot\sin^n x$(n 为常数)的导数.

解

$$\begin{aligned}y'&=(\sin nx)'\cdot\sin^n x+\sin nx\cdot(\sin^n x)'\\&=n\cos nx\cdot\sin^n x+\sin nx\cdot n\sin^{n-1}x\cos x\\&=n\sin^{n-1}x(\cos nx\cdot\sin x+\sin nx\cdot\cos x)\\&=n\sin^{n-1}x\sin(n+1)x.\end{aligned}$$

例 17 求函数 $y=(1+x^2)(\arctan x)^2-2x\arctan x+\ln(1+x^2)$的导数.

解

$$\begin{aligned}y'&=[(1+x^2)(\arctan x)^2]'-(2x\arctan x)'+[\ln(1+x^2)]'\\&=2x(\arctan x)^2+(1+x^2)\cdot 2\arctan x\cdot\frac{1}{1+x^2}-2\left(\arctan x+x\cdot\frac{1}{1+x^2}\right)+\frac{2x}{1+x^2}\\&=2x(\arctan x)^2.\end{aligned}$$

例 18　设函数 $f(u)$ 可导，求 $y=f(\mathrm{e}^x)\mathrm{e}^{f(x)}$ 的导数.

解　$$\begin{aligned} y'&=[f(\mathrm{e}^x)]'\mathrm{e}^{f(x)}+f(\mathrm{e}^x)[\mathrm{e}^{f(x)}]' \\ &=f'(\mathrm{e}^x)\cdot\mathrm{e}^x\cdot\mathrm{e}^{f(x)}+f(\mathrm{e}^x)\cdot\mathrm{e}^{f(x)}\cdot f'(x) \\ &=\mathrm{e}^{f(x)}[\mathrm{e}^x f'(\mathrm{e}^x)+f(\mathrm{e}^x)f'(x)]. \end{aligned}$$

例 19　设 $f(x)=\begin{cases}\mathrm{e}^{-x}-1, & x\leqslant 0,\\ x^2+\sin x, & x>0,\end{cases}$ 求 $f'(x)$.

解　当 $x<0$ 时，$f'(x)=(\mathrm{e}^{-x}-1)'=-\mathrm{e}^{-x}$；

当 $x>0$ 时，$f'(x)=(x^2+\sin x)'=2x+\cos x$；

当 $x=0$ 时，由左、右导数的定义知

$$f'_-(0)=\lim_{x\to 0^-}\frac{f(x)-f(0)}{x-0}=\lim_{x\to 0^-}\frac{\mathrm{e}^{-x}-1}{x}=\lim_{x\to 0^-}\frac{-x}{x}=-1,$$

$$f'_+(0)=\lim_{x\to 0^+}\frac{f(x)-f(0)}{x-0}=\lim_{x\to 0^+}\frac{x^2+\sin x}{x}=\lim_{x\to 0^+}\left(x+\frac{\sin x}{x}\right)=1,$$

因为 $f'_-(0)\neq f'_+(0)$，所以 $f(x)$ 在 $x=0$ 处不可导. 因此

$$f'(x)=\begin{cases}-\mathrm{e}^{-x}, & x<0,\\ 2x+\cos x, & x>0.\end{cases}$$

例 20　设 $y=\ln|x|$，求 y'.

解　因为 $y=\ln|x|=\begin{cases}\ln(-x), & x<0,\\ \ln x, & x>0,\end{cases}$ 所以

当 $x<0$ 时，　$$(\ln|x|)'=[\ln(-x)]'=\frac{1}{-x}\cdot(-1)=\frac{1}{x};$$

当 $x>0$ 时，　$$(\ln|x|)'=(\ln x)'=\frac{1}{x}.$$

因此　$$y'=(\ln|x|)'=\frac{1}{x}.$$

习题 3.2

1. 求下列函数的导数：

(1) $y=4\sqrt{x}+\frac{1}{x}-2x^3$；　(2) $y=(x+\frac{1}{x})\ln x$；　(3) $y=x^3\ln x$；

(4) $y=\mathrm{e}^x\sin x-7\cos 1+5x^2$；　(5) $y=x\tan x-\sec x$；　(6) $y=3x^4-5\mathrm{e}^x+2^x$；

(7) $y=\frac{1+x^2}{1-x^2}$；　(8) $s=\frac{t}{(1-t)(2-t)}$；　(9) $y=\frac{1}{1+\sqrt{x}}-\frac{1}{1-\sqrt{x}}$.

2. 求下列函数在给定点处的导数：

(1) $y=3\sin x-4\tan x$，求 $y'\big|_{x=\frac{\pi}{3}}$；　(2) $f(x)=\frac{1}{2-x}+\frac{x^3}{5}$，求 $f'(0)$ 和 $f'(1)$.

3. 求下列函数的导数：

(1) $y=(x^3-4)^3$；　(2) $y=\cos(2-3x)$；　(3) $y=\sqrt{a^2-x^2}$；

(4) $y=\mathrm{e}^{-2x^3}$；　(5) $y=\ln(2+x^2)$；　(6) $y=\sin x^2$；

(7) $y=\tan^2(3x-5)$；　(8) $y=\ln\tan\frac{x}{2}$；　(9) $y=\sin\sqrt{1+x^2}$；

(10) $y=\sin^2(\cos 3x)$；　(11) $y=a^{\sin(x^2+x)}$；　(12) $y=\sqrt{1+\cos^2 x}$.

4. 求下列函数的导数:

(1) $y=\left(\arctan\frac{x}{2}\right)^2$; (2) $y=\arcsin(1-x)+\sqrt{2x-x^2}$; (3) $y=\frac{\arcsin x}{\arccos x}$;

(4) $y=\arctan\sqrt{x^2-1}-\frac{\ln x}{\sqrt{x^2-1}}$; (5) $y=\arctan\frac{x+1}{x-1}$; (6) $y=\arcsin\sqrt{\frac{1-x}{1+x}}$.

5. 在曲线 $y=\frac{1}{1+x^2}$ 上求一点,使曲线在该点处的切线平行于 x 轴.

6. 求下列函数的导函数:

(1) $y=x\arcsin\frac{x}{3}+\sqrt{9-x^2}$; (2) $y=e^{-x^2+2x}$;

(3) $y=\sqrt{1+x^2}\ln(x+\sqrt{1+x^2})$; (4) $y=\sin^n x\cos nx$;

(5) $y=x\sqrt{a^2-x^2}+\frac{x}{\sqrt{a^2-x^2}}$; (6) $y=\frac{1}{2}\ln(1+e^{2x})-x+e^{-x}\arctan e^x$;

(7) $y=3x^3\arcsin x+(x^2+2)\sqrt{1-x^2}$; (8) $y=(1+x)\ln(1+x+\sqrt{2x+x^2})-\sqrt{2x+x^2}$.

7. 设 $f(x)$ 是可导函数,求下列复合函数的导数:

(1) $y=f(x^2)$; (2) $y=f\left(\sin\frac{1}{x}\right)$; (3) $y=f\{f[f(x)]\}$.

8. 设 $\varphi(x)$ 和 $\psi(x)$ 都是可导函数,求下列函数的导数 $\frac{dy}{dx}$:

(1) $y=\sqrt{\varphi^2(x)+\psi^2(x)}$; (2) $y=\arctan\frac{\varphi(x)}{\psi(x)}$ $[(\psi(x)\neq 0]$.

3.3 高阶导数

我们知道,变速直线运动的速度 $v(t)$ 是位置函数 $s(t)$ 对时间 t 的导数,即

$$v(t)=\frac{ds}{dt} \quad 或 \quad v(t)=s'(t),$$

而加速度 $a(t)$ 又是速度 $v(t)$ 对时间 t 的变化率,即速度 $v(t)$ 对时间 t 的导数,所以

$$a(t)=\frac{dv}{dt}=\frac{d}{dt}\left(\frac{ds}{dt}\right) \quad 或 \quad a(t)=[s'(t)]'.$$

这种导数的导数 $\frac{d}{dt}\left(\frac{ds}{dt}\right)$ 或 $[s'(t)]'$ 称为 $s(t)$ 对 t 的二阶导数,记作

$$\frac{d^2s}{dt^2} \quad 或 \quad s''(t).$$

因此,变速直线运动的加速度就是位置函数 $s(t)$ 对时间 t 的二阶导数.

一般地,如果函数 $y=f(x)$ 的导数 $f'(x)$ 仍是 x 的可导函数,我们把 $f'(x)$ 的导数称为函数 $y=f(x)$ 的**二阶导数**,记作 $f''(x)$,y'' 或 $\frac{d^2y}{dx^2}$,即

$$f''(x)=[f'(x)]', \quad y''=(y')' \quad 或 \quad \frac{d^2y}{dx^2}=\frac{d}{dx}\left(\frac{dy}{dx}\right).$$

相应地,把 $y=f(x)$ 的导数 $f'(x)$ 称为函数 $y=f(x)$ 的**一阶导数**.

类似地,二阶导数的导数称为**三阶导数**,三阶导数的导数称为**四阶导数**……$(n-1)$ 阶导数的导数称为 ***n* 阶导数**,分别记作

$$y''', y^{(4)}, \cdots, y^{(n)} \quad 或 \quad \frac{d^3y}{dx^3}, \frac{d^4y}{dx^4}, \cdots, \frac{d^ny}{dx^n}.$$

函数 $y=f(x)$ 具有 n 阶导数，也常称为函数 $f(x)$ n 阶可导. 二阶及二阶以上的导数统称为**高阶导数**. 函数 $f(x)$ 在点 x_0 处的高阶导数分别记作

$$y''|_{x=x_0}, y'''|_{x=x_0}, y^{(4)}|_{x=x_0}, \cdots, y^{(n)}|_{x=x_0} \quad 或 \quad f''(x_0), f'''(x_0), f^{(4)}(x_0), \cdots, f^{(n)}(x_0).$$

求高阶导数就是对函数逐次求导. 因此，仍可应用前面学过的求导法则和导数公式来计算函数的高阶导数.

函数的
高阶导数

例 1　求函数 $y=x\ln x$ 的二阶导数.

解　$y'=\ln x+x\cdot\frac{1}{x}=\ln x+1$，$y''=(\ln x+1)'=\frac{1}{x}$.

例 2　设函数 $f(x)=\arctan x$，求 $f''(0)$，$f'''(0)$.

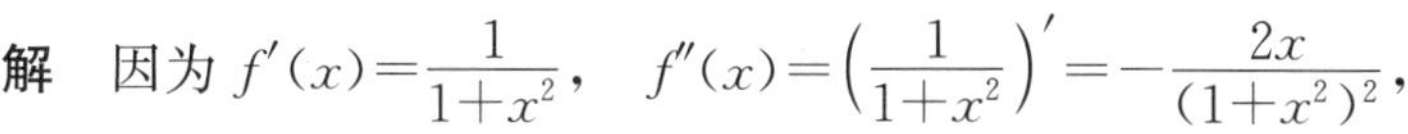

解　因为 $f'(x)=\frac{1}{1+x^2}$，　$f''(x)=\left(\frac{1}{1+x^2}\right)'=-\frac{2x}{(1+x^2)^2}$，

$$f'''(x)=\left[-\frac{2x}{(1+x^2)^2}\right]'=\frac{6x^2-2}{(1+x^2)^3},$$

所以

$$f''(0)=-\frac{2x}{(1+x^2)^2}\bigg|_{x=0}=0,$$

$$f'''(0)=\frac{6x^2-2}{(1+x^2)^3}\bigg|_{x=0}=-2.$$

下面介绍几个初等函数的 n 阶导数，归纳函数的 n 阶导数的通项公式是关键.

例 3　求指数函数 $y=a^x(a>0, a\neq1)$ 的 n 阶导数.

解　$y'=a^x\ln a$，$y''=a^x(\ln a)^2$，$y'''=a^x(\ln a)^3$，$y^{(4)}=a^x(\ln a)^4$，

一般地，可得

$$y^{(n)}=a^x(\ln a)^n,$$

即

$$(a^x)^{(n)}=(\ln a)^n a^x.$$

特别地，

$$(e^x)^{(n)}=e^x.$$

例 4　求幂函数 $y=x^\mu$（μ 为任意常数）的 n 阶导数.

解

$$y'=\mu x^{\mu-1},$$

$$y''=\mu(\mu-1)x^{\mu-2},$$

$$y'''=\mu(\mu-1)(\mu-2)x^{\mu-3},$$

$$y^{(4)}=\mu(\mu-1)(\mu-2)(\mu-3)x^{\mu-4},$$

一般地，可得

$$y^{(n)}=\mu(\mu-1)(\mu-2)(\mu-3)\cdots(\mu-n+1)x^{\mu-n},$$

即

$$(x^\mu)^{(n)}=\mu(\mu-1)(\mu-2)(\mu-3)\cdots(\mu-n+1)x^{\mu-n}.$$

当 $\mu=n$ 时，可得

$$(x^n)^{(n)}=n(n-1)(n-2)(n-3)\cdots\times3\times2\times1=n!,$$

$$(x^n)^{(n+1)}=0.$$

例 5　求正弦函数 $y=\sin x$ 的 n 阶导数.

解　$y'=(\sin x)'=\cos x=\sin\left(x+\frac{\pi}{2}\right)$，

$$y''=\cos\left(x+\frac{\pi}{2}\right)-\sin\left(x+\frac{\pi}{2}+\frac{\pi}{2}\right)=\sin\left(x+2\times\frac{\pi}{2}\right),$$

$$y'''=\cos\left(x+2\times\frac{\pi}{2}\right)=\sin\left(x+3\times\frac{\pi}{2}\right)$$

$$y^{(4)}=\cos\left(x+3\times\frac{\pi}{2}\right)=\sin\left(x+4\times\frac{\pi}{2}\right),$$

一般地,可得

$$y^{(n)}=\sin\left(x+n\cdot\frac{\pi}{2}\right),$$

即

$$(\sin x)^{(n)}=\sin\left(x+n\cdot\frac{\pi}{2}\right).$$

用类似方法可得

$$(\cos x)^{(n)}=\cos\left(x+n\cdot\frac{\pi}{2}\right).$$

例 6 求函数 $y=\ln(a+x)$(a 为常数)的 n 阶导数.

解 $y'=\frac{1}{a+x},y''=-\frac{1}{(a+x)^2},y'''=\frac{1\times2}{(a+x)^3},y^{(4)}=-\frac{1\times2\times3}{(a+x)^4}$,

一般地,可得

$$y^{(n)}=(-1)^{n-1}\frac{(n-1)!}{(a+x)^n},$$

即

$$[\ln(a+x)]^{(n)}=(-1)^{n-1}\frac{(n-1)!}{(a+x)^n}.$$

由此还可得

$$\left(\frac{1}{a+x}\right)^{(n)}=(-1)^n\frac{n!}{(a+x)^{n+1}}.$$

另外,下面的公式对于计算函数的高阶导数也是很有用的.

设函数 $u(x),v(x)$ 均有 n 阶导数,则有

(1) $[u(x)\pm v(x)]^{(n)}=u^{(n)}(x)\pm v^{(n)}(x)$;

(2) $[u(x)v(x)]^{(n)}=C_n^0u^{(n)}(x)v(x)+C_n^1u^{(n-1)}(x)v'(x)+C_n^2u^{(n-2)}(x)v''(x)+\cdots+C_n^{n-1}u'(x)v^{(n-1)}(x)+C_n^nu(x)v^{(n)}(x)$,

其中 $C_n^k=\frac{n!}{k!(n-k)!}$ $(k=0,1,2,\cdots,n)$.

公式(2)也称为**莱布尼茨公式**,它的形式与二项式定理相似(证明从略).

例 7 求函数 $y=\frac{1}{x^2-5x+6}$ 的 n 阶导数.

解 由于 $y=\frac{1}{x^2-5x+6}=\frac{1}{x-3}-\frac{1}{x-2}$,利用上面的公式(1)及例 6 中的结论,得

$$\begin{aligned}y^{(n)}&=\left(\frac{1}{x-3}-\frac{1}{x-2}\right)^{(n)}=\left(\frac{1}{x-3}\right)^{(n)}-\left(\frac{1}{x-2}\right)^{(n)}\\&=(-1)^n\frac{n!}{(x-3)^{n+1}}-(-1)^n\frac{n!}{(x-2)^{n+1}}\\&=(-1)^nn!\left[\frac{1}{(x-3)^{n+1}}-\frac{1}{(x-2)^{n+1}}\right].\end{aligned}$$

例 8　设 $y=x^2e^{2x}$，求 $y^{(20)}$.

解　设 $u(x)=e^{2x}$，$v(x)=x^2$，则

$$u^{(k)}(x)=2^ke^{2x}(k=1,2,\cdots,20),$$

$$v'(x)=2x,\ v''(x)=2,\ v^{(k)}(x)=0\ (k=3,4,\cdots,20),$$

莱布尼茨公式使用注意事项

代入莱布尼茨公式，得

$$\begin{aligned}y^{(20)}&=(x^2e^{2x})^{(20)}=2^{20}e^{2x}\cdot x^2+20\times2^{19}e^{2x}\cdot 2x+\frac{20\times19}{2\times1}2^{18}e^{2x}\times2\\&=2^{20}e^{2x}(x^2+20x+95).\end{aligned}$$

习题 3.3

1. 求下列函数的二阶导数：

(1) $y=\dfrac{x}{(x+1)^2}$；　(2) $y=\dfrac{\ln x}{x^2}$；　(3) $y=(1+x^2)\arctan x$；

(4) $y=x[\sin(\ln x)+\cos(\ln x)]$；　(5) $y=\ln(x+\sqrt{x^2+1})$；　(6) $y=\ln\sqrt{3-x^2}$；

(7) $y=e^x\cos x$；　(8) $y=\sin^2 x\ln x$；　(9) $y=\dfrac{e^x}{x}$.

2. 求下列函数在指定点处的高阶导数：

(1) 设 $f(x)=3x^3+4x^2-6x-19$，求 $f''(1)$，$f'''(1)$，$f^{(4)}(1)$；

(2) 设 $f(x)=\dfrac{x}{\sqrt{1+x^2}}$，求 $f''(0)$，$f''(1)$，$f''(-1)$.

3. 求下列函数的 n 阶导数：

(1) $y=(1+x)^m$（m 为常数）；　(2) $y=x\ln x$；　(3) $y=xe^x$；

(4) $y=\dfrac{1}{x^2-3x+2}$；　(5) $y=\sin^2 x$；　(6) $y=\ln(x-1)$.

4. 设函数 $f(x)$ 的二阶导数存在，求下列复合函数的二阶导数 y''：

(1) $y=f\left(\dfrac{1}{x}\right)$；　(2) $y=e^{-f(x)}$；　(3) $y=\ln f(x)\ [f(x)>0]$.

5. 验证函数 $y=e^x\cos x$ 满足关系式 $y''-2y'+2y=0$.

6. 设 $y=x^2e^{3x}$，求 $y^{(20)}$.

7. 设 $y=e^x\sin x$，求 $y^{(4)}$.

3.4　隐函数及由参数方程所确定的函数的导数

3.4.1　隐函数的导数

前面提到的函数都可以表示为 $y=f(x)$ 的形式，其中 $f(x)$ 是 x 的解析式，例如 $y=x\sin x$，$y=\ln(x+\sqrt{1+x^2})$ 等. 用这种方式表示的函数称为**显函数**. 但有时因变量 y 和自变量 x 之间的函数关系是用一个关于 y 与 x 的二元方程来表示的，例如方程

$$x+y^3-1=0$$

表示一个函数，因为当变量 x 在 $(-\infty,+\infty)$ 内取值时，变量 y 有唯一确定的值与之对应. 例如，当 $x=0$ 时，$y=1$；当 $x=2$ 时，$y=-1$；等等. 这样的函数称为**隐函数**.

一般地，如果变量 x 和 y 满足一个方程 $F(x,y)=0$，在一定的条件下，当 x 取某区间内

的任一值时,相应地总有满足这个方程的唯一的 y 值存在,那么就说方程 $F(x,y)=0$ 在该区间内确定了一个隐函数.

把一个隐函数化为显函数,叫做**隐函数的显化**. 例如,方程 $x+y^3-1=0$ 可化为 $y=\sqrt[3]{1-x}$,就把隐函数化为了显函数. 隐函数的显化有时是有困难的,甚至是不可能的. 例如,方程 $xy-e^x+e^y=0$ 所确定的隐函数就不能显化.

隐函数的求导方法是不管隐函数能否显化,直接在方程 $F(x,y)=0$ 的两端分别对 x 求导,由此得到隐函数的导数. 下面通过举例介绍这种方法.

例 1 求由方程 $xy-e^x+e^y=0$ 所确定的隐函数的导数 $\frac{dy}{dx}$.

隐函数的导数

解 方程两边分别对 x 求导,要注意的是求导过程中应把 y 看成 x 的函数 $y=y(x)$,得

$$y+x\frac{dy}{dx}-e^x+e^y\frac{dy}{dx}=0,$$

从而得

$$\frac{dy}{dx}=\frac{e^x-y}{e^y+x}.$$

例 2 求椭圆 $\frac{x^2}{16}+\frac{y^2}{9}=1$ 在点 $\left(2,\frac{3}{2}\sqrt{3}\right)$ 处的切线方程,如图 3-6 所示.

解 方程两边分别对 x 求导,得

$$\frac{x}{8}+\frac{2y}{9}\cdot\frac{dy}{dx}=0,$$

所以

$$\frac{dy}{dx}=-\frac{9x}{16y}.$$

由导数的几何意义可知,所求切线的斜率为

$$\left.\frac{dy}{dx}\right|_{\substack{x=2\\y=\frac{3}{2}\sqrt{3}}}=-\left.\frac{9x}{16y}\right|_{\substack{x=2\\y=\frac{3}{2}\sqrt{3}}}=-\frac{\sqrt{3}}{4},$$

于是所求的切线方程为

$$y-\frac{3}{2}\sqrt{3}=-\frac{\sqrt{3}}{4}(x-2),$$

即

$$\sqrt{3}x+4y-8\sqrt{3}=0.$$

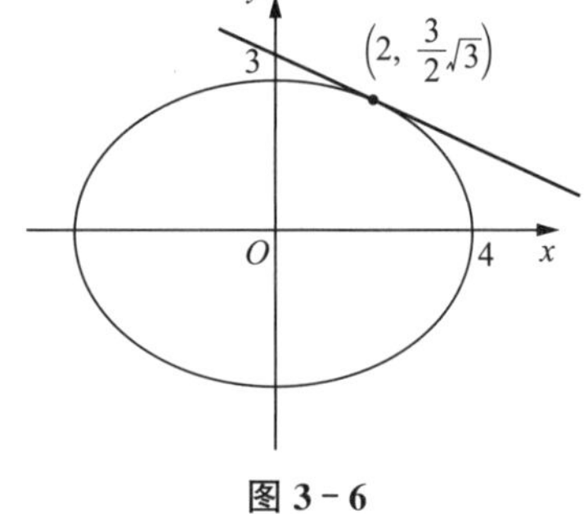

图 3-6

例 3 求由方程 $x-y+\sin y=0$ 所确定的隐函数的二阶导数 $\frac{d^2y}{dx^2}$.

解 (方法一)方程两边分别对 x 求导,得

$$1-\frac{dy}{dx}+\cos y\cdot\frac{dy}{dx}=0,$$

所以

$$\frac{dy}{dx}=\frac{1}{1-\cos y},$$

上式两边再分别对 x 求导,得

$$\frac{d^2y}{dx^2}=\frac{-\sin y\cdot\frac{dy}{dx}}{(1-\cos y)^2}=-\frac{\sin y}{(1-\cos y)^3}.$$

（方法二）方程两边分别对 x 求导，得

$$1-\frac{\mathrm{d}y}{\mathrm{d}x}+\cos y\cdot\frac{\mathrm{d}y}{\mathrm{d}x}=0,$$

上式两边再分别对 x 求导，得

$$-\frac{\mathrm{d}^2y}{\mathrm{d}x^2}-\sin y\cdot\left(\frac{\mathrm{d}y}{\mathrm{d}x}\right)^2+\cos y\cdot\frac{\mathrm{d}^2y}{\mathrm{d}x^2}=0,$$

从而得 $$\frac{\mathrm{d}^2y}{\mathrm{d}x^2}=\frac{-\sin y\cdot\left(\frac{\mathrm{d}y}{\mathrm{d}x}\right)^2}{1-\cos y}=\frac{-\sin y\cdot\left(\frac{1}{1-\cos y}\right)^2}{1-\cos y}=-\frac{\sin y}{(1-\cos y)^3}.$$

下面介绍对数求导法，用这种方法可以方便地求出两种类型函数的导数.

(1) 求由多个因子的积、商、乘方、开方构成的函数的导数.

对数求导法

例 4　求函数 $y=\frac{\sqrt{x-1}(x^3+2)^3}{(2x+3)^2}$ 的导数 $\frac{\mathrm{d}y}{\mathrm{d}x}$.

解　两边取对数，得

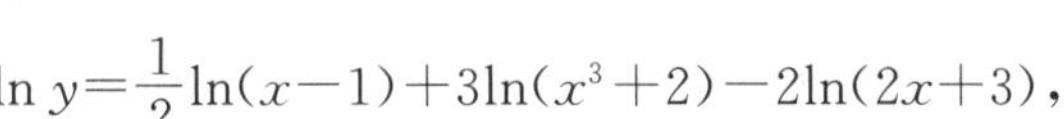

$$\ln y=\frac{1}{2}\ln(x-1)+3\ln(x^3+2)-2\ln(2x+3),$$

上式两边分别对 x 求导，得

$$\frac{1}{y}\cdot y'=\frac{1}{2}\cdot\frac{1}{x-1}+3\cdot\frac{3x^2}{x^3+2}-2\cdot\frac{2}{2x+3},$$

所以 $$y'=\frac{\sqrt{x-1}(x^3+2)^3}{(2x+3)^2}\left(\frac{1}{2x-2}+\frac{9x^2}{x^3+2}-\frac{4}{2x+3}\right).$$

(2) 求函数 $y=u(x)^{v(x)}[u(x)>0,u(x)\neq1]$（幂指函数）的导数.

例 5　求函数 $y=x^{\sin x}(x>0)$ 的导数 $\frac{\mathrm{d}y}{\mathrm{d}x}$.

解　两边取对数，得

$$\ln y=\sin x\ln x,$$

上式两边分别对 x 求导，得

$$\frac{1}{y}\cdot\frac{\mathrm{d}y}{\mathrm{d}x}=\cos x\ln x+\frac{\sin x}{x},$$

所以 $$\frac{\mathrm{d}y}{\mathrm{d}x}=y\left(\cos x\ln x+\frac{\sin x}{x}\right)=x^{\sin x}\left(\cos x\ln x+\frac{\sin x}{x}\right).$$

幂指函数的导数也可以利用复合函数的求导法则来计算.

因为 $$y=x^{\sin x}=\mathrm{e}^{\ln x^{\sin x}}=\mathrm{e}^{\sin x\ln x},$$

所以 $$y'=(\mathrm{e}^{\sin x\ln x})'=\mathrm{e}^{\sin x\ln x}\left(\cos x\ln x+\frac{\sin x}{x}\right)=x^{\sin x}\left(\cos x\ln x+\frac{\sin x}{x}\right).$$

隐函数求导中的常见问题

3.4.2　由参数方程所确定的函数的导数

在平面解析几何中，我们知道圆心在原点、半径为 R 的上半圆可以由参数方程

$$\begin{cases}x=R\cos t,\\ y=R\sin t\end{cases}\quad(0\leqslant t\leqslant\pi)$$

表示,其中 t 为参数(图 3－7). 当参数 t 取定一个值时,就得到半圆上的一个点 $P(x,y)$. 如果 t 取遍 $[0,\pi]$ 上所有实数,那么得到半圆上所有点.

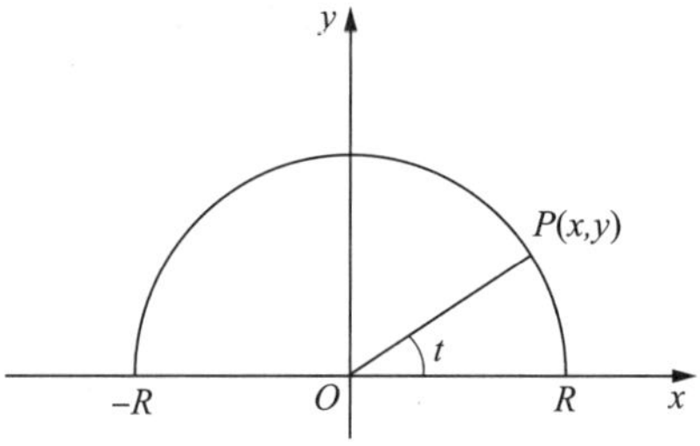

如果把对应于同一个参数 t 的 x,y(曲线上同一点的横坐标和纵坐标)看成一个对应,那么上述参数方程就决定了变量 x 与 y 之间的一个对应关系,也就是函数关系. 如果从参数方程中消去参数 t,可得

$$y=\sqrt{R^2-x^2},$$

这就是变量 y 与 x 之间的函数关系的显式表示.

图 3－7

一般地,如果由参数方程

$$\begin{cases}x=\varphi(t),\\ y=\psi(t)\end{cases} \tag{3－3}$$

确定了 y 与 x 之间的函数关系,那么称此函数为由参数方程(3－3)所确定的函数.

下面讨论由参数方程所确定的函数的求导问题.

首先可以想到的方法是从参数方程中消去参数 t,得到隐函数或显函数后求导. 但是对于某些参数方程而言,消去参数 t 可能会有困难,因此这种方法并不总是可行的. 下面介绍一种方法,可直接由参数方程计算它所确定的函数的导数.

假设由参数方程 $\begin{cases}x=\varphi(t),\\ y=\psi(t)\end{cases}$ 可以确定 y 是 x 的函数,并且设 $\varphi(t)$,$\psi(t)$ 都可导,$\varphi'(t)\neq 0$,且 $x=\varphi(t)$ 有反函数 $t=\varphi^{-1}(x)$,那么由参数方程所确定的函数就可以看成由函数 $y=\psi(t)$ 与函数 $t=\varphi^{-1}(x)$ 复合而成的复合函数

$$y=\psi[\varphi^{-1}(x)].$$

由复合函数的求导法则和反函数的求导法则得

$$\frac{\mathrm{d}y}{\mathrm{d}x}=\frac{\mathrm{d}y}{\mathrm{d}t}\cdot\frac{\mathrm{d}t}{\mathrm{d}x}=\frac{\mathrm{d}y}{\mathrm{d}t}\cdot\frac{1}{\frac{\mathrm{d}x}{\mathrm{d}t}}=\frac{\psi'(t)}{\varphi'(t)},$$

即

$$\frac{\mathrm{d}y}{\mathrm{d}x}=\frac{\psi'(t)}{\varphi'(t)}, \tag{3－4}$$

这就是由参数方程(3－3)所确定的函数的求导公式.

如果 $\varphi(t)$,$\psi(t)$ 都二阶可导,那么还可以得出二阶导数的公式

$$\begin{aligned}\frac{\mathrm{d}^2y}{\mathrm{d}x^2}&=\frac{\mathrm{d}}{\mathrm{d}x}\left(\frac{\mathrm{d}y}{\mathrm{d}x}\right)=\frac{\mathrm{d}}{\mathrm{d}x}\left[\frac{\psi'(t)}{\varphi'(t)}\right]=\frac{\mathrm{d}}{\mathrm{d}t}\left[\frac{\psi'(t)}{\varphi'(t)}\right]\cdot\frac{\mathrm{d}t}{\mathrm{d}x}\\ &=\frac{\psi''(t)\varphi'(t)-\psi'(t)\varphi''(t)}{[\varphi'(t)]^2}\cdot\frac{1}{\varphi'(t)}\\ &=\frac{\psi''(t)\varphi'(t)-\psi'(t)\varphi''(t)}{[\varphi'(t)]^3},\end{aligned}$$

即

$$\frac{\mathrm{d}^2y}{\mathrm{d}x^2}=\frac{\psi''(t)\varphi'(t)-\psi'(t)\varphi''(t)}{[\varphi'(t)]^3}. \tag{3－5}$$

在求二阶导数 $\frac{\mathrm{d}^2y}{\mathrm{d}x^2}$ 时,一般先将一阶导数 $\frac{\mathrm{d}y}{\mathrm{d}x}=\frac{\psi'(t)}{\varphi'(t)}$ 对 t 求导,再乘 $\frac{1}{\varphi'(t)}$,而不直接引用

公式(3-5).

例 6 求由参数方程$\begin{cases}x=t-\sin t,\\y=1-\cos t\end{cases}$所确定的函数 $y=y(x)$的一阶导数和二阶导数.

解 $\dfrac{\mathrm{d}y}{\mathrm{d}x}=\dfrac{(1-\cos t)'}{(t-\sin t)'}=\dfrac{\sin t}{1-\cos t}$,

$$\frac{\mathrm{d}^2y}{\mathrm{d}x^2}=\left(\frac{\sin t}{1-\cos t}\right)'\cdot\frac{1}{(t-\sin t)'}=\frac{-1}{1-\cos t}\cdot\frac{1}{1-\cos t}=-\frac{1}{(1-\cos t)^2}.$$

例 7 求曲线$\begin{cases}x=2\sin t,\\y=\cos 2t\end{cases}$在 $t=\dfrac{\pi}{4}$处的切线方程和法线方程.

解 当 $t=\dfrac{\pi}{4}$时,曲线上对应的点 M 的坐标为$(\sqrt{2},0)$,曲线在该点的切线的斜率为

$$\left.\frac{\mathrm{d}y}{\mathrm{d}x}\right|_{t=\frac{\pi}{4}}=\left.\frac{(\cos 2t)'}{(2\sin t)'}\right|_{t=\frac{\pi}{4}}=\left.\frac{-2\sin 2t}{2\cos t}\right|_{t=\frac{\pi}{4}}=-\sqrt{2}.$$

因此所求的切线方程为

$$y=-\sqrt{2}(x-\sqrt{2}),$$

即

$$\sqrt{2}x+y-2=0;$$

法线方程为

$$y=\frac{1}{\sqrt{2}}(x-\sqrt{2}),$$

即

$$x-\sqrt{2}y-\sqrt{2}=0.$$

习题 3.4

1. 求由下列方程所确定的隐函数 $y=f(x)$的导数$\dfrac{\mathrm{d}y}{\mathrm{d}x}$:

(1) $x^2+xy+y^2=4$;　(2) $y=x+\dfrac{1}{2}\sin y$;　(3) $x^2y=\cos(x+y)$;

(4) $y=x+\arctan y$;　(5) $y-\mathrm{e}^y=\ln(x+y)$;　(6) $\arctan\dfrac{y}{x}=\ln\sqrt{x^2+y^2}$.

2. 求由下列参数方程所确定的函数的导数$\dfrac{\mathrm{d}y}{\mathrm{d}x}$:

(1) $\begin{cases}x=1-t^2,\\y=t-t^3;\end{cases}$　(2) $\begin{cases}x=\sin t,\\y=\cos 2t;\end{cases}$　(3) $\begin{cases}x=\mathrm{e}^t\cos t,\\y=\mathrm{e}^t\sin t;\end{cases}$

(4) $\begin{cases}x=\dfrac{t}{1+t^2},\\y=\dfrac{t^2}{1+t^2};\end{cases}$　(5) $\begin{cases}x=\dfrac{t}{1+t},\\y=\dfrac{1-t}{1+t};\end{cases}$　(6) $\begin{cases}x=\ln\tan\dfrac{t}{2}+\cos t,\\y=\sin t.\end{cases}$

3. 求由下列方程所确定的隐函数 $y=f(x)$的二阶导数$\dfrac{\mathrm{d}^2y}{\mathrm{d}x^2}$:

(1) $x^2-y^2=1$;　(2) $y=\sin(x+y)$;　(3) $y=\tan(x+y)$.

4. 利用对数求导法求下列函数的导数:

(1) $y=x\sqrt{\dfrac{1-x}{1+x}}$;　(2) $y=\dfrac{x^2}{1-x^2}\sqrt{\dfrac{1+x}{1+x+x^2}}$;　(3) $y=(x+\sqrt{1+x^2})^n$;

(4) $y=x^x(x>0)$;　(5) $y=x^{\ln x}(x>0)$;　(6) $y=x^{\tan x}(x>0)$.

5. 求下列函数 $y=y(x)$ 在指定点处的导数：

(1) $y=\cos x+\frac{1}{2}\sin y,\left(\frac{\pi}{2},0\right)$；　　(2) $ye^x+\ln y=1,(0,1)$；

(3) $\begin{cases}x=t-\sin t,\\ y=1-\cos t\end{cases}$ 在 $t=\frac{\pi}{2},t=\pi$ 处；　(4) $\begin{cases}x=1-t^2,\\ y=t-t^3\end{cases}$ 在 $t=\frac{\sqrt{2}}{2},t=\frac{\sqrt{3}}{3}$ 处.

6. 设曲线的参数方程为 $\begin{cases}x=a\cos^3 t,\\ y=a\sin^3 t,\end{cases}$

(1) 计算 $\frac{\mathrm{d}y}{\mathrm{d}x}$；

(2) 证明：曲线在任一点处的切线被坐标轴所截的线段长度为一个常数.

7. 求由下列参数方程所确定的函数的二阶导数 $\frac{\mathrm{d}^2 y}{\mathrm{d}x^2}$：

(1) $\begin{cases}x=\ln(1+t^2),\\ y=t-\arctan t;\end{cases}$　　(2) $\begin{cases}x=f'(t),\\ y=tf'(t)-f(t)\end{cases}$ [设 $f''(t)$ 存在且不为 0].

3.5　函数的微分

前面我们讨论过函数 $y=f(x)$ 在点 x_0 处的连续性与可导性. 函数 $y=f(x)$ 在点 x_0 处连续，实质上就是在点 x_0 处当自变量的改变量 Δx 趋于零时，函数的改变量 Δy 也趋于零；函数 $y=f(x)$ 在点 x_0 处可导，实质上就是在点 x_0 处当自变量的改变量 Δx 趋于零时，函数的改变量 Δy 是自变量的改变量 Δx 的同阶(或高阶)无穷小. 下面从另一个角度讨论函数 $y=f(x)$ 在点 x_0 处函数的改变量 Δy 与自变量的 Δx 之间的关系，由此给出函数的微分的定义.

3.5.1　微分的定义

引例　一块正方形金属薄片受温度变化的影响，其边长由 x_0 变化到 $x_0+\Delta x$，如图 3－8 所示. 问：此薄片的面积约改变了多少？

解　设正方形的边长为 x，面积为 S，则 $S=x^2$. 薄片受温度变化的影响时面积的改变量，可以看成当自变量 x 在 x_0 处取得改变量 Δx 时函数 $S=x^2$ 的相应改变量 ΔS，即

$$\Delta S=(x_0+\Delta x)^2-x_0^2=2x_0\Delta x+(\Delta x)^2.$$

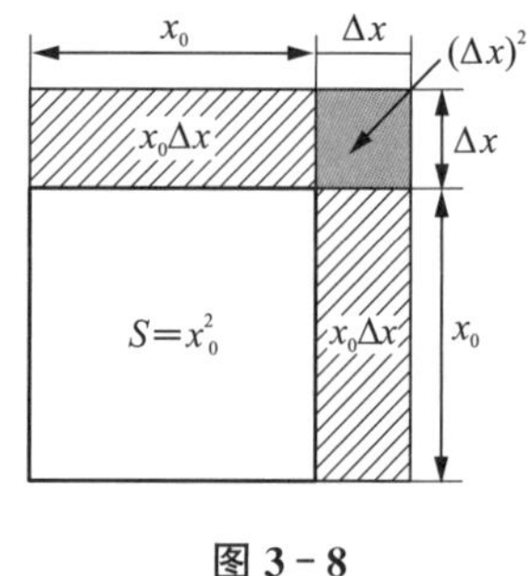

图 3－8

从上式可以看到，ΔS 分成两部分，第一部分 $2x_0\Delta x$ 是 Δx 的线性函数，而第二部分 $(\Delta x)^2$ 是当 $\Delta x\to 0$ 时比 Δx 高阶的无穷小，即 $(\Delta x)^2=o(\Delta x)$. 由此可见，当 $|\Delta x|$ 很小时，面积的改变量 ΔS 可近似地用第一部分来代替，即

$$\Delta S\approx 2x_0\Delta x.$$

一般地，如果函数 $y=f(x)$ 满足一定的条件，那么函数的改变量 Δy 可表示为

$$\Delta y=A\Delta x+o(\Delta x),$$

其中 A 是不依赖 Δx 的常数. 因此，$A\Delta x$ 是 Δx 的线性函数，且它与 Δy 之差是比 Δx 更高阶的无穷小. 所以当 $A\neq 0$，且 $|\Delta x|$ 很小时，我们可以用 $A\Delta x$ 来近似地代替 Δy. 那么函数 $f(x)$ 应满足什么条件？与 Δx 无关的常数 A 如何计算？为此，我们先给出函数在一点处的微分的定义.

定义 3　设函数 $y=f(x)$ 在点 x_0 的某个邻域内有定义，如果函数 $f(x)$ 在点 x_0 处的改变量 $\Delta y=f(x_0+\Delta x)-f(x_0)$ 可以表示为

$$\Delta y=A\Delta x+o(\Delta x),$$

其中 A 是与 Δx 无关的常数，$o(\Delta x)$ 是当 $\Delta x\to 0$ 时比 Δx 高阶的无穷小，那么称函数 $y=f(x)$ 在点 x_0 处**可微**，称 $A\Delta x$ 为函数 $y=f(x)$ 在点 x_0 处相应于自变量的改变量 Δx 的**微分**，简称为函数 $y=f(x)$ 在点 x_0 处的微分，记作 $\mathrm{d}y|_{x=x_0}$，即

$$\mathrm{d}y|_{x=x_0}=A\Delta x.$$

由定义 3 可知，函数的微分 $\mathrm{d}y|_{x=x_0}=A\Delta x$ 是自变量的改变量 Δx 的线性函数，且当 $\Delta x\to 0$ 时，它与函数的改变量 Δy 的差是一个比 Δx 高阶的无穷小 $o(\Delta x)$. 当 $A\neq 0$ 时，函数的微分 $\mathrm{d}y|_{x=x_0}$ 是 Δy 的主要部分，所以函数的微分 $\mathrm{d}y|_{x=x_0}$ 通常称为函数的改变量 Δy 的**线性主部**，当 $|\Delta x|$ 很小时，就可以用 $\mathrm{d}y|_{x=x_0}$ 作为改变量 Δy 的近似值.

下面讨论函数 $f(x)$ 在点 x_0 处可导与可微的关系.

微分的定义

如果函数 $f(x)$ 在点 x_0 处可微，那么按定义有

$$\Delta y=A\Delta x+o(\Delta x),$$

上式两端先分别除以 Δx，再取 $\Delta x\to 0$ 时的极限，得

$$\lim_{\Delta x\to 0}\frac{\Delta y}{\Delta x}=\lim_{\Delta x\to 0}\left(A+\frac{o(\Delta x)}{\Delta x}\right)=A,$$

所以函数 $f(x)$ 在点 x_0 处可导，且 $f'(x_0)=A$.

可微与可导的关系

反之，如果函数 $f(x)$ 在点 x_0 处可导，那么有

$$\lim_{\Delta x\to 0}\frac{\Delta y}{\Delta x}=f'(x_0),$$

根据极限与无穷小的关系，由上式可得

$$\frac{\Delta y}{\Delta x}=f'(x_0)+\alpha,$$

其中 α 是当 $\Delta x\to 0$ 时的无穷小. 从而

$$\Delta y=f'(x_0)\Delta x+\alpha\Delta x,$$

这里 $f'(x_0)$ 是与 Δx 无关的常数，$\alpha\Delta x$ 是当 $\Delta x\to 0$ 时比 Δx 高阶的无穷小. 所以按微分的定义，函数 $f(x)$ 在点 x_0 处可微.

由此可见，函数 $f(x)$ 在点 x_0 处可导与可微是等价的，且函数 $f(x)$ 在点 x_0 处的微分可表示为

$$\mathrm{d}y|_{x=x_0}=f'(x_0)\Delta x. \tag{3-6}$$

因此，可以将函数在一点处可导说成可微，也可以将可微说成可导而不加以区分. 求函数的导数与求函数的微分的方法都称为**微分法**. 研究函数的导数或微分的问题称为**微分学**. 但是导数与微分是两个不同的概念，不能混为一谈. 导数 $f'(x_0)$ 是函数 $f(x)$ 在 x_0 处的变化率，而函数的微分 $\mathrm{d}y|_{x=x_0}=f'(x_0)\Delta x$ 是 $f(x)$ 在点 x_0 处的改变量 Δy 的线性主部. 导数的值只与 x_0 有关，微分的值既与 x_0 有关，又与 Δx 有关.

如果函数 $y=f(x)$ 在区间 I 内的每个点处都可微，那么称函数 $y=f(x)$ 在区间 I 内可微. 函数在区间 I 内任一点 x 处的微分记作

$$\mathrm{d}y=f'(x)\Delta x.$$

通常把自变量 x 的改变量 Δx 称为自变量的微分,记作 $\mathrm{d}x$,即 $\mathrm{d}x=\Delta x$. 于是函数 $y=f(x)$ 的微分又记作

$$\mathrm{d}y=f'(x)\mathrm{d}x. \tag{3-7}$$

上式表明,函数的微分就是函数的导数与自变量的微分的乘积.

由 $\mathrm{d}y=f'(x)\mathrm{d}x$,可得 $f'(x)=\frac{\mathrm{d}y}{\mathrm{d}x}$,因此导数$\frac{\mathrm{d}y}{\mathrm{d}x}$可以看作函数的微分 $\mathrm{d}y$ 与自变量的微分 $\mathrm{d}x$ 的商,因此导数也称为**微商**.

例 1 求函数 $y=x^2$ 在 $x=2$ 处,当 $\Delta x=0.01$ 时,函数的改变量 Δy 与微分 $\mathrm{d}y$.

解 $\Delta y=(2+0.01)^2-2^2=0.0401$,

因为
$$y'\big|_{x=2}=2x\big|_{x=2}=4,$$
所以
$$\mathrm{d}y\Big|_{\substack{x=2\\ \Delta x=0.01}}=y'\Big|_{x=2}\cdot\Delta x=4\times0.01=0.04.$$

例 2 设函数 $y=\sqrt{3-2x}$,求 $\mathrm{d}y$, $\mathrm{d}y\big|_{x=0}$.

解 因为
$$y'=\frac{-2}{2\sqrt{3-2x}}=-\frac{1}{\sqrt{3-2x}},$$
所以
$$\mathrm{d}y=y'\cdot\mathrm{d}x=-\frac{1}{\sqrt{3-2x}}\mathrm{d}x,$$
$$\mathrm{d}y\big|_{x=0}=y'\big|_{x=0}\cdot\mathrm{d}x=-\frac{1}{\sqrt{3-2x}}\Big|_{x=0}\mathrm{d}x=-\frac{\sqrt{3}}{3}\mathrm{d}x.$$

3.5.2 微分的几何意义

微分的几何意义

在直角坐标系中,函数 $y=f(x)$的图形是一条曲线,当自变量 x 由 x_0 变化到 $x_0+\Delta x$ 时,曲线上的对应点 $M(x_0,y_0)$变化到点 $P(x_0+\Delta x,y_0+\Delta y)$,由图 3-9 可知

$$MN=\Delta x,\ NP=\Delta y,$$

过点 M 作曲线的切线 MT,它的倾角为 θ,则

$$NT=MN\cdot\tan\theta=f'(x_0)\cdot\Delta x,$$

即
$$\mathrm{d}y=NT.$$

所以函数 $y=f(x)$在点 x_0 处的微分就是曲线 $y=f(x)$在点 $M(x_0,y_0)$处的切线 MT 当横坐标由 x_0 变化到 $x_0+\Delta x$ 时,其对应的纵坐标的改变量. 因此,用函数的微分 $\mathrm{d}y$ 近似代替函数的改变量 Δy,就是用 M 点处切线上纵坐标的改变量 NT 近似代替曲线上纵坐标的改变量 NP,并且有 $\Delta y-\mathrm{d}y=TP$,TP 是比 Δx 高阶的无穷小(当 $\Delta x\to0$ 时).

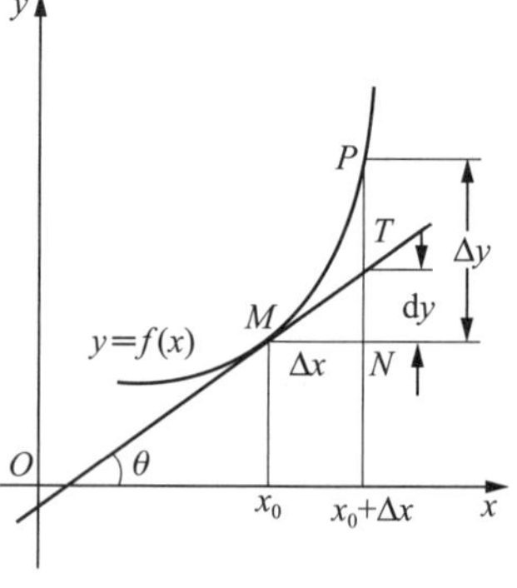

图 3-9

3.5.3 基本初等函数的微分公式与微分的运算法则

根据函数的微分与导数的关系 $\mathrm{d}y=f'(x)\mathrm{d}x$,要计算函数的微分,只要先计算函数的导数,再乘自变量的微分即可. 因此可得如下的微分公式与微分法则.

1. 基本初等函数的微分公式

由基本初等函数的导数公式可直接得出基本初等函数的微分公式. 为了便于对照，列出表 3-1.

表 3-1

导数公式	微分公式
$C'=0$	$\mathrm{d}C=0$
$(x^{\mu})'=\mu x^{\mu-1}$	$\mathrm{d}(x^{\mu})=\mu x^{\mu-1}\mathrm{d}x$
$(\sin x)'=\cos x$	$\mathrm{d}(\sin x)=\cos x\mathrm{d}x$
$(\cos x)'=-\sin x$	$\mathrm{d}(\cos x)=-\sin x\mathrm{d}x$
$(\tan x)'=\sec^2 x$	$\mathrm{d}(\tan x)=\sec^2 x\mathrm{d}x$
$(\cot x)'=-\csc^2 x$	$\mathrm{d}(\cot x)=-\csc^2 x\mathrm{d}x$
$(\sec x)'=\sec x\tan x$	$\mathrm{d}(\sec x)=\sec x\tan x\mathrm{d}x$
$(\csc x)'=-\csc x\cot x$	$\mathrm{d}(\csc x)=-\csc x\cot x\mathrm{d}x$
$(a^x)'=a^x\ln a$	$\mathrm{d}(a^x)=a^x\ln a\mathrm{d}x$
$(\mathrm{e}^x)'=\mathrm{e}^x$	$\mathrm{d}(\mathrm{e}^x)=\mathrm{e}^x\mathrm{d}x$
$(\log_a x)'=\dfrac{1}{x\ln a}$	$\mathrm{d}(\log_a x)=\dfrac{1}{x\ln a}\mathrm{d}x$
$(\ln x)'=\dfrac{1}{x}$	$\mathrm{d}(\ln x)=\dfrac{1}{x}\mathrm{d}x$
$(\arcsin x)'=\dfrac{1}{\sqrt{1-x^2}}$	$\mathrm{d}(\arcsin x)=\dfrac{1}{\sqrt{1-x^2}}\mathrm{d}x$
$(\arccos x)'=-\dfrac{1}{\sqrt{1-x^2}}$	$\mathrm{d}(\arccos x)=-\dfrac{1}{\sqrt{1-x^2}}\mathrm{d}x$
$(\arctan x)'=\dfrac{1}{1+x^2}$	$\mathrm{d}(\arctan x)=\dfrac{1}{1+x^2}\mathrm{d}x$
$(\mathrm{arccot}\, x)'=-\dfrac{1}{1+x^2}$	$\mathrm{d}(\mathrm{arccot}\, x)=-\dfrac{1}{1+x^2}\mathrm{d}x$

2. 函数的和、差、积、商的微分法则

由函数的和、差、积、商的求导法则可得出相应的微分法则. 为了便于对照，列出表 3-2.

表 3-2

函数的和、差、积、商的求导法则	函数的和、差、积、商的微分法则
$(u\pm v)'=u'\pm v'$	$\mathrm{d}(u\pm v)=\mathrm{d}u\pm\mathrm{d}v$
$(Cu)'=Cu'$ （C 为常数）	$\mathrm{d}(Cu)=C\mathrm{d}u$ （C 为常数）
$(uv)'=u'v+uv'$	$\mathrm{d}(uv)=v\mathrm{d}u+u\mathrm{d}v$
$\left(\dfrac{u}{v}\right)'=\dfrac{u'v-uv'}{v^2}\ (v\neq 0)$	$\mathrm{d}\left(\dfrac{u}{v}\right)=\dfrac{v\mathrm{d}u-u\mathrm{d}v}{v^2}\ (v\neq 0)$

3. 复合函数的微分法则

设函数 $y=f(u)$ 及 $u=\varphi(x)$ 都可微，则复合函数 $y=f[\varphi(x)]$ 的微分为

$$\mathrm{d}y=y'\mathrm{d}x=f'[\varphi(x)]\varphi'(x)\mathrm{d}x.$$

因为 $\varphi'(x)\mathrm{d}x=\mathrm{d}\varphi(x)=\mathrm{d}u$,所以复合函数 $y=f[\varphi(x)]$的微分也可以写成

$$\mathrm{d}y=f'(u)\mathrm{d}u.$$

注意到上式中 u 是中间变量$[u=\varphi(x)]$,如果 u 是自变量,函数 $y=f(u)$的微分也是上述形式. 由此可见,不管 u 是自变量还是中间变量,函数 $y=f(u)$的微分形式

$$\mathrm{d}y=f'(u)\mathrm{d}u$$

总是不变的. 这一性质称为**一阶微分形式不变性**. 有时,利用一阶微分形式不变性求复合函数的微分比较方便.

例 3 设 $y=\mathrm{e}^{\cos x}$,求 $\mathrm{d}y$.

解 $\mathrm{d}y=\mathrm{d}(\mathrm{e}^{\cos x})=\mathrm{e}^{\cos x}\mathrm{d}(\cos x)=-\sin x\mathrm{e}^{\cos x}\mathrm{d}x.$

例 4 设 $y=\mathrm{e}^{-2x}\sin 3x$,求 $\mathrm{d}y$.

解
$$\begin{aligned}\mathrm{d}y&=\mathrm{d}(\mathrm{e}^{-2x}\sin 3x)=\sin 3x\mathrm{d}(\mathrm{e}^{-2x})+\mathrm{e}^{-2x}\mathrm{d}(\sin 3x)\\&=\sin 3x\cdot \mathrm{e}^{-2x}\mathrm{d}(-2x)+\mathrm{e}^{-2x}\cos 3x\mathrm{d}(3x)\\&=-2\sin 3x\mathrm{e}^{-2x}\mathrm{d}x+3\cos 3x\mathrm{e}^{-2x}\mathrm{d}x\\&=\mathrm{e}^{-2x}(3\cos 3x-2\sin 3x)\mathrm{d}x.\end{aligned}$$

例 5 设函数 $y=y(x)$由方程 $x^2+2xy-y^2=4$ 确定,求 $\mathrm{d}y$ 及$\dfrac{\mathrm{d}y}{\mathrm{d}x}$.

微分在求导中的应用

解 方程两边分别求微分,得

$$2x\mathrm{d}x+2(y\mathrm{d}x+x\mathrm{d}y)-2y\mathrm{d}y=0,$$

整理得

$$(x+y)\mathrm{d}x=(y-x)\mathrm{d}y,$$

于是

$$\mathrm{d}y=\frac{x+y}{y-x}\mathrm{d}x,$$

从而得

$$\frac{\mathrm{d}y}{\mathrm{d}x}=\frac{x+y}{y-x}.$$

*3.5.4 微分在近似计算中的应用

由前面讨论知道,函数 $y=f(x)$在点 x_0 处,当 $f'(x_0)\neq 0$ 时,函数的微分 $\mathrm{d}y|_{x=x_0}=f'(x_0)\Delta x$ 是函数的改变量 Δy 的线性主部. 所以当$|\Delta x|$很小时,有

$$\Delta y\approx \mathrm{d}y|_{x=x_0}=f'(x_0)\Delta x,$$

这个式子也可以写成

$$\Delta y=f(x_0+\Delta x)-f(x_0)\approx f'(x_0)\Delta x \tag{3-8}$$

或

$$f(x_0+\Delta x)\approx f(x_0)+f'(x_0)\Delta x. \tag{3-9}$$

令 $x=x_0+\Delta x$,即 $\Delta x=x-x_0$,那么式(3-9)可改写为

$$f(x)\approx f(x_0)+f'(x_0)(x-x_0). \tag{3-10}$$

如果 $f(x_0)$与 $f'(x_0)$都容易计算,那么可利用式(3-8)来近似计算 Δy,利用式(3-9)来近似计算 $f(x_0+\Delta x)$,利用式(3-10)来近似计算 $f(x)$.

例 6　一半径 $R=10$ cm 的金属球，加热后半径增大了 0.001 cm，问：球的体积约增加了多少？

解　因为球的体积 $V=\frac{4}{3}\pi R^3$，所以现在就是求函数 $V=\frac{4}{3}\pi R^3$ 在 $R=10$ 处，当自变量 R 的改变量 $\Delta R=0.001$ 时，函数的改变量 ΔV 的近似值. 由于 $|\Delta R|=0.001$ 比较小，由式(3-8)可得

$$\Delta V\approx \mathrm{d}V=\left(\frac{4}{3}\pi R^3\right)'\cdot\Delta R=4\pi R^2\Delta R,$$

将 $R=10,\Delta R=0.001$ 代入，得

$$\Delta V\approx \mathrm{d}V\bigg|_{\substack{R=10\\ \Delta R=0.001}}=4\pi\times10^2\times0.001=0.4\pi\approx1.2566\ (\mathrm{cm}^3),$$

所以球的体积约增加了 1.2566 cm^3.

例 7　求 $\cos 31^\circ$ 的近似值.

解　设函数 $f(x)=\cos x$，取 $x_0=30^\circ=\frac{\pi}{6}$，$\Delta x=1^\circ=\frac{\pi}{180}$，则 $f\left(\frac{\pi}{6}\right)=\frac{\sqrt{3}}{2}$，

因为 $f'(x)=-\sin x$，所以 $f'\left(\frac{\pi}{6}\right)=-\frac{1}{2}$，由式(3-9)得

$$\cos 31^\circ=f\left(\frac{\pi}{6}+\frac{\pi}{180}\right)\approx f\left(\frac{\pi}{6}\right)+f'\left(\frac{\pi}{6}\right)\cdot\Delta x$$

$$=\frac{\sqrt{3}}{2}-\frac{1}{2}\times\frac{\pi}{180}\approx0.8573.$$

在式(3-10)中取 $x_0=0$，得

$$f(x)\approx f(0)+f'(0)x. \tag{3-11}$$

应用式(3-11)可以得出以下几个常用的近似公式($|x|$很小)：

(1) $e^x\approx1+x$；　(2) $\sin x\approx x$ (x 为弧度)；　(3) $\tan x\approx x$ (x 为弧度)；

(4) $\sqrt[n]{1+x}\approx1+\frac{1}{n}x$；　(5) $\ln(1+x)\approx x$.

例 8　求 $e^{-0.005}$ 的近似值.

解　由 $e^x\approx1+x$ 得

$$e^{-0.005}\approx1+(-0.005)=0.995.$$

例 9　求 $\sqrt[3]{998.5}$ 的近似值.

解　因为 $\sqrt[3]{998.5}=10\times\sqrt[3]{1-0.0015}$，所以由 $\sqrt[n]{1+x}\approx1+\frac{1}{n}x$ 得

$$\sqrt[3]{998.5}=10\times\sqrt[3]{1-0.0015}\approx10\times\left[1+\frac{1}{3}\times(-0.0015)\right]=9.995.$$

习题 3.5

1. 求 $y=x^3-x$ 在 $x=2$ 处，Δx 分别等于 0.1，0.01 时的增量 Δy 及微分 $\mathrm{d}y$.
2. 设函数 $y=f(x)$ 的图形如图 3-10 所示，试在图 3-10 (a)(b)(c)(d)中分别标出在点 x_0 处的 $\mathrm{d}y$，Δy 及 $\Delta y-\mathrm{d}y$，并说明其正负.

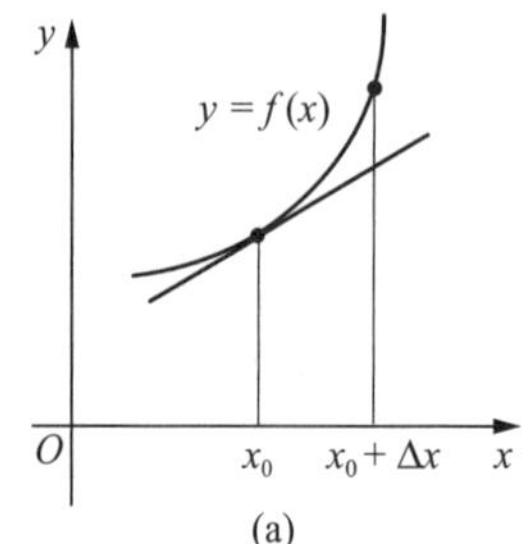

(a)

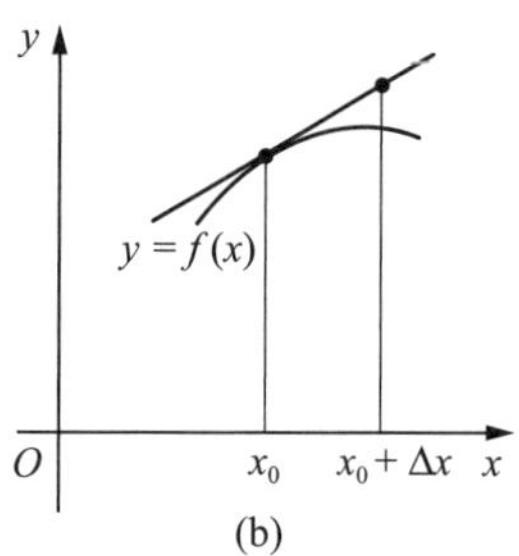

(b)

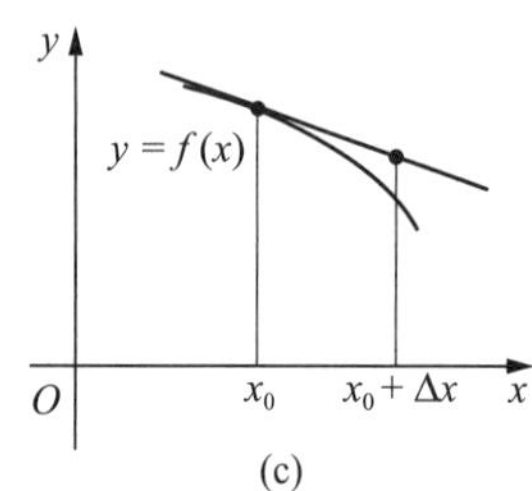

(c)

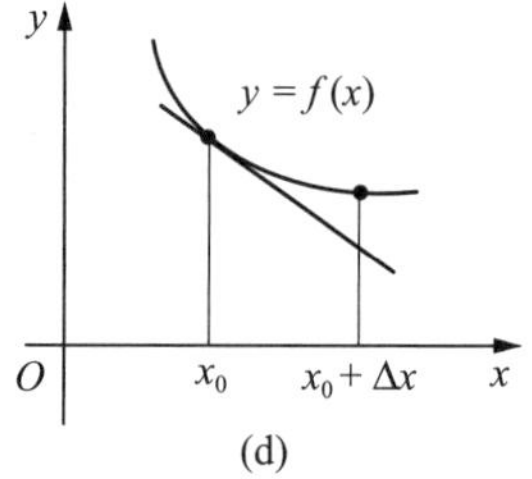

(d)

图 3 - 10

3. 求下列函数在指定点处的微分：

(1) $y=3x^3+2x^2+x$,求 $\mathrm{d}y\big|_{x=0}$,$\mathrm{d}y\big|_{x=1}$;

(2) $y=\sec x+\tan x$,求 $\mathrm{d}y\big|_{x=0}$,$\mathrm{d}y\big|_{x=\pi}$;

(3) $y=\dfrac{1}{a}\arctan\dfrac{x}{a}$,求 $\mathrm{d}y\big|_{x=0}$,$\mathrm{d}y\big|_{x=a}$;

(4) $y=\dfrac{1}{x}+\dfrac{1}{x^2}$,求 $\mathrm{d}y\big|_{x=0.1}$, $\mathrm{d}y\big|_{x=0.01}$.

4. 求下列函数的微分：

(1) $y=\dfrac{x}{1-x^2}$;　　(2) $y=\sqrt{x}+\ln x-\dfrac{1}{\sqrt{x}}$;　　(3) $y=\mathrm{e}^{\sin x^2}$;

(4) $y=\arcsin\sqrt{1-x^2}$;　　(5) $y=x\ln x-x$;　　(6) $y=\cos(xy)-x$.

5. 求下列函数的微分 $\mathrm{d}y$：

(1) $y=\sin^2 t$, $t=\ln(3x+1)$;　　(2) $y=\mathrm{e}^{3u}$, $u=\dfrac{1}{2}\ln t$, $t=x^3-2x+5$.

6. 利用一阶微分形式不变性求函数 $y=\ln(x+\sqrt{x^2+a^2})$的微分与导数.

7. 用微分求由参数方程 $x=t+\operatorname{arccot} t$,$y=\ln(1+t^2)$所确定的函数 $y=y(x)$的一阶导数和二阶导数.

8. 设 $y=\dfrac{x-a}{1-ax}$,$a^2\neq 1$,求证:$\dfrac{\mathrm{d}y}{1+ay}=\dfrac{\mathrm{d}x}{1-ax}$.

9. 利用微分求下列值的近似值：

(1) $\cot 46°$;　　(2) $\mathrm{e}^{0.05}$;　　(3) $\sqrt[3]{8.02}$;　　(4) $\ln 1.01$;　　(5) $\arctan 1.02$.

10. 证明当$|x|$很小时,有下列近似公式：

(1) $\dfrac{1}{1+x}\approx 1-x$;　　(2) $\sqrt[n]{1+x}\approx 1+\dfrac{x}{n}$.

11. 一平面圆环形,其内半径为 10 cm,宽为 0.1 cm,求其面积的精确值与近似值.

总习题三

求导方法小结

1. 填空题.

(1) 已知 $f'(2)=2$,则 $\lim\limits_{\Delta x\to 0}\dfrac{f(2-\Delta x)-f(2)}{\Delta x}=$________.

(2) 设 $f(x)$在点 x_0 处可导,则 $\lim\limits_{\Delta x\to 0}\dfrac{f^2(x_0+\Delta x)-f^2(x_0)}{\Delta x}=$________.

(3) 曲线 $y=x+e^x$ 在 $x=0$ 处的切线方程是________.

(4) 隐函数 $ye^x+\ln y=1$ 在点(0,1)处的导数$\dfrac{dy}{dx}=$________.

(5) 已知函数 $f(x)$具有任意阶导数,且 $f'(x)=[f(x)]^3$,则当 $n>1$ 时,$f^{(n)}(x)=$________.

2. 选择题.

(1) 设函数 $f(x)=\begin{cases}\dfrac{x}{1+e^{\frac{1}{x}}}, & x\neq 0,\\ 0, & x=0,\end{cases}$ 则 $f(x)$在 $x=0$ 处(　　).

(A) 可导　　(B) 左、右导数都不存在

(C) 左导数存在,而右导数不存在　　(D) 左、右导数都存在但不相等

(2) 曲线 $y=\dfrac{1}{x}$ 和 $y=ax^2+b$ 在交点$\left(2,\dfrac{1}{2}\right)$处有相同的切线,则(　　).

(A) $a=\dfrac{1}{16},b=\dfrac{3}{4}$　　(B) $a=-\dfrac{1}{16},b=\dfrac{3}{4}$　　(C) $a=\dfrac{1}{16},b=\dfrac{1}{4}$　　(D) $a=-\dfrac{1}{16},b=\dfrac{1}{4}$

(3) 设函数 $y=e^{f(x)}$,则 $y''=$(　　).

(A) $e^{f(x)}$　　(B) $e^{f(x)}f''(x)$

(C) $e^{f(x)}[f'(x)+f''(x)]$　　(D) $e^{f(x)}\{[f'(x)]^2+f''(x)\}$

(4) 若 $f(u)$可导,且 $y=f(\ln x)$,则(　　).

(A) $dy=f'(\ln x)dx$　　(B) $dy=f'(\ln x)d(\ln x)$

(C) $dy=[f(\ln x)]'d(\ln x)$　　(D) $dy=f(\ln x)\dfrac{1}{x}dx$

(5) 设函数 $f(x)=\begin{cases}x^2, & x\geqslant 0,\\ \sin x, & x<0,\end{cases}$ 则在 $x=0$ 处(　　).

(A) 导数为 0　　(B) 导数为 1　　(C) 导数为 2　　(D) 导数不存在

(6) 要使函数 $f(x)=\begin{cases}x^n\sin\dfrac{1}{x}, & x\neq 0,\\ 0, & x=0\end{cases}$ 的导数 $f'(x)$在 $x=0$ 处连续,那么自然数 n 至少应取(　　).

(A) 1　　(B) 2　　(C) 3　　(D)4

(7) 设函数 $f(x)$和 $g(x)$在 $x=0$ 处连续,若 $f(x)=\begin{cases}\dfrac{g(x)}{x}, & x\neq 0,\\ 2, & x=0,\end{cases}$ 则(　　).

(A) $\lim\limits_{x\to 0}g(x)=0$,且 $g'(0)$不存在　　(B) $\lim\limits_{x\to 0}g(x)=0$,且 $g'(0)=0$

(C) $\lim\limits_{x\to 0}g(x)=0$,且 $g'(0)=1$　　(D) $\lim\limits_{x\to 0}g(x)=0$,且 $g'(0)=2$

(8) 设 $f(x)=\begin{cases}\dfrac{1-\cos x}{\sqrt{x}}, & x>0,\\ x^2g(x), & x\leqslant 0,\end{cases}$ 其中 $g(x)$是有界函数,则 $f(x)$在 $x=0$ 处(　　).

(A) 极限不存在　　(B) 极限存在但不连续

(C) 连续但不可导　　(D) 可导

(9) 设 $f(x)$可导,$F(x)=f(x)(1+|\sin x|)$,若 $F(x)$在 $x=0$ 处也可导,则(　　).

(A) $f(0)=0$　　(B) $f'(0)=0$　　(C) $f(0)+f'(0)=0$　　(D) $f(0)-f'(0)=0$

(10) 设 $f(x)=3x^3+x^2|x|$,则导数 $f^{(n)}(0)$存在的最高阶数 $n=$(　　).

(A) 0　　(B) 1　　(C) 2　　(D) 3

3. 证明函数 $f(x)=\begin{cases}\dfrac{\sqrt{1+x}-1}{\sqrt{x}}, & x>0,\\ 0, & x\leqslant 0\end{cases}$ 在 $x=0$ 处连续,但 $f'(0)$不存在.

4. 设 $y=x(x+1)\cdots(x+n)$,求$\left.\dfrac{\mathrm{d}y}{\mathrm{d}x}\right|_{x=0}$.

5. 设 $g'(x)$连续,且 $f(x)=(x-a)^2g(x)$,求 $f''(a)$.

6. 求下列函数的导数:

(1) $y=\left(\dfrac{x}{1+x}\right)^x$;

(2) $y=\dfrac{1}{4}\ln\dfrac{1+x}{1-x}-\dfrac{1}{2}\arctan x$;

(3) $y=\ln\left(\mathrm{e}^x+\sqrt{1+\mathrm{e}^{2x}}\right)$;

(4) $y=\mathrm{e}^x\sqrt{1-\mathrm{e}^{2x}}+\arcsin\mathrm{e}^x$;

(5) $y=\sqrt{1+x^2}\arctan x-\ln(x+\sqrt{1+x^2})$;

(6) $y=[xf(x^2)]^2$,其中 f 为可导函数.

7. 求下列隐函数的导数:

(1) 设 $y\sin x-\cos(x+y)=0$,求$\dfrac{\mathrm{d}y}{\mathrm{d}x}$;

(2) 设 $\mathrm{e}^y+xy=\mathrm{e}$,求 $y''(0)$.

8. 求由下列参数方程所确定的函数的导数:

(1) 设$\begin{cases}x=t\cos t,\\ y=t\sin t,\end{cases}$求$\dfrac{\mathrm{d}y}{\mathrm{d}x}$;

(2) 设$\begin{cases}x=\ln\tan t,\\ y=\ln\tan\dfrac{t}{2},\end{cases}$求$\dfrac{\mathrm{d}^2y}{\mathrm{d}x^2}$.

9. 求下列函数的高阶导数:

(1) 设 $y=x^2\sin 2x$,求 $y^{(50)}$;

(2) 设 $y=\dfrac{1-x}{1+x}$,求 $y^{(n)}$.

10. 求下列函数的微分 $\mathrm{d}y$:

(1) $y=\arctan\sqrt{1-\ln x}$;

(2) $x+y=\arctan y$;

(3) $y=x\sqrt{a^2-x^2}+a^2\arcsin\dfrac{x}{a}$ $(a>0)$.

4 中值定理及导数应用

章节提要

第 3 章中引进了导数的概念，并讨论了导数的计算方法. 在本章中，我们将应用导数来研究函数及曲线的某些性态，并利用这些知识解决一些实际问题. 为此，我们先介绍微分学中几个中值定理，它们是导数应用的理论基础.

4.1 中值定理

我们先介绍罗尔(Rolle)定理，然后由它推出拉格朗日(Lagrange)中值定理和柯西(Cauchy)中值定理.

微分中值定理的引入

4.1.1 罗尔定理

首先观察图 4-1，设图中的曲线为函数 $y=f(x)$ $(x\in[a,b])$ 的图形，如果它是一条连续的曲线，除端点外处处有不垂直于 x 轴的切线，且两个端点的纵坐标相等，即 $f(a)=f(b)$. 那么可以发现在曲线的最高点 C 和最低点处，曲线有水平的切线. 若记点 C 的横坐标为 ξ，则有 $f'(\xi)=0$. 现在用数学语言把这个几何现象描述出来，就可得下面的定理.

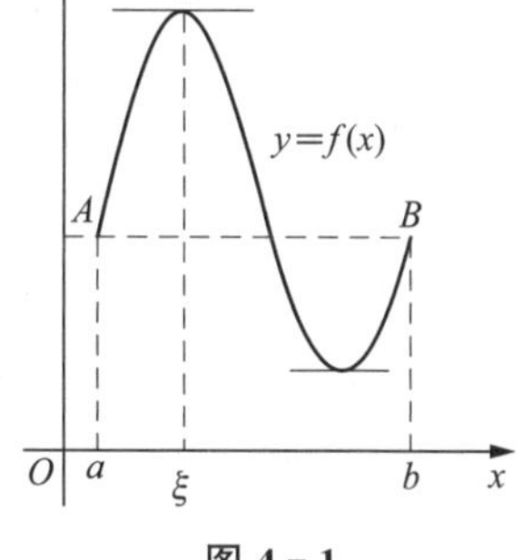

图 4-1

定理 1(罗尔定理) 设函数 $y=f(x)$满足条件

(1) 在闭区间$[a,b]$上连续，

(2) 在开区间(a,b)内可导，

(3) $f(a)=f(b)$，

那么在开区间(a,b)内至少存在一点 ξ，使得

$$f'(\xi)=0.$$

罗尔定理条件

证 因为 $f(x)$在$[a,b]$上连续，根据闭区间上连续函数的性质，$f(x)$在$[a,b]$上必取得最大值 M 和最小值 m.

(1) 若 $M=m$，则在$[a,b]$上，$f(x)=$常数，于是 $f'(x)=0$，因此任取 $\xi\in(a,b)$，都有 $f'(\xi)=0$；

(2) 若 $M>m$，由于 $f(a)=f(b)$，所以 M,m 中至少有一个不等于 $f(a)$及 $f(b)$.

不妨设 $M\neq f(a)=f(b)$，因此，在开区间(a,b)内至少存在一点 ξ，使得 $f(\xi)=M$，下面证明 $f'(\xi)=0$.

由于 $f(\xi)=M$ 是 $f(x)$在$[a,b]$上的最大值，并且 $\xi\in(a,b)$，所以任取 $x\in(a,b)$，总有

$$f(x)-f(\xi)\leqslant 0,$$

于是当 $x<\xi$ 时，$\dfrac{f(x)-f(\xi)}{x-\xi}\geqslant 0$；当 $x>\xi$ 时，$\dfrac{f(x)-f(\xi)}{x-\xi}\leqslant 0$.

又因为 $f(x)$在点 ξ 处可导，所以有 $f'_-(\xi)=f'_+(\xi)=f'(\xi)$. 根据导数的定义和极限的

保号性,得

$$f'(\xi)=f'_-(\xi)=\lim_{x\to\xi^-}\frac{f(x)-f(\xi)}{x-\xi}\geqslant 0,$$

$$f'(\xi)=f'_+(\xi)=\lim_{x\to\xi^+}\frac{f(x)-f(\xi)}{x-\xi}\leqslant 0.$$

因此,$f'(\xi)=0$.

下面再对罗尔定理做两点说明.

① 罗尔定理中的三个条件缺一不可,否则结论不一定成立.

例如,函数

$$f(x)=|x|\ (-1\leqslant x\leqslant 1)$$

在$(-1,1)$内不存在ξ,使得$f'(\xi)=0$,这是由于$f(x)$在点$x=0$处不可导,罗尔定理中的条件(2)不满足.其他情况请读者举例说明. 所以在使用罗尔定理时,一定要验证定理的三个条件是否都具备.但是,函数$f(x)$不完全满足定理的三个条件,甚至于三个条件中一个也不具备,罗尔定理的结论仍有可能成立.也就是说,罗尔定理的条件是充分的,而不是必要的.

② 罗尔定理的结论只肯定了点ξ的存在性及其取值范围,却不能肯定点ξ的确切个数和准确位置.尽管如此,罗尔定理仍有着广泛的应用.

例 1 不求函数$f(x)=(x-1)(x-2)(x-3)$的导数,说明方程$f'(x)=0$有几个实根,并指出这些根所在的区间.

解 因为$f(1)=f(2)=f(3)=0$,所以$f(x)$在闭区间$[1,2]$和$[2,3]$上均满足罗尔定理的三个条件.根据罗尔定理,在开区间$(1,2)$内至少存在一点ξ_1,在开区间$(2,3)$内至少存在一点ξ_2,使得

$$f'(\xi_1)=0,\ f'(\xi_2)=0,$$

所以方程$f'(x)=0$至少有两个实根.

又因为$f'(x)=0$是一个一元二次方程,所以方程$f'(x)=0$至多只有两个实根.因此,方程$f'(x)=0$有且仅有两个实根,分别在开区间$(1,2)$和$(2,3)$内.

例 2 证明:在开区间$(0,\pi)$内至少存在一点ξ,使得$\sin\xi+\xi\cos\xi=0$.

证 构造辅助函数

$$F(x)=x\sin x,\ x\in[0,\pi],$$

易知$F(x)$在$[0,\pi]$上连续,在$(0,\pi)$内可导,$F'(x)=\sin x+x\cos x$,且$F(0)=F(\pi)=0$,所以$F(x)$在闭区间$[0,\pi]$上满足罗尔定理的三个条件.根据罗尔定理,在开区间$(0,\pi)$内至少存在一点ξ,使得$F'(\xi)=0$,即

$$\sin\xi+\xi\cos\xi=0.$$

4.1.2 拉格朗日中值定理

如果函数不满足罗尔定理中的条件$f(a)=f(b)$,那么由图 4-2 可以看到,当$f(a)\neq f(b)$时,弦AB是斜线.此时,如果连续曲线$y=f(x)$上除端点外处处有不垂直于x轴的切线,则曲线上存在点$M(\xi,f(\xi))$,曲线在点M处的切线平行于弦AB,由于曲线在点M处的

切线的斜率为 $f'(\xi)$，弦 AB 的斜率为$\dfrac{f(b)-f(a)}{b-a}$，所以

$$f'(\xi)=\frac{f(b)-f(a)}{b-a}.$$

因此，可得到罗尔定理的一个直接推广，即拉格朗日中值定理.

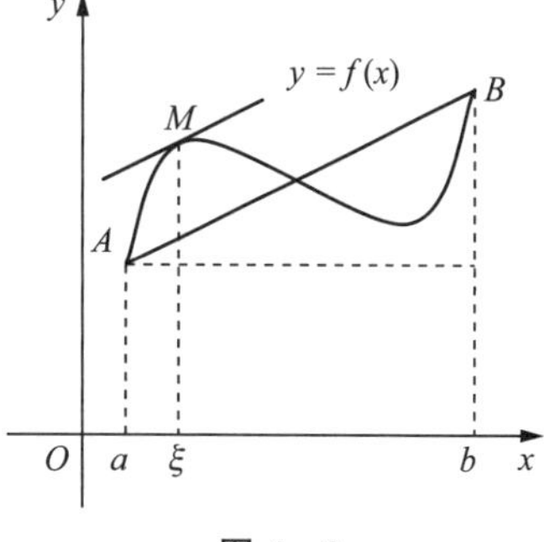

图 4-2

定理 2(拉格朗日中值定理) 设函数 $f(x)$满足条件

(1) 在闭区间$[a,b]$上连续，

(2) 在开区间(a,b)内可导，

那么在开区间(a,b)内至少存在一点 ξ，使得

$$f'(\xi)=\frac{f(b)-f(a)}{b-a}. \qquad (4-1)$$

在证明定理前，先做一下分析. 要证明 $f'(\xi)=\dfrac{f(b)-f(a)}{b-a}$，只需证明 $f'(\xi)-\dfrac{f(b)-f(a)}{b-a}=0$. 根据罗尔定理，只要构造一个辅助函数 $F(x)$，使得 $F'(x)=f'(x)-\dfrac{f(b)-f(a)}{b-a}$，且 $F(x)$在区间$[a,b]$满足罗尔定理中的三个条件即可. 可设

拉格朗日
中值定理

$$F(x)=f(x)-\frac{f(b)-f(a)}{b-a}x,$$

显然 $F(x)$满足罗尔定理中的条件(1)和(2)，由于

$$F(a)=f(a)-\frac{f(b)-f(a)}{b-a}a=\frac{bf(a)-af(b)}{b-a},$$

$$F(b)=f(b)-\frac{f(b)-f(a)}{b-a}b=\frac{bf(a)-af(b)}{b-a},$$

从而罗尔定理的条件(3)$F(a)=F(b)$也满足. 下面给出定理的证明.

证 构造辅助函数

$$F(x)=f(x)-\frac{f(b)-f(a)}{b-a}x,$$

显然 $F(x)$在闭区间$[a,b]$上连续，在开区间(a,b)内可导，且

$$F(a)=F(b)=\frac{bf(a)-af(b)}{b-a},$$

所以函数 $F(x)$在闭区间$[a,b]$上满足罗尔定理的三个条件. 由罗尔定理得，在开区间(a,b)内至少存在一点 ξ，使得

$$F'(\xi)=f'(\xi)-\frac{f(b)-f(a)}{b-a}=0,$$

即
$$f'(\xi)=\frac{f(b)-f(a)}{b-a}.$$

以上利用辅助函数 $F(x)$，根据罗尔定理证明了拉格朗日中值定理. 因为常数的导数等于零，所以辅助函数的选取不是唯一的. 例如，可构造辅助函数

$$G(x)=f(x)-\left[f(a)+\frac{f(b)-f(a)}{b-a}(x-a)\right],$$

也可以证明拉格朗日中值定理. 而且，如果令上式中括号内的表达式为 $g(x)$，即

$$g(x)=f(a)+\frac{f(b)-f(a)}{b-a}(x-a),$$

那么这个一次函数的图形刚好是图 4-2 中的弦 AB 所在的直线. 从而容易验证 $G(x)$满足 $G(a)=G(b)=0$.

为了应用上的方便,拉格朗日中值定理的结论可表示为以下几种常用的形式:

(1) 将式(4-1)去掉分母,得

$$f(b)-f(a)=f'(\xi)(b-a) \quad (\xi \text{介于} a \text{与} b \text{之间}), \tag{4-2}$$

式(4-2)也称为拉格朗日中值公式,无论 $a<b$ 或 $a>b$ 均成立;

(2) 若令 $a=x_0, b=x_0+\Delta x$,则式(4-2)可写成

$$f(x_0+\Delta x)-f(x_0)=f'(\xi)\Delta x \quad (\xi \text{介于} x_0 \text{与} x_0+\Delta x \text{之间}); \tag{4-3}$$

(3) 若令 $\theta=\frac{\xi-x_0}{\Delta x}$,则 $0<\theta<1$,$\xi=x_0+\theta\Delta x$,所以式(4-3)可写成

$$f(x_0+\Delta x)-f(x_0)=f'(x_0+\theta\Delta x)\Delta x \quad (0<\theta<1),$$

或

$$\Delta y=f'(x_0+\theta\Delta x)\Delta x \quad (0<\theta<1). \tag{4-4}$$

式(4-4)称为**有限增量公式**,它准确地表达了函数的增量 Δy 与自变量的增量 Δx 之间的关系.

拉格朗日中值定理是微分学中的一个基本定理,在理论和应用上都有很重要的价值. 它建立了函数在一个区间上的改变量和函数在这区间内某点处的导数值之间的联系,从而使我们有可能用导数去研究函数在区间上的性态. 拉格朗日中值定理有时也称为微分中值定理.

由拉格朗日中值定理,可以得出以下两个重要的推论.

推论 1 如果函数 $f(x)$在区间 I 上导数恒等于零,那么函数 $f(x)$在区间 I 上是一个常数.

证 在区间 I 上任取两点 $x_1, x_2(x_1<x_2)$,函数 $f(x)$在区间$[x_1, x_2]$上满足拉格朗日中值定理的两个条件,由拉格朗日中值公式得

$$f(x_2)-f(x_1)=f'(\xi)(x_2-x_1) \quad (x_1<\xi<x_2).$$

由条件可知,$f'(\xi)=0$,所以 $f(x_2)-f(x_1)=0$,即

$$f(x_2)=f(x_1).$$

因为 x_1, x_2 是区间 I 上任意两点,所以上面的等式表明:$f(x)$在区间 I 上的函数值总是相等的,也就是说函数 $f(x)$在区间 I 上是一个常数.

推论 2 如果函数 $f(x)$和 $g(x)$的导数在区间 I 上的每一点处都相等,即 $f'(x)\equiv g'(x)$ $(x\in I)$,那么 $f(x)$ 和 $g(x)$ 在区间 I 上只相差一个常数,即存在一个常数 C,使得 $f(x)=g(x)+C$.

证 令 $F(x)=f(x)-g(x)$,则在区间 I 上处处有

$$F'(x)=f'(x)-g'(x)=0,$$

由推论 1 知,$F(x)=f(x)-g(x)=C$,所以 $f(x)=g(x)+C$.

例 3 证明不等式

$$\frac{b-a}{b}<\ln\frac{b}{a}<\frac{b-a}{a} \quad (0<a<b).$$

证 设 $f(x)=\ln x$,则函数 $f(x)$在闭区间$[a,b]$上连续,在开区间(a,b)内可导,且

$f'(x)=\frac{1}{x}$. 由拉格朗日中值公式,得

$$\ln b-\ln a=\ln\frac{b}{a}=\frac{1}{\xi}(b-a)\quad(a<\xi<b),$$

由于 $\frac{1}{b}<\frac{1}{\xi}<\frac{1}{a}$,所以

$$\frac{b-a}{b}<\frac{b-a}{\xi}<\frac{b-a}{a},$$

因此

$$\frac{b-a}{b}<\ln\frac{b}{a}<\frac{b-a}{a}.$$

例 4 证明:$\arcsin x+\arcsin\sqrt{1-x^2}=\frac{\pi}{2}$, $x\in[0,1]$.

证 (1) 当 $x=1$ 和 $x=0$ 时,均有 $\arcsin 1+\arcsin 0=\frac{\pi}{2}$;

(2) 当 $x\in(0,1)$时,设 $f(x)=\arcsin x+\arcsin\sqrt{1-x^2}$,则

$$f'(x)=\frac{1}{\sqrt{1-x^2}}+\frac{1}{\sqrt{1-(1-x^2)}}\cdot\frac{-x}{\sqrt{1-x^2}}=0,$$

由推论 1 可得 $f(x)=C$(常数),而当 $x=\frac{1}{2}$时,

$$f\left(\frac{1}{2}\right)=\arcsin\frac{1}{2}+\arcsin\frac{\sqrt{3}}{2}=\frac{\pi}{6}+\frac{\pi}{3}=\frac{\pi}{2},$$

所以当 $x\in(0,1)$时,$f(x)=\arcsin x+\arcsin\sqrt{1-x^2}=\frac{\pi}{2}$.

综合上述得

$$\arcsin x+\arcsin\sqrt{1-x^2}=\frac{\pi}{2},\ x\in[0,1].$$

4.1.3 柯西中值定理

定理 3(柯西中值定理) 设函数 $f(x)$和 $g(x)$满足条件

(1) 在闭区间$[a,b]$上连续,

(2) 在开区间(a,b)内可导,且 $g'(x)\neq 0$,

那么在开区间(a,b)内至少存在一点 ξ,使得

$$\frac{f(b)-f(a)}{g(b)-g(a)}=\frac{f'(\xi)}{g'(\xi)}.$$

柯西中值定理

证 显然 $g(b)\neq g(a)$,否则由罗尔定理可知,存在 $\xi_1\in(a,b)$,使得 $g'(\xi_1)=0$,这与已知条件矛盾.

构造辅助函数

$$F(x)=f(x)-\frac{f(b)-f(a)}{g(b)-g(a)}g(x),$$

显然 $F(x)$在闭区间$[a,b]$上连续,在开区间(a,b)内可导,且

$$F'(x)=f'(x)-\frac{f(b)-f(a)}{g(b)-g(a)}g'(x),$$

又

$$F(a)=F(b)=\frac{f(a)g(b)-f(b)g(a)}{g(b)-g(a)},$$

所以 $F(x)$ 在闭区间 $[a,b]$ 上满足罗尔定理的三个条件，由罗尔定理得，在开区间 (a,b) 内至少存在一点 ξ，使得

$$F'(\xi)=f'(\xi)-\frac{f(b)-f(a)}{g(b)-g(a)}g'(\xi)=0,$$

即

$$\frac{f(b)-f(a)}{g(b)-g(a)}=\frac{f'(\xi)}{g'(\xi)}.$$

在柯西中值定理中，如果取 $g(x)=x$，即得拉格朗日中值定理的结论，所以柯西中值定理是拉格朗日中值定理的推广.

例 5　设函数 $f(x)$ 在闭区间 $[a,b]$ $(a\geqslant 0)$ 上连续，在开区间 (a,b) 内可导，证明：在开区间 (a,b) 内至少存在一点 ξ，使得

$$2\xi[f(b)-f(a)]=(b^2-a^2)f'(\xi).$$

证　构造辅助函数 $g(x)=x^2$，显然 $g(x)$ 在闭区间 $[a,b]$ 上连续，在开区间 (a,b) 内可导，且 $g'(x)=2x\neq 0$，所以，$f(x)$，$g(x)$ 在区间 $[a,b]$ 上满足柯西中值定理的条件，由柯西中值定理，在开区间 (a,b) 内至少存在一点 ξ，使得

$$\frac{f(b)-f(a)}{b^2-a^2}=\frac{f'(\xi)}{2\xi},$$

由此得

$$2\xi[f(b)-f(a)]=(b^2-a^2)f'(\xi).$$

中值定理之间的关系

习题 4.1

1. 下列函数在给定区间上是否满足罗尔定理的所有条件？如果满足，求出定理中的值 ξ：

(1) $f(x)=\dfrac{1}{1+x^2}$，$[-2,2]$；　　(2) $f(x)=x\sqrt{3-x}$，$[0,3]$.

2. 下列函数在给定区间上是否满足拉格朗日中值定理的所有条件？如果满足，求出定理中的值 ξ：

(1) $f(x)=\ln x$，$[1,2]$；　　(2) $f(x)=x^3+2x$，$[0,1]$.

3. 函数 $f(x)=x^3$ 与 $g(x)=x^2+1$ 在区间 $[1,2]$ 上是否满足柯西中值定理的所有条件？如果满足，求出定理中的值 ξ.

4. 设函数 $f(x)$ 在 $[0,a]$ 上连续，在 $(0,a)$ 内可导，且 $f(a)=0$，证明：至少存在一点 $\xi\in(0,a)$，使得

$$f(\xi)+\xi f'(\xi)=0.$$

5. 设函数 $f(x)$ 在 $[a,b]$ 上取正值且可微分，证明：必有 $\xi\in(a,b)$，使得

$$\ln\frac{f(b)}{f(a)}=\frac{f'(\xi)}{f(\xi)}(b-a).$$

6. 如果方程 $a_0x^3+a_1x^2+a_2x=0$ 有正根 x_0，证明方程 $3a_0x^2+2a_1x+a_2=0$ 至少有一个小于 x_0 的正根.

7. 利用函数 $f(x)=x^m(1-x)^n$（m,n 是正整数）证明：在开区间 $(0,1)$ 内至少存在一点 ξ，使得

$$\frac{\xi}{1-\xi}=\frac{m}{n}.$$

8. 利用拉格朗日中值定理证明下列不等式：

(1) $3a^2(b-a)<b^3-a^3<3b^2(b-a)$ $(0<a<b)$；　　(2) $\dfrac{x}{1+x}<\ln(1+x)<x$ $(x>0)$；

(3) $\dfrac{a}{1+a^2}<\arctan a<a$ $(a>0)$；　　(4) $|\sin b-\sin a|\leqslant|b-a|$.

9. 证明：$\arctan x+\operatorname{arccot} x=\frac{\pi}{2}$.

10. 设 $0<a<b$，函数 $f(x)$ 在 $[a,b]$ 上连续，在 (a,b) 内可导，试利用柯西中值定理，证明：至少存在一点 $\xi\in(a,b)$，使得

$$f(b)-f(a)=\xi f'(\xi)\ln\frac{b}{a}.$$

4.2　洛必达法则

从第 2 章中我们知道，当 $x\to x_0$（或 $x\to\infty$），两个函数 $f(x)$ 与 $g(x)$ 都趋于零或都趋于无穷大时，那么极限 $\lim\limits_{\substack{x\to x_0\\(x\to\infty)}}\frac{f(x)}{g(x)}$ 有的存在，有的不存在. 通常把这种极限称为未定式，并分别用 $\frac{0}{0}$ 与 $\frac{\infty}{\infty}$ 来表示. 本节将介绍求未定式极限的一种有效的方法——洛必达法则.

4.2.1　$\frac{0}{0}$ 和 $\frac{\infty}{\infty}$ 未定式的极限

定理 4（洛必达法则一）　设 $f(x)$ 与 $g(x)$ 在点 x_0 的某一去心邻域内有定义，且满足条件

（1）$\lim\limits_{x\to x_0}f(x)=0$，$\lim\limits_{x\to x_0}g(x)=0$，

（2）$f'(x)$ 和 $g'(x)$ 都存在，且 $g'(x)\neq 0$，

（3）$\lim\limits_{x\to x_0}\frac{f'(x)}{g'(x)}=A$（或 ∞），

$\frac{0}{0}$ 未定式

那么

$$\lim_{x\to x_0}\frac{f(x)}{g(x)}=\lim_{x\to x_0}\frac{f'(x)}{g'(x)}.$$

证　因为求极限 $\lim\limits_{x\to x_0}\frac{f(x)}{g(x)}$ 时，与函数 $f(x)$，$g(x)$ 在点 x_0 处是否有定义无关，所以，设 $f(x_0)=0$，$g(x_0)=0$，则根据条件(1)，有

$$\lim_{x\to x_0}f(x)=0=f(x_0),\ \lim_{x\to x_0}g(x)=0=g(x_0),$$

从而 $f(x)$ 和 $g(x)$ 在点 x_0 处连续，再由条件(2)，得 $f(x)$ 与 $g(x)$ 在点 x_0 的某一邻域内都连续. 设 $x(x\neq x_0)$ 是该邻域内的任意一点，那么函数 $f(x)$ 与 $g(x)$ 在闭区间 $[x,x_0]$（或 $[x_0,x]$）上满足柯西中值定理的条件，于是至少存在一点 ξ（ξ 介于 x 与 x_0 之间），使得

$$\frac{f(x)}{g(x)}=\frac{f(x)-f(x_0)}{g(x)-g(x_0)}=\frac{f'(\xi)}{g'(\xi)}.$$

令 $x\to x_0$，对上式两端取极限，因为当 $x\to x_0$ 时，$\xi\to x_0$，所以有

$$\lim_{x\to x_0}\frac{f(x)}{g(x)}=\lim_{\xi\to x_0}\frac{f'(\xi)}{g'(\xi)},$$

把 ξ 改成 x，得

$$\lim_{x\to x_0}\frac{f(x)}{g(x)}=\lim_{x\to x_0}\frac{f'(x)}{g'(x)}.$$

定理 4 的用处在于：$\frac{0}{0}$ 未定式 $\lim\limits_{x\to x_0}\frac{f(x)}{g(x)}$ 直接不易求得，可先考虑极限 $\lim\limits_{x\to x_0}\frac{f'(x)}{g'(x)}$. 当

$\lim\limits_{x\to x_0}\dfrac{f'(x)}{g'(x)}$ 存在时,$\lim\limits_{x\to x_0}\dfrac{f(x)}{g(x)}$也存在且等于$\lim\limits_{x\to x_0}\dfrac{f'(x)}{g'(x)}$;当$\lim\limits_{x\to x_0}\dfrac{f'(x)}{g'(x)}$为无穷大时,$\lim\limits_{x\to x_0}\dfrac{f(x)}{g(x)}$也是无穷大. 这种在一定条件下通过分子分母分别求导再求极限来确定未定式的值的方法称为洛必达法则.

洛必达法则使用注意事项

例 1 求$\lim\limits_{x\to 0}\dfrac{e^x-\sqrt{1+x}}{\sin x}$.

解 本例是$\dfrac{0}{0}$未定式,用洛必达法则,得

$$\lim_{x\to 0}\frac{e^x-\sqrt{1+x}}{\sin x}=\lim_{x\to 0}\frac{e^x-\dfrac{1}{2\sqrt{1+x}}}{\cos x}=\frac{1}{2}.$$

例 2 求$\lim\limits_{x\to 1}\dfrac{\cos\dfrac{\pi x}{2}}{x-1}$.

解 本例是$\dfrac{0}{0}$未定式,用洛必达法则,得

$$\lim_{x\to 1}\frac{\cos\dfrac{\pi x}{2}}{x-1}=\lim_{x\to 1}\left[\left(-\sin\frac{\pi x}{2}\right)\times\frac{\pi}{2}\right]=-\frac{\pi}{2}.$$

使用洛必达法则时,若$\lim\limits_{x\to x_0}\dfrac{f'(x)}{g'(x)}$仍属$\dfrac{0}{0}$未定式,且这时 $f'(x)$和 $g'(x)$也满足定理 4 中的条件,则可继续使用洛必达法则.

例 3 求$\lim\limits_{x\to 0}\dfrac{x-\sin x}{x^3}$.

解 $\lim\limits_{x\to 0}\dfrac{x-\sin x}{x^3}=\lim\limits_{x\to 0}\dfrac{1-\cos x}{3x^2}=\lim\limits_{x\to 0}\dfrac{\sin x}{6x}=\lim\limits_{x\to 0}\dfrac{\cos x}{6}=\dfrac{1}{6}$.

洛必达法则一对于 $x\to\infty$时的$\dfrac{0}{0}$未定式同样适用.

例 4 $\lim\limits_{x\to+\infty}\dfrac{\dfrac{\pi}{2}-\arctan x}{\dfrac{1}{x}}$.

解 $\lim\limits_{x\to+\infty}\dfrac{\dfrac{\pi}{2}-\arctan x}{\dfrac{1}{x}}=\lim\limits_{x\to+\infty}\dfrac{-\dfrac{1}{1+x^2}}{-\dfrac{1}{x^2}}=\lim\limits_{x\to+\infty}\dfrac{x^2}{1+x^2}=1$.

对于 $x\to x_0$(或 $x\to\infty$)时的$\dfrac{\infty}{\infty}$未定式,也有相应的洛必达法则. 例如,当 $x\to x_0$ 时有如下定理.

定理 5(洛必达法则二) 设 $f(x)$与 $g(x)$在点 x_0 的某一去心邻域内有定义,且满足条件

(1) $\lim\limits_{x\to x_0}f(x)=\infty$, $\lim\limits_{x\to x_0}g(x)=\infty$,

(2) $f'(x)$和 $g'(x)$都存在,且 $g'(x)\neq 0$,

(3) $\lim\limits_{x\to x_0}\dfrac{f'(x)}{g'(x)}=A$(或$\infty$),

那么
$$\lim_{x\to x_0}\frac{f(x)}{g(x)}=\lim_{x\to x_0}\frac{f'(x)}{g'(x)}.$$

例 5　求 $\lim\limits_{x\to 0^+}\dfrac{\ln\cot x}{\ln x}$.

解　$\lim\limits_{x\to 0^+}\dfrac{\ln\cot x}{\ln x}=\lim\limits_{x\to 0^+}\dfrac{\dfrac{1}{\cot x}\cdot(-\csc^2 x)}{\dfrac{1}{x}}=-\lim\limits_{x\to 0^+}\dfrac{x}{\sin x\cos x}=-1.$

例 6　求 $\lim\limits_{x\to+\infty}\dfrac{x^n}{e^x}$　(n 为正整数).

解　$\lim\limits_{x\to+\infty}\dfrac{x^n}{e^x}=\lim\limits_{x\to+\infty}\dfrac{nx^{n-1}}{e^x}=\lim\limits_{x\to+\infty}\dfrac{n(n-1)x^{n-2}}{e^x}=\cdots=\lim\limits_{x\to+\infty}\dfrac{n!}{e^x}=0.$

使用洛必达法则求未定式极限时，应注意以下几点：

① 每次使用法则时，必须检验是否属于$\dfrac{0}{0}$或$\dfrac{\infty}{\infty}$未定式；

② 在利用洛必达法则求极限时，最好与其他求极限的方法结合起来，如等价无穷小替代、重要极限等；如有非零极限值的乘积因子，可先提出来，以便简化运算；

③ 洛必达法则的条件是充分的而非必要的，遇到极限 $\lim\limits_{\substack{x\to x_0\\(x\to\infty)}}\dfrac{f'(x)}{g'(x)}$不存在且不为$\infty$时，不能断定 $\lim\limits_{\substack{x\to x_0\\(x\to\infty)}}\dfrac{f(x)}{g(x)}$也不存在.

洛必达法则在求极限中的应用

例 7　求$\lim\limits_{x\to 0}\dfrac{\tan x-x}{x^2\sin x}$.

解　因为当 $x\to 0$ 时，$\sin x\sim x$，所以
$$\lim_{x\to 0}\frac{\tan x-x}{x^2\sin x}=\lim_{x\to 0}\frac{\tan x-x}{x^3}=\lim_{x\to 0}\frac{\sec^2 x-1}{3x^2}=\lim_{x\to 0}\frac{\tan^2 x}{3x^2}=\frac{1}{3}\left(\lim_{x\to 0}\frac{\tan x}{x}\right)^2=\frac{1}{3}.$$

例 8　求$\lim\limits_{x\to 0}\dfrac{x^2\sin\dfrac{1}{x}}{\sin x}$.

解　因为有界函数与无穷小的乘积仍为无穷小，所以$\lim\limits_{x\to 0}x^2\sin\dfrac{1}{x}=0$，本例是$\dfrac{0}{0}$未定式，分子分母分别求导后，得
$$\lim_{x\to 0}\frac{2x\sin\dfrac{1}{x}-\cos\dfrac{1}{x}}{\cos x},$$
这个极限是不存在的，所以洛必达法则失效，但原极限是存在的.
$$\lim_{x\to 0}\frac{x^2\sin\dfrac{1}{x}}{\sin x}=\lim_{x\to 0}\left(\frac{x}{\sin x}\cdot x\sin\frac{1}{x}\right)=\lim_{x\to 0}\frac{x}{\sin x}\times\lim_{x\to 0}x\sin\frac{1}{x}=1\times 0=0.$$

4.2.2　其他未定式的极限

除了$\dfrac{0}{0}$与$\dfrac{\infty}{\infty}$未定式，还有 $0\cdot\infty$，$\infty-\infty$，0^0，1^∞，∞^0 等类型的未定式，它们经过适当的

变形,可化为$\frac{0}{0}$或$\frac{\infty}{\infty}$未定式.

例 9 求 $\lim\limits_{x\to+\infty} x(e^{\frac{1}{x}}-1)$.

解 本例是 $0\cdot\infty$未定式,可先化为$\frac{0}{0}$未定式,再应用洛必达法则.

$$\lim_{x\to+\infty} x(e^{\frac{1}{x}}-1)=\lim_{x\to+\infty}\frac{e^{\frac{1}{x}}-1}{\frac{1}{x}}=\lim_{x\to+\infty}\frac{e^{\frac{1}{x}}\cdot\left(-\frac{1}{x^2}\right)}{-\frac{1}{x^2}}=\lim_{x\to+\infty}e^{\frac{1}{x}}=1.$$

例 10 求$\lim\limits_{x\to1}\left(\frac{1}{\ln x}-\frac{1}{x-1}\right)$.

解 本例是$\infty-\infty$未定式,可先将两项合并化为$\frac{0}{0}$未定式,再应用洛必达法则,

$$\lim_{x\to1}\left(\frac{1}{\ln x}-\frac{1}{x-1}\right)=\lim_{x\to1}\frac{x-1-\ln x}{(x-1)\ln x}=\lim_{x\to1}\frac{1-\frac{1}{x}}{\ln x+\frac{x-1}{x}}$$
$$=\lim_{x\to1}\frac{x-1}{x\ln x+x-1}=\lim_{x\to1}\frac{1}{\ln x+2}=\frac{1}{2}.$$

例 11 求极限 $\lim\limits_{x\to0^+}x^x$.

解 本例是 0^0 未定式. 因为 $x^x=e^{\ln x^x}=e^{x\ln x}$,所以可先求极限 $\lim\limits_{x\to0^+}x\ln x$.

$$\lim_{x\to0^+}x\ln x=\lim_{x\to0^+}\frac{\ln x}{\frac{1}{x}}=\lim_{x\to0^+}\frac{\frac{1}{x}}{-\frac{1}{x^2}}=\lim_{x\to0^+}(-x)=0,$$

因此
$$\lim_{x\to0^+}x^x=\lim_{x\to0^+}e^{x\ln x}=e^{\lim\limits_{x\to0^+}x\ln x}=e^0=1.$$

例 12 求极限 $\lim\limits_{x\to e}(\ln x)^{\frac{1}{1-\ln x}}$.

解 本例是 1^∞ 未定式. 设

$$y=(\ln x)^{\frac{1}{1-\ln x}},$$

两端取对数,得
$$\ln y=\ln(\ln x)^{\frac{1}{1-\ln x}},$$

$$\lim_{x\to e}\ln y=\lim_{x\to e}\ln(\ln x)^{\frac{1}{1-\ln x}}=\lim_{x\to e}\frac{\ln(\ln x)}{1-\ln x}=\lim_{x\to e}\frac{\frac{1}{x\ln x}}{-\frac{1}{x}}=-\lim_{x\to e}\frac{1}{\ln x}=-1,$$

所以
$$\lim_{x\to e}(\ln x)^{\frac{1}{1-\ln x}}=e^{-1}.$$

例 13 求极限 $\lim\limits_{x\to0^+}\left(\frac{1}{\sin x}\right)^{\tan x}$.

解 本例是∞^0 未定式. 设

$$y=\left(\frac{1}{\sin x}\right)^{\tan x},$$

两端取对数,得
$$\ln y=\ln\left(\frac{1}{\sin x}\right)^{\tan x},$$

$$\lim_{x\to0^+}\ln y=\lim_{x\to0^+}\ln\left(\frac{1}{\sin x}\right)^{\tan x}=-\lim_{x\to0^+}(\tan x\ln\sin x)=-\lim_{x\to0^+}\frac{\ln\sin x}{\cot x}$$

$$=-\lim_{x\to0^+}\frac{\frac{\cos x}{\sin x}}{-\csc^2 x}=\lim_{x\to0^+}(\sin x\cos x)=0,$$

所以
$$\lim_{x\to0^+}\left(\frac{1}{\sin x}\right)^{\tan x}=e^0=1.$$

未定式求极限常见错误

习题 4.2

1. 用洛必达法则求下列各极限：

(1) $\lim\limits_{x\to0}\frac{\tan 2x}{\sin 3x}$；　(2) $\lim\limits_{x\to0}\frac{1-\cos x^2}{\sin x}$；　(3) $\lim\limits_{x\to0}\frac{\ln(1+x)-x}{\cos x-1}$；

(4) $\lim\limits_{x\to0}\frac{\tan x-x}{x-\sin x}$；　(5) $\lim\limits_{x\to0}\left(\frac{1}{x}-\frac{1}{e^x-1}\right)$；　(6) $\lim\limits_{x\to1}\left(\frac{x}{x-1}-\frac{1}{\ln x}\right)$；

(7) $\lim\limits_{x\to0}(x+e^x)^{\frac{1}{x}}$；　(8) $\lim\limits_{x\to0}\frac{\ln\cos ax}{\ln\cos bx}\ (b\neq0)$；　(9) $\lim\limits_{x\to\pi}(\pi-x)\tan\frac{x}{2}$；

(10) $\lim\limits_{x\to1}x^{\frac{1}{1-x}}$；　(11) $\lim\limits_{x\to+\infty}\frac{x^5}{e^{3x}}$；　(12) $\lim\limits_{x\to0^+}\frac{\ln x}{\cot x}$；

(13) $\lim\limits_{x\to+\infty}x\left[1-x\ln\left(1+\frac{1}{x}\right)\right]$；　(14) $\lim\limits_{x\to\frac{\pi}{6}}\frac{1-2\sin x}{\cos 3x}$；　(15) $\lim\limits_{x\to+\infty}x\,\mathrm{arccot}\,x$；

(16) $\lim\limits_{x\to0}\left[\frac{(1+x)^{\frac{1}{x}}}{e}\right]^{\frac{1}{x}}$；　(17) $\lim\limits_{x\to0^+}x^{\sin x}$；　(18) $\lim\limits_{x\to0^+}\left(\ln\frac{1}{x}\right)^x$.

2. 验证极限$\lim\limits_{x\to\infty}\frac{x+\sin x}{x-\cos x}$存在，但不能用洛必达法则求出.

4.3　函数的单调性与极值

4.3.1　函数单调性的判别法

函数的单调性是函数的一个重要特性，对于简单的函数，我们可以直接用定义来判定它的单调性；对于稍复杂的函数，用定义来判定单调性就不那么容易了.下面利用导数来对函数的单调性进行研究.

如果函数 $y=f(x)$在区间$[a,b]$上单调增加(或单调减少)，那么它的图形是一条沿 x 轴正向上升(或下降)的曲线，如图 4-3 所示.这时，曲线上各点处的切线斜率是非负的(或非正的)，即 $f'(x)\geqslant0$[或 $f'(x)\leqslant0$].由此可见，函数的单调性与导数的正负有着密切的联系.反过来，能否用导数的正负来判定函数的单调性呢？下面我们给出判定可导函数单调性的充分条件.

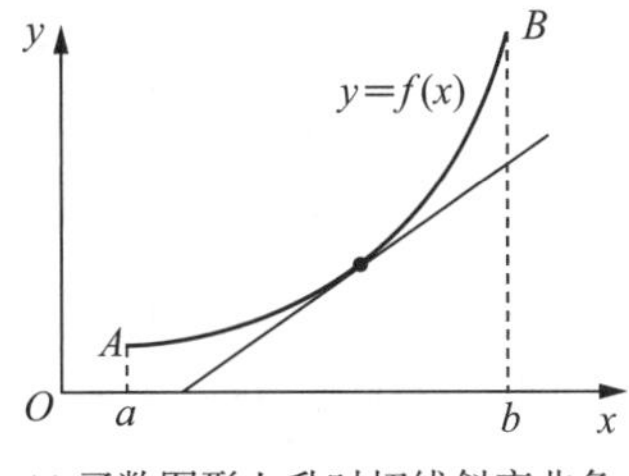

(a) 函数图形上升时切线斜率非负

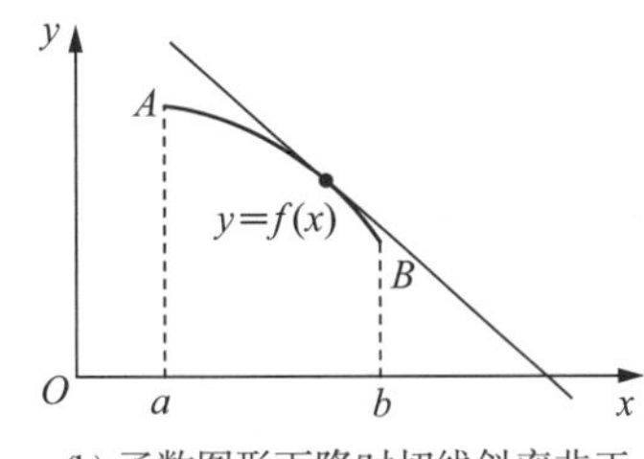

(b) 函数图形下降时切线斜率非正

图 4-3

定理 6 设函数 $y=f(x)$ 在 $[a,b]$ 上连续,在 (a,b) 内可导,

(1) 如果在 (a,b) 内 $f'(x)>0$,那么函数 $y=f(x)$ 在 $[a,b]$ 上单调增加;

(2) 如果在 (a,b) 内 $f'(x)<0$,那么函数 $y=f(x)$ 在 $[a,b]$ 上单调减少.

证 任取 $x_1,x_2\in[a,b]$,不妨设 $x_1<x_2$,在区间 $[x_1,x_2]$ 上应用拉格朗日中值定理,得

$$f(x_2)-f(x_1)=f'(\xi)(x_2-x_1),\ \xi\in(x_1,x_2).$$

(1) 若在 (a,b) 内 $f'(x)>0$,则 $f'(\xi)>0$,由于 $x_2-x_1>0$,于是有

$$f(x_2)-f(x_1)=f'(\xi)(x_2-x_1)>0,$$

从而 $f(x_2)>f(x_1)$,所以函数 $y=f(x)$ 在 $[a,b]$ 上单调增加;

(2) 若在 (a,b) 内 $f'(x)<0$,则 $f'(\xi)<0$,由于 $x_2-x_1>0$,于是有

$$f(x_2)-f(x_1)=f'(\xi)(x_2-x_1)<0,$$

从而 $f(x_2)<f(x_1)$,所以函数 $y=f(x)$ 在 $[a,b]$ 上单调减少.

下面再对定理做两点补充说明:

① 定理 6 中的闭区间 $[a,b]$ 换成其他各种区间(包括无穷区间),定理的结论仍然成立;

② 如果 $f'(x)$ 在区间 (a,b) 内的有限个点处的值为零,其余各点处均为正(或负),那么 $f(x)$ 在 $[a,b]$ 上仍然是单调增加(或单调减少)的.

例 1 判定函数 $y=x-\sin x$ 在 $[0,2\pi]$ 上的单调性.

解 因为函数 $y=x-\sin x$ 在 $[0,2\pi]$ 上连续,且 $y'=1-\cos x$,当 $x\in(0,2\pi)$ 时,$y'>0$,因此函数 $y=x-\sin x$ 在 $[0,2\pi]$ 上单调增加.

例 2 判定函数 $y=\ln(1+x^2)-x$ 的单调性.

解 函数的定义域为 $(-\infty,+\infty)$,由于

$$y'=\frac{2x}{1+x^2}-1=-\frac{(x-1)^2}{1+x^2},$$

所以当 $x=1$ 时,$y'=0$;当 $x\neq1$ 时,都有 $y'<0$,因此 $y=x-\ln(1+x^2)$ 在 $(-\infty,+\infty)$ 内单调减少.

例 3 讨论函数 $y=e^x-x-1$ 的单调性.

解 函数的定义域为 $(-\infty,+\infty)$,$y'=e^x-1$.

当 $x\in(-\infty,0)$ 时,$y'<0$,所以函数 $y=e^x-x-1$ 在 $(-\infty,0)$ 内单调减少;当 $x\in(0,+\infty)$ 时,$y'>0$,所以函数 $y=e^x-x-1$ 在 $(0,+\infty)$ 内单调增加.

如果函数 $y=f(x)$ 在其定义域内的某个部分区间内是单调的,则称这个部分区间为函数 $f(x)$ 的一个**单调区间**.

由例 3 可见,函数 $y=e^x-x-1$ 在其定义域内并不具有单调性,但是将定义域分成两个区间后,在两个部分区间内函数是单调的. 导数等于零的点 $x=0$ 是单调区间的分界点.

函数 $y=|x|$ 在 $(-\infty,0)$ 内单调减少,在 $(0,+\infty)$ 内单调增加,所以 $x=0$ 是单调区间的分界点;而 $f(x)$ 在 $x=0$ 处不可导,因此在讨论函数在定义域内的单调性时,导数不存在的点也可能是单调区间的分界点.

一般地,如果函数在定义域内连续,除去有限个导数不存在的点外,其他点处函数的导数都存在且连续,那么我们只要用 $f'(x)=0$ 的点及 $f'(x)$ 不存在的点来划分函数的定义域,就能保证 $f'(x)$ 在各个部分区间内保持固定的符号,即 $f'(x)>0$ [或 $f'(x)<0$],由此就可确定函数 $f(x)$ 在每个部分区间内的单调性.

例 4　求函数 $f(x)=2x^3-9x^2+12x-3$ 的单调区间.

解　函数在定义域 $(-\infty,+\infty)$ 内连续,

$$f'(x)=6x^2-18x+12=6(x-1)(x-2),$$

令 $f'(x)=0$,得驻点 $x=1$ 和 $x=2$,函数 $f(x)$ 没有导数不存在的点.用 $x=1$ 和 $x=2$ 将定义域 $(-\infty,+\infty)$ 分成三个部分区间 $(-\infty,1)$,$(1,2)$ 及 $(2,+\infty)$.下面列表讨论函数的导数 $f'(x)$ 在每个部分区间内的正负,以确定函数 $f(x)$ 的单调性,见表 4-1.

表 4-1

x	$(-\infty,1)$	1	$(1,2)$	2	$(2,+\infty)$
$f'(x)$	+	0	−	0	+
$f(x)$	单调增加		单调减少		单调增加

所以,函数 $f(x)$ 在区间 $(-\infty,1)$ 及 $(2,+\infty)$ 内单调增加,在区间 $(1,2)$ 内单调减少.

例 5　求函数 $f(x)=(x-4)\sqrt[3]{x}$ 的单调区间.

解　函数在定义域 $(-\infty,+\infty)$ 内连续,

$$f'(x)=(x\sqrt[3]{x}-4\sqrt[3]{x})'=\frac{4}{3}x^{\frac{1}{3}}-\frac{4}{3}x^{-\frac{2}{3}}=\frac{4x-4}{3\sqrt[3]{x^2}},$$

令 $f'(x)=0$,得驻点 $x_1=1$;当 $x_2=0$ 时,$f'(x)$ 不存在.用 x_1,x_2 将定义域 $(-\infty,+\infty)$ 分成三个部分区间 $(-\infty,0)$,$(0,1)$ 及 $(1,+\infty)$.下面列表讨论函数的导数 $f'(x)$ 在每个部分区间内的正负,以确定函数 $f(x)$ 的单调性,见表 4-2.

表 4-2

x	$(-\infty,0)$	0	$(0,1)$	1	$(1,+\infty)$
$f'(x)$	−	不存在	−	0	+
$f(x)$	单调减少		单调减少		单调增加

所以,函数 $f(x)$ 在区间 $(-\infty,1)$ 内单调减少,在区间 $(1,+\infty)$ 内单调增加.

利用函数的单调性还可以证明一些不等式.

例 6　证明:当 $x>0$ 时,$\ln(1+x)>x-\frac{1}{2}x^2$.

证　设 $f(x)=\ln(1+x)-x+\frac{1}{2}x^2$,显然函数 $f(x)$ 在 $[0,+\infty)$ 上连续,在 $(0,+\infty)$ 内可导,且

$$f'(x)=\frac{1}{1+x}-1+x=\frac{x^2}{1+x}>0,$$

所以 $f(x)$ 在 $[0,+\infty)$ 上单调增加,又 $f(0)=0$,故当 $x>0$ 时,$f(x)>f(0)=0$,由此得

$$\ln(1+x)>x-\frac{1}{2}x^2\ (x>0).$$

4.3.2　函数的极值

观察函数 $f(x)=2x^3-9x^2+12x-3$ 的图形,如图 4-4 所示.点 $(1,2)$ 在曲线上,且与在

$x=1$ 的附近曲线上其他的点相比，这个点是最高的. 也就是说函数在 $x=1$ 处的函数值 $f(1)=2$ 与 $x=1$ 附近的 x 处函数值 $f(x)$ 相比，$f(1)$ 是最大的. 同样地，函数在 $x=2$ 附近的函数值 $f(x)$ 与 $f(2)$ 相比，$f(2)$ 是最小的. 为了描述这种点的性质，引进函数极值的概念.

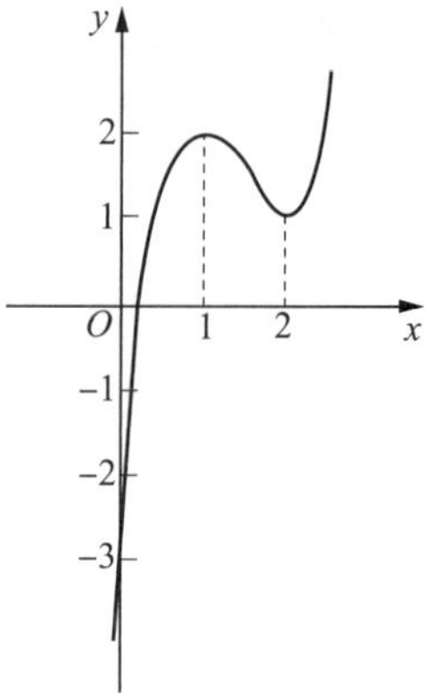

图 4－4

定义 1　设函数 $f(x)$ 在点 x_0 的某邻域 $U(x_0)$ 内有定义，若当 $x\in U(x_0)$ 而 $x\neq x_0$ 时，恒有

$$f(x)<f(x_0),$$

则称 $f(x_0)$ 是函数 $f(x)$ 的一个**极大值**；若当 $x\in U(x_0)$ 而 $x\neq x_0$ 时，恒有

$$f(x)>f(x_0),$$

则称 $f(x_0)$ 是函数 $f(x)$ 的一个**极小值**.

函数的极大值与极小值统称为函数的**极值**，使函数取得极值的点称为**极值点**.

由此可见，$f(1)=2$ 是函数 $f(x)=2x^3-9x^2+12x-3$ 的一个极大值，$f(2)=1$ 是函数的一个极小值.

函数的极大值与极小值的概念是局部性的. 如果 $f(x_0)$ 是函数 $f(x)$ 的一个极大值，那只是就 x_0 的附近的一个局部范围来说，$f(x_0)$ 是函数 $f(x)$ 的一个最大值. 如果就 $f(x)$ 的整个定义域来说，$f(x_0)$ 不一定是最大值. 关于极小值的情况也一样. 如图 4－5 所示，函数 $f(x)$ 有两个极大值 $f(x_1)$，$f(x_3)$，两个极小值 $f(x_2)$，$f(x_4)$. 其中极小值 $f(x_4)$ 比极大值 $f(x_1)$ 还大. 就图 4－5 所示的整个定义域来说，只有一个极小值是最小值，而没有一个极大值是最大值.

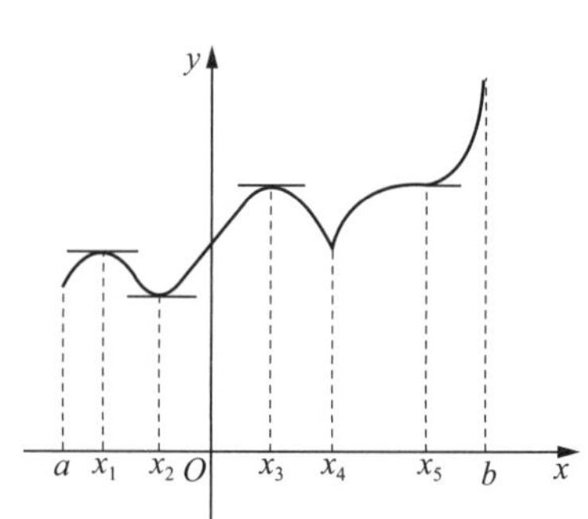

图 4－5

下面我们介绍如何求函数 $f(x)$ 的极值.

从图 4－5 可以看到，在函数取得极值处，曲线的切线是水平的(当切线存在时)或者没有切线. 但是有水平切线的点不一定是极值点，如曲线在 $x=x_5$ 处. 为此，下面分别来讨论极值存在的必要条件和充分条件.

定理 7(极值存在的必要条件)　如果函数 $f(x)$ 在点 x_0 处可导，且在 x_0 处取得极值，那么 $f'(x_0)=0$.

证　不妨设 $f(x_0)$ 是函数的极大值，那么存在 x_0 的某邻域 $U(x_0)$，当 $x\in U(x_0)$ 而 $x\neq x_0$ 时，恒有 $f(x)<f(x_0)$，即 $f(x)-f(x_0)<0$.

于是当 $x<x_0$ 时，$\dfrac{f(x)-f(x_0)}{x-x_0}>0$；当 $x>x_0$ 时，$\dfrac{f(x)-f(x_0)}{x-x_0}<0$.

又因为 $f(x)$ 在点 x_0 处可导，所以有 $f'_-(x_0)=f'_+(x_0)=f'(x_0)$. 根据导数的定义和极限的保号性，得

$$f'(x_0)=f'_-(x_0)=\lim_{x\to x_0^-}\frac{f(x)-f(x_0)}{x-x_0}\geqslant 0,$$

$$f'(x_0)=f'_+(x_0)=\lim_{x\to x_0^+}\frac{f(x)-f(x_0)}{x-x_0}\leqslant 0,$$

因此有 $$f'(x_0)=0.$$

定理 7 的逆定理不一定成立，也就是说，对于可导函数 $f(x)$，若 $f'(x_0)=0$，x_0 不一定是函数的极值点. 例如，函数 $f(x)=x^3$ 在 $x=0$ 处有 $f'(0)=0$，但 $x=0$ 不是函数 $f(x)=x^3$ 的极值点. 所以说 $f'(x_0)=0$ 是可导函数 $f(x)$ 在 x_0 处取得极值的必要条件，而不是充分条件.

通常把使得 $f'(x)=0$ 的点称为函数的**驻点**.

由上面的讨论可知，可导函数的极值点一定是驻点，但驻点不一定是极值点.

如果函数 $f(x)$ 在 x_0 处连续，但不可导，函数也有可能在 x_0 处取得极值. 例如，函数 $y=|x|$ 在 $x=0$ 处不可导，但函数 $y=|x|$ 在 $x=0$ 有极小值. 因此，连续函数在导数不存在的点处也可能取得极值.

函数在定义域内的驻点和不可导点通常称为**极值可疑点**，连续函数仅在极值可疑点处可能取得极值.

怎样判定函数在极值可疑点处是否取得极值？如果取得极值，究竟取得极大值还是极小值？根据导数 $f'(x)$ 在极值可疑点两侧的正负，我们不难得到下面的定理(图 4-6).

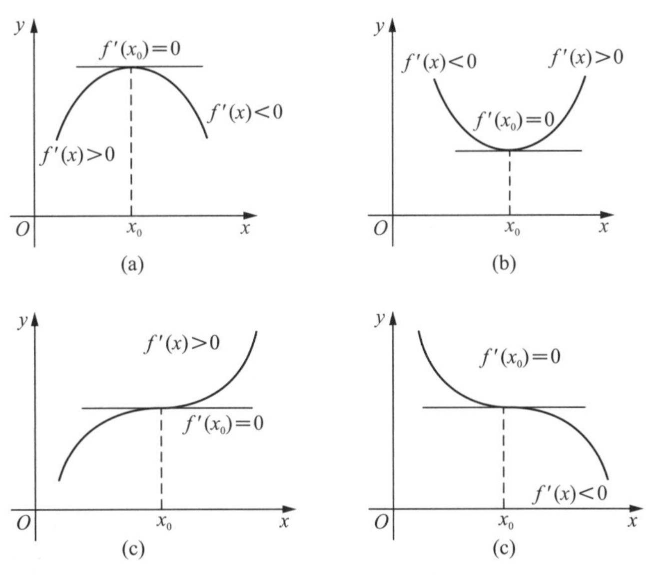

图 4-6

定理 8(极值的第一充分条件)　设函数 $f(x)$ 在极值可疑点 x_0 的 δ 邻域内连续，在 x_0 的去心 δ 邻域内可导.

(1) 如果当 $x\in(x_0-\delta,x_0)$ 时，$f'(x)>0$，当 $x\in(x_0,x_0+\delta)$ 时，$f'(x)<0$，那么 $f(x)$ 在 x_0 处取得极大值；

极值的第一充分条件

(2) 如果当 $x\in(x_0-\delta,x_0)$ 时，$f'(x)<0$，当 $x\in(x_0,x_0+\delta)$ 时，$f'(x)>0$，那么 $f(x)$ 在 x_0 处取得极小值；

(3) 如果在 x_0 的两侧，$f'(x)$ 具有相同的符号，那么 $f(x)$ 在 x_0 处没有极值.

由定理 7 及定理 8，求函数 $f(x)$ 的极值点和极值可按以下步骤进行：

① 确定函数 $f(x)$ 的定义域，求出导数 $f'(x)$；

② 找出函数 $f(x)$ 的极值可疑点，即找出 $f'(x)$ 等于零的点及导数不存在的点；

③ 用极值可疑点将定义域分成若干个部分小区间,并确定 $f'(x)$ 在每一个部分区间上的正负;

④ 按定理 8 确定 $f(x)$ 在极值可疑点处是否取得极值,是极大值还是极小值.

例 7 求函数 $f(x)=x^3-6x^2+9x$ 的极值.

解 函数 $f(x)=x^3-6x^2+9x$ 在定义域 $(-\infty,+\infty)$ 内连续,

$$f'(x)=3x^2-12x+9=3(x-1)(x-3),$$

令 $f'(x)=0$,得驻点 $x_1=1$ 和 $x_2=3$,函数 $f(x)$ 没有导数不存在的点. 用 $x_1=1$ 和 $x_2=3$ 将定义域分成 3 个部分区间,在每个部分区间上确定 $f'(x)$ 的正负,然后应用定理 8 判定 $x_1=1$ 和 $x_2=3$ 是否为极值点. 现列表讨论(表 4-3).

表 4-3

x	$(-\infty,1)$	1	$(1,3)$	3	$(3,+\infty)$
$f'(x)$	$+$	0	$-$	0	$+$
$f(x)$	单调增加	有极大值	单调减少	有极小值	单调增加

所以,在 $x_1=1$ 处,函数 $f(x)$ 有极大值 $f(1)=4$;在 $x_2=3$ 处 $f(x)$ 有极小值 $f(3)=0$.

例 8 求函数 $f(x)=(2x-5)\sqrt[3]{x^2}$ 的极值.

解 函数 $f(x)=(2x-5)\sqrt[3]{x^2}$ 在定义域 $(-\infty,+\infty)$ 内连续,

$$f'(x)=(2x^{\frac{5}{3}}-5x^{\frac{2}{3}})'=\frac{10}{3}x^{\frac{2}{3}}-\frac{10}{3}x^{-\frac{1}{3}}=\frac{10(x-1)}{3\sqrt[3]{x}},$$

函数的极值可疑点为 $x_1=0$[导数 $f'(x)$ 不存在的点]及 $x_2=1$(驻点). 现列表讨论(表4-4).

表 4-4

x	$(-\infty,0)$	0	$(0,1)$	1	$(1,+\infty)$
$f'(x)$	$+$	不存在	$-$	0	$+$
$f(x)$	单调增加	有极大值	单调减少	有极小值	单调增加

所以,在 $x_1=0$ 处,函数 $f(x)$ 有极大值 $f(0)=0$;在 $x_2=1$ 处 $f(x)$ 有极小值 $f(1)=-3$.

当函数 $f(x)$ 在驻点处的二阶导数存在且不为零时,有如下判定极值的第二充分条件.

定理 9(极值的第二充分条件) 设函数 $f(x)$ 在 x_0 处具有二阶导数,且 $f'(x_0)=0$, $f''(x_0)\neq 0$.

(1) 如果 $f''(x_0)<0$,那么函数 $f(x)$ 在 x_0 处取得极大值;

(2) 如果 $f''(x_0)>0$,那么函数 $f(x)$ 在 x_0 处取得极小值.

极值的第二充分条件

证 设 $f''(x_0)>0$,因为 $f'(x_0)=0$,由导数的定义,得

$$f''(x_0)=\lim_{x\to x_0}\frac{f'(x)-f'(x_0)}{x-x_0}=\lim_{x\to x_0}\frac{f'(x)}{x-x_0}>0,$$

所以根据极限的保号性,存在点 x_0 的去心邻域 $\mathring{U}(x_0,\delta)$,当 $x\in\mathring{U}(x_0,\delta)$ 时,有

$$\frac{f'(x)}{x-x_0}>0,$$

因此,当 $x\in(x_0-\delta,x_0)$ 时,$f'(x)<0$;当 $x\in(x_0,x_0+\delta)$ 时,$f'(x)>0$,由定理 8 知,$f(x)$ 在 x_0 处取得极小值.

类似地可以证明，如果 $f''(x_0)<0$，那么函数 $f(x)$ 在 x_0 处取得极大值.

需要注意的是，当 $f''(x_0)=0$ 时，定理 9 不能应用. 这时函数 $f(x)$ 在 x_0 处可能有极大值，也可能有极小值，也可能没有极值. 我们还得用定理 8 来判定.

例 9　求函数 $f(x)=\cos 2x+2\sin x\ (0<x<\pi)$ 的极值.

解　$f'(x)=-2\sin 2x+2\cos x=2\cos x(1-2\sin x)$，

$f''(x)=-4\cos 2x-2\sin x$，

令 $f'(x)=0$，得函数的驻点 $x_1=\dfrac{\pi}{6}$，$x_2=\dfrac{\pi}{2}$，$x_3=\dfrac{5\pi}{6}$. 而

$$f''\left(\frac{\pi}{6}\right)=f''\left(\frac{5\pi}{6}\right)=-3<0,\ f''\left(\frac{\pi}{2}\right)=2>0,$$

所以由定理 9，得 $f\left(\dfrac{\pi}{6}\right)=\dfrac{3}{2}$ 和 $f\left(\dfrac{5\pi}{6}\right)=\dfrac{3}{2}$ 是函数的极大值，$f\left(\dfrac{\pi}{2}\right)=1$ 是函数的极小值.

例 10　求函数 $f(x)=x^3(3x-5)^2$ 的极值.

解　函数 $f(x)=x^3(3x-5)^2$ 的定义域为 $(-\infty,+\infty)$，

$f'(x)=(9x^5-30x^4+25x^3)'=45x^4-120x^3+75x^2=15x^2(x-1)(3x-5)$，

$f''(x)=30x(6x^2-12x+5)$，

令 $f'(x)=0$，得驻点 $x_1=0$，$x_2=1$，$x_3=\dfrac{5}{3}$. 又因为

$$f''(1)=-30<0,$$

$$f''\left(\frac{5}{3}\right)=30\times\frac{5}{3}\times\left(6\times\frac{25}{9}-12\times\frac{5}{3}+5\right)=\frac{250}{3}>0,$$

所以由定理 9，得 $f(1)=4$ 为函数 $f(x)$ 的极大值，$f\left(\dfrac{5}{3}\right)=0$ 为函数 $f(x)$ 的极小值.

在 $x=0$ 处，由于 $f''(0)=0$，用定理 9 无法判定，注意到当 $x<0$ 和 $0<x<1$ 时，均有 $f'(x)>0$，由定理 8 得，函数 $f(x)$ 在 $x=0$ 处没有极值.

极值常见问题

习题 4.3

1. 确定下列函数的单调区间：

(1) $y=x^3-3x^2-9x+5$；　(2) $y=2x^2-\ln x$；　(3) $y=\dfrac{x^2+4}{x}$；

(4) $y=x^2e^x$；　(5) $y=x^ne^{-x}\ (n>0, x\geqslant 0)$；　(6) $y=\arctan x-x$.

2. 利用函数的单调性证明下列不等式：

(1) 当 $x>1$ 时，$2\sqrt{x}>3-\dfrac{1}{x}$；　(2) 当 $x>0$ 时，$1+x\ln(x+\sqrt{1+x^2})>\sqrt{1+x^2}$；

(3) 当 $x\in\left(0,\dfrac{\pi}{2}\right)$ 时，$\tan x>x+\dfrac{x^3}{3}$；　(4) 当 $x>a>e$ 时，$a^x>x^a$.

3. 求下列函数的极值：

(1) $y=x-\ln(1+x)$；　(2) $y=2x^3-6x^2+1$；　(3) $y=x+\dfrac{1}{x}$；

(4) $y=\dfrac{(\ln x)^2}{x}$；　(5) $y=2x^3-x^4$；　(6) $y=\arctan x-\dfrac{1}{2}\ln(1+x^2)$；

(7) $y=x^2e^{-x}$；　(8) $y=2x+3\sqrt[3]{x^2}$；　(9) $y=\dfrac{x}{1+x^2}$.

4. 设 $f(x)=a\ln x+bx^2+x$ 在 $x_1=1$,$x_2=2$ 处都取得极值,试确定 a 和 b 的值,并指出 $f(x)$ 在 x_1 和 x_2 处取得极大值还是极小值.

4.4 函数的最大值与最小值

在工农业生产、工程技术及科学实验中,我们经常会遇到这样的问题:怎样才能使"产品最多""用料最省""成本最低""效益最高",等等. 这样的问题在数学中有时可归结为求某一函数(通常称为目标函数)的最大值与最小值问题.

我们知道闭区间 $[a,b]$ 上的连续函数 $f(x)$ 一定存在最大值和最小值. 如果取得最值的点在 (a,b) 的内部,那么该点一定是函数的极值可疑点,最值也有可能在区间的端点处取得. 因此,我们只要找出函数 $f(x)$ 在区间 (a,b) 内的所有极值可疑点,再将 $f(x)$ 在这些点处的函数值和 $f(a)$,$f(b)$ 一起比较,其中最大的就是 $f(x)$ 在 $[a,b]$ 上的最大值,最小的就是 $f(x)$ 在 $[a,b]$ 上的最小值.

例 1 求函数 $f(x)=3\sqrt[3]{x^2}-2x$ 在 $[-1,2]$ 上的最大值和最小值.

解 显然 $f(x)$ 在 $[-1,2]$ 上连续,且

$$f'(x)=2x^{-\frac{1}{3}}-2=\frac{2(1-\sqrt[3]{x})}{\sqrt[3]{x}},$$

所以,函数 $f(x)$ 在 $(-1,2)$ 内的极值可疑点为 $x_1=0$ [导数 $f'(x)$ 不存在的点],$x_2=1$(驻点),计算这两个点和区间 $[-1,2]$ 的端点处的函数值,得

$$f(-1)=5,\ f(0)=0,\ f(1)=1,\ f(2)=3\sqrt[3]{4}-4,$$

比较上述 4 个函数值的大小,可得 $f(x)$ 在 $[-1,2]$ 上的最大值为 $f(-1)=5$,最小值为 $f(0)=0$.

在求函数的最大值与最小值时,还经常遇到如下情况:

① 若 $f(x)$ 是 $[a,b]$ 上的单调函数,则其最大值、最小值必在区间端点处取得.

② 若 $f(x)$ 在区间 I(开或闭,有限或无限)上连续,在区间 I 内有唯一的极值可疑点 x_0,如果 x_0 是极大值点,则 $f(x)$ 在 x_0 处取得最大值,如图 4-7(a)所示;如果 x_0 为极小值点,则 $f(x)$ 在 x_0 处取得最小值,如图 4-7(b)所示. 很多求最大值或最小值的实际问题,往往出现这种情况.

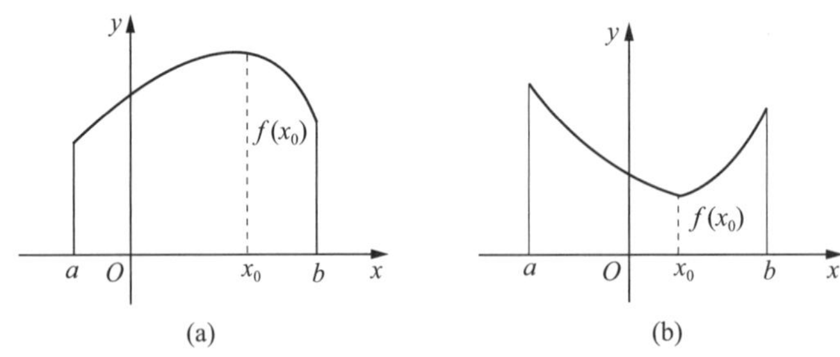

图 4-7

例 2 用一块边长为 1 m 的正方形铁皮,在四角各剪去一个相等的小正方形,如图 4-8 所示,制作一只无盖油盘. 问:在四角剪去多大的正方形才能使油盘的容积最大?

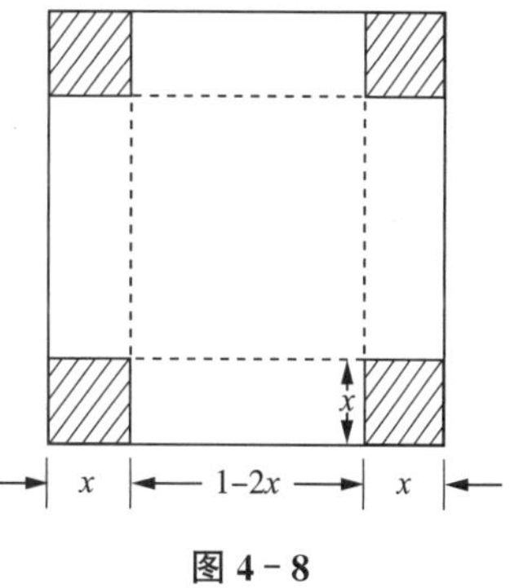

图 4-8

解 设剪去的小正方形的边长为 x m，则油盘的容积为

$$V=x(1-2x)^2 \quad \left(0<x<\frac{1}{2}\right),$$

下面求 $V=x(1-2x)^2$ 在 $\left(0,\frac{1}{2}\right)$ 内的最大值.

$$\begin{aligned}V'&=2(1-2x)(-2)\cdot x+(1-2x)^2\\&=(1-2x)(1-6x),\end{aligned}$$

令 $V'=0$，得 $x_0=\frac{1}{6}$，$x_1=\frac{1}{2}$（舍去），所以 V 在 $\left(0,\frac{1}{2}\right)$ 内只有一个极值可疑点（驻点）$x_0=\frac{1}{6}$，又因为 $V''\left(\frac{1}{6}\right)=(24x-8)\Big|_{x=\frac{1}{6}}=-4<0$，故函数 V 在 $x=\frac{1}{6}$ 处有极大值，也就是最大值，因此，当剪去的小正方形的边长为 $\frac{1}{6}$ m 时，所得油盘的容积最大.

例 3 铁路线上 AB 段的距离为 100 km. 工厂 C 距 A 处 20 km，AC 垂直于 AB，如图 4-9所示. 为了运输需要，要在 AB 线上选定一点 D 向工厂修筑一条公路. 已知铁路上每千米货运的运费与公路上每千米货运的运费之比为 3∶5. 为了使货物从供应站 B 运到工厂 C 的运费最省，问：D 点应选在何处？

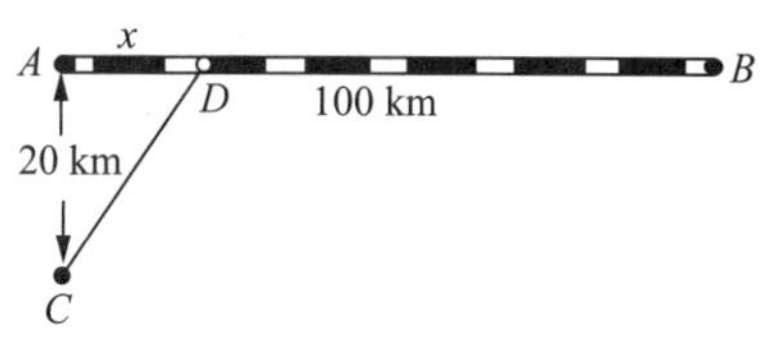
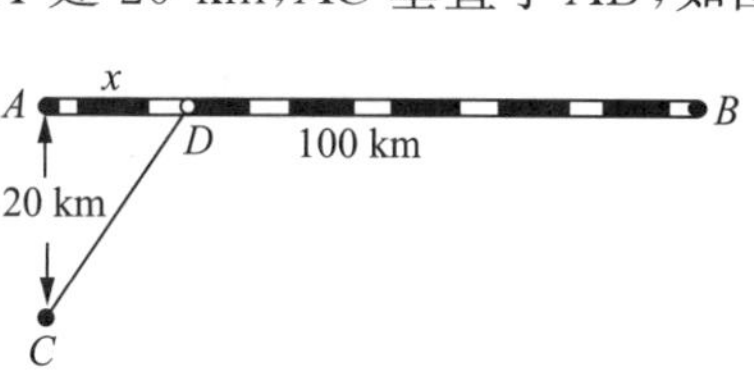

图 4-9

解 设 $AD=x$(km)，那么 $DB=100-x$，

$$CD=\sqrt{20^2+x^2}=\sqrt{400+x^2},$$

由于铁路上每千米货运的运费与公路上每千米货运的运费之比为 3∶5，因此我们不妨设铁路上每千米的运费为 $3k$，公路上每千米的运费为 $5k$（k 为某个正数，因它的值与本题的解无关，所以不必定出）. 设从 B 点到 C 点的总运费为 y，那么

$$y=5k\sqrt{400+x^2}+3k(100-x) \quad (0\leqslant x\leqslant 100),$$

现在问题转化为求函数 y 在 $[0,100]$ 上的最小值问题. 因为

$$y'=k\left(\frac{5x}{\sqrt{400+x^2}}-3\right),$$

令 $y'=0$，得 $x=15$. 函数 y 在 $(0,100)$ 内只有一个极值可疑点（驻点）$x=15$，且

$$y''\big|_{x=15}=\frac{2\,000k}{\sqrt{(400+x^2)^3}}\bigg|_{x=15}=\frac{16k}{125}>0,$$

所以，函数 y 在 $x=15$ 处有极小值，也就是最小值. 因此 D 点应选在离 A 为 15 km 处运费最省.

习题 4.4

函数单调性与极值

1. 求下列函数在指定区间上的最大值与最小值：

(1) $y=x^5-5x^4+5x^3+1$，$x\in[-1,2]$；　(2) $y=\ln(x^2+1)$，$x\in[-1,2]$；

(3) $y=\sqrt{x}\ln x$，$x\in(0,+\infty)$；　(4) $y=\sqrt{5-4x}$，$x\in[-1,1]$.

2. 欲做一个底为正方形、容积为 108 m^3 的长方体开口容器,怎样做使得所用材料最省?
3. 将一根定长为 l 的铁丝剪成两段,一段弯成圆形,另一段弯成正方形,怎样剪可使圆形与正方形的面积之和最小?
4. 一等腰梯形内接于半径为 R 的半圆,其中梯形的一条底边为半圆的直径,求梯形面积的最大值.
5. 做一个容积为 V 的圆柱形锅炉,已知两底面材料的每单位面积价格为 a 元,侧面材料的每单位面积价格为 b 元,问:当锅炉的直径与高的比值为多少时,造价最省?

4.5 曲线的凹凸性及函数图形的描绘

4.5.1 曲线的凹凸性及拐点

前面我们研究了函数的单调性和极值,但还不能完全了解函数的特性以及函数图形的特点. 例如,函数 $y=x^2$ 与函数 $y=\sqrt{x}$ 在闭区间$[0,1]$上都是单调增加的,但是它们的图形却有明显的区别,如图 4-10 所示. 曲线 $y=x^2$ 是向上弯曲(向上凹)的,而曲线 $y=\sqrt{x}$ 是向下弯曲(向上凸)的. 为此有必要研究曲线的凹凸性及拐点.

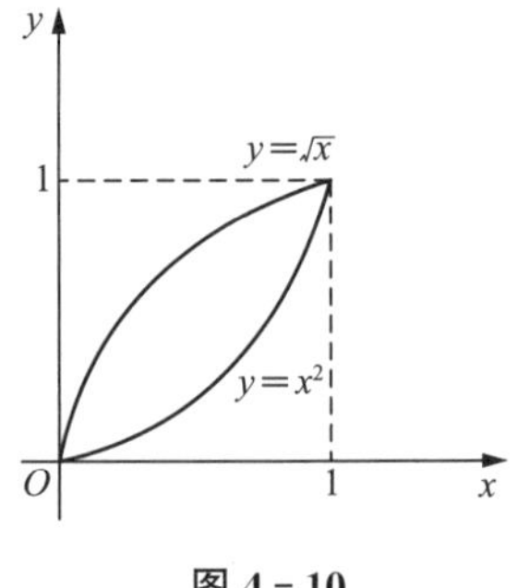

图 4-10

先从几何直观上进行分析. 当曲线 $y=f(x)$ 向上弯曲时,在曲线 $y=f(x)$ 上任取两点 $A(x_1,f(x_1))$ 和 $B(x_2,f(x_2))$,曲线弧 $\overset{\frown}{AB}$ 总位于弦 AB 之下,如图 4-11(a)所示. 所以

$$f\left(\frac{x_1+x_2}{2}\right)<\frac{f(x_1)+f(x_2)}{2}.$$

当曲线 $y=f(x)$ 向下弯曲时,在曲线 $y=f(x)$ 上任取两点 $A(x_1,f(x_1))$ 和 $B(x_2,f(x_2))$,曲线弧 $\overset{\frown}{AB}$ 总位于弦 AB 之上,如图 4-11(b)所示. 所以

$$f\left(\frac{x_1+x_2}{2}\right)>\frac{f(x_1)+f(x_2)}{2}.$$

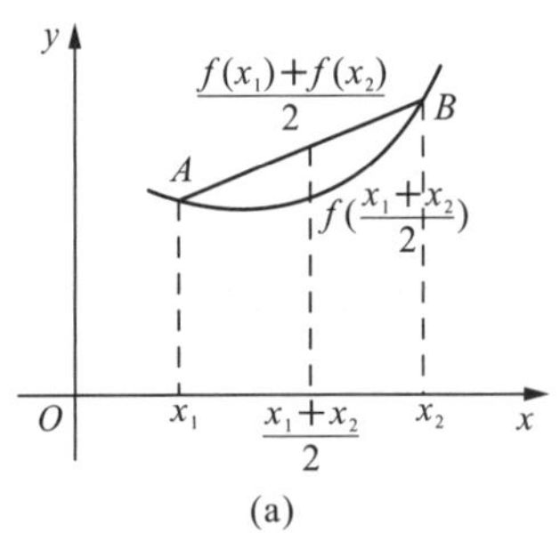

(a)

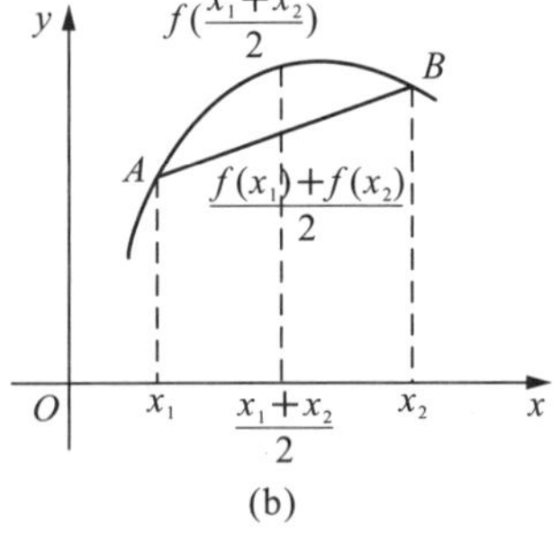

(b)

图 4-11

由此可以给出下面的定义.

定义 2 设函数 $f(x)$ 在区间 I 上连续,如果对于 I 上任意两点 x_1,x_2,恒有

$$f\left(\frac{x_1+x_2}{2}\right)<\frac{f(x_1)+f(x_2)}{2},$$

那么称曲线弧 $y=f(x)$ 在区间 I 上是(**向上**)**凹**的(或有**凹弧**),也称 $f(x)$ 在区间 I 上为**凹函**

数;如果恒有

$$f\left(\frac{x_1+x_2}{2}\right)>\frac{f(x_1)+f(x_2)}{2},$$

那么称曲线弧 $y=f(x)$ 在区间 I 上是(**向上**)**凸**的(或有**凸弧**),也称 $f(x)$ 在区间 I 上为**凸函数**.

如何判定曲线的凹凸性呢?从图 4-12(a)(b)可以看出,当曲线向上凹时,从左到右曲线上的切线的斜率 $k=\tan\alpha$ 由小变到大,即 $f'(x)$ 单调增加;如果二阶导数 $f''(x)$ 存在,必有 $f''(x)\geqslant 0$. 类似地,从图 4-12(c)(d)可以看出,当曲线向上凸时,从左到右曲线上的切线的斜率 $k=\tan\alpha$ 由大变到小,即 $f'(x)$ 单调减少;如果二阶导数 $f''(x)$ 存在,必有 $f''(x)\leqslant 0$. 由此可见,曲线的凹凸性与二阶导数的正负有着密切的联系. 反过来,能否用二阶导数的正负来判定曲线的凹凸性呢?下面给出判定连续曲线凹凸性的充分条件.

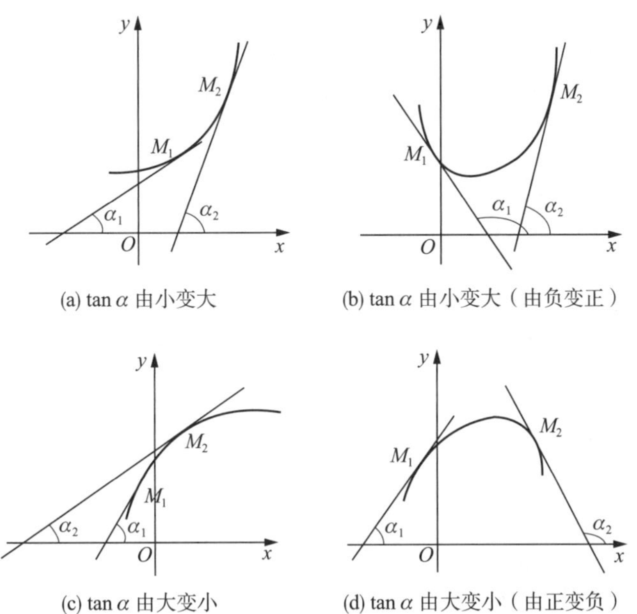

图 4-12

定理 10　设函数 $f(x)$ 在区间 $[a,b]$ 上连续,在 (a,b) 内具有一阶和二阶导数.

(1) 如果在 (a,b) 内 $f''(x)>0$,那么曲线弧 $y=f(x)$ 在区间 $[a,b]$ 上是凹的;

(2) 如果在 (a,b) 内 $f''(x)<0$,那么曲线弧 $y=f(x)$ 在区间 $[a,b]$ 上是凸的.

证　设 x_1,x_2 为区间 $[a,b]$ 上任意两点,且 $x_1<x_2$,记 $x_0=\frac{x_1+x_2}{2}$,并记 $x_2-x_0=x_0-x_1=h$. 对函数 $f(x)$ 在区间 $[x_0,x_2]$,$[x_1,x_0]$ 上分别应用拉格朗日中值公式,得

$$f(x_2)-f(x_0)=f'(\xi_2)h\quad(x_0<\xi_2<x_2),$$

$$f(x_0)-f(x_1)=f'(\xi_1)h\quad(x_1<\xi_1<x_0),$$

上述两式相减,得

$$f(x_2)+f(x_1)-2f(x_0)=[f'(\xi_2)-f'(\xi_1)]h,$$

对 $f'(x)$ 在区间 $[\xi_1,\xi_2]$ 上再应用拉格朗日中值公式,得

$$f'(\xi_2)-f'(\xi_1)=f''(\xi)(\xi_2-\xi_1)\quad(\xi_1<\xi<\xi_2),$$

于是

$$f(x_2)+f(x_1)-2f(x_0)=f''(\xi)(\xi_2-\xi_1)h.$$

(1) 如果在 (a,b) 内 $f''(x)>0$,则 $f''(\xi)>0$,由于 $h>0$,$\xi_2-\xi_1>0$,所以有

$$f(x_2)+f(x_1)-2f(x_0)>0,$$

即
$$f\left(\frac{x_1+x_2}{2}\right)<\frac{f(x_1)+f(x_2)}{2},$$

因此,曲线弧 $y=f(x)$ 在区间 $[a,b]$ 上是凹的;

(2) 如果在 (a,b) 内 $f''(x)<0$,则有 $f(x_2)+f(x_1)-2f(x_0)<0$,即

$$f\left(\frac{x_1+x_2}{2}\right)>\frac{f(x_1)+f(x_2)}{2},$$

因此,曲线弧 $y=f(x)$ 在区间 $[a,b]$ 上是凸的.

定理 10 中的闭区间 $[a,b]$ 换成其他各种区间(包括无穷区间),结论仍然成立.

例 1 判定曲线 $y=\ln(1+x^2)$ 在区间 $[0,1]$ 上的凹凸性.

解 因为
$$y'=\frac{2x}{1+x^2},\ y''=\frac{2(1+x^2)-2x\cdot 2x}{(1+x^2)^2}=\frac{2(1-x^2)}{(1+x^2)^2},$$

所以,当 $x\in(0,1)$ 时,$y''>0$,因此,曲线 $y=\ln(1+x^2)$ 在区间 $[0,1]$ 上是凹的.

例 2 判定曲线 $y=x^3$ 的凹凸性.

解 因为 $y'=3x^2$,$y''=6x$. 当 $x<0$ 时,$y''<0$,所以曲线 $y=x^3$ 在 $(-\infty,0)$ 内是凸的;当 $x>0$ 时,$y''>0$,所以曲线 $y=x^3$ 在 $(0,+\infty)$ 内是凹的.

定义 3 连续曲线 $y=f(x)$ 上凹部与凸部的分界点,称为曲线 $y=f(x)$ 的**拐点**.

如何求曲线 $y=f(x)$ 的拐点呢?类似于函数的极值点的讨论,有下面的结论.

如果点 $(x_0,f(x_0))$ 为连续曲线 $y=f(x)$ 上的拐点,那么 $f''(x_0)=0$ 或 $f''(x_0)$ 不存在;反之不一定成立,即 $f''(x_0)=0$ 或 $f''(x_0)$ 不存在,点 $(x_0,f(x_0))$ 不一定是曲线的拐点.

例如,当 $x=0$ 时,$(x^4)''|_{x=0}=12x^2|_{x=0}=0$,但是点 $(0,0)$ 不是曲线 $y=x^4$ 的拐点,因为当 $x\neq 0$ 时,均有 $y''=12x^2>0$.

综合以上分析,我们可以按下列步骤求连续曲线 $y=f(x)$ 的凹凸区间和拐点:

① 确定曲线 $y=f(x)$ 的连续区间,求 $f'(x)$,$f''(x)$;

② 求出二阶导数 $f''(x)$ 等于零的所有点及二阶导数不存在的点;

③ 用②中求得的点,把所讨论的区间分成若干个部分区间,并讨论二阶导数在各部分区间上的正负;

④ 判定曲线在各部分区间内的凹凸,并求出拐点.

曲线的拐点

例 3 求曲线 $y=x^4-2x^3+1$ 的凹凸区间与拐点.

解 函数 $y=x^4-2x^3+1$ 的定义域为 $(-\infty,+\infty)$,

$$y'=4x^3-6x^2,$$

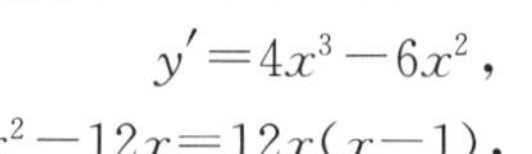

$$y''=12x^2-12x=12x(x-1),$$

令 $y''=0$,得 $x_1=0$,$x_2=1$,用 x_1,x_2 将定义域 $(-\infty,+\infty)$ 分成 3 个部分区间 $(-\infty,0)$,$(0,1)$ 及 $(1,+\infty)$. 下面列表讨论函数的二阶导数 y'' 在每个部分区间内的正负,以确定曲线的凹凸性,见表 4-5.

表 4-5

x	$(-\infty,0)$	0	$(0,1)$	1	$(1,+\infty)$
y''	+	0	−	0	+
y	凹	拐点 $(0,1)$	凸	拐点 $(1,0)$	凹

由上表可知，曲线在区间$(-\infty,0)$及$(1,+\infty)$内是凹的，在区间$(0,1)$内是凸的. 点$(0,1)$和$(1,0)$为曲线的拐点.

例 4　求曲线 $y=(x-4)\sqrt[3]{x^5}$ 的凹凸区间与拐点.

解　函数 $y=(x-4)\sqrt[3]{x^5}$ 的定义域为$(-\infty,+\infty)$，

$$y'=(x^{\frac{8}{3}}-4x^{\frac{5}{3}})'=\frac{8}{3}x^{\frac{5}{3}}-\frac{20}{3}x^{\frac{2}{3}},$$

$$y''=\frac{40}{9}x^{\frac{2}{3}}-\frac{40}{9}x^{-\frac{1}{3}}=\frac{40(x-1)}{9\sqrt[3]{x}},$$

令 $y''=0$，得 $x_1=1$；当 $x_2=0$ 时，y''不存在. 用 x_1,x_2 将定义域$(-\infty,+\infty)$分成 3 个部分区间$(-\infty,0)$，$(0,1)$及$(1,+\infty)$. 下面列表讨论函数的二阶导数 y''在每个部分区间上的正负，以确定曲线的凹凸性，见表 4 - 6.

表 4 - 6

x	$(-\infty,0)$	0	$(0,1)$	1	$(1,+\infty)$
y''	+	不存在	−	0	+
y	凹	拐点$(0,0)$	凸	拐点$(1,-3)$	凹

由上表可知，曲线在区间$(-\infty,0)$及$(1,+\infty)$内是凹的，在区间$(0,1)$内是凸的. 点$(0,0)$和$(1,-3)$为曲线的拐点.

4.5.2　曲线的渐近线

曲线的渐近线对研究曲线有重要的意义，当曲线伸向无穷远处时，一般很难把它画准确. 但如果曲线伸向无穷远处，且能渐渐靠近一条直线，那么就可以画出趋于无穷远处时这条曲线的延伸趋势.

定义 4　当曲线 C 上的动点 P 沿着曲线趋于无穷远时，点 P 与某一直线 L 的距离无限趋于零，则称直线 L 为曲线 C 的一条**渐近线**.

渐近线有铅直渐近线、水平渐近线和斜渐近线.

1. 铅直渐近线

若 $\lim\limits_{x\to x_0^-}f(x)=\infty$ 或 $\lim\limits_{x\to x_0^+}f(x)=\infty$，则称直线 $x=x_0$ 为曲线 $y=f(x)$的**铅直渐近线**.

例如，$\lim\limits_{x\to 1}\frac{1}{x-1}=\infty$，因此直线 $x=1$ 是曲线 $y=\frac{1}{x-1}$的一条铅直渐近线；$\lim\limits_{x\to 0^+}\ln x=-\infty$，因此直线 $x=0$ 是曲线 $y=\ln x$ 的一条铅直渐近线.

2. 水平渐近线

若 $\lim\limits_{x\to-\infty}f(x)=b$ 或 $\lim\limits_{x\to+\infty}f(x)=b$，则称直线 $y=b$ 为曲线 $y=f(x)$的**水平渐近线**.

例如，$\lim\limits_{x\to\infty}\frac{x}{1+x^2}=0$，因此直线 $y=0$ 是曲线 $y=\frac{x}{1+x^2}$的一条水平渐近线；$\lim\limits_{x\to+\infty}\arctan x=\frac{\pi}{2}$，$\lim\limits_{x\to-\infty}\arctan x=-\frac{\pi}{2}$，因此曲线 $y=\arctan x$ 有两条水平渐近线，即 $y=\frac{\pi}{2}$和 $y=-\frac{\pi}{2}$.

3. 斜渐近线

若 $\lim\limits_{x\to+\infty}[f(x)-(ax+b)]=0$ 或 $\lim\limits_{x\to-\infty}[f(x)-(ax+b)]=0\ (a\neq0)$，则称直线 $y=ax+b$ 为曲线 $y=f(x)$的**斜渐近线**.

斜渐近线 $y=ax+b$ 中的常数 a,b 可由

$$a=\lim_{\substack{x\to+\infty\\(x\to-\infty)}}\frac{f(x)}{x},\ b=\lim_{\substack{x\to+\infty\\(x\to-\infty)}}[f(x)-ax]$$

来确定.

曲线的
斜渐近线

例如，对于曲线 $y=\dfrac{x^2}{x+1}$，有

$$a=\lim_{x\to\infty}\frac{f(x)}{x}=\lim_{x\to\infty}\frac{x}{x+1}=1,$$

$$b=\lim_{x\to\infty}[f(x)-ax]=\lim_{x\to\infty}\left(\frac{x^2}{x+1}-x\right)=\lim_{x\to\infty}\frac{-x}{x+1}=-1,$$

所以，直线 $y=x-1$ 是曲线 $y=\dfrac{x^2}{x+1}$的一条斜渐近线.

4.5.3　函数图形的描绘

函数的图形有助于从直观上了解函数的性质，所以描绘函数图形的研究很有必要. 前面我们利用函数的一阶导数讨论了函数的单调性和极值，利用二阶导数研究了曲线的凹凸性和拐点. 此外，我们还建立了寻找渐近线的方法. 从而对函数的性态就可以做比较全面的了解，由此可比较正确地描绘函数的图形.

描绘函数图形的一般步骤如下：

① 确定函数 $f(x)$的定义域及函数具有的某些特性(如奇偶性、周期性等)，并求函数的一阶导数 $f'(x)$和二阶导数 $f''(x)$；

② 求出 $f'(x)=0$ 和 $f''(x)=0$ 在定义域内的所有实根，找出 $f'(x)$和 $f''(x)$在定义域内不存在的点；

③ 用②中得到的所有点将定义域分成若干个部分区间，确定 $f'(x)$和 $f''(x)$在这些区间内的正负，并由此确定函数的单调性、极值，函数图形凹凸性及拐点(这一步一般用列表来完成)；

④ 确定曲线的渐近线；

⑤ 算出极值点处的函数值，拐点坐标，定出图形上相应的点；为了把图形描绘得准确些，有时还需补充一些点，如与坐标轴的交点等. 最后结合③和④中得到的结果，联结这些点，描绘出函数 $y=f(x)$的图形.

例 5　描绘函数 $f(x)=x^3-x^2-x+1$ 的图形.

解　① 函数 $f(x)=x^3-x^2-x+1$ 的定义域为$(-\infty,+\infty)$，

② 确定函数的单调区间、极值点及曲线的凹凸区间、拐点，

$$f'(x)=3x^2-2x-1=(3x+1)(x-1),$$

$$f''(x)=2(3x-1).$$

令 $f'(x)=0$，得驻点 $x_1=1,x_2=-\dfrac{1}{3}$；令 $f''(x)=0$，得 $x_3=\dfrac{1}{3}$. 列表讨论如下，见表 4-7.

表 4-7

x	$\left(-\infty,-\frac{1}{3}\right)$	$-\frac{1}{3}$	$\left(-\frac{1}{3},\frac{1}{3}\right)$	$\frac{1}{3}$	$\left(\frac{1}{3},1\right)$	1	$(1,+\infty)$
$f'(x)$	+	0	−	−	−	0	+
$f''(x)$	−	−	−	0	+	+	+
$f(x)$	↗	极大值	↘	拐点	↘	极小值	↗

这里的符号↗表示曲线弧单调上升且是凸的，↘表示曲线弧单调下降且是凸的，↘表示曲线弧单调下降且是凹的，↗表示曲线弧单调上升且是凹的.

③ 曲线 $y=f(x)$无渐近线.

④ 函数在 $x=-\frac{1}{3}$处函数有极大值 $f\left(-\frac{1}{3}\right)=\frac{32}{27}$，在 $x=1$ 处有极小值. $f(1)=0$，拐点为$\left(\frac{1}{3},\frac{16}{27}\right)$. 再补充曲线与 x 轴的交点$(-1,0)$，与 y 轴的交点$(0,1)$以及曲线上另一个点$\left(\frac{3}{2},\frac{5}{8}\right)$.

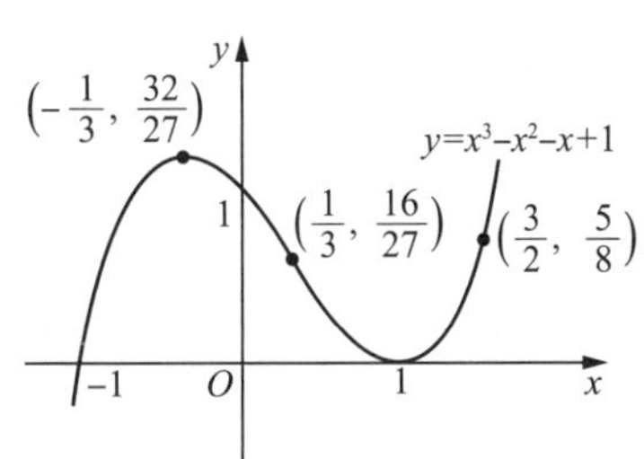

图 4-13

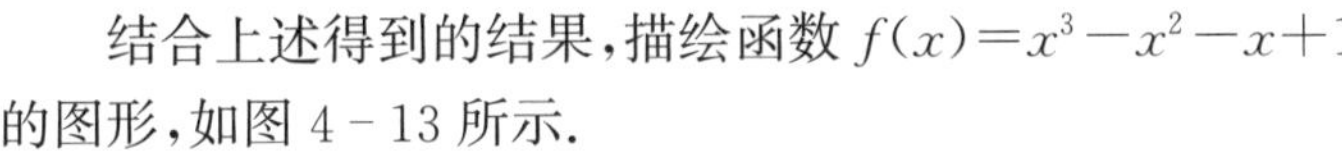

结合上述得到的结果，描绘函数 $f(x)=x^3-x^2-x+1$ 的图形，如图 4-13 所示.

例 6 描绘函数 $\varphi(x)=\frac{1}{\sqrt{2\pi}}e^{-\frac{x^2}{2}}$的图形.

解 ① 函数的定义域为$(-\infty,+\infty)$. 因为 $\varphi(-x)=\varphi(x)$，所以函数 $\varphi(x)$是偶函数，其图形关于 y 轴对称.

② 确定函数的单调区间、极值点及曲线的凹凸区间、拐点.

$$\varphi'(x)=-\frac{x}{\sqrt{2\pi}}e^{-\frac{x^2}{2}},\ \varphi''(x)=\frac{1}{\sqrt{2\pi}}e^{-\frac{x^2}{2}}(x^2-1),$$

令 $\varphi'(x)=0$，得驻点 $x_1=0$；令 $\varphi''(x)=0$，得 $x_2=-1$ 和 $x_3=1$，列表讨论如下，见表 4-8.

表 4-8

x	$(-\infty,-1)$	-1	$(-1,0)$	0	$(0,1)$	1	$(1,+\infty)$
$\varphi'(x)$	+	+	+	0	−	−	−
$\varphi''(x)$	+	0	−	−	−	0	+
$\varphi(x)$	↗	拐点	↗	极大值	↘	拐点	↘

③ 因为$\lim\limits_{x\to\infty}\varphi(x)=\lim\limits_{x\to\infty}\frac{1}{\sqrt{2\pi}}e^{-\frac{x^2}{2}}=0$，所以，曲线 $y=\varphi(x)$有一条水平渐近线 $y=0$.

④ 曲线与 y 轴的交点为 $B\left(0,\frac{1}{\sqrt{2\pi}}\right)$，曲线的两个拐点为 $A\left(-1,\frac{1}{\sqrt{2\pi e}}\right)$，$C\left(1,\frac{1}{\sqrt{2\pi e}}\right)$. 根据以上讨论，描绘函数 $\varphi(x)=\frac{1}{\sqrt{2\pi}}e^{-\frac{x^2}{2}}$的图形，如图 4-14 所示.

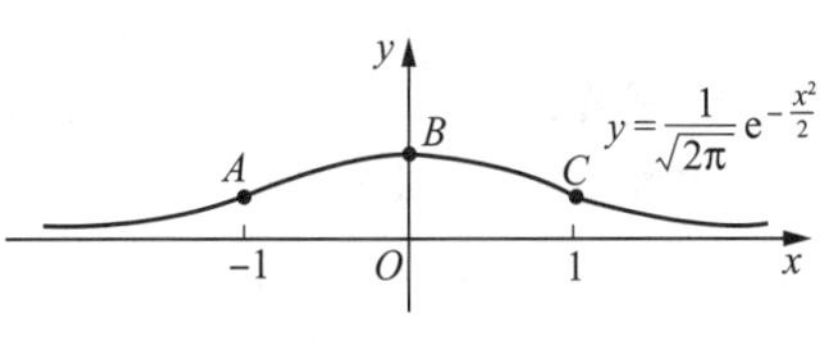

图 4-14

这条曲线是概率与数理统计中的一条非常重要的曲线，在对工农业产品做抽样检验时常会遇到.

例 7 描绘函数 $f(x)=\dfrac{4(x+1)}{x^2}-2$ 的图形.

解 ① 函数 $f(x)=\dfrac{4(x+1)}{x^2}-2$ 的定义域为 $(-\infty,0)\cup(0,+\infty)$.

② 确定函数的单调区间、极值点及曲线的凹凸区间、拐点.

$$f'(x)=-\frac{4(x+2)}{x^3},\ f''(x)=\frac{8(x+3)}{x^4},$$

令 $f'(x)=0$，得驻点 $x_1=-2$；令 $f''(x)=0$，得 $x_2=-3$. 列表讨论如下，见表 4-9.

表 4-9

x	$(-\infty,-3)$	-3	$(-3,-2)$	-2	$(-2,0)$	$(0,+\infty)$
$f'(x)$	$-$	$-$	$-$	0	$+$	$-$
$f''(x)$	$-$	0	$+$	$+$	$+$	$+$
$f(x)$	↘	拐点	↘	极小值	↗	↘

③ 因为 $\lim\limits_{x\to0}f(x)=+\infty$，$\lim\limits_{x\to\infty}f(x)=-2$，所以曲线 $y=f(x)$ 有铅直渐近线 $x=0$，水平渐近线 $y=-2$.

④ 曲线有拐点 $A\left(-3,-\dfrac{26}{9}\right)$，函数在 $x=-2$ 处有极小值 $f(-2)=-3$，所以曲线经过点 $B(-2,-3)$. 再补充曲线上的点 $C(-1,-2)$，$D(1,6)$，$E(2,1)$，$F\left(3,-\dfrac{2}{9}\right)$.

结合上述得到的结果，描绘函数 $f(x)=\dfrac{4(x+1)}{x^2}-2$ 的图形，如图 4-15 所示.

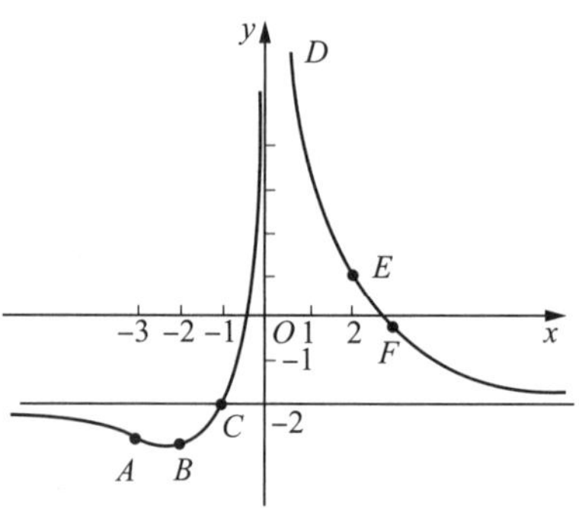

图 4-15

习题 4.5

1. 求下列曲线的凹凸区间与拐点：

(1) $y=3x^2-x^3$； (2) $y=x^2+\dfrac{1}{x}$； (3) $y=(x+1)^2+e^x$；

(4) $y=xe^{-x}$； (5) $y=\ln(1+x^2)$； (6) $y=x+x^{\frac{5}{3}}$.

2. 解答下列各题：

(1) 当 a,b 为何值时，点 $(1,2)$ 为曲线 $y=ax^3+bx^2$ 的拐点？

(2) 试确定曲线 $y=ax^3+bx^2+cx+d$ 中的 a,b,c,d，使得在 $x=-2$ 处，曲线的切线为水平直线，点 $(1,-10)$ 为拐点，且点 $(-2,44)$ 在曲线上.

(3) 试确定 $y=k(x^2-3)^2$ 中 k 的值，使曲线在拐点处的法线通过原点 $(0,0)$.

3. 应用函数的凹凸性证明下列不等式：

(1) $\dfrac{1}{2}(x^3+y^3)>\left(\dfrac{x+y}{2}\right)^3\ (x,y>0,x\neq y)$；

(2) 对任意实数 a,b，有 $2e^{\frac{a+b}{2}}\leqslant e^a+e^b$.

4. 如何选择参数 $h>0$,使 $x=\pm\sigma$ 为曲线 $y=\frac{h}{\sqrt{\pi}}e^{-h^2x^2}$ 的拐点的横坐标($\sigma>0$ 为常数)?

5. 求下列曲线的渐近线：

(1) $y=e^x$； (2) $y=\frac{e^x}{1+x}$； (3) $y=\frac{x^3}{(x-1)^2}$.

6. 设 $y=\frac{x^3+4}{x^2}$. (1) 求函数的增减区间和极值；(2) 确定曲线的凹凸区间及拐点；(3) 求曲线的渐近线；(4) 作出其草图.

7. 画出下列函数的图形：

(1) $y=x^4-6x^2+8x$； (2) $y=x^2e^{-x}$； (3) $y=\frac{x}{1+x^2}$.

4.6 泰勒公式

无论是理论分析还是实际计算,我们总希望用一个结构简单并且容易计算的函数来近似代替一个比较复杂的函数.实际上,多项式是初等函数中最简单的一类函数,它具有任意阶导数,并且运算时只涉及加、减、乘. 我们自然想到用多项式近似代替其他较复杂的函数.那么,应该用什么样的多项式？它的误差怎样？下面就来讨论这些问题.

在微分的应用中我们知道,如果函数 $f(x)$在点 x_0 处可导,当$|x-x_0|$很小时,有

$$f(x)\approx f(x_0)+f'(x_0)(x-x_0),$$

这实际上是用一次多项式

$$P_1(x)=f(x_0)+f'(x_0)(x-x_0),$$

近似表示 $f(x)$,并且满足条件

$$P_1(x_0)=f(x_0),\ P'_1(x_0)=f'(x_0).$$

但是,这个近似表达式有两个不足之处:其一是精度不高,当 $x\to x_0$ 时,其误差仅是比 $x-x_0$ 高阶的无穷小;其二是不能具体估计误差的大小.

为了减少误差,提高精确度,设想用高次多项式(一般为 n 次多项式)

$$P_n(x)=a_0+a_1(x-x_0)+a_2(x-x_0)^2+\cdots+a_n(x-x_0)^n \tag{4-5}$$

在点 x_0 附近来近似代替 $f(x)$.它应该满足下列条件：

$$P_n(x_0)=f(x_0),\ P'_n(x_0)=f'(x_0),\ P''_n(x_0)=f''(x_0),\ \cdots,\ P_n^{(n)}(x_0)=f^{(n)}(x_0),$$

这里假设 $f(x)$在点 x_0 处至少有 n 阶导数.

下面根据这些等式来确定多项式(4-5)的系数 $a_0,a_1,a_2,\cdots,a_n$ 的值.为此,对式(4-5)求各阶导数,并令 $x=x_0$,然后分别代入以上等式,得

$$a_0=f(x_0),\ 1\cdot a_1=f'(x_0),\ 2!a_2=f''(x_0),\ \cdots,\ n!a_n=f^{(n)}(x_0),$$

即

$$a_0=f(x_0),\ a_1=f'(x_0),\ a_2=\frac{1}{2!}f''(x_0),\ \cdots,\ a_n=\frac{1}{n!}f^{(n)}(x_0).$$

将求得的系数 $a_0,a_1,a_2,\cdots,a_n$ 代入式(4-5),得

$$P_n(x)=f(x_0)+f'(x_0)(x-x_0)+\frac{f''(x_0)}{2!}(x-x_0)^2+\cdots+\frac{f^{(n)}(x_0)}{n!}(x-x_0)^n, \tag{4-6}$$

式(4-6)称为函数 $f(x)$在点 x_0 处关于$(x-x_0)$的 ***n* 次泰勒多项式.**

用函数 $f(x)$ 的 n 次泰勒多项式 $P_n(x)$ 近似代替 $f(x)$，产生误差有多大呢？表达式怎样？我们有下面的定理.

定理 11(泰勒中值定理) 如果函数 $f(x)$ 在含有 x_0 的某个开区间 (a,b) 内具有直到 $n+1$ 阶导数，那么对任一 $x\in(a,b)$，有

$$f(x)=f(x_0)+f'(x_0)(x-x_0)+\frac{f''(x_0)}{2!}(x-x_0)^2+\cdots+\frac{f^{(n)}(x_0)}{n!}(x-x_0)^n+R_n(x),\tag{4-7}$$

其中，
$$R_n(x)=\frac{f^{(n+1)}(\xi)}{(n+1)!}(x-x_0)^{n+1}\quad(\xi\text{ 介于 }x\text{ 与 }x_0\text{ 之间}).\tag{4-8}$$

证 因为 $R_n(x)=f(x)-P_n(x)$，令 $\varphi(x)=(x-x_0)^{n+1}$，则当 $x,x_0\in(a,b)$ 时，$R_n(x)$ 与 $\varphi(x)$，$R_n'(x)$ 与 $\varphi'(x)$，$R_n''(x)$ 与 $\varphi''(x)$，…，$R_n^{(n)}(x)$ 与 $\varphi^{(n)}(x)$ 在 $[x_0,x]$(或 $[x,x_0]$)上均满足柯西中值定理的条件，且由 $R_n(x_0)=\varphi(x_0)=0$，$R_n'(x_0)=\varphi'(x_0)=0$，…，$R_n^{(n)}(x_0)=\varphi^{(n)}(x_0)=0$ 及 $R_n^{(n+1)}(x)=f^{(n+1)}(x)$，$\varphi^{(n+1)}(x)=(n+1)!$，应用 $n+1$ 次柯西中值定理，得

$$\frac{R_n(x)}{(x-x_0)^{n+1}}=\frac{R_n(x)}{\varphi(x)}=\frac{R_n(x)-R_n(x_0)}{\varphi(x)-\varphi(x_0)}=\frac{R_n'(\xi_1)}{\varphi'(\xi_1)}\quad(\xi_1\text{ 介于 }x\text{ 与 }x_0\text{ 之间})$$
$$=\frac{R_n'(\xi_1)-R_n'(x_0)}{\varphi'(\xi_1)-\varphi'(x_0)}=\frac{R_n''(\xi_2)}{\varphi''(\xi_2)}\quad(\xi_2\text{ 介于 }\xi_1\text{ 与 }x_0\text{ 之间})$$

……

$$=\frac{R_n^{(n)}(\xi_n)-R_n^{(n)}(x_0)}{\varphi^{(n)}(\xi_1)-\varphi^{(n)}(x_0)}=\frac{R_n^{(n+1)}(\xi)}{(n+1)!}$$
$$=\frac{f^{(n+1)}(\xi)}{(n+1)!}\quad(\xi\text{ 介于 }\xi_n\text{ 与 }x_0\text{ 之间}),$$

泰勒公式

即
$$R_n(x)=\frac{f^{(n+1)}(\xi)}{(n+1)!}(x-x_0)^{n+1}\quad(\xi\text{ 介于 }x\text{ 与 }x_0\text{ 之间}).$$

定理证毕.

公式(4-7)称为 $f(x)$ 按 $(x-x_0)$ 的幂展开的带有拉格朗日型余项的 ***n* 阶泰勒公式**，而 $R_n(x)=\dfrac{f^{(n+1)}(\xi)}{(n+1)!}(x-x_0)^{n+1}$ 称为**拉格朗日型余项**.

由泰勒中值定理可知，用多项式 $P_n(x)$ 近似表示函数 $f(x)$ 时，其误差为 $|R_n(x)|$. 如果对于某个固定的 n，当 $x\in(a,b)$ 时，$|f^{(n+1)}(x)|\leqslant M$，则有估计式：

$$|R_n(x)|=\left|\frac{f^{(n+1)}(\xi)}{(n+1)!}(x-x_0)^{n+1}\right|\leqslant\frac{M}{(n+1)!}|x-x_0|^{n+1}$$

及
$$\lim_{x\to x_0}\frac{R_n(x)}{(x-x_0)^n}=0.$$

由此可见，当 $x\to x_0$ 时，误差 $|R_n(x)|$ 是比 $(x-x_0)^n$ 高阶的无穷小. 即

$$R_n(x)=o[(x-x_0)^n]\quad(x\to x_0).$$

在泰勒公式(4-7)中，如果取 $x_0=0$，则泰勒公式(4-7)化为

$$f(x)=f(0)+f'(0)x+\frac{f''(0)}{2!}x^2+\cdots+\frac{f^{(n)}(0)}{n!}x^n+R_n(x),\tag{4-9}$$

其中
$$R_n(x)=\frac{f^{(n+1)}(\xi)}{(n+1)!}x^{n+1}\quad(\xi\text{ 介于 }0\text{ 与 }x\text{ 之间}),$$

或
$$R_n(x)=\frac{f^{(n+1)}(\theta x)}{(n+1)!}x^{n+1}\quad(0<\theta<1),$$
公式(4-9)称为函数 $f(x)$ 的 **n 阶麦克劳林公式.**

例 1　求函数 $f(x)=e^x$ 的 n 阶麦克劳林公式.

解　因为 $f^{(k)}(x)=e^x(k=0,1,2,\cdots,n,n+1)$，所以
$$f(0)=f'(0)=f''(0)=\cdots=f^{(n)}(0)=e^0=1,\text{且 } f^{(n+1)}(\theta x)=e^{\theta x},$$
于是 e^x 的 n 阶麦克劳林公式为
$$e^x=1+\frac{x}{1!}+\frac{x^2}{2!}+\cdots+\frac{x^n}{n!}+\frac{e^{\theta x}}{(n+1)!}x^{n+1}\quad(0<\theta<1).\tag{4-10}$$

例 2　求函数 $f(x)=\sin x$ 的 $2m$ 阶麦克劳林公式.

解　因为 $f^{(n)}(x)=\sin\left(x+\frac{n\pi}{2}\right)$，所以 $f^{(n)}(0)=\sin\frac{n\pi}{2}$，即
$$f(0)=0,\ f'(0)=1,\ f''(0)=0,\ f^{(3)}(0)=-1,\ f^{(4)}(0)=0,\cdots$$
它们的值依次取四个数值 0,1,0,−1，因此，$\sin x$ 的 $2m$ 阶麦克劳林公式为
$$\sin x=x-\frac{x^3}{3!}+\frac{x^5}{5!}-\cdots+(-1)^{m-1}\frac{x^{2m-1}}{(2m-1)!}+R_{2m}(x),\tag{4-11}$$
其中，$R_{2m}(x)=\dfrac{\sin\left[\theta x+(2m+1)\cdot\frac{\pi}{2}\right]}{(2m+1)!}\cdot x^{2m+1}(0<\theta<1)$.

同理可得 $\cos x$ 的 $2m+1$ 阶麦克劳林公式为
$$\cos x=1-\frac{1}{2!}x^2+\frac{1}{4!}x^4-\cdots+(-1)^m\frac{1}{(2m)!}x^{2m}+R_{2m+1}(x),$$
其中，$R_{2m+1}(x)=\dfrac{\cos[\theta x+(m+1)\pi]}{(2m+2)!}x^{2m+2}(0<\theta<1)$.

泰勒公式有很多应用，下面举几个例子.

例 3　计算 e 的近似值，并使其误差小于10^{-5}.

解　将 $x=1$ 代入 e^x 的麦克劳林公式
$$e^x=1+\frac{x}{1!}+\frac{x^2}{2!}+\cdots+\frac{x^n}{n!}+\frac{e^{\theta x}}{(n+1)!}x^{n+1}\quad(0<\theta<1),$$
得
$$e=1+\frac{1}{1!}+\frac{1}{2!}+\cdots+\frac{1}{n!}+\frac{e^\theta}{(n+1)!}\quad(0<\theta<1).$$
由于 $e^\theta<e<3$，所以
$$R_n(1)=\frac{e^\theta}{(n+1)!}<\frac{3}{(n+1)!}.$$
取 $n=8$，就有 $R_8(1)<\dfrac{3}{(8+1)!}<10^{-5}$，于是 e 的误差小于$10^{-5}$的近似值为
$$e\approx1+1+\frac{1}{2}+\cdots+\frac{1}{8!}\approx2.718\ 28.$$

例 4　利用麦克劳林公式求极限$\lim\limits_{x\to0}\dfrac{x\cos x-\sin x}{x^3}$.

解　$\sin x=x-\dfrac{1}{6}x^3+o(x^3)$，

$$x\cos x=x\left[1-\frac{1}{2!}x^2+o(x^2)\right]=x-\frac{1}{2!}x^3+o(x^3),$$

所以
$$x\cos x-\sin x=-\frac{1}{3}x^3+o(x^3),$$

因此
$$\lim_{x\to 0}\frac{x\cos x-\sin x}{x^3}=\lim_{x\to 0}\frac{-\frac{1}{3}x^3+o(x^3)}{x^3}=\lim_{x\to 0}\frac{-\frac{1}{3}x^3}{x^3}+\lim_{x\to 0}\frac{o(x^3)}{x^3}=-\frac{1}{3}.$$

例 5 设函数 $f(x)$ 二阶可导，$f''(x)>0$，且 $\lim\limits_{x\to 0}\frac{f(x)}{x}=1$，证明：当 $x\neq 0$ 时，$f(x)>x$.

证 因为函数 $f(x)$ 二阶可导，所以 $f(x)$ 的二阶麦克劳林公式为
$$f(x)=f(0)+f'(0)x+\frac{f''(\xi)}{2!}x^2 \quad (\xi\text{ 介于 }0\text{ 与 }x\text{ 之间}),$$
由可导必连续得
$$\lim_{x\to 0}f(x)=f(0),\ \lim_{x\to 0}f'(x)=f'(0),$$
又因为 $\lim\limits_{x\to 0}\frac{f(x)}{x}=1$，所以 $\lim\limits_{x\to 0}f(x)=0$，于是由洛必达法则得
$$\lim_{x\to 0}\frac{f(x)}{x}=\lim_{x\to 0}f'(x)=1,$$
故 $f(0)=0$，$f'(0)=1$. 因此，当 $x\neq 0$ 时，
$$f(x)=f(0)+f'(0)x+\frac{f''(\xi)}{2!}x^2=x+\frac{f''(\xi)}{2!}x^2>x.$$

习题 4.6

1. 求函数 $f(x)=\sqrt{x}$ 按 $(x-4)$ 的幂展开的带有拉格朗日型余项的三阶泰勒公式.
2. 求函数 $f(x)=\ln(1+x)$ 的带有拉格朗日型余项的 n 阶麦克劳林公式.
3. 应用麦克劳林公式计算 $\ln 1.2$ 的近似值，使其误差小于 10^{-4}.
4. 利用泰勒公式求极限 $\lim\limits_{x\to 0}\frac{\cos x-e^{-\frac{x^2}{2}}}{x^2[x+\ln(1-x)]}$.

4.7 弧微分 曲率

在工程技术中经常需要研究曲线的弯曲程度，例如，公路、铁路的弯道等的设计需要依据最高限速来确定弯道的弯曲程度. 为此，本节将介绍曲率的概念及曲率的计算公式.

4.7.1 弧微分

1. 有向曲线与有向弧段的概念

给定曲线 $y=f(x)$，取曲线上一固定点 $M_0(x_0,y_0)$ 作为度量弧长的基点，并规定曲线的正向为依 x 增大的方向.

对于曲线上任一点 $M(x,y)$，弧段 M_0M(记为 $\overset{\frown}{M_0M}$)是有向弧段，它的值为 s(简称弧 s)，对弧 s 规定如下：

(1) s 的绝对值$|s|$等于该弧段的长度(通常所说的弧长);

(2) 当有向弧段M_0M的方向与曲线正向一致时,$s>0$,见图 4-16;相反地,$s<0$,见图 4-17.

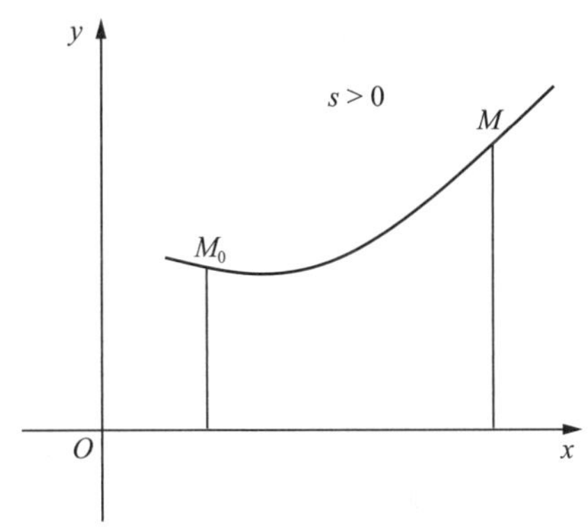

图 4-16　　图 4-17

显然,弧 s 是 x 的函数,记为 $s=s(x)$,而且 $s(x)$是 x 的单调增加函数.下面我们来求弧 $s(x)$的微分.

2. 弧微分

设函数 $y=f(x)$的导函数 $f'(x)$在区间(a,b)上连续.又设 $x,x+\Delta x$ 为(a,b)内两点,其在曲线上的对应点分别为M与M',M_0 为曲线上的一固定点,见图 4-18.则对应于 x 的增量为Δx,弧 s 的增量为

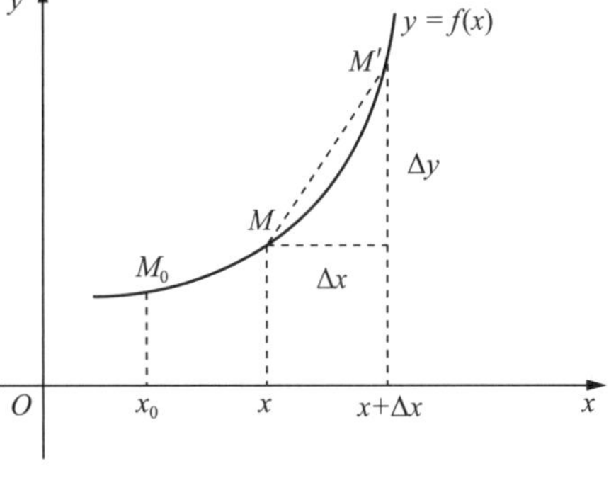

图 4-18

$$\Delta s=\overset{\frown}{M_0M'}-\overset{\frown}{M_0M}=\overset{\frown}{MM'}.$$

考虑
$$\left(\frac{\Delta s}{\Delta x}\right)^2=\left(\frac{\overset{\frown}{MM'}}{\Delta x}\right)^2=\left(\frac{\overset{\frown}{MM'}}{\overline{MM'}}\right)^2\cdot\left(\frac{\overline{MM'}}{\Delta x}\right)^2$$
$$=\left(\frac{\overset{\frown}{MM'}}{\overline{MM'}}\right)^2\cdot\frac{(\Delta x)^2+(\Delta y)^2}{(\Delta x)^2}$$
$$=\left(\frac{\overset{\frown}{MM'}}{\overline{MM'}}\right)^2\cdot\left[1+\left(\frac{\Delta y}{\Delta x}\right)^2\right]$$
(其中$\overline{MM'}$指点M与点M'之间的距离),

则
$$\frac{\Delta s}{\Delta x}=\pm\sqrt{\left(\frac{\overset{\frown}{MM'}}{\overline{MM'}}\right)^2\cdot\left[1+\left(\frac{\Delta y}{\Delta x}\right)^2\right]}.$$

因为当 $\Delta x\to 0$ 时,$M'\to M$,$\dfrac{\overset{\frown}{MM'}}{\overline{MM'}}\to 1$,$\dfrac{\Delta y}{\Delta x}\to f'(x)$,$\dfrac{\Delta s}{\Delta x}\to\dfrac{\mathrm{d}s}{\mathrm{d}x}$,

所以
$$\frac{\mathrm{d}s}{\mathrm{d}x}=\pm\sqrt{1+[f'(x)]^2}.$$

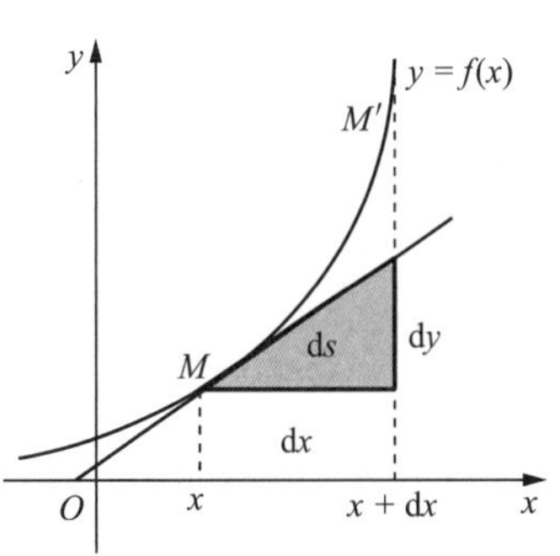

图 4-19

又因为 $s=s(x)$是 x 的单调增加函数,故根号前应取正号,于是有
$$\frac{\mathrm{d}s}{\mathrm{d}x}=\sqrt{1+[f'(x)]^2}\text{ 或 }\mathrm{d}s=\sqrt{1+[f'(x)]^2}\,\mathrm{d}x.$$

进一步改写可得**弧微分**公式

$$\mathrm{d}s=\sqrt{1+y'^2}\,\mathrm{d}x \quad 或 \quad \mathrm{d}s=\sqrt{(\mathrm{d}x)^2+(\mathrm{d}y)^2}. \tag{4-12}$$

易得 $\mathrm{d}s$,$\mathrm{d}x$ 和 $\mathrm{d}y$ 构成直角三角形(常称为微分三角形)关系,见图 4-19.

4.7.2　曲率

1. 曲率的概念

直觉与经验告诉我们:直线没有弯曲;圆周上每一处的弯曲程度是相同的,半径较小的圆比半径较大的圆弯曲得要厉害些;对于同一条曲线,在不同的部分也会有不同的弯曲程度,如抛物线在顶点附近比其他位置弯曲得厉害些.

如何来表示曲线的弯曲程度呢?首先我们必须知道曲线的弯曲程度与哪些因素有关.

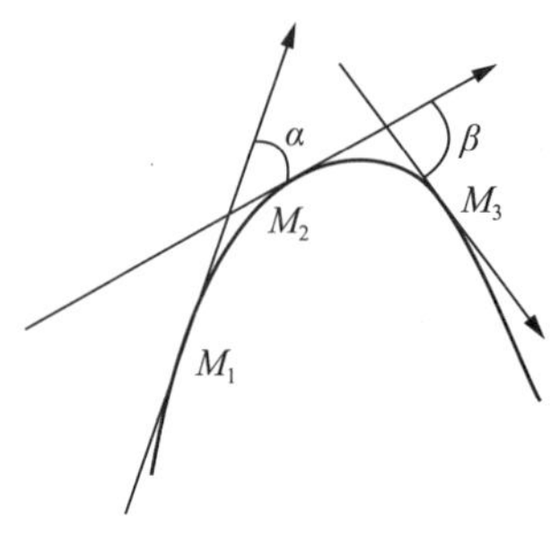

图 4-20

观察图 4-20 可知,当两弧段长度相同时,曲线弧段$\widehat{M_1M_2}$比较平直,而曲线弧段$\widehat{M_2M_3}$弯曲得比较厉害.当点沿曲线从 M_1 移动到 M_2 时,该曲线的切线转过的角度 α(称为切线的转角)较小;而点沿曲线从 M_2 移动到 M_3 时,该曲线弧段的切线的转角 β 较大.所以曲线的弯曲程度与曲线的切线的转角有关(切线的转角越大弯曲程度越大).

然而,反映曲线的弯曲程度仅考虑曲线的切线转角的大小是不够的.例如从图 4-21 可以看出,两曲线弧段$\widehat{M_1M_2}$与$\widehat{N_1N_2}$的切线转角相同,但是它们的弯曲程度明显不同,长度较短的曲线弧段$\widehat{N_1N_2}$的弯曲程度比长度较长的曲线弧段$\widehat{M_1M_2}$的弯曲程度大.所以曲线弧段的弯曲程度也与它的长度有关(长度越短,弯曲程度越大).

下面,我们给出表示曲线弯曲程度的量——曲率的定义.

定义 5　如图 4-22 所示,设平面曲线 C 是光滑的,在 C 上选定一点 M_0 作为度量弧 s 的基点.设曲线 C 上的点 M 对应于弧 s,其切线的倾角为 α,曲线上的另一点 M' 对应于弧 $s+\Delta s$,其切线的倾角为 $\alpha+\Delta\alpha$.则弧段$\widehat{MM'}$的长度为 $|\Delta s|$,当切点从点 M 移到点 M' 时,切线转过的角度为 $|\Delta\alpha|$.比值 $\left|\dfrac{\Delta\alpha}{\Delta s}\right|$ 表示单位弧段上的切线转角,刻画了弧 MM' 的平均弯曲程度,称它为弧段$\widehat{MM'}$的平均曲率,记作 $\bar{k}$,即

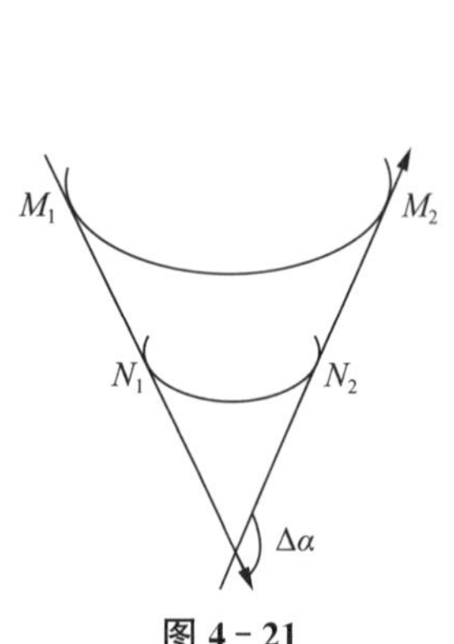

图 4-21

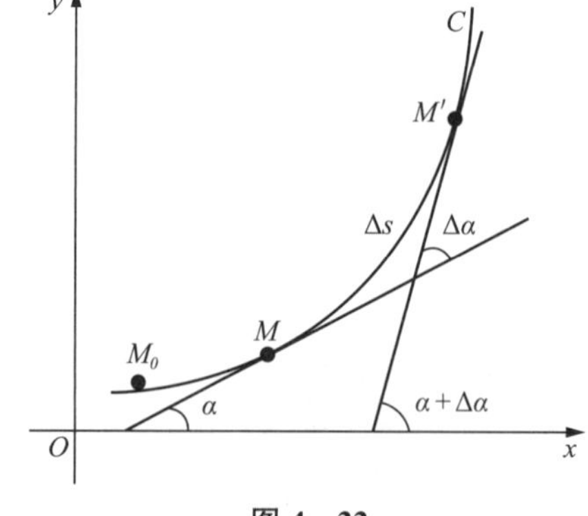

图 4-22

曲率

$$\bar{k}=\left|\frac{\Delta\alpha}{\Delta s}\right|.$$

当 $\Delta s\to 0(M'\to M)$时，如果上述平均曲率的极限存在，此极限值称为曲线在点 M 处的**曲率**，记作 k，即

$$k=\lim_{\Delta s\to 0}\left|\frac{\Delta\alpha}{\Delta s}\right|=\left|\frac{d\alpha}{ds}\right|. \tag{4-13}$$

需要注意的是，曲率是一个局部概念，谈曲线的弯曲应该具体地指出是曲线在哪一点处的弯曲.

容易得知，直线在任一点处的曲率都等于零(因为切线的转角为零).

2. 曲率的计算

例 1 求半径为 r 的圆上任一点处的曲率.

解 如图 4-23 所示，圆上点 M 处的切线倾角为 α，点 M' 处的切线倾角为 $\alpha+\Delta\alpha$，即弧段 $\overset{\frown}{MM'}$ 的切线转角为 $\Delta\alpha$，弧段 $\overset{\frown}{MM'}$ 的长度 $|\Delta s|=r\Delta\alpha$(因为 $\angle MDM'=\Delta\alpha$)，所以

$$\left|\frac{\Delta\alpha}{\Delta s}\right|=\frac{\Delta\alpha}{r\Delta\alpha}=\frac{1}{r}.$$

从而 $k=\dfrac{1}{r}$，即圆周上的任一点处的曲率均为$\dfrac{1}{r}$.

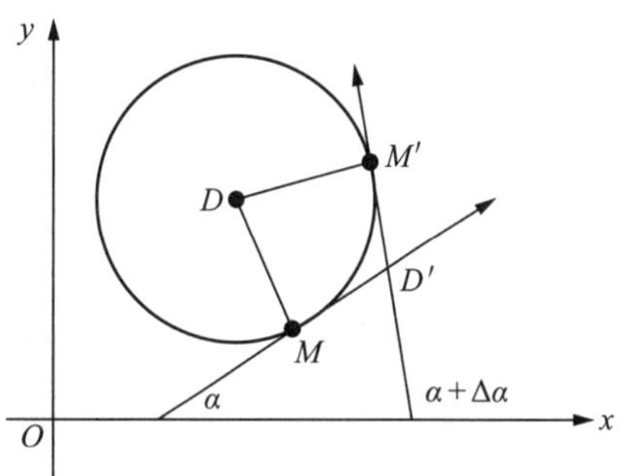

图 4-23

此例表明：圆周上任一点处的弯曲程度都相同，且半径越小的圆周曲率越大，即弯曲得越厉害.

由例 1 我们发现，利用曲率定义来计算曲率十分不便. 下面我们来导出曲线的曲率计算公式.

设曲线的方程为 $y=f(x)$，且 $f(x)$具有二阶导数. 因为$\tan\alpha=y'$(α 是曲线的切线的倾角)，即 $\alpha=\arctan y'$，则

$$d\alpha=\frac{y''}{1+y'^2}dx.$$

又由式(4-12)知，$ds=\sqrt{1+y'^2}\,dx$，据曲率定义式(4-13)得曲率的计算公式为

$$k=\left|\frac{d\alpha}{ds}\right|=\frac{|y''|}{(1+y'^2)^{\frac{3}{2}}}. \tag{4-14}$$

如曲线方程是由参数方程$\begin{cases}x=\varphi(t),\\ y=\psi(t)\end{cases}$表示，则因

$$y'=\frac{\psi'(t)}{\varphi'(t)},y''=\frac{\psi''(t)\varphi'(t)-\varphi''(t)\psi'(t)}{\varphi'^3(t)},$$

代入式(4-14)得曲率的计算公式为

$$k=\frac{|\psi''(t)\varphi'(t)-\varphi''(t)\psi'(t)|}{[\varphi'^2(t)+\psi'^2(t)]^{\frac{3}{2}}}. \tag{4-15}$$

例 2 求抛物线 $y=x^2$ 上任一点的曲率.

解 因 $y'=2x,y''=2$，则由曲率计算公式(4-14)得

$$k=\frac{2}{(1+4x^2)^{\frac{3}{2}}}.$$

显然,抛物线在顶点处的弯曲最为厉害,即曲率最大.

例 3 求立方抛物线 $y=x^3$ 上任一点的曲率.

解 因 $y'=3x^2$,$y''=6x$,则由曲率计算公式(4-14)得

$$k=\frac{6|x|}{(1+9x^4)^{\frac{3}{2}}}.$$

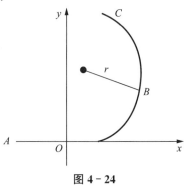

此例中,当 $x=0$ 时,$k=0$,即立方抛物线 $y=x^3$ 在其拐点处的曲率为零. 这一特性常用于铁路等的路线设计中. 如图 4-24 所示,圆弧状的铁轨 $\overset{\frown}{CB}$ 与直线状的铁轨 OA 的联结需要有一段缓冲铁轨 $\overset{\frown}{BO}$,该弧段 $\overset{\frown}{BO}$ 可利用曲线 $y=x^3$ 的特性来设计,使得轨道的曲率从 $\frac{1}{r}$ 连续地过渡到 0;否则,若联结处的曲率突然改变则容易发生事故. 一般地,称此曲线为"缓和曲线".

图 4-24

3. 曲率圆与曲率半径

设曲线 $y=f(x)$ 在点 M 处的曲率为 $k(k\neq0)$ 在点 M 处的曲线的法线上,曲线凹的一侧取一点 D,使得 $|DM|=\rho=\frac{1}{k}$;以 D 为圆心,ρ 为半径作圆,称此圆为曲线在点 M 处的**曲率圆**(图 4-25),D 称为曲线在点 M 处的**曲率中心**,ρ 称为曲线在点 M 处的**曲率半径**.

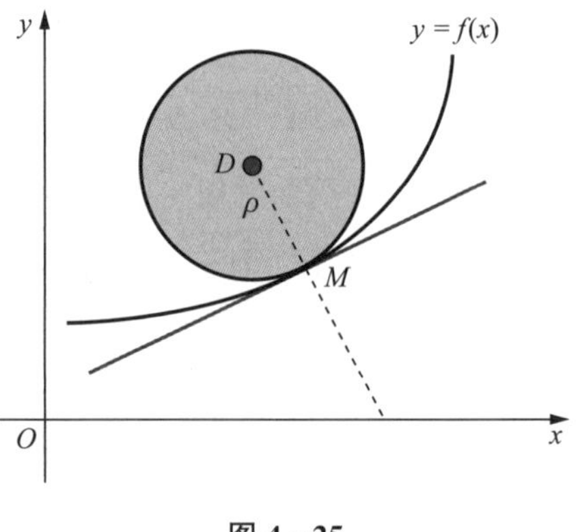

图 4-25

因曲率与曲率半径互为倒数,即 $\rho=\frac{1}{k}$,此式表明:曲线上某点处的曲率半径越大,曲线在该点处的曲率越小,曲线弯曲越平缓;曲率半径越小,曲线在该点处的曲率越大,曲线弯曲越厉害.

例 4 求曲线 $y=\tan x$ 在点 $\left(\frac{\pi}{4},1\right)$ 处的曲率及曲率半径.

解 因 $y'=\sec^2x$,$y''=2\sec^2x\tan x$,则 $y'|_{(\frac{\pi}{4},1)}=2$,$y''|_{(\frac{\pi}{4},1)}=4$,所以

$$k=\frac{|y''|}{(1+y'^2)^{\frac{3}{2}}}=\frac{4\sqrt{5}}{25},\ r=\frac{5\sqrt{5}}{4}.$$

由于曲线与它的曲率圆在同一点处有相同的切线、曲率(曲率半径)、凹向,故而可用曲率圆在该点处的一小段圆弧来近似地替代曲线的一小段弧,因而有必要求得该曲率圆.

设曲线 $y=f(x)(f''(x)\neq0)$ 在点 $M(x,y)$ 处的曲率圆的圆心 D 的坐标为 (ξ,η),该曲率圆的方程为 $(x-\xi)^2+(y-\eta)^2=\rho^2$. 因曲线在点 M 处的切线与曲率圆的半径 DM 垂直,可得曲率圆在点 $M(x,y)$ 处的切线斜率为

$$y'=-\frac{x-\xi}{y-\eta},\text{即 } x-\xi=-(y-\eta)\cdot y'.$$

两边平方得

$$(x-\xi)^2=(y-\eta)^2\cdot y'^2. \tag{4-16}$$

因 $\rho=\frac{1}{k}$,则有

$$\rho^2=\frac{1}{k^2}=\frac{(1+y'^2)^3}{(y'')^2}. \tag{4-17}$$

将式(4－16)及式(4－17)代入$(x-\xi)^2+(y-\eta)^2=\rho^2$，得

$$(y-\eta)^2\cdot y'^2+(y-\eta)^2=\frac{(1+y'^2)^3}{(y'')^2},$$

$$(y-\eta)^2=\frac{(1+y'^2)^2}{(y'')^2}.$$

注意到，当$y''>0$，即曲线为凹弧时，$y-\eta<0$；当$y''<0$，即曲线为凸弧时，$y-\eta>0$. 总之，y''与$y-\eta$异号，故有

$$y-\eta=-\frac{1+y'^2}{y''}\text{，即 }\eta=y+\frac{1+y'^2}{y''}.$$

将此式代入式(4－16)，得
$$x-\xi=\frac{1+y'^2}{y''}\cdot y'.$$

所以曲线$y=f(x)$在点$M(x,y)$处的曲率圆的圆心D的坐标(ξ,η)为

$$\xi=x-\frac{1+y'^2}{y''}\cdot y',\eta=y+\frac{1+y'^2}{y''}.$$

要注意的是，当点$M(x,y)$随着曲线C移动时，它的曲率中心$D(\xi,\eta)$亦将随着移动.

习题 4.7

1. 求椭圆$4x^2+y^2=4$在点(0,2)处的曲率.

2. 求曲线$y=\ln(\sec x)$在点(x,y)处的曲率及曲率半径.

3. 求曲线$y=x^2-4x+3$在其顶点处的曲率及曲率半径.

4. 求曲线$x=a\cos^3 t, y=a\sin^3 t$在$t=t_0$处的曲率.

5. 对数曲线$y=\ln x$上哪一点处的曲率半径最小？求该点处的曲率半径.

微分中值定理应用小结

总习题四

1. 填空题.

(1) 当$x=$________时，函数$y=x2^x$取得极小值.

(2) 曲线$y=\mathrm{e}^{-x^2}$的凸区间是________.

(3) 函数$y=x+2\cos x$在区间$\left[0,\frac{\pi}{2}\right]$上的最大值为________.

(4) 曲线$y=\frac{c}{1+b\mathrm{e}^{-ax}}$ $(a,b,c>0)$的水平渐近线方程为________.

(5) 设$\lim\limits_{x\to+\infty}f'(x)=k$(常数)，则$\lim\limits_{x\to+\infty}[f(x+a)-f(x)]=$________.

2. 选择题.

(1) 下列函数中，在指定区间上满足罗尔定理条件的是(　　).

(A) $f(x)=x^2, x\in[0,3]$　　(B) $f(x)=\frac{1}{x}, x\in[-1,1]$

(C) $f(x)=|x|, x\in[-1,1]$　　(D) $f(x)=\ln(1+x^2), x\in[-1,1]$

(2) $f'(x_0)=0$是函数$f(x)$在点$x=x_0$处取得极值的(　　).

(A) 必要不充分条件　　(B) 充分不必要条件

(C) 充分必要条件　(D) 既不是充分条件也不是必要条件

(3) 设在$[0,1]$上 $f''(x)>0$,则 $f'(0),f'(1),f(0)-f(1),f(1)-f(0)$的大小顺序为(　　).

(A) $f'(1)>f'(0)>f(1)-f(0)$　(B) $f(1)-f(0)>f'(1)>f'(0)$

(C) $f'(1)>f(1)-f(0)>f'(0)$　(D) $f'(1)>f(0)-f(1)>f'(0)$

(4) 设 $f(x),g(x)$是恒大于零的可导函数,且 $f'(x)g(x)-f(x)g'(x)<0$,则当 $a<x<b$ 时,有(　　).

(A) $f(x)g(b)>f(b)g(x)$　(B) $f(x)g(a)>f(a)g(x)$

(C) $f(x)g(x)>f(b)g(b)$　(D) $f(x)g(x)>f(a)g(a)$

(5) 使不等式 $a\ln a>b\ln b$ 恒成立的条件是(　　).

(A) $0<b<a<\frac{1}{\mathrm{e}}$　(B) $0<a<b<\frac{1}{\mathrm{e}}$　(C) $\frac{1}{\mathrm{e}}<a<b<1$　(D) $b>a>1$

(6) 设函数 $f(x)$的导数 $f'(x)$在 $x=a$ 处连续,且$\lim\limits_{x\to a}\frac{f'(x)}{x-a}=-1$,则(　　).

(A) $x=a$ 是 $f(x)$的极小值点

(B) $x=a$ 是 $f(x)$的极大值点

(C) $(a,f(a))$是曲线 $y=f(x)$的拐点

(D) $x=a$ 不是 $f(x)$的极值点,$(a,f(a))$也不是曲线的拐点

(7) 若点$(0,1)$是曲线 $y=ax^3+bx^2+c$ 的拐点,则系数 a,b,c 的取值应满足(　　).

(A) $a=1,b=-1,c=1$　(B) $a\neq0,b=0,c=1$

(C) $a=0,b\neq0,c=1$　(D) $a\neq0,b\neq0,c=1$

(8) 下列极限中能使用洛必达法则的是(　　).

(A) $\lim\limits_{x\to0}\frac{x^2\sin\frac{1}{x}}{\sin x}$　(B) $\lim\limits_{x\to+\infty}x\left(\frac{\pi}{2}-\arctan x\right)$

(C) $\lim\limits_{x\to\infty}\frac{x-\sin x}{x+\sin x}$　(D) $\lim\limits_{x\to\infty}\frac{x\sin x}{1+x^2}$

(9) 设函数 $f(x)$在点 x_0 处满足 $f'(x_0)=f''(x_0)=0,f'''(x_0)>0$,则(　　).

(A) $f'(x_0)$是 $f'(x)$的极大值　(B) $f(x_0)$是 $f(x)$的极大值

(C) $f(x_0)$是 $f(x)$的极小值　(D) $(x_0,f(x_0))$是曲线 $y=f(x)$的拐点

(10) 设函数 $f(x)=\frac{|x-1|}{x}$, 则下列结论正确的是 (　　).

(A) $x=1$ 是 $f(x)$ 的极值点,但 $(1,0)$不是曲线 $y=f(x)$ 的拐点

(B) $x=1$ 不是 $f(x)$ 的极值点,但 $(1,0)$是曲线 $y=f(x)$ 的拐点

(C) $x=1$ 是 $f(x)$ 的极值点,且 $(1,0)$是曲线 $y=f(x)$ 的拐点

(D) $x=1$ 不是 $f(x)$ 的极值点,且$(1,0)$也不是曲线 $y=f(x)$ 的拐点

3. 证明:方程 $1+x+\frac{x^2}{2}+\frac{x^3}{6}=0$ 有且只有一个实根.

4. 设$\frac{a_0}{1}+\frac{a_1}{2}+\cdots+\frac{a_n}{n+1}=0$,证明:在开区间$(0,1)$内至少存在一点 x_0,使得

$$a_0+a_1x_0+\cdots+a_nx_0^n=0.$$

5. 设函数 $f(x)$在$[0,a]$上连续,在$(0,a)$内可导,且 $f(0)=f(a)=0$,证明:在开区间$(0,a)$内至少存在一点ξ,使得 $f(\xi)+f'(\xi)=0$.

6. 设函数 $f(x)$在$[0,1]$上连续,在$(0,1)$内二阶可导,且 $f(1)=0$,令 $F(x)=x^2f(x)$,证明:至少存在一点$\xi\in(0,1)$,使得 $F''(\xi)=0$.

7. 设函数 $f(x)$在闭区间$[0,a]$上连续,$f(0)\cdot f(a)<0$,在开区间$(0,a)$内可导,且$|f'(x)|\leqslant m$(m 为常数),证明:$|f(0)|+|f(a)|\leqslant am$.

8. 设函数 $f(x)$ 在闭区间 $[a,b]$ 上连续，在开区间 (a,b) 内可导，且 $f'(x)\neq 0$. 证明：存在 $\xi,\tau\in(a,b)$，使得

$$\frac{f'(\xi)}{f'(\tau)}=\frac{e^b-e^a}{b-a}e^{-\tau}.$$

9. 讨论曲线 $y=\ln x-\dfrac{x}{e}+k$ 与 x 轴的交点的个数.

10. 试证：当 $x>-1$ 时，$e^x\geqslant 1+\ln(1+x)$.

11. 求下列极限：

(1) $\lim\limits_{x\to 0}\dfrac{e^x+e^{-x}-2}{x^2}$；　　(2) $\lim\limits_{x\to+\infty}\left(\dfrac{2}{\pi}\arctan x\right)^{2x}$；

(3) $\lim\limits_{x\to\infty}\left(\dfrac{1+2^{\frac{1}{x}}+3^{\frac{1}{x}}+\cdots+100^{\frac{1}{x}}}{100}\right)^{100x}$；　　(4) $\lim\limits_{x\to 0}\dfrac{\sqrt{1+\tan x}-\sqrt{1+\sin x}}{x\ln(1+x)-x^2}$.

12. 半径为 R 的圆形铁皮，剪下一个圆心角为 α 的扇形，用它做成一个漏斗形容器，问：当 α 为何值时，容器的容积最大？

13. 某矿拟从 A 处掘一巷道至 C 处，设 AB 为水平方向，长为 600 m，BC 为垂直向下方向，深为 200 m(图 4 - 26)，沿水平方向的掘进费用为每米 500 元，水平以下为坚硬岩石，掘进费用为每米 1300 元. 问：图中点 M 选在何处才能使费用最省？最省要用多少元？

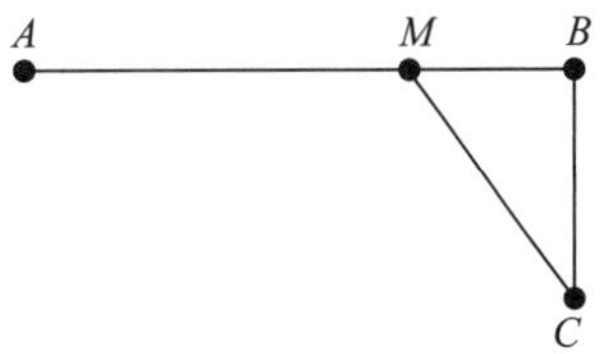

图 4 - 26

5 不定积分

章节提要

前面我们介绍了函数的导数、微分及其应用，现在我们来考虑相反的问题：已知某函数的导函数，求该函数本身. 这就是积分学的基本问题之一——不定积分.

本章主要讲述不定积分的概念、性质及求不定积分的方法.

5.1 不定积分的概念和性质

5.1.1 原函数与不定积分的概念

定义 1 如果在区间 I 上，可导函数 $F(x)$ 的导函数为 $f(x)$，即对任意 $x\in I$，都有

$$F'(x)=f(x) \quad \text{或} \quad \mathrm{d}F(x)=f(x)\mathrm{d}x,$$

那么函数 $F(x)$ 称为 $f(x)$ 在区间 I 上的一个**原函数**.

例如，因为 $(\sin x)'=\cos x$，所以 $\sin x$ 是 $\cos x$ 的一个原函数.

又如，在区间 $(0,\ +\infty)$ 内，$(\sqrt{x})'=\dfrac{1}{2\sqrt{x}}$，故 $\sqrt{x}$ 是 $\dfrac{1}{2\sqrt{x}}$ 在区间 $(0,\ +\infty)$ 内的一个原函数.

对于给定的函数 $f(x)$，具备什么条件才有原函数，有下面的定理(证明在下一章给出).

定理 1(原函数存在定理) 如果函数 $f(x)$ 在区间 I 上连续，那么 $f(x)$ 在该区间上一定存在原函数.

对于原函数再说明两点：

(1) 如果 $F(x)$ 是 $f(x)$ 的一个原函数，那么 $F(x)+C$(C 为任意常数) 也是 $f(x)$ 的原函数. 因此，若 $f(x)$ 有一个原函数，则 $f(x)$ 就有无穷多个原函数；

(2) 如果 $F(x)$ 和 $G(x)$ 都是 $f(x)$ 的原函数，那么由拉格朗日中值定理的推论 2 可知，$G(x)=F(x)+C$(其中 C 为任意常数).

以上两点说明如果 $F(x)$ 是 $f(x)$ 在区间 I 上的一个原函数，则 $f(x)$ 的全体原函数可表示为 $F(x)+C$(C 为任意常数). 由此，我们引入下述定义.

定义 2 函数 $f(x)$ 在区间 I 上的全体原函数，称为 $f(x)$ 的**不定积分**，记作

$$\int f(x)\mathrm{d}x.$$

原函数与不定积分

其中，$\int$ 称为积分号，$f(x)$ 称为被积函数，$f(x)\mathrm{d}x$ 称为被积表达式，x 称为积分变量.

由定义可知，如果 $F(x)$ 是 $f(x)$ 在区间 I 上的一个原函数，那么

$$\int f(x)\mathrm{d}x = F(x)+C \ (C\ \text{为任意常数}).$$

由此可见，求函数 $f(x)$ 的不定积分，实际上只需求出 $f(x)$ 的一个原函数，再加上一个任意常数 C(也称为积分常数) 就可以了.

例 1　求$\int x^2 \mathrm{d}x$.

解　因为$\left(\frac{x^3}{3}\right)' = x^2$,所以$\frac{x^3}{3}$是$x^2$的一个原函数,因此

$$\int x^2 \mathrm{d}x = \frac{x^3}{3} + C.$$

例 2　求$\int \frac{1}{x}\mathrm{d}x$.

解　当$x > 0$时,因为$(\ln x)' = \frac{1}{x}$,所以

$$\int \frac{1}{x}\mathrm{d}x = \ln x + C;$$

当$x < 0$时,因为$[\ln(-x)]' = \frac{1}{-x}(-1) = \frac{1}{x}$,所以

$$\int \frac{1}{x}\mathrm{d}x = \ln(-x) + C.$$

综合上述得
$$\int \frac{1}{x}\mathrm{d}x = \ln|x| + C.$$

5.1.2　不定积分的几何意义

函数$f(x)$的任意一个原函数$y = F(x)$的图形称为$f(x)$的一条**积分曲线**,这条曲线上任一点$(x, F(x))$处的切线斜率等于$f(x)$. 曲线$y = F(x)$沿y轴方向平行移动时,可得到$y = F(x) + C$中任一条曲线的图形. 因此**不定积分$\int f(x)\mathrm{d}x$在几何上表示一簇积分曲线**. 它的特点:在横坐标相同的点x处,各积分曲线的切线的斜率都等于$f(x)$,即各切线相互平行(图 5 - 1).

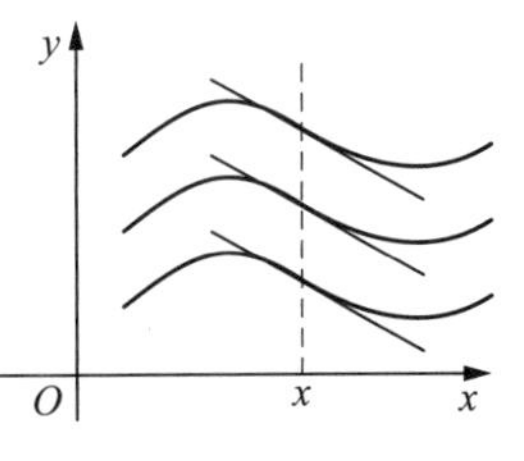

图 5 - 1

在求$f(x)$的原函数时,有时需要求一个满足条件$y_0 = F(x_0)$的原函数$F(x)$,在几何上就是求一条通过点(x_0, y_0)的积分曲线. 这个条件$y_0 = F(x_0)$一般称为**初始条件**,由它可唯一地确定积分常数C的值.

例 3　求$f(x) = x^2$通过点$\left(\frac{1}{2}, 1\right)$的积分曲线.

解　因$y = \int f(x)\mathrm{d}x = \int x^2 \mathrm{d}x = \frac{1}{3}x^3 + C$,代入初始条件,得

$$\frac{1}{3} \times \left(\frac{1}{2}\right)^3 + C = 1,$$

计算得$C = \frac{23}{24}$,因此所求的积分曲线为$y = \frac{1}{3}x^3 + \frac{23}{24}$.

5.1.3　基本积分表

由于$\int f(x)\mathrm{d}x$是$f(x)$的原函数,所以

$$\frac{\mathrm{d}}{\mathrm{d}x}\left[\int f(x)\mathrm{d}x\right]=f(x) \quad 或 \quad \mathrm{d}\left[\int f(x)\mathrm{d}x\right]=f(x)\mathrm{d}x.$$

又由于 $F(x)$ 是 $F'(x)$ 的原函数,所以

$$\int F'(x)\mathrm{d}x=F(x)+C \quad 或 \quad \int \mathrm{d}F(x)=F(x)+C.$$

由此可见,微分运算与不定积分运算是互逆的,先积分后微分还原,先微分后积分相差一任意常数.于是我们很自然地想到可以从函数的导数公式得到相应函数的积分公式.

例如,因为 $\left(\frac{x^{\mu+1}}{\mu+1}\right)'=x^{\mu}$,所以 $\frac{x^{\mu+1}}{\mu+1}$ 是 x^{μ} 的一个原函数.故有积分公式

$$\int x^{\mu}\mathrm{d}x=\frac{x^{\mu+1}}{\mu+1}+C\ (\mu\neq-1).$$

类似地可以得到其他的积分公式,下面我们把一些基本的积分公式列成一个表,这个表通常称为**基本积分表**.

(1) $\int k\mathrm{d}x=kx+C$ (k 是常数);

(2) $\int x^{\mu}\mathrm{d}x=\frac{x^{\mu+1}}{\mu+1}+C\ (\mu\neq-1)$;

(3) $\int\frac{1}{x}\mathrm{d}x=\ln|x|+C$;

(4) $\int\frac{\mathrm{d}x}{1+x^2}=\arctan x+C$;

(5) $\int\frac{\mathrm{d}x}{\sqrt{1-x^2}}=\arcsin x+C$;

(6) $\int\cos x\mathrm{d}x=\sin x+C$;

(7) $\int\sin x\mathrm{d}x=-\cos x+C$;

(8) $\int\frac{\mathrm{d}x}{\cos^2 x}=\int\sec^2 x\mathrm{d}x=\tan x+C$;

(9) $\int\frac{\mathrm{d}x}{\sin^2 x}=\int\csc^2 x\mathrm{d}x=-\cot x+C$;

(10) $\int\sec x\tan x\mathrm{d}x=\sec x+C$;

(11) $\int\csc x\cot x\mathrm{d}x=-\csc x+C$;

(12) $\int\mathrm{e}^x\mathrm{d}x=\mathrm{e}^x+C$;

(13) $\int a^x\mathrm{d}x=\frac{1}{\ln a}a^x+C\ (a>0,且\ a\neq1)$.

以上 13 个基本积分公式是求函数不定积分的基础,务必熟记.

例 4　求 $\int\frac{1}{x^2}\mathrm{d}x$.

解　$\int\frac{1}{x^2}\mathrm{d}x=\int x^{-2}\mathrm{d}x=\frac{1}{-2+1}x^{-2+1}+C=-\frac{1}{x}+C.$

例 5　求 $\int x^3\sqrt{x}\mathrm{d}x$.

解　$\int x^3\sqrt{x}\mathrm{d}x=\int x^{\frac{7}{2}}\mathrm{d}x=\frac{x^{\frac{7}{2}+1}}{\frac{7}{2}+1}+C=\frac{2}{9}x^{\frac{9}{2}}+C=\frac{2}{9}x^4\sqrt{x}+C.$

例 6　求 $\int 3^x\times2^{2x}\mathrm{d}x$.

解　$\int 3^x\times2^{2x}\mathrm{d}x=\int 3^x\times4^x\mathrm{d}x=\int 12^x\mathrm{d}x=\frac{12^x}{\ln 12}+C.$

5.1.4　不定积分的性质

由不定积分的定义,易得不定积分的性质.

性质 1 设函数 $f(x)$ 的原函数存在，k 为非零常数，则

$$\int kf(x)\mathrm{d}x = k\int f(x)\mathrm{d}x.$$

证 因为 $$\left[k\int f(x)\mathrm{d}x\right]' = k\left[\int f(x)\mathrm{d}x\right]' = kf(x),$$

由不定积分的定义可知，$k\int f(x)\mathrm{d}x$ 是 $kf(x)$ 的不定积分.

类似地可以证明性质 2.

性质 2 设函数 $f(x)$ 及 $g(x)$ 的原函数都存在，则

$$\int [f(x)+g(x)]\mathrm{d}x = \int f(x)\mathrm{d}x + \int g(x)\mathrm{d}x.$$

此性质可以推广到有限多个函数的和的情形.

利用不定积分的性质及基本积分表，可以求出一些函数的不定积分，习惯上称此方法为**直接积分法**.

例 7 求$\int (2-\sqrt{x})x\mathrm{d}x$.

解 $$\int (2-\sqrt{x})x\mathrm{d}x = \int (2x - x^{\frac{3}{2}})\mathrm{d}x = \int 2x\mathrm{d}x - \int x^{\frac{3}{2}}\mathrm{d}x$$

$$= x^2 - \frac{1}{\frac{3}{2}+1}x^{\frac{3}{2}+1} + C = x^2 - \frac{2}{5}x^{\frac{5}{2}} + C.$$

例 8 求$\int \frac{(x-2)^2}{x}\mathrm{d}x$.

解 $$\int \frac{(x-2)^2}{x}\mathrm{d}x = \int \frac{x^2-4x+4}{x}\mathrm{d}x = \int\left(x-4+\frac{4}{x}\right)\mathrm{d}x = \frac{1}{2}x^2 - 4x + 4\ln|x| + C.$$

例 9 求$\int (2^x+\mathrm{e}^x)^2\mathrm{d}x$.

解 $$\int (2^x+\mathrm{e}^x)^2\mathrm{d}x = \int 4^x\mathrm{d}x + 2\int (2\mathrm{e})^x\mathrm{d}x + \int (\mathrm{e}^2)^x\mathrm{d}x = \frac{4^x}{\ln 4} + \frac{2}{\ln(2\mathrm{e})}(2\mathrm{e})^x + \frac{\mathrm{e}^{2x}}{2} + C$$

$$= \frac{4^x}{2\ln 2} + \frac{2}{1+\ln 2}(2\mathrm{e})^x + \frac{\mathrm{e}^{2x}}{2} + C.$$

例 10 求$\int \frac{x^4}{x^2+1}\mathrm{d}x$.

分析 基本积分表中没有此类型的积分，可先把被积函数恒等变形，化为表中已有类型的积分，然后逐项积分.

解 $$\int \frac{x^4}{x^2+1}\mathrm{d}x = \int \frac{x^4-1+1}{x^2+1}\mathrm{d}x = \int\left(x^2-1+\frac{1}{x^2+1}\right)\mathrm{d}x = \frac{1}{3}x^3 - x + \arctan x + C.$$

例 11 求$\int \frac{\mathrm{d}x}{\sin^2 x\cos^2 x}$.

分析 基本积分表中也没有这种类型的积分，可先通过三角函数的恒等变换，化为表中已有类型的积分，然后求积分.

解 $$\int \frac{\mathrm{d}x}{\sin^2 x\cos^2 x} = \int \frac{\sin^2 x+\cos^2 x}{\sin^2 x\cos^2 x}\mathrm{d}x = \int \frac{\mathrm{d}x}{\cos^2 x} + \int \frac{\mathrm{d}x}{\sin^2 x} = \tan x - \cot x + C.$$

例 12　求$\int \tan^2 x\mathrm{d}x$.

解　$\int \tan^2 x\mathrm{d}x = \int (\sec^2 x - 1)\mathrm{d}x = \int \sec^2 x\mathrm{d}x - \int \mathrm{d}x = \tan x - x + C.$

例 13　求$\int \cos^2 \frac{x}{2}\mathrm{d}x$.

解　$\int \cos^2 \frac{x}{2}\mathrm{d}x = \int \frac{1+\cos x}{2}\mathrm{d}x = \frac{1}{2}\left(\int \mathrm{d}x + \int \cos x\mathrm{d}x\right) = \frac{1}{2}(x+\sin x) + C.$

习题 5.1

1. 验证函数 $\arcsin(2x-1)$，$\arccos(1-2x)$ 及 $2\arcsin\sqrt{x}$ 都是同一函数的原函数.

2. 求下列不定积分：

(1) $\int \frac{\mathrm{d}x}{x^2\sqrt{x}}$；　(2) $\int \frac{\mathrm{d}t}{\sqrt{2gt}}$ (g 为常数)；　(3) $\int \frac{x^2-1}{x^2+1}\mathrm{d}x$；

(4) $\int \frac{1}{x^2(1+x^2)}\mathrm{d}x$；　(5) $\int \sqrt{x\sqrt{x\sqrt{x}}}\,\mathrm{d}x$；　(6) $\int 2^{2x} \times 3^x\mathrm{d}x$；

(7) $\int \frac{\mathrm{e}^{2x}-1}{\mathrm{e}^x-1}\mathrm{d}x$；　(8) $\int \frac{2\times 3^x - 5\times 2^x}{3^x}\mathrm{d}x$；　(9) $\int \frac{1+\cos^2 x}{1+\cos 2x}\mathrm{d}x$；

(10) $\int \sin^2 \frac{x}{2}\mathrm{d}x$；　(11) $\int \frac{\cos 2x}{\cos^2 x\sin^2 x}\mathrm{d}x$；　(12) $\int \sec x(\sec x - \tan x)\mathrm{d}x$.

3. 已知一曲线经过点$(2,1)$，且在其上任意一点(x,y)处的切线斜率等于 $3x$，求曲线的方程.

4. 已知某物体在时刻 t 的运动加速度为 $3t^2-\sin t$，如果初速度 $v(0)=3$，初始位移 $s(0)=2$，试求此物体的运动方程(位移 s 与时间 t 的函数关系).

5.2　换元积分法

能利用直接积分法求出的不定积分是非常有限的. 从本节开始，我们将介绍求不定积分的一些常用方法，利用这些方法可以求出更多的不定积分.

第一换元积分法

5.2.1　第一换元积分法(凑微分法)

例 1　求$\int \sin 2x\mathrm{d}x$.

分析　显然该积分不能用直接积分法求出. 我们知道基本积分公式中有$\int \sin x\mathrm{d}x = -\cos x + C$. 比较所求积分$\int \sin 2x\mathrm{d}x$ 和$\int \sin x\mathrm{d}x$，发现只是 $\sin 2x$ 中，x 的系数多了一个常数因子 2. 因此如果先凑上一个常数因子 2，使$\int \sin 2x\mathrm{d}x = \frac{1}{2}\int \sin 2x\mathrm{d}(2x)$，再令 $2x=u$，那么上述积分就变成$\frac{1}{2}\int \sin u\mathrm{d}u$，从而就可以用公式求出这个不定积分.

解　$$\int \sin 2x\mathrm{d}x = \frac{1}{2}\int \sin 2x\cdot\mathrm{d}(2x) \xlongequal{令\ 2x=u} \frac{1}{2}\int \sin u\mathrm{d}u = \frac{1}{2}(-\cos u + C_1)$$

$$= -\frac{1}{2}\cos 2x + C \quad \left(其中\ C = \frac{1}{2}C_1\right).$$

一般地,有下面的定理.

定理 2 如果$\int f(u)\mathrm{d}u = F(u)+C, u=\varphi(x)$ 可导,那么

$$\int f[\varphi(x)]\varphi'(x)\mathrm{d}x = \int f[\varphi(x)]\mathrm{d}\varphi(x) = F[\varphi(x)]+C. \quad (5-1)$$

证 由于 $F'(u)=f(u)$,由复合函数的求导法则,得

$$\{F[\varphi(x)]\}' = F'(u)\varphi'(x) = f(u)\varphi'(x) = f[\varphi(x)]\varphi'(x).$$

这表示 $F[\varphi(x)]$ 是 $f[\varphi(x)]\varphi'(x)$ 的一个原函数,从而

$$\int f[\varphi(x)]\varphi'(x)\mathrm{d}x = F[\varphi(x)]+C.$$

定理2表明,如果把基本积分公式中的积分变量 x 换成可导函数 $u=\varphi(x)$,公式仍然成立.例如,由$\int x^2\mathrm{d}x = \frac{1}{3}x^3+C$ 可以得出$\int \sin^2 x\mathrm{d}(\sin x) = \frac{1}{3}\sin^3 x + C$, $\int \ln^2 x\mathrm{d}(\ln x) = \frac{1}{3}\ln^3 x + C$ 等.

由定理2可知:如果不定积分$\int g(x)\mathrm{d}x$不能用直接积分法求出结果,但是$g(x)$可以改写成 $f[\varphi(x)]\varphi'(x)$ 的形式,并且 $f(u)$ 的原函数容易求出,那么就可用公式(5-1)计算$\int g(x)\mathrm{d}x$.具体过程如下:

$$\int g(x)\mathrm{d}x \xlongequal{\text{恒等变形}} \int f[\varphi(x)]\varphi'(x)\mathrm{d}x \xlongequal{\text{凑微分}} \int f[\varphi(x)]\mathrm{d}\varphi(x) \xlongequal{\text{令 }\varphi(x)=u} \int f(u)\mathrm{d}u$$
$$\xlongequal{\text{若 }F'(u)=f(u)} F(u)+C \xlongequal{\text{回代 }u=\varphi(x)} F[\varphi(x)]+C.$$

这一过程的关键在于设法将被积表达式 $g(x)\mathrm{d}x$ 凑成 $f[\varphi(x)]\mathrm{d}\varphi(x)$ 的形式,因而这种方法也称为**凑微分**法.方法熟练后,可省去中间的代换、回代过程.

例 2 求$\int 2x\mathrm{e}^{x^2}\mathrm{d}x$.

解 $\int 2x\mathrm{e}^{x^2}\mathrm{d}x = \int \mathrm{e}^{x^2}\mathrm{d}(x^2) \xlongequal{\text{令 }x^2=u} \int \mathrm{e}^u\mathrm{d}u = \mathrm{e}^u + C \xlongequal{\text{回代 }u=x^2} \mathrm{e}^{x^2}+C.$

例 3 求$\int \frac{1}{x\ln x}\mathrm{d}x$.

解 $\int \frac{1}{x\ln x}\mathrm{d}x = \int \frac{1}{\ln x}\mathrm{d}(\ln x) \xlongequal{\text{令 }\ln x=u} \int \frac{1}{u}\mathrm{d}u = \ln|u|+C$

$\xlongequal{\text{回代 }u=\ln x} \ln|\ln x|+C.$

例 4 求$\int \frac{\arcsin x}{\sqrt{1-x^2}}\mathrm{d}x$.

解 $\int \frac{\arcsin x}{\sqrt{1-x^2}}\mathrm{d}x = \int \arcsin x\mathrm{d}(\arcsin x) = \frac{1}{2}(\arcsin x)^2 + C.$

例 5 求$\int \frac{1}{x^2}\sin\frac{1}{x}\mathrm{d}x$.

解 $\int \frac{1}{x^2}\sin\frac{1}{x}\mathrm{d}x = -\int \sin\frac{1}{x}\mathrm{d}\left(\frac{1}{x}\right) = \cos\frac{1}{x}+C.$

例 6　求$\int \frac{\mathrm{d}x}{\sqrt{2x+1}}$.

解　$\int \frac{\mathrm{d}x}{\sqrt{2x+1}} = \frac{1}{2}\int \frac{\mathrm{d}(2x+1)}{\sqrt{2x+1}} = \sqrt{2x+1}+C.$

例 7　求$\int \frac{\mathrm{d}x}{\cos^2 x(1+2\tan x)}$.

解　$\int \frac{\mathrm{d}x}{\cos^2 x(1+2\tan x)} = \frac{1}{2}\int \frac{1}{(1+2\tan x)}\mathrm{d}(1+2\tan x) = \frac{1}{2}\ln|1+2\tan x|+C.$

例 8　求$\int \tan x\mathrm{d}x$.

解　$\int \tan x\mathrm{d}x = \int \frac{\sin x}{\cos x}\mathrm{d}x = -\int \frac{\mathrm{d}(\cos x)}{\cos x} = -\ln|\cos x|+C.$

类似可得

$$\int \cot x\mathrm{d}x = \ln|\sin x|+C.$$

例 9　求$\int \frac{\mathrm{d}x}{a^2+x^2}$.

解　$\int \frac{\mathrm{d}x}{a^2+x^2} = \int \frac{1}{a^2}\cdot \frac{1}{1+\left(\frac{x}{a}\right)^2}\mathrm{d}x = \frac{1}{a}\int \frac{1}{1+\left(\frac{x}{a}\right)^2}\mathrm{d}\left(\frac{x}{a}\right) = \frac{1}{a}\arctan\frac{x}{a}+C.$

类似可得

$$\int \frac{1}{\sqrt{a^2-x^2}}\mathrm{d}x = \arcsin\frac{x}{a}+C.$$

例 10　求$\int \frac{\mathrm{d}x}{a^2-x^2}$.

解
$$\begin{aligned}\int \frac{\mathrm{d}x}{a^2-x^2} &= \int \frac{1}{2a}\cdot\left(\frac{1}{a+x}+\frac{1}{a-x}\right)\mathrm{d}x = \frac{1}{2a}\int \frac{\mathrm{d}x}{a+x}+\frac{1}{2a}\int \frac{\mathrm{d}x}{a-x}\\ &= \frac{1}{2a}\int \frac{1}{a+x}\mathrm{d}(a+x)-\frac{1}{2a}\int \frac{1}{a-x}\mathrm{d}(a-x)\\ &= \frac{1}{2a}\ln|a+x|-\frac{1}{2a}\ln|a-x|+C = \frac{1}{2a}\ln\left|\frac{a+x}{a-x}\right|+C.\end{aligned}$$

例 11　求$\int \csc x\mathrm{d}x$.

解
$$\begin{aligned}\int \csc x\mathrm{d}x &= \int \frac{\mathrm{d}x}{\sin x} = \int \frac{\sin x}{\sin^2 x}\mathrm{d}x = -\int \frac{\mathrm{d}(\cos x)}{1-\cos^2 x}\\ &= \frac{1}{2}\ln\left|\frac{1-\cos x}{1+\cos x}\right|+C \quad \text{(此处利用了例 10 的结果)}\\ &= \ln\left|\frac{1-\cos x}{\sin x}\right|+C = \ln|\csc x-\cot x|+C.\end{aligned}$$

类似可得　$\int \sec x\mathrm{d}x = \ln|\sec x+\tan x|+C.$

在上面的例题中,有些函数的积分今后经常用到,我们可把它们作为公式使用.

(14) $\int \tan x\mathrm{d}x = -\ln|\cos x| + C$；　　(15) $\int \cot x\mathrm{d}x = \ln|\sin x| + C$；

(16) $\int \sec x\mathrm{d}x = \ln|\sec x + \tan x| + C$；　　(17) $\int \csc x\mathrm{d}x = \ln|\csc x - \cot x| + C$；

(18) $\int \frac{\mathrm{d}x}{a^2 + x^2} = \frac{1}{a}\arctan\frac{x}{a} + C$；　　(19) $\int \frac{\mathrm{d}x}{x^2 - a^2} = \frac{1}{2a}\ln\left|\frac{x-a}{x+a}\right| + C$；

(20) $\int \frac{\mathrm{d}x}{\sqrt{a^2 - x^2}} = \arcsin\frac{x}{a} + C$.

例 12　求$\int x\cot(x^2+1)\mathrm{d}x$.

解　$\int x\cot(x^2+1)\mathrm{d}x = \frac{1}{2}\int \cot(x^2+1)\mathrm{d}(x^2+1) = \frac{1}{2}\ln|\sin(x^2+1)| + C$.

当被积函数中含有三角函数时，往往要先利用三角恒等式对被积函数进行变形，然后凑微分.

例 13　求$\int \sin^2 x\cos^5 x\mathrm{d}x$.

解
$$\begin{aligned}\int \sin^2 x\cos^5 x\mathrm{d}x &= \int \sin^2 x\cos^4 x\cos x\mathrm{d}x = \int \sin^2 x(1-\sin^2 x)^2\mathrm{d}(\sin x)\\ &= \int (\sin^2 x - 2\sin^4 x + \sin^6 x)\mathrm{d}(\sin x)\\ &= \frac{1}{3}\sin^3 x - \frac{2}{5}\sin^5 x + \frac{1}{7}\sin^7 x + C.\end{aligned}$$

例 14　求$\int \sin^4 x\mathrm{d}x$.

解
$$\begin{aligned}\int \sin^4 x\mathrm{d}x &= \int (\sin^2 x)^2\mathrm{d}x = \int \left(\frac{1-\cos 2x}{2}\right)^2\mathrm{d}x\\ &= \frac{1}{4}\int (1 - 2\cos 2x + \cos^2 2x)\mathrm{d}x\\ &= \frac{1}{4}\int \mathrm{d}x - \frac{1}{4}\int \cos 2x\mathrm{d}(2x) + \frac{1}{8}\int (1+\cos 4x)\mathrm{d}x\\ &= \frac{1}{4}x - \frac{1}{4}\sin 2x + \frac{1}{8}x + \frac{1}{32}\sin 4x + C\\ &= \frac{3}{8}x - \frac{1}{4}\sin 2x + \frac{1}{32}\sin 4x + C.\end{aligned}$$

例 15　求$\int \tan^3 x\mathrm{d}x$.

解
$$\begin{aligned}\int \tan^3 x\mathrm{d}x &= \int \tan x\tan^2 x\mathrm{d}x = \int \tan x(\sec^2 x - 1)\mathrm{d}x\\ &= \int \tan x\sec^2 x\mathrm{d}x - \int \tan x\mathrm{d}x\\ &= \int \tan x\mathrm{d}(\tan x) + \ln|\cos x|\\ &= \frac{1}{2}\tan^2 x + \ln|\cos x| + C.\end{aligned}$$

例 16 求$\int \sin 3x\cos x\mathrm{d}x$.

解 $$\int \sin 3x\cos x\mathrm{d}x = \frac{1}{2}\int(\sin 4x + \sin 2x)\mathrm{d}x$$
$$= \frac{1}{8}\int \sin 4x\mathrm{d}(4x) + \frac{1}{4}\int \sin 2x\mathrm{d}(2x)$$
$$= -\frac{1}{8}\cos 4x - \frac{1}{4}\cos 2x + C.$$

例 17 求$\int \frac{2x-4}{x^2+4x+3}\mathrm{d}x$.

解 因为分母 x^2+4x+3 的导数等于 $2x+4$,所以分子化为 $2x+4-8$,由此得

$$\int \frac{2x-4}{x^2+4x+3}\mathrm{d}x = \int \frac{2x+4-8}{x^2+4x+3}\mathrm{d}x = \int \frac{2x+4}{x^2+4x+3}\mathrm{d}x - \int \frac{8}{x^2+4x+3}\mathrm{d}x$$
$$= \int \frac{\mathrm{d}(x^2+4x+3)}{x^2+4x+3} - 8\int \frac{\mathrm{d}(x+2)}{(x+2)^2-1}$$
$$= \ln|x^2+4x+3| - 4\ln\left|\frac{x+2-1}{x+2+1}\right| + C$$
$$= 5\ln|x+3| - 3\ln|x+1| + C.$$

例 18 求$\int \frac{x+1}{x^2-2x+5}\mathrm{d}x$.

解 $$\int \frac{x+1}{x^2-2x+5}\mathrm{d}x = \int \frac{(x-1)+2}{x^2-2x+5}\mathrm{d}x = \int \frac{x-1}{x^2-2x+5}\mathrm{d}x + 2\int \frac{1}{x^2-2x+5}\mathrm{d}x$$
$$= \frac{1}{2}\int \frac{\mathrm{d}(x^2-2x+5)}{x^2-2x+5} + 2\int \frac{\mathrm{d}(x-1)}{(x-1)^2+2^2}$$
$$= \frac{1}{2}\ln|x^2-2x+5| + \arctan\frac{x-1}{2} + C.$$

通过上述例子可以看出,用第一换元积分法求不定积分时需要一定的技巧,如何恰当地选择变量代换 $u=\varphi(x)$ 并没有一般途径可循,因此要掌握此方法,除了熟悉一些典型的例子外,还要多做练习才行.

5.2.2 第二换元积分法

第二换元积分法

在第一换元积分法中,通过代换 $u=\varphi(x)$,将积分$\int f[\varphi(x)]\varphi'(x)\mathrm{d}x$ 化为易求的积分$\int f(u)\mathrm{d}u$. 有时我们也会遇到相反的情形,即通过适当的变量代换 $x=\varphi(t)$,将积分$\int f(x)\mathrm{d}x$ 化为易求的积分$\int f[\varphi(t)]\varphi'(t)\mathrm{d}t$,这种方法称为第二类换元积分法.

定理 3 设 $x=\varphi(t)$ 是单调可导函数,且 $\varphi'(t)\neq 0$;$f[\varphi(t)]\varphi'(t)$ 的原函数存在且为 $F(t)$,则

$$\int f(x)\mathrm{d}x = \int f[\varphi(t)]\varphi'(t)\mathrm{d}t = F(t) + C = F[\varphi^{-1}(x)] + C, \tag{5-2}$$

其中 $\varphi^{-1}(x)$ 是 $x=\varphi(t)$ 的反函数.

证 由已知条件有

$$F'(t)=f[\varphi(t)]\varphi'(t)=f(x)\cdot\frac{\mathrm{d}x}{\mathrm{d}t},$$

利用复合函数的求导法则及反函数的求导法则,可得出

$$\frac{\mathrm{d}}{\mathrm{d}x}\{F[\varphi^{-1}(x)]\}=\frac{\mathrm{d}F(t)}{\mathrm{d}t}\cdot\frac{\mathrm{d}t}{\mathrm{d}x}=F'(t)\cdot\frac{\mathrm{d}t}{\mathrm{d}x}=f(x)\cdot\frac{\mathrm{d}x}{\mathrm{d}t}\cdot\frac{\mathrm{d}t}{\mathrm{d}x}=f(x),$$

这表明 $F[\varphi^{-1}(x)]$ 是 $f(x)$ 的一个原函数,因此

$$\int f(x)\mathrm{d}x=F[\varphi^{-1}(x)]+C.$$

下面举例说明第二类换元积分法的应用.

1. 被积函数含有根式 $\sqrt[n]{ax+b}$

例 19　求$\int\frac{\sqrt{x}}{1+x}\mathrm{d}x$.

解　令$\sqrt{x}=t$,则 $x=t^2(t\geqslant 0)$,$\mathrm{d}x=2t\mathrm{d}t$,于是

$$\begin{aligned}\int\frac{\sqrt{x}}{1+x}\mathrm{d}x&=\int\frac{2t^2}{1+t^2}\mathrm{d}t=2\int\left(1-\frac{1}{1+t^2}\right)\mathrm{d}t=2t-2\arctan t+C\\&=2\sqrt{x}-2\arctan\sqrt{x}+C.\end{aligned}$$

例 20　求$\int\frac{x+1}{x\sqrt{x-2}}\mathrm{d}x$.

解　令$\sqrt{x-2}=t$,则 $x=2+t^2(t>0)$,$\mathrm{d}x=2t\mathrm{d}t$,于是

$$\begin{aligned}\int\frac{x+1}{x\sqrt{x-2}}\mathrm{d}x&=\int\frac{2+t^2+1}{(2+t^2)t}\cdot 2t\mathrm{d}t=2\int\left(1+\frac{1}{2+t^2}\right)\mathrm{d}t=2\left(t+\frac{1}{\sqrt{2}}\arctan\frac{t}{\sqrt{2}}\right)+C\\&=2\sqrt{x-2}+\sqrt{2}\arctan\frac{\sqrt{2x-4}}{2}+C.\end{aligned}$$

2. 被积函数含有 $\sqrt{a^2-x^2}$ 或 $\sqrt{x^2\pm a^2}$

例 21　求$\int\sqrt{a^2-x^2}\,\mathrm{d}x\ (a>0)$.

分析　此问题的难点在根式$\sqrt{a^2-x^2}$,可利用三角代换消去根式.

解　令 $x=a\sin t\ \left(-\frac{\pi}{2}\leqslant t\leqslant\frac{\pi}{2}\right)$,则 $\mathrm{d}x=a\cos t\mathrm{d}t$,$\sqrt{a^2-x^2}=\sqrt{a^2-a^2\sin^2 t}=a\cos t$,于是

$$\begin{aligned}\int\sqrt{a^2-x^2}\,\mathrm{d}x&=\int a^2\cos^2 t\mathrm{d}t=a^2\int\frac{1+\cos 2t}{2}\mathrm{d}t=\frac{a^2}{2}\int\mathrm{d}t+\frac{a^2}{2}\int\cos 2t\mathrm{d}t\\&=\frac{a^2}{2}t+\frac{a^2}{4}\sin 2t+C=\frac{a^2}{2}t+\frac{a^2}{2}\sin t\cdot\cos t+C,\end{aligned}$$

因为 $x=a\sin t\left(-\frac{\pi}{2}\leqslant t\leqslant\frac{\pi}{2}\right)$,所以 $\sin t=\frac{x}{a}$,$t=\arcsin\frac{x}{a}$,$\cos t=\sqrt{1-\sin^2 t}=\sqrt{1-\left(\frac{x}{a}\right)^2}=\frac{\sqrt{a^2-x^2}}{a}$,从而

$$\int \sqrt{a^2-x^2}\,\mathrm{d}x = \frac{a^2}{2}\arcsin\frac{x}{a} + \frac{a^2}{2}\cdot\frac{x}{a}\cdot\frac{\sqrt{a^2-x^2}}{a} + C$$
$$= \frac{a^2}{2}\arcsin\frac{x}{a} + \frac{x}{2}\sqrt{a^2-x^2} + C.$$

例 22 求$\int \frac{\mathrm{d}x}{\sqrt{x^2+a^2}}$ $(a>0)$.

解 令 $x=a\tan t\left(-\frac{\pi}{2}<t<\frac{\pi}{2}\right)$,则 $\mathrm{d}x=a\sec^2 t\mathrm{d}t$,$\sqrt{x^2+a^2}=\sqrt{a^2(1+\tan^2 t)}=a\sec t$,于是

$$\int \frac{\mathrm{d}x}{\sqrt{x^2+a^2}} = \int \sec t\mathrm{d}t = \ln|\sec t+\tan t| + C_1,$$

为将 $\sec t$ 换成x 的函数,可根据 $\tan t=\frac{x}{a}$ 作辅助三角形(图 5-2),从而有$\sec t=\frac{\sqrt{x^2+a^2}}{a}$,因此

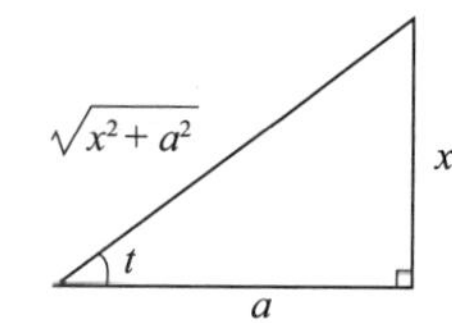

图 5-2

$$\int \frac{\mathrm{d}x}{\sqrt{x^2+a^2}} = \ln\left|\frac{\sqrt{x^2+a^2}}{a}+\frac{x}{a}\right| + C_1$$
$$= \ln(x+\sqrt{x^2+a^2}) + C \quad (\text{其中 } C=C_1-\ln a).$$

例 23 求$\int \frac{\mathrm{d}x}{\sqrt{x^2-a^2}}$ $(a>0)$.

解 令 $x=a\sec t, t\in\left(0,\frac{\pi}{2}\right)\cup\left(\pi,\frac{3\pi}{2}\right)$,则 $\mathrm{d}x=a\sec t\tan t\mathrm{d}t$,$\sqrt{x^2-a^2}=\sqrt{a^2\sec^2 t-a^2}=a\tan t$,于是

$$\int \frac{\mathrm{d}x}{\sqrt{x^2-a^2}} = \int \sec t\mathrm{d}t = \ln|\sec t+\tan t| + C_1,$$

根据 $\sec t=\frac{x}{a}$ 作辅助三角形(图 5-3),得 $\tan t=\frac{\sqrt{x^2-a^2}}{a}$,因此

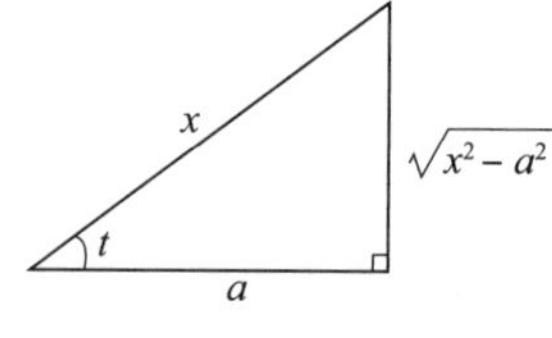

图 5-3

$$\int \frac{\mathrm{d}x}{\sqrt{x^2-a^2}} = \ln\left|\frac{\sqrt{x^2-a^2}}{a}+\frac{x}{a}\right| + C_1$$
$$= \ln\left|x+\sqrt{x^2-a^2}\right| + C \quad (\text{其中 } C=C_1-\ln a),$$

即
$$\int \frac{\mathrm{d}x}{\sqrt{x^2-a^2}} = \ln\left|x+\sqrt{x^2-a^2}\right| + C.$$

下面两式也可作为公式使用:

(21) $\int \frac{\mathrm{d}x}{\sqrt{x^2+a^2}} = \ln(x+\sqrt{x^2+a^2}) + C$;

(22) $\int \frac{\mathrm{d}x}{\sqrt{x^2-a^2}} = \ln\left|x+\sqrt{x^2-a^2}\right| + C$.

例 24 求$\int \frac{\mathrm{d}x}{\sqrt{4x^2-4x+10}}$.

解 $\int \frac{\mathrm{d}x}{\sqrt{4x^2-4x+10}}=\int \frac{\mathrm{d}x}{\sqrt{(2x-1)^2+3^2}}=\frac{1}{2}\int \frac{\mathrm{d}(2x-1)}{\sqrt{(2x-1)^2+3^2}}$

$$=\frac{1}{2}\ln(2x-1+\sqrt{(2x-1)^2+3^2})+C$$

$$=\frac{1}{2}\ln(2x-1+\sqrt{4x^2-4x+10})+C.$$

下面再举几个用第二类换元积分法来计算不定积分的例子.

例 25　$\int \frac{\mathrm{d}x}{x(1+x^4)}$.

解　令 $x=\frac{1}{t}$,则 $\mathrm{d}x=-\frac{1}{t^2}\mathrm{d}t$,

$$\int \frac{\mathrm{d}x}{x(1+x^4)}=\int \frac{-\frac{1}{t^2}\mathrm{d}t}{\frac{1}{t}\left(1+\frac{1}{t^4}\right)}=-\int \frac{t^3}{1+t^4}\mathrm{d}t=-\frac{1}{4}\int \frac{\mathrm{d}(1+t^4)}{1+t^4}$$

$$=-\frac{1}{4}\ln(1+t^4)+C=-\frac{1}{4}\ln\left(1+\frac{1}{x^4}\right)+C.$$

例 25 中的代换 $x=\frac{1}{t}$,俗称**倒代换**.

例 26　求 $\int \frac{1}{x}\sqrt{\frac{1+x}{x}}\mathrm{d}x$.

解　令 $\frac{1+x}{x}=t^2$,则 $x=\frac{1}{t^2-1}$,$\mathrm{d}x=\frac{-2t}{(t^2-1)^2}\mathrm{d}t$,于是

$$\int \frac{1}{x}\sqrt{\frac{1+x}{x}}\mathrm{d}x=\int (t^2-1)t\cdot\frac{-2t}{(t^2-1)^2}\mathrm{d}t=-2\int \frac{t^2}{t^2-1}\mathrm{d}t$$

$$=-2\int\left(1+\frac{1}{t^2-1}\right)\mathrm{d}t=-2\left(t+\frac{1}{2}\ln\left|\frac{t-1}{t+1}\right|\right)+C$$

$$=-2\sqrt{\frac{1+x}{x}}-\ln\left|\frac{\sqrt{\frac{1+x}{x}}-1}{\sqrt{\frac{1+x}{x}}+1}\right|+C$$

$$=-2\sqrt{\frac{1+x}{x}}-\ln\left|\frac{\sqrt{1+x}-\sqrt{x}}{\sqrt{1+x}+\sqrt{x}}\right|+C.$$

第二换元积分法常见类型

例 27　求 $\int \frac{\mathrm{d}x}{\sqrt{1+\mathrm{e}^{2x}}}$.

解　令 $t=\sqrt{1+\mathrm{e}^{2x}}$,则 $x=\frac{1}{2}\ln(t^2-1)$, $\mathrm{d}x=\frac{t}{t^2-1}\mathrm{d}t$,于是

$$\int \frac{\mathrm{d}x}{\sqrt{1+\mathrm{e}^{2x}}}=\int \frac{1}{t}\cdot\frac{t}{(t^2-1)}\mathrm{d}t=\int \frac{\mathrm{d}t}{t^2-1}=\frac{1}{2}\ln\left|\frac{t-1}{t+1}\right|+C$$

$$=\frac{1}{2}\ln\left|\frac{\sqrt{1+\mathrm{e}^{2x}}-1}{\sqrt{1+\mathrm{e}^{2x}}+1}\right|+C=x-\ln(1+\sqrt{1+\mathrm{e}^{2x}})+C.$$

习题 5.2

1. 利用第一类换元积分法求下列不定积分:

(1) $\int \frac{x}{3-2x^2}\mathrm{d}x$; (2) $\int \frac{\ln x}{x}\mathrm{d}x$; (3) $\int \frac{\mathrm{e}^{\frac{1}{x}}}{x^2}\mathrm{d}x$;

(4) $\int a^{\sin x}\cos x\mathrm{d}x$; (5) $\int \mathrm{e}^x \sin \mathrm{e}^x \mathrm{d}x$; (6) $\int \frac{x}{1+x^4}\mathrm{d}x$;

(7) $\int \frac{\mathrm{e}^x}{\sqrt{1-\mathrm{e}^{2x}}}\mathrm{d}x$; (8) $\int \frac{\sin x\cos x}{\sqrt{1+\sin^2 x}}\mathrm{d}x$; (9) $\int \frac{\mathrm{d}x}{x\sqrt{1-\ln^2 x}}$;

(10) $\int \frac{\sin\sqrt{x}}{\sqrt{x}}\mathrm{d}x$; (11) $\int \frac{x}{\sqrt{1+x^2}}\tan\sqrt{1+x^2}\,\mathrm{d}x$; (12) $\int \frac{1}{\mathrm{e}^x+\mathrm{e}^{-x}}\mathrm{d}x$;

(13) $\int \frac{1+\ln x}{(x\ln x)^2}\mathrm{d}x$; (14) $\int \frac{1}{4+9x^2}\mathrm{d}x$; (15) $\int \frac{x}{x^2+2x+1}\mathrm{d}x$;

(16) $\int \frac{1}{\sqrt{5-2x-x^2}}\mathrm{d}x$; (17) $\int \cos^3 x\mathrm{d}x$; (18) $\int \tan^5 x\sec^3 x\mathrm{d}x$;

(19) $\int \sin 3x\sin 5x\mathrm{d}x$; (20) $\int \tan^4 x\mathrm{d}x$; (21) $\int \frac{1}{1+\mathrm{e}^x}\mathrm{d}x$;

(22) $\int \frac{1-\tan x}{1+\tan x}\mathrm{d}x$; (23) $\int \frac{\mathrm{d}x}{x^2-4x+3}$; (24) $\int \frac{x-2}{x^2+2x+5}\mathrm{d}x$.

2. 利用第二类换元积分法求下列积分:

(1) $\int \frac{1}{x\sqrt{2x+1}}\mathrm{d}x$; (2) $\int \frac{1}{\sqrt{x}+\sqrt[3]{x}}\mathrm{d}x$; (3) $\int \frac{x^2}{\sqrt{1-x^2}}\mathrm{d}x$;

(4) $\int \frac{\sqrt{x^2-9}}{x}\mathrm{d}x$; (5) $\int \frac{x^3}{(\sqrt{a^2+x^2})^3}\mathrm{d}x$; (6) $\int \frac{1}{x^2\sqrt{1+x^2}}\mathrm{d}x$;

(7) $\int \frac{\sqrt{1-x^2}}{x^4}\mathrm{d}x$; (8) $\int \frac{\mathrm{d}x}{(2x^2+1)\sqrt{1+x^2}}$; (9) $\int \frac{\mathrm{d}x}{x\sqrt{25-x^2}}$.

3. 求下列积分:

(1) $\int \frac{(1+x)\mathrm{e}^x}{1+x\mathrm{e}^x}\mathrm{d}x$; (2) $\int \frac{\mathrm{d}x}{\sqrt{x(4-x)}}$; (3) $\int (\cos x-\sin x)\cos 2x\mathrm{d}x$;

(4) $\int \cos 3x\sin 2x\mathrm{d}x$; (5) $\int \frac{x+1}{x^2+x\ln x}\mathrm{d}x$; (6) $\int \sin^2(\omega x+\varphi)\mathrm{d}x$;

(7) $\int \frac{\arctan\sqrt{x}}{\sqrt{x}(1+x)}\mathrm{d}x$; (8) $\int \frac{x+2}{\sqrt{x^2-2x+4}}\mathrm{d}x$; (9) $\int \sqrt{1+\mathrm{e}^x}\,\mathrm{d}x$.

5.3 分部积分法

在第 5.2 节中,我们利用复合函数的微分,讨论了换元积分法. 下面利用两个函数乘积的微分,讨论另一种求不定积分的基本方法 —— 分部积分法.

设 $u=u(x)$ 和 $v=v(x)$ 具有连续导数,根据函数乘积的求导公式

$$[u(x)v(x)]'=u'(x)v(x)+u(x)v'(x),$$

得

$$u(x)v'(x)=[u(x)v(x)]'-u'(x)v(x).$$

对上式两边求不定积分,可得

$$\int u(x)v'(x)\mathrm{d}x=u(x)v(x)-\int u'(x)v(x)\mathrm{d}x,$$

或写为
$$\int u(x)\mathrm{d}v(x) = u(x)v(x) - \int v(x)\mathrm{d}u(x). \tag{5-3}$$

公式(5-3)称为**分部积分公式**. 如遇到$\int u(x)v'(x)\mathrm{d}x$难求，$\int u'(x)v(x)\mathrm{d}x$容易求的情况，可应用分部积分公式.

例 1　求$\int x\cos x\mathrm{d}x$.

解　被积函数 $x\cos x$ 是幂函数与三角函数的乘积，利用分部积分法，设 $u = x$, $\mathrm{d}v = \cos x\mathrm{d}x$，则 $\mathrm{d}u = \mathrm{d}x$, $v = \sin x$，于是
$$\int x\cos x\mathrm{d}x = \int x\mathrm{d}(\sin x) = x\sin x - \int \sin x\mathrm{d}x = x\sin x + \cos x + C.$$

在本例中，若选择 $u = \cos x$, $\mathrm{d}v = x\mathrm{d}x$，则 $\mathrm{d}u = -\sin x\mathrm{d}x$, $v = \frac{1}{2}x^2$, $\int x\cos x\mathrm{d}x = \frac{x^2}{2}\cos x + \int \frac{x^2}{2}\sin x\mathrm{d}x$，显然，求$\int \frac{x^2}{2}\sin x\mathrm{d}x$ 比求$\int x\cos x\mathrm{d}x$ 更复杂. 因此，应用分部积分法时，恰当地选取 u 和 $\mathrm{d}v$ 是关键.

分部积分公式中 $u(x)$ 的选择

例 2　求$\int x\mathrm{e}^{2x}\mathrm{d}x$.

解　设 $u = x$, $\mathrm{d}v = \mathrm{e}^{2x}\mathrm{d}x$，则 $\mathrm{d}u = \mathrm{d}x$, $v = \frac{1}{2}\mathrm{e}^{2x}$，由分部积分公式，得
$$\begin{aligned}\int x\mathrm{e}^{2x}\mathrm{d}x &= \int x\mathrm{d}\left(\frac{1}{2}\mathrm{e}^{2x}\right) = \frac{1}{2}x\mathrm{e}^{2x} - \frac{1}{2}\int \mathrm{e}^{2x}\mathrm{d}x \\ &= \frac{1}{2}x\mathrm{e}^{2x} - \frac{1}{4}\mathrm{e}^{2x} + C.\end{aligned}$$

在分部积分法运用比较熟练以后，就不必写出哪一部分选作 $u(x)$，哪一部分选作 $\mathrm{d}v(x)$，只需把被积表达式 $u(x)v'(x)\mathrm{d}x$ 凑成 $u(x)\mathrm{d}v(x)$ 的形式，再用分部积分公式即可.

例 3　求$\int x^2\sin x\mathrm{d}x$.

解
$$\begin{aligned}\int x^2\sin x\mathrm{d}x &= \int x^2\mathrm{d}(-\cos x) = -x^2\cos x + 2\int x\cos x\mathrm{d}x \\ &= -x^2\cos x + 2\int x\mathrm{d}(\sin x) \\ &= -x^2\cos x + 2x\sin x - 2\int \sin x\mathrm{d}x \\ &= -x^2\cos x + 2x\sin x + 2\cos x + C.\end{aligned}$$

例 4　求$\int \arcsin x\mathrm{d}x$.

解
$$\begin{aligned}\int \arcsin x\mathrm{d}x &= x\arcsin x - \int x\mathrm{d}(\arcsin x) = x\arcsin x - \int \frac{x}{\sqrt{1-x^2}}\mathrm{d}x \\ &= x\arcsin x + \frac{1}{2}\int \frac{\mathrm{d}(1-x^2)}{\sqrt{1-x^2}} = x\arcsin x + \sqrt{1-x^2} + C.\end{aligned}$$

例 5　求$\int x\arctan x\mathrm{d}x$.

解 $\int x\arctan x\mathrm{d}x=\int\arctan x\mathrm{d}\left(\frac{x^2}{2}\right)=\frac{x^2}{2}\arctan x-\int\frac{1}{1+x^2}\cdot\frac{x^2}{2}\mathrm{d}x$

$$=\frac{x^2}{2}\arctan x-\frac{1}{2}\int\left(1-\frac{1}{1+x^2}\right)\mathrm{d}x$$

$$=\frac{x^2}{2}\arctan x-\frac{1}{2}(x-\arctan x)+C$$

$$=\frac{x^2+1}{2}\arctan x-\frac{x}{2}+C.$$

例 6 求$\int x^3\ln x\mathrm{d}x$.

解 $\int x^3\ln x\mathrm{d}x=\int\ln x\mathrm{d}\left(\frac{x^4}{4}\right)=\frac{x^4}{4}\ln x-\int\frac{x^4}{4}\mathrm{d}(\ln x)=\frac{x^4}{4}\ln x-\frac{1}{4}\int x^3\mathrm{d}x$

$$=\frac{x^4}{4}\ln x-\frac{1}{16}x^4+C.$$

例 7 求$\int \mathrm{e}^x\sin x\mathrm{d}x$.

解 $\int \mathrm{e}^x\sin x\mathrm{d}x=\int\sin x\mathrm{d}\mathrm{e}^x=\mathrm{e}^x\sin x-\int \mathrm{e}^x\cos x\mathrm{d}x$

$$=\mathrm{e}^x\sin x-\int\cos x\mathrm{d}\mathrm{e}^x\quad(\text{再次使用分部积分法})$$

$$=\mathrm{e}^x\sin x-\mathrm{e}^x\cos x-\int \mathrm{e}^x\sin x\mathrm{d}x,$$

得
$$\int \mathrm{e}^x\sin x\mathrm{d}x=\frac{1}{2}\mathrm{e}^x(\sin x-\cos x)+C.$$

有些函数的不定积分在连续几次应用分部积分法后,常常会出现与所求积分式相同的积分式,从而得到所求积分式的一个方程,解这个方程可得到要求的不定积分,应注意结果必须加上任意常数 C. 本例也可将指数函数 e^x 当作 $u(x)$ 来解.

例 8 求$\int\sec^3x\mathrm{d}x$.

解 $\int\sec^3x\mathrm{d}x=\int\sec x\mathrm{d}(\tan x)=\sec x\tan x-\int\tan x\cdot\sec x\tan x\mathrm{d}x$

$$=\sec x\tan x-\int\sec x(\sec^2x-1)\mathrm{d}x$$

$$=\sec x\tan x-\int\sec^3x\mathrm{d}x+\int\sec x\mathrm{d}x$$

$$=\sec x\tan x-\int\sec^3x\mathrm{d}x+\ln|\sec x+\tan x|,$$

于是
$$\int\sec^3x\mathrm{d}x=\frac{1}{2}\sec x\tan x+\frac{1}{2}\ln|\sec x+\tan x|+C.$$

利用分部积分法也可以导出一些积分式的递推公式,进而求出不定积分.

例 9 设 $I_n=\int\frac{1}{(x^2+a^2)^n}\mathrm{d}x$ (n 为正整数,$a>0$).

(1) 证明 $I_{n+1}=\frac{x}{2na^2(x^2+a^2)^n}+\frac{2n-1}{2na^2}I_n$;

(2) 求 I_2.

（1）**证**　$I_n=\int\frac{1}{(x^2+a^2)^n}dx=\frac{x}{(x^2+a^2)^n}-\int x\cdot d\left[\frac{1}{(x^2+a^2)^n}\right]$

$$=\frac{x}{(x^2+a^2)^n}+2n\int\frac{x^2}{(x^2+a^2)^{n+1}}dx$$

$$=\frac{x}{(x^2+a^2)^n}+2n\int\frac{dx}{(x^2+a^2)^n}-2na^2\int\frac{dx}{(x^2+a^2)^{n+1}}$$

$$=\frac{x}{(x^2+a^2)^n}+2nI_n-2na^2I_{n+1},$$

于是得
$$I_{n+1}=\frac{1}{2na^2}\frac{x}{(x^2+a^2)^n}+\frac{2n-1}{2na^2}I_n;$$

（2）**解**　因为 $I_1=\int\frac{dx}{x^2+a^2}=\frac{1}{a}\arctan\frac{x}{a}+C_1$，所以

$$I_2=\frac{x}{2a^2(x^2+a^2)}+\frac{1}{2a^2}\left(\frac{1}{a}\arctan\frac{x}{a}+C_1\right)$$

$$=\frac{x}{2a^2(x^2+a^2)}+\frac{1}{2a^3}\arctan\frac{x}{a}+C\left(C=\frac{1}{2a^2}C_1\right).$$

至此，我们介绍了直接积分法、第一换元积分法、第二换元积分法和分部积分法，利用这些方法可以计算许多的不定积分. 但在有些不定积分中，需把几种方法结合起来使用.

例 10　求 $\int\sin\sqrt{x}\,dx$.

分部积分法与第二换元积分法

解　令 $x=t^2(t\geqslant0)$，则 $dx=2tdt$，于是

$$\int\sin\sqrt{x}\,dx=2\int t\sin t\,dt=-2\int td(\cos t)=-2\left(t\cos t-\int\cos t\,dt\right)$$

$$=-2t\cos t+2\sin t+C$$

$$=2\sin\sqrt{x}-2\sqrt{x}\cos\sqrt{x}+C.$$

我们知道，一切初等函数在其定义区间内都是连续的，故初等函数在其定义区间内的原函数是一定存在的. 但必须指出，虽然它们一定存在，但未必都能用初等函数来表示. 例如，$\int e^{-x^2}dx$，$\int\frac{\sin x}{x}dx$，$\int\frac{1}{\ln x}dx$，$\int\cos x^2dx$ 等不定积分均无法用初等函数来表示（俗称“积不出”）.

习题 5.3

1. 求下列不定积分：

（1）$\int x\sin 2x\,dx$；　（2）$\int xe^{-x}dx$；　（3）$\int x^2\cos x\,dx$；

（4）$\int e^{-x}\cos x\,dx$；　（5）$\int x^2\arctan x\,dx$；　（6）$\int\frac{(\ln x)^3}{x^2}dx$；

（7）$\int(\arcsin x)^2dx$；　（8）$\int x\tan^2x\,dx$；　（9）$\int\cos(\ln x)dx$；

（10）$\int\ln(x+\sqrt{1+x^2})dx$；　（11）$\int e^{\sqrt[3]{x}}dx$；　（12）$\int\sqrt{x}\sin\sqrt{x}\,dx$；

（13）$\int\frac{\ln\cos x}{\cos^2x}dx$；　（14）$\int\frac{\arcsin\sqrt{x}}{\sqrt{1-x}}dx$；　（15）$\int\frac{xe^x}{(1+x)^2}dx$.

2. 求 $I_n=\int \sin^n x\,\mathrm{d}x$(其中 $n\in\mathbf{N}$,且 $n\geqslant 2$)的递推公式.

5.4　有理函数的不定积分

第 5.3 节最后指出,并不是所有初等函数的不定积分都是初等函数.但所有有理函数的不定积分仍然是初等函数,而且有理函数在解决实际问题中应用非常广泛.不仅如此,还有许多常用的函数类,如某些无理函数、三角函数有理式等,都可以通过适当的变量代换化为有理函数.

5.4.1　有理函数与有理函数的不定积分

形如

$$R(x)=\frac{P_n(x)}{Q_m(x)}=\frac{a_0x^n+a_1x^{n-1}+\cdots+a_{n-1}x+a_n}{b_0x^m+b_1x^{m-1}+\cdots+b_{m-1}x+b_m}$$

的函数称为**有理函数**,其中 m 和 n 均为非负整数;$a_i(i=0,1,2,\cdots,n)$,$b_j(j=0,1,2,\cdots,m)$ 均为常数,$a_0\neq 0$, $b_0\neq 0$,且假设多项式 $P_n(x)$ 与 $Q_m(x)$ 无公因式.若 $n<m$,称它为**真分式**;若 $n\geqslant m$,称它为**假分式**.

如果 $R(x)$ 是假分式,那么利用多项式的除法,总可以将其化成多项式与真分式和的形式,如

$$\frac{x^3+x+1}{x^2+1}=x+\frac{1}{x^2+1},$$

多项式的不定积分容易求得,故只需解决真分式的不定积分即可.

一般来说,有理真分式不定积分的计算,分为以下两个步骤.

(1) 将真分式分解成部分分式之和.

根据代数学知识,可以将真分式中的分母在实数范围内分解成一次因式和二次因式的乘积,然后将真分式分解成如下形式的一些部分分式之和.

$$\frac{A}{x-a},\ \frac{A}{(x-a)^k},\ \frac{Mx+N}{x^2+px+q},\ \frac{Mx+N}{(x^2+px+q)^k},$$

其中 k 为大于 1 的正整数,$p^2-4q<0$.要注意:

① 若真分式的分母中有因式 $(x-a)^k$,则和式中对应地含有如下 k 个部分分式之和

$$\frac{A_1}{x-a}+\frac{A_2}{(x-a)^2}+\cdots+\frac{A_k}{(x-a)^k};$$

② 若真分式的分母中有因式 $(x^2+px+q)^l$,则和式中对应地含有以下 l 个部分分式之和

$$\frac{M_1x+N_1}{x^2+px+q}+\frac{M_2x+N_2}{(x^2+px+q)^2}+\cdots+\frac{M_lx+N_l}{(x^2+px+q)^l},$$

其中 $A_i(1\leqslant i\leqslant k)$,$M_j$,$N_j(1\leqslant j\leqslant l)$ 为待定常数,可通过待定系数法求得.

(2) 求出各部分分式的不定积分.

部分分式的不定积分只有以下 4 类:

① $\displaystyle\int\frac{A}{x-a}\mathrm{d}x$;

② $\displaystyle\int\frac{A}{(x-a)^n}\mathrm{d}x\ (n>1)$;

③ $\int \frac{Mx+N}{x^2+px+q}\mathrm{d}x \ (p^2-4q<0)$；

④ $\int \frac{Mx+N}{(x^2+px+q)^n}\mathrm{d}x \ (p^2-4q<0, n>1)$.

前 3 类积分是不难求得的(在第 5.2 节已讨论过)；至于第 4 类积分，只要对分母中的二次式 x^2+px+q 进行配方，再利用变量代换，就可化为以下形式的积分

$$\begin{aligned}\int \frac{Mx+N}{(x^2+px+q)^n}\mathrm{d}x &= \int \frac{Mt}{(t^2+a^2)^n}\mathrm{d}t + \int \frac{b}{(t^2+a^2)^n}\mathrm{d}t \\ &= -\frac{M}{2(n-1)(t^2+a^2)^{n-1}} + b\int \frac{1}{(t^2+a^2)^n}\mathrm{d}t,\end{aligned}$$

其中 $t=x+\frac{p}{2}$，$a^2=q-\frac{p^2}{4}$，$b=N-\frac{Mp}{2}$. 上式最后一个积分可由第 5.3 节例 9 的递推公式求得.

例 1　求$\int \frac{\mathrm{d}x}{x^3-2x^2+x}$.

解　先将被积函数分解成部分分式之和，因为 $x^3-2x^2+x=x(x-1)^2$，故可设

$$\frac{1}{x^3-2x^2+x}=\frac{1}{x(x-1)^2}=\frac{A}{x}+\frac{B}{(x-1)^2}+\frac{C}{x-1},$$

等式两边同乘以公分母 $x(x-1)^2$，得

$$1=A(x-1)^2+Bx+Cx(x-1).$$

令 $x=0$，得 $A=1$；令 $x=1$，得 $B=1$；令 $x=2$，得 $C=-1$. 所以

$$\frac{1}{x^3-2x^2+x}=\frac{1}{x}+\frac{1}{(x-1)^2}-\frac{1}{x-1},$$

因此

$$\begin{aligned}\int \frac{\mathrm{d}x}{x^3-2x^2+x} &= \int \frac{\mathrm{d}x}{x}+\int \frac{\mathrm{d}x}{(x-1)^2}-\int \frac{\mathrm{d}x}{x-1} \\ &= \ln|x|-\frac{1}{x-1}-\ln|x-1|+C \\ &= \ln\left|\frac{x}{x-1}\right|-\frac{1}{x-1}+C.\end{aligned}$$

例 2　求$\int \frac{2x^2-x-1}{x^3+1}\mathrm{d}x$.

解　先将被函数分解成部分分式之和，因为

$$x^3+1=(x+1)(x^2-x+1),$$

设

$$\frac{2x^2-x-1}{x^3+1}=\frac{2x^2-x-1}{(x+1)(x^2-x+1)}=\frac{A}{x+1}+\frac{Bx+C}{x^2-x+1},$$

将右端通分，由两端的分子恒相等得

$$\begin{aligned}2x^2-x-1 &= A(x^2-x+1)+(Bx+C)(x+1) \\ &= (A+B)x^2+(B+C-A)x+(A+C),\end{aligned}$$

比较两端 x 的同次幂项系数，得

$$\begin{cases}A+B=2, \\ B+C-A=-1, \\ A+C=-1,\end{cases}$$

解得
$$A=\frac{2}{3},\ B=\frac{4}{3},\ C=-\frac{5}{3}.$$

故
$$\frac{2x^2-x-1}{x^3+1}=\frac{2}{3(x+1)}+\frac{4x-5}{3(x^2-x+1)},$$

因此
$$\begin{aligned}\int\frac{2x^2-x-1}{x^3+1}\mathrm{d}x&=\int\frac{2}{3(x+1)}\mathrm{d}x+\int\frac{4x-5}{3(x^2-x+1)}\mathrm{d}x\\&=\frac{2}{3}\ln|x+1|+\int\frac{2(2x-1)-3}{3(x^2-x+1)}\mathrm{d}x\\&=\frac{2}{3}\ln|x+1|+\frac{2}{3}\int\frac{\mathrm{d}(x^2-x+1)}{x^2-x+1}-\int\frac{\mathrm{d}x}{x^2-x+1}\\&=\frac{2}{3}\ln|x+1|+\frac{2}{3}\ln|x^2-x+1|-\int\frac{\mathrm{d}x}{\left(x-\frac{1}{2}\right)^2+\frac{3}{4}}\\&=\frac{2}{3}\ln|x^3+1|-\frac{2}{\sqrt{3}}\arctan\frac{2x-1}{\sqrt{3}}+C.\end{aligned}$$

5.4.2 三角函数有理式的不定积分

由三角函数 $\sin x$,$\cos x$ 及常数经过有限次的四则运算所构成的函数称为**三角函数有理式**.

如果被积函数是三角函数有理式,可通过做万能代换 $t=\tan\frac{x}{2}$,将其化为有理函数. 常用的等式有:

$$\sin x=\frac{2\tan\frac{x}{2}}{1+\tan^2\frac{x}{2}}=\frac{2t}{1+t^2},\quad \cos x=\frac{1-\tan^2\frac{x}{2}}{1+\tan^2\frac{x}{2}}=\frac{1-t^2}{1+t^2},$$

$$\tan x=\frac{2t}{1-t^2},\quad \mathrm{d}x=\frac{2}{1+t^2}\mathrm{d}t.$$

三角函数有理式的积分

例 3 $\int\frac{1}{\sin x+\tan x}\mathrm{d}x.$

解 $t=\tan\frac{x}{2}$,则 $\sin x=\frac{2t}{1+t^2}$,$\tan x=\frac{2t}{1-t^2}$,$\mathrm{d}x=\frac{2}{1+t^2}\mathrm{d}t$,于是

$$\begin{aligned}\int\frac{1}{\sin x+\tan x}\mathrm{d}x&=\int\frac{1}{\frac{2t}{1+t^2}+\frac{2t}{1-t^2}}\cdot\frac{2}{1+t^2}\mathrm{d}t=\frac{1}{2}\int\left(\frac{1}{t}-t\right)\mathrm{d}t\\&=\frac{1}{2}\left(\ln|t|-\frac{t^2}{2}\right)+C=\frac{1}{2}\ln\left|\tan\frac{x}{2}\right|-\frac{1}{4}\tan^2\frac{x}{2}+C.\end{aligned}$$

例 4 求 $\int\frac{1+\sin x}{\sin x(1+\cos x)}\mathrm{d}x.$

解 令 $t=\tan\frac{x}{2}$,则 $\mathrm{d}x=\frac{2\mathrm{d}t}{1+t^2}$,于是

$$\int\frac{1+\sin x}{\sin x(1+\cos x)}\mathrm{d}x=\int\frac{1+\frac{2t}{1+t^2}}{\frac{2t}{1+t^2}\left(1+\frac{1-t^2}{1+t^2}\right)}\cdot\frac{2\mathrm{d}t}{1+t^2}=\int\frac{t^2+1+2t}{2t}\mathrm{d}t$$

$$=\frac{1}{4}t^2+\frac{1}{2}\ln|t|+t+C$$
$$=\frac{1}{4}\tan^2\frac{x}{2}+\frac{1}{2}\ln\left|\tan\frac{x}{2}\right|+\tan\frac{x}{2}+C.$$

万能代换可以将三角函数有理式的不定积分化为有理函数的不定积分，但往往计算量很大，所以对于某些特殊的三角函数有理式的积分，可采用更简便的方法.

例 5 求$\int\frac{dx}{\sin^2 x+4\cos^2 x}$.

解 $\int\frac{dx}{\sin^2 x+4\cos^2 x}=\int\frac{1}{\tan^2 x+2^2}\cdot\frac{dx}{\cos^2 x}=\int\frac{d(\tan x)}{\tan^2 x+2^2}=\frac{1}{2}\arctan\frac{\tan x}{2}+C.$

习题 5.4

1. 求下列不定积分：

(1) $\int\frac{x+1}{(x-1)^3}dx$；　(2) $\int\frac{2x+3}{x^2+3x-10}dx$；　(3) $\int\frac{x^5+x^4-8}{x^3-x}dx$；

(4) $\int\frac{x^2+1}{(x+1)^2(x-1)}dx$；　(5) $\int\frac{x}{x^2+2x+2}dx$；　(6) $\int\frac{1}{1+\sin x+\cos x}dx$；

(7) $\int\frac{1+\sin x}{1+\cos x}dx$；　(8) $\int\frac{\sin x}{\sin x+\cos x}dx$；　(9) $\int\frac{1}{2\sin x-\cos x+1}dx$.

不定积分计算方法小结

总习题五

1. 填空题.

(1) 设 $f(x)=e^{-x}$，则$\int\frac{f'(\ln x)}{x}dx=$ ________.

(2) $\int(f(x)+f'(x))e^x dx=$ ________ .

(3) 设$\int xf(x)dx=\ln(x+\sqrt{a^2+x^2})+C$，则$\int\frac{dx}{f(x)}=$ ________.

(4) 设 e^{-x} 是 $f(x)$ 的一个原函数，则$\int xf(x)dx=$ ________.

(5) 设函数 $f(x)$ 的一个原函数为$\frac{\sin x}{x}$，则$\int x^3 f'(x)dx=$ ________.

2. 选择题.

(1) 设 $F(x)$ 是 $f(x)$ 的一个原函数，C 为常数，则下列函数中仍为 $f(x)$ 的原函数的是(　　).

(A) $F(Cx)$　(B) $F(C+x)$　(C) $CF(x)$　(D) $F(x)+C$

(2) 若 $f(x)$ 是 $g(x)$ 的一个原函数，则(　　).

(A) $\int f(x)dx=g(x)+C$　(B) $\int g(x)dx=f(x)+C$

(C) $\int f'(x)dx=g(x)+C$　(D) $\int g'(x)dx=f(x)+C$

(3) 下列等式成立的是(　　).

(A) $\int f'(x)dx=f(x)$　(B) $\int df(x)=f(x)$

(C) $\frac{d}{dx}\int f(x)dx=f(x)$　(D) $d\int f(x)dx=f(x)$

(4) 若 $f(x)$ 的一个原函数为 $\sin x$，则$\int f'(x)dx=$ (　　).

(A) $\sin x+C$　　(B) $\cos x+C$　　(C) $-\sin x+C$　　(D) $-\cos x+C$

(5) 设$\frac{\sin x}{x}$为$f(x)$的一个原函数,且$a\neq 0$,则$\int f(ax)\mathrm{d}x=$(　　).

(A) $\frac{\sin ax}{a^2x}+C$　　(B) $\frac{\sin ax}{ax}+C$　　(C) $\frac{\sin ax}{x}+C$　　(D) $\frac{a\sin x}{x}+C$

(6) 若$F'(x)=f(x)$,则下列式子不正确的是(　　).

(A) $\int \mathrm{e}^x f(\mathrm{e}^x)\mathrm{d}x=F(\mathrm{e}^x)+C$　　(B) $\int \frac{1}{x^2}f\left(\frac{1}{x}\right)\mathrm{d}x=F\left(\frac{1}{x}\right)+C$

(C) $\int \frac{f(\tan x)}{\cos^2 x}\mathrm{d}x=F(\tan x)+C$　　(D) $\int \frac{f(\ln x)}{x}\mathrm{d}x=F(\ln x)+C$

(7) 若$\int f(x)\mathrm{d}x=x^2+C$,则$\int xf(1-x^2)\mathrm{d}x=$(　　).

(A) $2(1-x^2)^2+C$　　(B) $-2(1-x^2)^2+C$

(C) $\frac{1}{2}(1-x^2)^2+C$　　(D) $-\frac{1}{2}(1-x^2)^2+C$

(8) 设$\csc^2 x$是$f(x)$的一个原函数,则$\int xf(x)\mathrm{d}x=$(　　).

(A) $x\csc^2 x-\cot x+C$　　(B) $x\csc^2 x+\cot x+C$

(C) $-x\cot x-\cot x+C$　　(D) $-x\cot x+\cot x+C$

(9) $\int xf''(x)\mathrm{d}x=$(　　).

(A) $xf'(x)-\int f(x)\mathrm{d}x$　　(B) $xf'(x)-f'(x)+C$

(C) $xf'(x)-f(x)+C$　　(D) $f(x)-xf'(x)+C$

(10) 设$f(x)$为单调连续函数,且$\int f(x)\mathrm{d}x=F(x)+C$,则$\int f^{-1}(x)\mathrm{d}x=$(　　).

(A) $xf^{-1}(x)+C$　　(B) $xf^{-1}(x)+F(x)+C$

(C) $xf^{-1}(x)-F(f^{-1}(x))+C$　　(D)$F(f^{-1}(x))+C$

3. 用适当的方法求下列不定积分:

(1) $\int \frac{x^3}{1+x^2}\mathrm{d}x$;　　(2) $\int \cos^5 x\sqrt{\sin x}\,\mathrm{d}x$;　　(3) $\int \frac{x+\arctan x}{1+x^2}\mathrm{d}x$;

(4) $\int \frac{\mathrm{d}x}{x\sqrt{1+x^2}}$;　　(5) $\int \frac{\mathrm{e}^x(1+\mathrm{e}^x)}{\sqrt{1-\mathrm{e}^{2x}}}\mathrm{d}x$;　　(6) $\int \frac{\ln x}{x\sqrt{1+\ln x}}\mathrm{d}x$;

(7) $\int \frac{x+\ln^3 x}{(x\ln x)^2}\mathrm{d}x$;　　(8) $\int \frac{\ln(\mathrm{e}^x+1)}{\mathrm{e}^x}\mathrm{d}x$;　　(9) $\int \frac{\sin^3 x}{\cos^5 x}\mathrm{d}x$;

(10) $\int \frac{\mathrm{d}x}{\sin^4 x}$;　　(11) $\int \frac{x\arctan x}{\sqrt{1+x^2}}\mathrm{d}x$;　　(12) $\int \frac{\arcsin x}{\sqrt{1+x}}\mathrm{d}x$;

(13) $\int \frac{x\ln(x+\sqrt{1+x^2})}{\sqrt{1+x^2}}\mathrm{d}x$;　　(14) $\int \frac{\mathrm{d}x}{1+\sqrt{1-x^2}}$;　　(15) $\int \frac{x}{\sqrt[3]{1-3x}}\mathrm{d}x$;

(16) $\int \frac{(x+2)\mathrm{d}x}{\sqrt{x^2+2x+3}}$;　　(17) $\int \frac{4x+3}{(x-2)^2}\mathrm{d}x$;　　(18) $\int \frac{\mathrm{d}x}{\mathrm{e}^x(1+\mathrm{e}^{2x})}$;

(19) $\int \frac{\mathrm{d}x}{x^4\sqrt{1+x^2}}$;　　(20) $\int \frac{x+2\sin x\cos x}{1+\cos 2x}\mathrm{d}x$;　　(21) $\int \frac{\arctan \mathrm{e}^x}{\mathrm{e}^x}\mathrm{d}x$.

4. 设$f(x)$的原函数$F(x)$恒正,且$F(0)=1$, $f(x)\cdot F(x)=x$,求$f(x)$.

6 定积分

章节提要

一元函数积分学包含两个基本问题:不定积分和定积分. 定积分有着非常广泛的实际背景,在几何学、物理学、经济学等领域有着广泛的应用. 本章将介绍定积分的概念与基本性质、定积分与不定积分的关系、定积分的计算、定积分的简单应用及广义积分初步等.

6.1 定积分的概念与性质

曲边梯形的面积

6.1.1 定积分概念产生的背景

1. 曲边梯形的面积

设 $y=f(x)$ 是区间 $[a, b]$ 上非负、连续的函数,由曲线 $y=f(x)$,直线 $x=a$, $x=b$ 及 x 轴所围成的图形(图 6-1),称为**曲边梯形**,其中曲线弧称为**曲边**.

我们已经会计算三角形、矩形、圆、梯形等平面图形的面积,那么曲边梯形的面积如何计算呢?

显然,问题的难点在曲边 $y=f(x)$ 上,如果 $f(x)$ 恒为常数或 $f(x)$ 为一次函数,那么曲边梯形便成了矩形或梯形,其面积可按矩形或梯形面积公式求得.

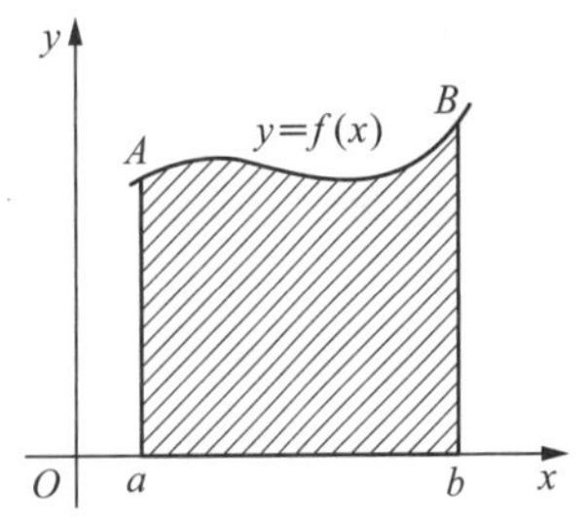

图 6-1

由于 $y=f(x)$ 在 $[a,b]$ 上连续,所以当自变量 x 变化很小时,$f(x)$ 变化也很小. 因此当 x 局限于很小的子区间 $[x, x+\Delta x]$ 上时,可以该子区间为底,该子区间上任取一点 ξ 的函数值 $f(\xi)$ 为高的小矩形的面积来近似代替以该区间为底的小曲边梯形的面积. 当把 $[a,b]$ 分割成长度都很小的 n 个子区间时,对应的 n 个小矩形面积之和就是原曲边梯形面积的近似值,$[a,b]$ 分割得越细,这种近似表示的精确度就越高. 如果把 $[a,b]$ 无限细分下去,使每个小区间的长度都趋于零,那么所有小曲边梯形面积之和的极限就可表示为所求曲边梯形的面积.

由上述分析,我们可用极限的方法计算曲边梯形面积,具体如下.

(1) **分割** 在区间 $[a, b]$ 中任意插入 $n-1$ 分点 $a=x_0<x_1<x_2<\cdots<x_{i-1}<x_i<\cdots<x_{n-1}<x_n=b$,把区间 $[a, b]$ 分成 n 个小区间 $[x_0, x_1]$, $[x_1, x_2]$, $\cdots$, $[x_{i-1}, x_i]$, $\cdots$, $[x_{n-1}, x_n]$,每个小区间的长度记为 $\Delta x_i=x_i-x_{i-1}(i=1, 2,\cdots,n)$,过每个分点作 y 轴的平行线,这些平行线将原曲边梯形分割成 n 个小曲边梯形,如图 6-2 所示,用 ΔA_i 表示第 i 个小曲边梯形的面积.

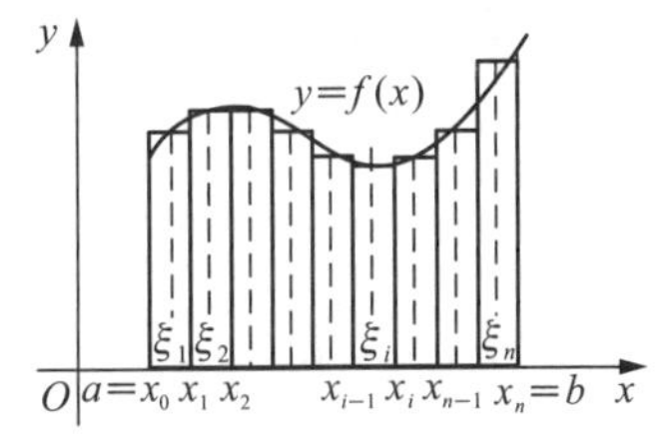

图 6-2

(2) **近似代替** 在每个小区间 $[x_{i-1}, x_i]$ $(i=1, 2, \cdots, n)$ 上任取一点 ξ_i $(x_{i-1}\leqslant\xi_i\leqslant x_i)$,以 $f(\xi_i)$ 为高、$[x_{i-1}, x_i]$ 为底的小矩形面积近似代替同底的小曲边梯形的面积,即

$$\Delta A_i \approx f(\xi_i)\Delta x_i(i=1, 2, \cdots, n).$$

(3) **求和** 将 n 个小矩形面积的值 $f(\xi_i)\Delta x_i(i=1, 2, \cdots, n)$ 加起来,就得到原曲边梯

形面积的近似值,即

$$A=\sum_{i=1}^{n}\Delta A_i\approx\sum_{i=1}^{n}f(\xi_i)\Delta x_i.$$

(4) **取极限** 当所有小区间长度中的最大值$\lambda=\max\{\Delta x_1, \Delta x_2, \cdots, \Delta x_n\}$趋于零时,和式 $\sum_{i=1}^{n}f(\xi_i)\Delta x_i$ 的极限就是所求曲边梯形的面积,即

$$A=\lim_{\lambda\to 0}\sum_{i=1}^{n}f(\xi_i)\Delta x_i.$$

2. 变速直线运动的路程

设某物体做变速直线运动,已知速度 $v=v(t)$是时间间隔$[a, b]$上的连续函数,求物体在这段时间间隔内所经过的路程.

由于物体做变速直线运动,所以不能用匀速直线运动公式 $s=vt$ 计算路程. 但是物体运动的速度函数是连续变化的,在很短一段时间内,速度变化很小,近似于匀速直线运动. 因此,可先把时间间隔$[a, b]$进行分割,在小段时间内,以匀速运动代替变速运动,就可计算该部分路程的近似值;再求和,得到整个路程的近似值;最后通过对时间间隔无限细分,则所有部分路程的近似值之和的极限,就是所求变速运动路程的精确值. 具体如下.

(1) **分割** 在区间$[a, b]$中任意插入 $n-1$ 分点

$$a=t_0<t_1<t_2<\cdots<t_{i-1}<t_i<\cdots<t_{n-1}<t_n=b,$$

把区间$[a, b]$分成 n 个小区间$[t_0, t_1]$,$[t_1, t_2]$, $\cdots$, $[t_{i-1}, t_i]$, $\cdots$, $[t_{n-1}, t_n]$,每个小区间的长度记为 $\Delta t_i=t_i-t_{i-1}(i=1, 2, \cdots, n)$. 设物体在第 i 个时间间隔$[t_{i-1}, t_i]$内所走过的路程为 Δs_i.

(2) **近似代替** 在每个时间间隔$[t_{i-1}, t_i]$上任取一个时刻 τ_i,则以物体在时刻 τ_i的速度 $v(\tau_i)$代替该物体在$[t_{i-1}, t_i]$上各个时刻速度,就可得到物体在这段时间内走过的路程的近似值

$$\Delta s_i\approx v(\tau_i)\Delta t_i(i=1, 2, \cdots, n).$$

(3) **求和** 将这些近似值加起来,就得到总路程的近似值,即

$$s=\sum_{i=1}^{n}\Delta s_i\approx\sum_{i=1}^{n}v(\tau_i)\Delta t_i.$$

(4) **取极限** 记所有小区间长度中的最大值 $\lambda=\max\{\Delta t_1, \Delta t_2, \cdots, \Delta t_n\}$,令其趋于零,则上述近似值的极限就是所求总路程的精确值,即

$$s=\lim_{\lambda\to 0}\sum_{i=1}^{n}v(\tau_i)\Delta t_i.$$

以上两例虽然实际意义不同,但解决的方法是相同的,都归结为求相同结构和式的极限. 还有许多实际问题的解决也是归结为求这类和式的极限,因此我们有必要对其做深入的研究,这样就引出了定积分的概念.

6.1.2 定积分的定义

定义 1 设函数 $f(x)$ 在$[a, b]$ 上有界,在$[a, b]$ 内任意插入 $n-1$ 个分点

$$a=x_0<x_1<x_2<\cdots<x_{i-1}<x_i<\cdots<x_{n-1}<x_n=b,$$

把区间分成 n 个小区间

$$[x_0, x_1], [x_1, x_2], \cdots, [x_{i-1}, x_i], \cdots, [x_{n-1}, x_n],$$

各个小区间的长度依次为

$$\Delta x_1 = x_1 - x_0, \Delta x_2 = x_2 - x_1, \cdots, \Delta x_n = x_n - x_{n-1},$$

在每个小区间$[x_{i-1}, x_i]$上任取一点$\xi_i(x_{i-1} \leqslant \xi_i \leqslant x_i)$,作函数值 $f(\xi_i)$ 与小区间长度 Δx_i 的乘积 $f(\xi_i)\Delta x_i (i = 1, 2, \cdots, n)$,并作和式

$$S = \sum_{i=1}^{n} f(\xi_i)\Delta x_i,$$

记 $\lambda = \max\{\Delta x_1, \Delta x_2, \cdots, \Delta x_n\}$,如果不论对区间$[a, b]$怎样分法,也不论对小区间$[x_{i-1}, x_i]$上点 ξ_i 怎样取法,只要当 $\lambda \to 0$ 时,和 S 总趋于确定的极限值 I,则称这个极限值 I 为函数 $f(x)$ 在区间$[a, b]$上的**定积分**,记作$\int_a^b f(x)\mathrm{d}x$,即

$$\int_a^b f(x)\mathrm{d}x = I = \lim_{\lambda \to 0} \sum_{i=1}^{n} f(\xi_i)\Delta x_i,$$

其中,$f(x)$ 称为被积函数;$f(x)\mathrm{d}x$ 称为被积表达式;x 称为积分变量;$[a, b]$ 称为积分区间;a 称为积分下限;b 称为积分上限;$\sum_{i=1}^{n} f(\xi_i)\Delta x_i$ 称为 $f(x)$ 在$[a, b]$上的积分和.

如果 $f(x)$ 在$[a, b]$上的定积分存在,我们就说 $f(x)$ 在$[a, b]$上**可积**.

由定积分的定义可知,上述曲边梯形的面积即为函数 $y = f(x)$ 在$[a, b]$上的定积分,即 $A = \int_a^b f(x)\mathrm{d}x$;变速直线运动所经过的路程等于速度函数 $v = v(t)$ 在时间间隔$[a, b]$上的定积分 $S = \int_a^b v(t)\mathrm{d}t$.

两点说明:

① 定积分$\int_a^b f(x)\mathrm{d}x$ 是一个数,由积分区间和被积函数唯一确定,与积分变量选用的字母无关,即

$$\int_a^b f(x)\mathrm{d}x = \int_a^b f(t)\mathrm{d}t = \int_a^b f(u)\mathrm{d}u.$$

② 在定义中,一般下限 a 必须小于上限 b;但为了以后的运算方便,认为定积分的下限也可以大于或等于上限,并规定:当 $a > b$ 时,$\int_a^b f(x)\mathrm{d}x = -\int_b^a f(x)\mathrm{d}x$;当 $a = b$ 时,$\int_a^b f(x)\mathrm{d}x = 0$.

我们不加证明地给出以下两个结论.

定理 1 在闭区间$[a, b]$上连续的函数必在$[a, b]$上可积.

定理 2 如果 $f(x)$ 在闭区间$[a, b]$上有界,且只有有限个第一类间断点,则 $f(x)$ 在$[a, b]$上可积.

例 1 用定积分定义计算$\int_0^1 x^2\mathrm{d}x$.

解 因 $f(x) = x^2$ 是$[0, 1]$上的连续函数,故可积. 由于定积分值与区间的分割方式及 ξ_i 的取法无关,因此在利用定积分的定义求定积分时,可选用最利于求和及求极限的方式来

分割区间及取 ξ_i. 为此,把区间 $[0, 1]$ 分为 n 等份,在 $[x_{i-1}, x_i]$ 上取 $\xi_i = x_i = \dfrac{i}{n}$ $(i = 1,2,\cdots, n)$,如图 6-3 所示. 于是积分和

$$\sum_{i=1}^{n} f(\xi_i)\Delta x_i = \sum_{i=1}^{n}\left(\frac{i}{n}\right)^2 \frac{1}{n} = \frac{1}{n^3}\sum_{i=1}^{n} i^2$$
$$= \frac{n(n+1)(2n+1)}{6n^3}.$$

令 $n \to \infty$,即 $\lambda \to 0$,取极限,得 $\int_0^1 x^2 \mathrm{d}x = \dfrac{1}{3}$.

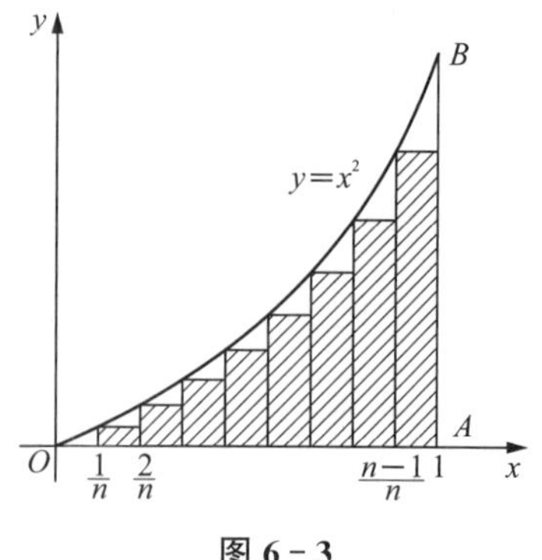

图 6-3

6.1.3　定积分的几何意义

由前面的讨论知道,如果在区间 $[a, b]$ 上函数 $f(x) \geqslant 0$,则定积分 $\int_a^b f(x)\mathrm{d}x$ 表示以 $f(x)$ 为曲边的曲边梯形的面积(图 6-4);若在区间 $[a, b]$ 上 $f(x) \leqslant 0$,则由曲线 $y = f(x)$,直线 $x = a$,$x = b$ 与 x 轴所围成的曲边梯形位于 x 轴下方,由定积分定义易知 $\int_a^b f(x)\mathrm{d}x < 0$,此时 $\int_a^b f(x)\mathrm{d}x$ 表示曲边梯形面积的相反数(图 6-5). 综合得,函数 $f(x)$ 在区间 $[a, b]$ 上的定积分 $\int_a^b f(x)\mathrm{d}x$ 的几何意义:由曲线 $y = f(x)$,直线 $x = a$, $x = b$ 与 x 轴所围成的曲边梯形面积的代数和(曲线在 x 轴上方的面积取正,曲线在 x 轴下方的取负)(图 6-6).

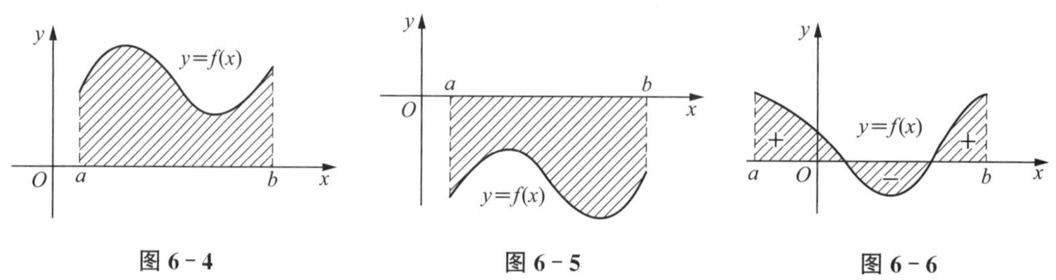

图 6-4　　图 6-5　　图 6-6

例 2　利用定积分的几何意义计算 $\int_0^1 \sqrt{1-x^2}\,\mathrm{d}x$.

解　因被积函数 $\sqrt{1-x^2} \geqslant 0$,故 $\int_0^1 \sqrt{1-x^2}\,\mathrm{d}x$ 在几何上表示由上圆周 $y = \sqrt{1-x^2}$ 与直线 $x = 0$, $x = 1$ 及 x 轴所围成的区域的面积,显然该区域为四分之一单位圆,从而

$$\int_0^1 \sqrt{1-x^2}\,\mathrm{d}x = \frac{\pi}{4}.$$

6.1.4　定积分的性质

由于定积分是一类和式的极限,利用极限运算法则,容易推导出定积分的诸多性质. 在以下的讨论中我们假定所列出的定积分都是存在的.

性质 1　$\int_a^b [f(x) \pm g(x)]\mathrm{d}x = \int_a^b f(x)\mathrm{d}x \pm \int_a^b g(x)\mathrm{d}x$.

证 $$\int_a^b [f(x)\pm g(x)]\mathrm{d}x = \lim_{\lambda\to 0}\sum_{i=1}^{n}[f(\xi_i)\pm g(\xi_i)]\Delta x_i$$
$$= \lim_{\lambda\to 0}\sum_{i=1}^{n} f(\xi_i)\Delta x_i \pm \lim_{\lambda\to 0}\sum_{i=1}^{n} g(\xi_i)\Delta x_i$$
$$= \int_a^b f(x)\mathrm{d}x \pm \int_a^b g(x)\mathrm{d}x.$$

此性质可推广到有限多个函数的代数和的情况. 类似可证性质 2 和性质 3.

性质 2 $\int_a^b kf(x)\mathrm{d}x = k\int_a^b f(x)\mathrm{d}x$ (k 是常数).

性质 3 $\int_a^b 1\cdot \mathrm{d}x = b-a$.

性质 4 若 $a<c<b$,则$\int_a^b f(x)\mathrm{d}x = \int_a^c f(x)\mathrm{d}x + \int_c^b f(x)\mathrm{d}x$.

证 因为函数 $f(x)$ 在区间$[a, b]$可积,所以不论把$[a, b]$怎样分割,积分和的极限总是不变的,因此在分割时,可使 c 始终为其一个分点. 从而 $f(x)$ 在区间$[a, b]$上的积分和等于$[a, c]$上的积分和加上$[c, b]$上的积分和,因此

$$\int_a^b f(x)\mathrm{d}x = \lim_{\lambda\to 0}\sum_{[a,b]} f(\xi_i)\Delta x_i = \lim_{\lambda\to 0}\Big[\sum_{[a,c]} f(\xi_i)\Delta x_i + \sum_{[c,b]} f(\xi_i)\Delta x_i\Big]$$
$$= \lim_{\lambda\to 0}\sum_{[a,c]} f(\xi_i)\Delta x_i + \lim_{\lambda\to 0}\sum_{[c,b]} f(\xi_i)\Delta x_i = \int_a^c f(x)\mathrm{d}x + \int_c^b f(x)\mathrm{d}x.$$

此性质表明定积分对于积分区间具有可加性. 事实上,不论 a, b, c 之间的大小关系如何,此性质都成立.

性质 5 若在区间$[a, b]$上有 $f(x)\geqslant g(x)$,则$\int_a^b f(x)\mathrm{d}x \geqslant \int_a^b g(x)\mathrm{d}x$.

证 由性质 1 知

$$\int_a^b f(x)\mathrm{d}x - \int_a^b g(x)\mathrm{d}x = \int_a^b [f(x)-g(x)]\mathrm{d}x = \lim_{\lambda\to 0}\sum_{i=1}^{n}[f(\xi_i)-g(\xi_i)]\Delta x_i,$$

因 $f(\xi_i)-g(\xi_i)\geqslant 0$, $\Delta x_i \geqslant 0$ ($i=1, 2, \cdots, n$),故$\int_a^b f(x)\mathrm{d}x - \int_a^b g(x)\mathrm{d}x \geqslant 0$,从而得

$$\int_a^b f(x)\mathrm{d}x \geqslant \int_a^b g(x)\mathrm{d}x.$$

例 1 比较$\int_1^{\mathrm{e}} \ln x\mathrm{d}x$ 与$\int_1^{\mathrm{e}} (\ln x)^2\mathrm{d}x$ 的大小.

解 当 $1<x<\mathrm{e}$ 时,$0<\ln x<1$,所以 $\ln x>(\ln x)^2$,由性质 5 得

$$\int_1^{\mathrm{e}} \ln x\mathrm{d}x > \int_1^{\mathrm{e}} (\ln x)^2\mathrm{d}x.$$

推论 $\left|\int_a^b f(x)\mathrm{d}x\right| \leqslant \int_a^b |f(x)|\mathrm{d}x$ ($a<b$).

证 因 $-|f(x)|\leqslant f(x)\leqslant |f(x)|$,由性质 5 得

$$-\int_a^b |f(x)|\mathrm{d}x \leqslant \int_a^b f(x)\mathrm{d}x \leqslant \int_a^b |f(x)|\mathrm{d}x,$$

故
$$\left|\int_a^b f(x)\mathrm{d}x\right| \leqslant \int_a^b |f(x)|\mathrm{d}x.$$

性质 6 若 $f(x)$ 在区间$[a, b]$上的最大值和最小值分别为 M, m,则

$$m(b-a) \leqslant \int_a^b f(x)\mathrm{d}x \leqslant M(b-a).$$

证 因为 $m \leqslant f(x) \leqslant M$,由性质 5 得

$$\int_a^b m\mathrm{d}x \leqslant \int_a^b f(x)\mathrm{d}x \leqslant \int_a^b M\mathrm{d}x,$$

即

$$m(b-a) \leqslant \int_a^b f(x)\mathrm{d}x \leqslant M(b-a).$$

利用该性质可以估计定积分值的范围.

例 2 估计定积分$\int_1^3 (x^2+1)\mathrm{d}x$ 的值的范围.

解 因 $f(x)=x^2+1$ 在$[1, 3]$上单调增加,所以 $f(1) \leqslant f(x) \leqslant f(3)$,即

$$2 \leqslant f(x) \leqslant 10,$$

所以

$$2 \times (3-1) \leqslant \int_1^3 (x^2+1)\mathrm{d}x \leqslant 10 \times (3-1),$$

即

$$4 \leqslant \int_1^3 (x^2+1)\mathrm{d}x \leqslant 20.$$

积分中值定理的几何意义

性质 7(积分中值定理) 如果 $f(x)$ 在闭区间$[a, b]$上连续,则在$[a, b]$上至少存在一点 ξ,使得

$$\int_a^b f(x)\mathrm{d}x = f(\xi)(b-a).$$

证 由闭区间上连续函数的性质知,$f(x)$ 在$[a, b]$上必存在最大值 M 和最小值 m,利用性质 6 得 $m \leqslant \frac{1}{b-a}\int_a^b f(x)\mathrm{d}x \leqslant M$;再由闭区间上连续函数的介值定理知,在$[a, b]$上至少存在一点 ξ,使得

$$f(\xi) = \frac{1}{b-a}\int_a^b f(x)\mathrm{d}x,$$

即有

$$\int_a^b f(x)\mathrm{d}x = f(\xi)(b-a).$$

积分中值定理表明:在$[a, b]$上至少存在一点 ξ,使以 $f(x)$ 为曲边、$[a, b]$为底边的曲边梯形的面积等于同一底边而高为 $f(\xi)$ 的矩形的面积(图 6-7).

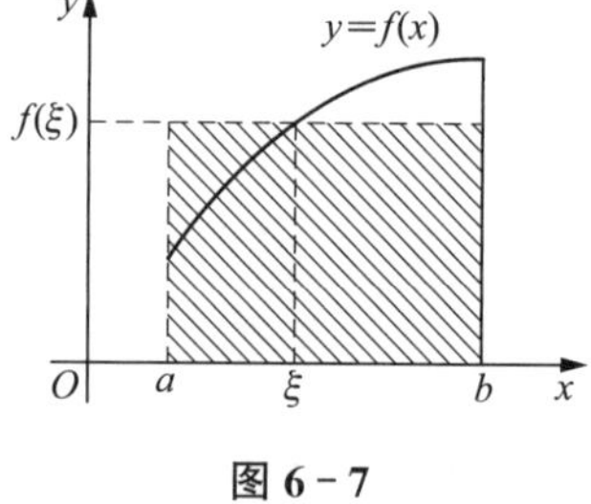

图 6-7

基于此,$f(\xi)=\frac{1}{b-a}\int_a^b f(x)\mathrm{d}x$ 可看成曲边梯形的"平均高度",通常称其为 $f(x)$ 在$[a, b]$上的**平均值**.

例 3 设 $f(x)$ 在$[a, b]$上连续,在(a, b)内可导,且存在 $c \in (a, b)$ 使得$\int_a^c f(x)\mathrm{d}x = f(b)(c-a)$,证明:在$(a, b)$内存在一点 ξ,使得 $f'(\xi)=0$.

证 因为 $f(x)$ 在$[a, b]$上连续,$c \in (a, b)$,故 $f(x)$ 在$[a, c]$上也连续,由积分中值定理可知存在 $\eta \in [a, c]$,使得

$$\int_a^c f(x)\mathrm{d}x = f(\eta)(c-a),$$

又$\int_a^c f(x)\mathrm{d}x = f(b)(c-a)$，因此$\eta \neq b$且$f(\eta) = f(b)$，由罗尔中值定理知，存在$\xi \in (\eta, b) \subset (a, b)$，使得$f'(\xi) = 0$.

习题 6.1

1. 利用定积分的定义计算下列定积分：

(1) $\int_0^1 2x\mathrm{d}x$；　(2) $\int_1^3 x^2\mathrm{d}x$；　(3) $\int_0^1 \mathrm{e}^x\mathrm{d}x$.

2. 利用定积分的几何意义证明下列等式：

(1) $\int_0^2 (x+1)\mathrm{d}x = 4$；　(2) $\int_{-\pi}^{\pi} \sin x\mathrm{d}x = 0$；　(3) $\int_{-\frac{\pi}{2}}^{\frac{\pi}{2}} \cos x\mathrm{d}x = 2\int_0^{\frac{\pi}{2}} \cos x\mathrm{d}x$.

3. 估计下列积分值的范围：

(1) $\int_2^4 (x^2-1)\mathrm{d}x$；　(2) $\int_{\frac{\pi}{4}}^{\frac{5\pi}{4}} (1+\sin^2 x)\mathrm{d}x$；　(3) $\int_{-\frac{1}{\sqrt{2}}}^{\frac{1}{\sqrt{2}}} \mathrm{e}^{-x^2}\mathrm{d}x$.

4. 不计算积分的值，比较下列各组积分值的大小：

(1) $\int_0^1 x^2\mathrm{d}x$与$\int_0^1 x^3\mathrm{d}x$；　(2) $\int_3^4 \ln x\mathrm{d}x$与$\int_3^4 (\ln x)^2\mathrm{d}x$；　(3) $\int_0^1 \mathrm{e}^x\mathrm{d}x$与$\int_0^1 (1+x)\mathrm{d}x$.

5. 设$f(x)$在$[a,b]$上连续，在开区间(a,b)内可导且$\frac{2}{b-a}\int_a^{\frac{a+b}{2}} f(x)\mathrm{d}x = f(b)$，证明：在开区间$(a,b)$内至少存在一点$\xi$，使得$f'(\xi) = 0$.

6.2 微积分基本公式

在第6.1节中，我们看到利用定积分的定义计算定积分是非常麻烦的，甚至有可能算不出结果. 因此必须寻求其他计算定积分的方法.

变速直线运动的物体，其速度$v(t)$若为连续函数，则物体从时刻a到时刻b $(a<b)$所经过的路程为

$$S = \int_a^b v(t)\mathrm{d}t.$$

若物体的位置函数为$S(t)$，则物体从时刻a到时刻b所经过的路程又可以表示为

$$S = S(b) - S(a),$$

从而有

$$\int_a^b v(t)\mathrm{d}t = S(b) - S(a).$$

由于$S'(t) = v(t)$，即$S(t)$是$v(t)$的一个原函数，故可得到：$v(t)$在$[a,b]$的定积分等于$v(t)$的一个原函数$S(t)$在$[a,b]$上的增量$S(b)-S(a)$.

由此给我们以启示，对一般的连续函数是否也有同样的结论?答案是肯定的，即连续函数$f(x)$在$[a,b]$上的定积分等于它的一个原函数$F(x)$在$[a, b]$上的增量$F(b)-F(a)$. 为证明此结论，先考查一类新型的函数——积分上限的函数.

6.2.1 积分上限的函数及其导数

设函数$y = f(t)$在区间$[a,b]$上连续，x为区间$[a,b]$上的任意一点. 由于$f(t)$在$[a,b]$上连续，故在$[a,x]$上也连续，因而定积分$\int_a^x f(t)\mathrm{d}t$存在，且对每一个$x \in [a,b]$，定积分

$\int_a^x f(t)\mathrm{d}t$ 都有唯一确定的值与之对应,因此该定积分是定义在$[a,b]$上的函数,记为 $\Phi(x)$,即

$$\Phi(x)=\int_a^x f(t)\mathrm{d}t \ (a\leqslant x\leqslant b),$$

称函数 $\Phi(x)$ 为**积分上限的函数**. 关于 $\Phi(x)$,有如下重要结论.

积分上限的函数及应用

定理 3 如果函数 $f(x)$ 在$[a, b]$上连续,则积分上限的函数

$$\Phi(x)=\int_a^x f(t)\mathrm{d}t$$

在$[a, b]$上可导,且

$$\Phi'(x)=\frac{\mathrm{d}}{\mathrm{d}x}\int_a^x f(t)\mathrm{d}t=f(x). \tag{6-1}$$

证 任取 $x\in[a, b]$,给其一个增量 Δx,使 $x+\Delta x\in[a, b]$,则函数的增量为

$$\Delta\Phi(x)=\Phi(x+\Delta x)-\Phi(x)=\int_a^{x+\Delta x}f(t)\mathrm{d}t-\int_a^x f(t)\mathrm{d}t=\int_x^{x+\Delta x}f(t)\mathrm{d}t,$$

由积分中值定理得

$$\int_x^{x+\Delta x}f(t)\mathrm{d}t=f(\xi)\Delta x\ (\xi\text{ 介于 }x\text{ 与 }x+\Delta x\text{ 之间}),$$

于是

$$\frac{\Delta\Phi(x)}{\Delta x}=f(\xi),$$

因为当 $\Delta x\to 0$ 时,$\xi\to x$,且 $f(x)$ 在区间$[a,b]$上连续,所以

$$\Phi'(x)=\lim_{\Delta x\to 0}\frac{\Delta\Phi(x)}{\Delta x}=\lim_{\xi\to x}f(\xi)=f(x).$$

由此定理可知:如果 $f(x)$ 在$[a, b]$上连续,则积分上限的函数 $\Phi(x)=\int_a^x f(t)\mathrm{d}t$ 是 $f(x)$ 在$[a, b]$上的一个原函数(不一定是初等函数). 这说明连续函数的原函数必定存在,从而证明了第 5.1 节中的原函数存在定理.

由式(6-1)可得

$$\frac{\mathrm{d}}{\mathrm{d}x}\int_x^b f(t)\mathrm{d}t=-f(x). \tag{6-2}$$

当上限是可导函数 $u=\varphi(x)$ 时,由复合函数求导法则可得

$$\frac{\mathrm{d}}{\mathrm{d}x}\left[\int_a^{\varphi(x)}f(t)\mathrm{d}t\right]=f[\varphi(x)]\varphi'(x). \tag{6-3}$$

当上、下限分别是可导函数 $u=\varphi(x)$ 及 $v=\psi(x)$ 时,可得

$$\frac{\mathrm{d}}{\mathrm{d}x}\left[\int_{\psi(x)}^{\varphi(x)}f(t)\mathrm{d}t\right]=f[\varphi(x)]\varphi'(x)-f[\psi(x)]\psi'(x). \tag{6-4}$$

例 1 计算$\frac{\mathrm{d}}{\mathrm{d}x}\left(\int_{x^2}^x\cos t^2\mathrm{d}t\right)$.

解 $\frac{\mathrm{d}}{\mathrm{d}x}\left(\int_{x^2}^x\cos t^2\mathrm{d}t\right)=\cos x^2-(x^2)'\cos x^4=\cos x^2-2x\cos x^4$.

例 2 计算$\lim\limits_{x\to 0}\frac{1}{\sin^2 x}\int_0^{x^2}\mathrm{e}^{2t}\mathrm{d}t$.

解 显然所求式为$\frac{0}{0}$型的未定式极限,且$\frac{\mathrm{d}}{\mathrm{d}x}\left(\int_0^{x^2}\mathrm{e}^{2t}\mathrm{d}t\right)=\mathrm{e}^{2x^2}\cdot(x^2)'=2x\mathrm{e}^{2x^2}$,当$x\to 0$时,$\sin x\sim x$,故

$$\lim_{x\to 0}\frac{1}{\sin^2 x}\int_0^{x^2}e^{2t}\mathrm{d}t=\lim_{x\to 0}\frac{\int_0^{x^2}e^{2t}\mathrm{d}t}{x^2}=\lim_{x\to 0}\frac{2xe^{2x^2}}{2x}=\lim_{x\to 0}e^{2x^2}=1.$$

6.2.2 微积分基本公式

从不定积分和定积分的定义看，两者没有什么联系，但定理 3 却揭示了定积分与原函数之间的内在联系，提供了通过原函数计算定积分的途径.

定理 4 如果 $f(x)$ 在 $[a, b]$ 上连续，并且 $F(x)$ 是 $f(x)$ 在 $[a, b]$ 上的一个原函数，则

$$\int_a^b f(x)\mathrm{d}x=F(b)-F(a). \tag{6-5}$$

证 因为 $F(x)$ 是 $f(x)$ 的一个原函数，由定理 3 知 $\Phi(x)=\int_a^x f(t)\mathrm{d}t$ 也是 $f(x)$ 的一个原函数，所以它们之间差一个常数 C，即

$$F(x)-\Phi(x)=F(x)-\int_a^x f(t)\mathrm{d}t=C\ (a\leqslant x\leqslant b),$$

在上式中，令 $x=a$，得 $F(a)-\Phi(a)=F(a)-0=C$，故 $C=F(a)$，从而

$$F(x)-\int_a^x f(t)\mathrm{d}t=F(a)\ (a\leqslant x\leqslant b),$$

再令 $x=b$，得 $F(b)-\int_a^b f(t)\mathrm{d}t=F(a)$，即

牛顿与莱布尼茨

$$\int_a^b f(t)\mathrm{d}t=F(b)-F(a).$$

为方便起见，式(6-5)中的 $F(b)-F(a)$ 通常记作 $[F(x)]_a^b$ 或 $F(x)\Big|_a^b$，即式(6-5)可简写成

$$\int_a^b f(x)\mathrm{d}x=[F(x)]_a^b \quad 或 \quad \int_a^b f(x)\mathrm{d}x=F(x)\Big|_a^b.$$

公式(6-5)称为**牛顿-莱布尼茨(Newton-Leibniz)公式**，也称作**微积分基本公式**，是微积分学中重要的一个公式. 公式表明连续函数在 $[a, b]$ 上的定积分等于它的任意一个原函数在 $[a, b]$ 上的增量，这给出了一种计算定积分十分有效且简便的方法.

例 3 求 $\int_{-4}^{-1}\frac{\mathrm{d}x}{x}$.

微积分基本公式

解 由于 $\ln|x|$ 是 $\frac{1}{x}$ 的一个原函数，故由牛顿-莱布尼茨公式得

$$\int_{-4}^{-1}\frac{1}{x}\mathrm{d}x=[\ln|x|]_{-4}^{-1}=\ln 1-\ln 4=-2\ln 2.$$

例 4 求 $\int_{-1}^{\sqrt{3}}\frac{\mathrm{d}x}{1+x^2}$.

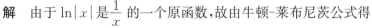

解 $\int_{-1}^{\sqrt{3}}\frac{\mathrm{d}x}{1+x^2}=[\arctan x]_{-1}^{\sqrt{3}}=\arctan\sqrt{3}-\arctan(-1)=\frac{\pi}{3}-\left(-\frac{\pi}{4}\right)=\frac{7}{12}\pi.$

例 5 求 $\int_0^1\frac{x}{\sqrt{4-3x^2}}\mathrm{d}x$.

解 $\int_0^1\frac{x}{\sqrt{4-3x^2}}\mathrm{d}x=-\frac{1}{6}\int_0^1\frac{\mathrm{d}(4-3x^2)}{\sqrt{4-3x^2}}=-\frac{1}{3}[\sqrt{4-3x^2}]_0^1=\frac{1}{3}.$

例 6　求$\int_0^{\pi}\sqrt{\sin x-\sin^3 x}\,dx$.

解　因为$\sqrt{\sin x-\sin^3 x}=|\cos x|(\sin x)^{\frac{1}{2}}$，$0\leqslant x\leqslant\pi$，所以

$$\begin{aligned}\int_0^{\pi}\sqrt{\sin x-\sin^3 x}\,dx&=\int_0^{\pi}|\cos x|(\sin x)^{\frac{1}{2}}dx\\&=\int_0^{\frac{\pi}{2}}\cos x(\sin x)^{\frac{1}{2}}dx-\int_{\frac{\pi}{2}}^{\pi}\cos x(\sin x)^{\frac{1}{2}}dx\\&=\left[\frac{2}{3}\sin^{\frac{3}{2}}x\right]_0^{\frac{\pi}{2}}-\left[\frac{2}{3}\sin^{\frac{3}{2}}x\right]_{\frac{\pi}{2}}^{\pi}\\&=\frac{2}{3}-\left(-\frac{2}{3}\right)=\frac{4}{3}.\end{aligned}$$

例 7　计算$[0,1]$上以$y=\dfrac{e^x+e^{-x}}{2}$为曲边的曲边梯形(图 6-8)的面积.

解　由定积分的几何意义知，所求面积为

$$A=\int_0^1\frac{e^x+e^{-x}}{2}dx=\frac{1}{2}\int_0^1 e^x dx+\frac{1}{2}\int_0^1 e^{-x}dx$$

$$=\frac{1}{2}[e^x]_0^1+\frac{1}{2}[-e^{-x}]_0^1=\frac{1}{2}(e-e^{-1}).$$

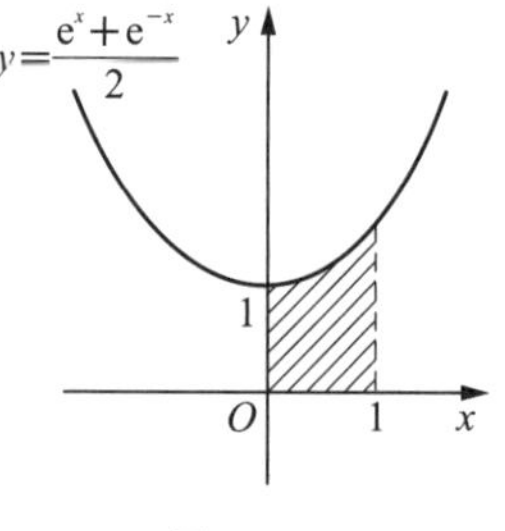

图 6-8

习题 6.2

1. 求下列导数：

(1) $\dfrac{d}{dx}\int_1^x\sqrt{2+t}\,dt$；　(2) $\dfrac{d}{dx}\int_0^{e^x}\dfrac{\ln(t+1)}{t}dt$；　(3) $\dfrac{d}{dx}\int_x^{x^2}t^2e^t dt$.

2. 求下列极限：

(1) $\lim\limits_{x\to0}\dfrac{\int_0^x t\ln(1+t^2)dt}{x^2}$；　(2) $\lim\limits_{x\to0}\dfrac{\left(\int_0^x e^{t^2}dt\right)^2}{\int_0^x te^{2t^2}dt}$；　(3) $\lim\limits_{x\to0}\dfrac{\int_{x^2}^0\cos t\,dt}{1-\cos x}$.

3. 计算下列定积分：

(1) $\int_1^3(3x^2-2x)dx$；　(2) $\int_1^{27}\dfrac{dx}{\sqrt[3]{x}}$；　(3) $\int_0^1\dfrac{x\,dx}{x^2+1}$；

(4) $\int_0^{\frac{\pi}{4}}\tan^2 x\,dx$；　(5) $\int_0^1\dfrac{dx}{\sqrt{4-x^2}}$；　(6) $\int_0^{\sqrt{3}a}\dfrac{dx}{a^2+x^2}$；

(7) $\int_0^{\pi}|\cos x|dx$；　(8) $\int_{-2}^3\max\{1,x^4\}dx$；　(9) $\int_1^{e^3}\dfrac{dx}{x\sqrt{1+\ln x}}$；

(10) $\int_0^{\frac{\pi}{2}}e^{\cos x}\sin x\,dx$；　(11) $\int_0^1 te^{-\frac{t^2}{2}}dt$；　(12) $\int_0^{\pi}\sqrt{\sin^3 x-\sin^5 x}\,dx$；

(13) $\int_0^2 f(x)dx$，其中$f(x)=\begin{cases}x+1, & x\leqslant1,\\ \frac{1}{2}x^2, & x>1;\end{cases}$　(14) $\int_0^1\dfrac{1-x}{4-x^2}dx$.

4. 设$f(x)$在$[a,b]$上连续，且$f(x)>0$，令

$$F(x)=\int_a^x f(t)dt+\int_b^x\frac{1}{f(t)}dt.$$

证明：(1)$F'(x) \geqslant 2$；(2)$F(x)$ 在(a, b) 内有且仅有一个零点.

5. 求曲线 $y = \sin x(0 \leqslant x \leqslant \pi)$ 与 x 轴所围成的曲边梯形的面积.

6.3 定积分的换元积分法与分部积分法

牛顿-莱布尼茨公式告诉我们，计算定积分$\int_a^b f(x)\mathrm{d}x$ 的简便有效方法是把它转化为求被积函数 $f(x)$ 的原函数在区间$[a,b]$上的增量. 在第 5 章中，我们知道用换元积分法和分部积分法可以求出一些函数的原函数，因此在一定的条件下，也可以用换元积分法和分部积分法来计算定积分.

6.3.1 定积分的换元积分法

定积分的换元积分法

定理 5 设函数 $f(x)$ 在$[a, b]$上连续，函数 $x = \varphi(t)$ 满足条件

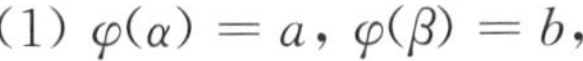
(1) $\varphi(\alpha) = a$, $\varphi(\beta) = b$,

(2) 函数 $x = \varphi(t)$ 在区间$[\alpha, \beta]$(或$[\beta, \alpha]$) 上具有连续导数，

(3) 当 t 在$[\alpha, \beta]$上变化时，$x = \varphi(t)$ 的值在$[a, b]$上变化，

则有

$$\int_a^b f(x)\mathrm{d}x = \int_\alpha^\beta f[\varphi(t)]\varphi'(t)\mathrm{d}t. \tag{6-6}$$

证 由条件知，式(6-6) 两边的被积函数在其积分区间上均是连续的，故式(6-6) 两端的定积分均存在，且两端的被积函数的原函数也存在.

假设 $F(x)$ 是 $f(x)$ 在$[a, b]$上的一个原函数，由牛顿-莱布尼茨公式得

$$\int_a^b f(x)\mathrm{d}x = F(b) - F(a),$$

又函数 $\Phi(t) = F[\varphi(t)]$ 的导数为

$$\Phi'(t) = F'[\varphi(t)] = f[\varphi(t)]\varphi'(t),$$

这表明函数 $\Phi(t)$ 是 $f[\varphi(t)]\varphi'(t)$ 在$[\alpha, \beta]$上的一个原函数，故有

$$\int_\alpha^\beta f[\varphi(t)]\varphi'(t)\mathrm{d}t = \Phi(\beta) - \Phi(\alpha) = F[\varphi(\beta)] - F[\varphi(\alpha)] = F(b) - F(a),$$

从而

$$\int_a^b f(x)\mathrm{d}x = \int_\alpha^\beta f[\varphi(t)]\varphi'(t)\mathrm{d}t.$$

公式(6-6) 称为**定积分的换元公式**.

例 1 计算$\int_0^4 \frac{\sqrt{x}}{1+\sqrt{x}}\mathrm{d}x$.

解 令$\sqrt{x} = t$，则 $x = t^2$, $\mathrm{d}x = 2t\mathrm{d}t$，且当 $x = 0$ 时，$t = 0$，当 $x = 4$ 时，$t = 2$. 于是

$$\begin{aligned}\int_0^4 \frac{\sqrt{x}}{1+\sqrt{x}}\mathrm{d}x &= \int_0^2 \frac{t}{1+t} \times 2t\mathrm{d}t = 2\int_0^2 \frac{t^2}{1+t}\mathrm{d}t = 2\int_0^2 \frac{(t^2-1)+1}{1+t}\mathrm{d}t \\ &= 2\int_0^2 \left(t - 1 + \frac{1}{1+t}\right)\mathrm{d}t = 2\left[\frac{t^2}{2} - t + \ln|t+1|\right]_0^2 \\ &= 2\ln 3.\end{aligned}$$

例 2　计算$\int_0^a \sqrt{a^2-x^2}\,dx$,其中 $a>0$.

解　令 $x=a\sin t$,则 $dx=a\cos t\,dt$,且当 $x=0$ 时,$t=0$,当 $x=a$ 时,$t=\frac{\pi}{2}$. 于是

$$\int_0^a \sqrt{a^2-x^2}\,dx=\int_0^{\frac{\pi}{2}} a^2\cos^2 t\,dt=a^2\int_0^{\frac{\pi}{2}}\frac{1+\cos 2t}{2}dt=a^2\left[\frac{1}{2}t+\frac{1}{4}\sin 2t\right]_0^{\frac{\pi}{2}}=\frac{\pi}{4}a^2.$$

从以上两例可见,定积分的换元法与不定积分的换元法的不同之处在于定积分的换元法不必换回原积分变量,但在换元的同时必须变换积分的上下限.

例 3　计算$\int_0^{\ln 2}\sqrt{e^x-1}\,dx$.

解　令 $t=\sqrt{e^x-1}$,$x=\ln(1+t^2)$,$dx=\frac{2t}{1+t^2}dt$,当 $x=0$ 时,$t=0$,当 $x=\ln 2$ 时,$t=1$. 于是

$$\int_0^{\ln 2}\sqrt{e^x-1}\,dx=\int_0^1 t\cdot\frac{2t}{1+t^2}dt=2\int_0^1\frac{t^2+1-1}{1+t^2}dt=2\left[t-\arctan t\right]_0^1=2-\frac{\pi}{2}.$$

定积分的换元公式(6-6)也可以反过来应用,把换元公式(6-6)中左右两边对调,同时将 t 与 x 互换,得

$$\int_\alpha^\beta f[\varphi(x)]\varphi'(x)\,dx=\int_a^b f(t)\,dt,$$

其中 $t=\varphi(x)$,且 $a=\varphi(\alpha)$,$b=\varphi(\beta)$.

例 4　计算$\int_0^{\frac{\pi}{2}}\cos^2 x\sin x\,dx$.

解　令 $t=\cos x$,则 $dt=-\sin x\,dx$,且当 $x=0$ 时,$t=1$,当 $x=\frac{\pi}{2}$ 时,$t=0$. 于是

$$\int_0^{\frac{\pi}{2}}\cos^2 x\sin x\,dx=-\int_1^0 t^2\,dt=\int_0^1 t^2\,dt=\left[\frac{1}{3}t^3\right]_0^1=\frac{1}{3}.$$

本例也可以不引入新变量 t,利用凑微分法直接求出被积函数的原函数,此时积分上下限也不必改变,即

$$\int_0^{\frac{\pi}{2}}\cos^2 x\sin x\,dx=-\int_0^{\frac{\pi}{2}}\cos^2 x\,d(\cos x)=\left[-\frac{1}{3}\cos^3 x\right]_0^{\frac{\pi}{2}}=\frac{1}{3}.$$

例 5　设 $f(x)$ 在$[-a, a]$上连续($a>0$),证明:

(1) $\int_{-a}^a f(x)\,dx=\int_0^a[f(-x)+f(x)]\,dx$;　　(6-7)

(2) 若 $f(x)$ 为偶函数,则$\int_{-a}^a f(x)\,dx=2\int_0^a f(x)\,dx$;　　(6-8)

(3) 若 $f(x)$ 为奇函数,则$\int_{-a}^a f(x)\,dx=0$.　　(6-9)

证　(1) 由定积分关于区间的可加性知

$$\int_{-a}^a f(x)\,dx=\int_{-a}^0 f(x)\,dx+\int_0^a f(x)\,dx,$$

利用对称性求定积分

令 $x=-t$,对积分$\int_{-a}^0 f(x)\,dx$ 做代换,得

$$\int_{-a}^{0} f(x)\mathrm{d}x = -\int_{a}^{0} f(-t)\mathrm{d}t = \int_{0}^{a} f(-t)\mathrm{d}t = \int_{0}^{a} f(-x)\mathrm{d}x,$$

故有
$$\int_{-a}^{a} f(x)\mathrm{d}x = \int_{0}^{a}[f(-x)+f(x)]\mathrm{d}x;$$

(2) 若 $f(x)$ 为偶函数,则 $f(-x)+f(x)=2f(x)$,从而

$$\int_{-a}^{a} f(x)\mathrm{d}x = 2\int_{0}^{a} f(x)\mathrm{d}x;$$

(3) 若 $f(x)$ 为奇函数,则 $f(-x)+f(x)=0$,故

$$\int_{-a}^{a} f(x)\mathrm{d}x = 0.$$

例 5 的结论可用来简化计算奇、偶函数在关于原点对称的区间上的定积分.

例 6 计算 $\int_{-1}^{1}(x^3+x^2+2x-3)\mathrm{d}x$.

解 $\int_{-1}^{1}(x^3+x^2+2x-3)\mathrm{d}x = \int_{-1}^{1}(x^2-3)\mathrm{d}x + \int_{-1}^{1}(x^3+2x)\mathrm{d}x = 2\int_{0}^{1}(x^2-3)\mathrm{d}x + 0$

$$= 2\times\left[\frac{1}{3}x^3-3x\right]_0^1 = -\frac{16}{3}.$$

例 7 设函数 $f(x)$ 在 $(-\infty,+\infty)$ 内连续,且 $f(x)$ 是以 T 为周期的周期函数,证明:对于任意的实数 a,有

$$\int_{a}^{a+T} f(x)\mathrm{d}x = \int_{0}^{T} f(x)\mathrm{d}x.$$

证 因为 $f(x)$ 是以 T 为周期的周期函数,所以 $f(x+T)=f(x)$.

$$\int_{a}^{a+T} f(x)\mathrm{d}x = \int_{a}^{0} f(x)\mathrm{d}x + \int_{0}^{T} f(x)\mathrm{d}x + \int_{T}^{a+T} f(x)\mathrm{d}x.$$

对 $\int_{T}^{a+T} f(x)\mathrm{d}x$ 利用换元公式,令 $x=T+t$,则 $\mathrm{d}x=\mathrm{d}t$,当 $x=T$ 时,$t=0$,当 $x=T+a$ 时,$t=a$. 于是

$$\int_{T}^{a+T} f(x)\mathrm{d}x = \int_{0}^{a} f(T+t)\mathrm{d}t = \int_{0}^{a} f(t)\mathrm{d}t = \int_{0}^{a} f(x)\mathrm{d}x,$$

因此
$$\int_{a}^{a+T} f(x)\mathrm{d}x = \int_{a}^{0} f(x)\mathrm{d}x + \int_{0}^{T} f(x)\mathrm{d}x + \int_{0}^{a} f(x)\mathrm{d}x = \int_{0}^{T} f(x)\mathrm{d}x.$$

例 8 若 $f(x)$ 在 $[0,1]$ 上连续,证明:

(1) $\int_{0}^{\frac{\pi}{2}} f(\sin x)\mathrm{d}x = \int_{0}^{\frac{\pi}{2}} f(\cos x)\mathrm{d}x$;

(2) $\int_{0}^{\pi} xf(\sin x)\mathrm{d}x = \frac{\pi}{2}\int_{0}^{\pi} f(\sin x)\mathrm{d}x$,并由此计算 $\int_{0}^{\pi}\frac{x\sin x}{1+\cos^2 x}\mathrm{d}x$.

证 (1) 设 $x=\frac{\pi}{2}-t$,则 $\mathrm{d}x=-\mathrm{d}t$,且当 $x=0$ 时,$t=\frac{\pi}{2}$,当 $x=\frac{\pi}{2}$ 时,$t=0$,故

$$\int_{0}^{\frac{\pi}{2}} f(\sin x)\mathrm{d}x = -\int_{\frac{\pi}{2}}^{0} f\left[\sin\left(\frac{\pi}{2}-t\right)\right]\mathrm{d}t = \int_{0}^{\frac{\pi}{2}} f(\cos t)\mathrm{d}t = \int_{0}^{\frac{\pi}{2}} f(\cos x)\mathrm{d}x;$$

(2) 设 $x=\pi-t$,则 $\mathrm{d}x=-\mathrm{d}t$,且当 $x=0$ 时,$t=\pi$,当 $x=\pi$ 时,$t=0$,故

$$\int_0^{\pi} xf(\sin x)\mathrm{d}x=-\int_{\pi}^{0}(\pi-t)f[\sin(\pi-t)]\mathrm{d}t=\int_0^{\pi}(\pi-t)f(\sin t)\mathrm{d}t$$

$$=\pi\int_0^{\pi} f(\sin t)\mathrm{d}t-\int_0^{\pi} tf(\sin t)\mathrm{d}t=\pi\int_0^{\pi} f(\sin x)\mathrm{d}x-\int_0^{\pi} xf(\sin x)\mathrm{d}x,$$

从而

$$\int_0^{\pi} xf(\sin x)\mathrm{d}x=\frac{\pi}{2}\int_0^{\pi} f(\sin x)\mathrm{d}x,$$

利用上述结果得

$$\int_0^{\pi}\frac{x\sin x}{1+\cos^2 x}\mathrm{d}x=\frac{\pi}{2}\int_0^{\pi}\frac{\sin x}{1+\cos^2 x}\mathrm{d}x=-\frac{\pi}{2}\int_0^{\pi}\frac{\mathrm{d}(\cos x)}{1+\cos^2 x}$$

$$=\left[-\frac{\pi}{2}\arctan(\cos x)\right]_0^{\pi}=\frac{\pi^2}{4}.$$

6.3.2 定积分的分部积分法

定积分的分部积分法

设函数 $u(x)$,$v(x)$ 在区间$[a,b]$上具有连续的导数,则有

$$[u(x)v(x)]'=u'(x)v(x)+u(x)v'(x),$$

对上式两端在区间$[a,b]$上求定积分,得

$$\int_a^b[u(x)v(x)]'\mathrm{d}x=\int_a^b u'(x)v(x)\mathrm{d}x+\int_a^b u(x)v'(x)\mathrm{d}x,$$

即

$$[u(x)v(x)]_a^b=\int_a^b u'(x)v(x)\mathrm{d}x+\int_a^b u(x)v'(x)\mathrm{d}x,$$

从而

$$\int_a^b u(x)v'(x)\mathrm{d}x=[u(x)v(x)]_a^b-\int_a^b u'(x)v(x)\mathrm{d}x, \tag{6-10}$$

或写作

$$\int_a^b u(x)\mathrm{d}v(x)=[u(x)v(x)]_a^b-\int_a^b v(x)\mathrm{d}u(x). \tag{6-11}$$

这就是**定积分的分部积分公式**.

例 9 计算$\int_0^{\frac{\pi}{4}} x\sin 2x\mathrm{d}x$.

解 $\int_0^{\frac{\pi}{4}} x\sin 2x\mathrm{d}x=\int_0^{\frac{\pi}{4}} x\mathrm{d}\left(-\frac{\cos 2x}{2}\right)$

$$=\left[-\frac{x\cos 2x}{2}\right]_0^{\frac{\pi}{4}}+\frac{1}{2}\int_0^{\frac{\pi}{4}}\cos 2x\mathrm{d}x$$

$$=\frac{1}{4}[\sin 2x]_0^{\frac{\pi}{4}}=\frac{1}{4}.$$

例 10 计算$\int_0^1\arctan x\mathrm{d}x$.

解 $\int_0^1\arctan x\mathrm{d}x=[x\arctan x]_0^1-\int_0^1\frac{1}{1+x^2}\cdot x\mathrm{d}x$

$$=\frac{\pi}{4}-\frac{1}{2}\int_0^1\frac{\mathrm{d}(1+x^2)}{1+x^2}=\frac{\pi}{4}-\left[\frac{1}{2}\ln(1+x^2)\right]_0^1$$

$$=\frac{\pi}{4}-\frac{1}{2}\ln 2.$$

例 11 求$\int_0^{\frac{\pi}{2}} e^{2x}\sin x\mathrm{d}x$.

解 $$\int_0^{\frac{\pi}{2}} e^{2x}\sin x\mathrm{d}x = \int_0^{\frac{\pi}{2}}\sin x\mathrm{d}\left(\frac{e^{2x}}{2}\right) = \left[\frac{1}{2}e^{2x}\sin x\right]_0^{\frac{\pi}{2}} - \frac{1}{2}\int_0^{\frac{\pi}{2}} e^{2x}\cos x\mathrm{d}x$$
$$= \frac{e^{\pi}}{2} - \frac{1}{2}\int_0^{\frac{\pi}{2}}\cos x\mathrm{d}\left(\frac{e^{2x}}{2}\right)$$
$$= \frac{e^{\pi}}{2} - \frac{1}{2}\left(\left[\frac{1}{2}e^{2x}\cos x\right]_0^{\frac{\pi}{2}} + \frac{1}{2}\int_0^{\frac{\pi}{2}} e^{2x}\sin x\mathrm{d}x\right)$$
$$= \frac{e^{\pi}}{2} + \frac{1}{4} - \frac{1}{4}\int_0^{\frac{\pi}{2}} e^{2x}\sin x\mathrm{d}x,$$

因此 $$\int_0^{\frac{\pi}{2}} e^{2x}\sin x\mathrm{d}x = \frac{1}{5}(2e^{\pi}+1).$$

例 12 计算$\int_0^1 e^{\sqrt{x}}\mathrm{d}x$.

解 令$\sqrt{x}=t$,则$x=t^2$, $\mathrm{d}x=2t\mathrm{d}t$,且当$x=0$时,$t=0$,当$x=1$时,$t=1$.于是
$$\int_0^1 e^{\sqrt{x}}\mathrm{d}x = 2\int_0^1 te^t\mathrm{d}t = 2\int_0^1 t\mathrm{d}e^t = 2\left([te^t]_0^1 - \int_0^1 e^t\mathrm{d}t\right) = 2(e-[e^t]_0^1) = 2.$$
从例 12 可看出,有些定积分需要同时使用换元积分法和分部积分法两种方法.

例 13 计算$I_n=\int_0^{\frac{\pi}{2}}\sin^n x\mathrm{d}x$,其中$n$为正整数.

解 显然$I_0=\frac{\pi}{2}$, $I_1=1$.当$n>1$时,有
$$I_n = \int_0^{\frac{\pi}{2}}\sin^n x\mathrm{d}x = -\int_0^{\frac{\pi}{2}}\sin^{n-1}x\mathrm{d}(\cos x)$$
$$= [-\cos x\sin^{n-1}x]_0^{\frac{\pi}{2}} + \int_0^{\frac{\pi}{2}}\cos^2 x\cdot(n-1)\sin^{n-2}x\mathrm{d}x$$
$$= (n-1)\int_0^{\frac{\pi}{2}}\sin^{n-2}x\cdot(1-\sin^2 x)\mathrm{d}x$$
$$= (n-1)\left(\int_0^{\frac{\pi}{2}}\sin^{n-2}x\mathrm{d}x - \int_0^{\frac{\pi}{2}}\sin^n x\mathrm{d}x\right)$$
$$= (n-1)(I_{n-2}-I_n),$$
从而有 $$I_n = \frac{n-1}{n}I_{n-2}.$$

利用这个递推公式,考虑到n的奇偶性,递推过程可以至I_1或I_0时止,又由例 8 知$\int_0^{\frac{\pi}{2}}\sin^n x\mathrm{d}x$与$\int_0^{\frac{\pi}{2}}\cos^n x\mathrm{d}x$相等,于是最后得到
$$I_n = \int_0^{\frac{\pi}{2}}\sin^n x\mathrm{d}x = \int_0^{\frac{\pi}{2}}\cos^n x\mathrm{d}x = \begin{cases}\dfrac{n-1}{n}\times\dfrac{n-3}{n-2}\times\cdots\times\dfrac{3}{4}\times\dfrac{1}{2}\times\dfrac{\pi}{2}, & n\text{ 为偶数},\\ \dfrac{n-1}{n}\times\dfrac{n-3}{n-2}\times\cdots\times\dfrac{4}{5}\times\dfrac{2}{3}\times 1, & n\text{ 为大于 1 的奇数},\end{cases}$$
此结果也称瓦利斯(Wallis)公式.

利用此公式,可求得一些定积分的值.例如:
$$\int_0^{\frac{\pi}{2}}\sin^5 x\mathrm{d}x = \frac{4}{5}\times\frac{2}{3} = \frac{8}{15};$$
$$\int_0^{\frac{\pi}{2}}\cos^6 x\mathrm{d}x = \frac{5}{6}\times\frac{3}{4}\times\frac{1}{2}\times\frac{\pi}{2} = \frac{5\pi}{32}.$$

习题 6.3

1. 计算下列定积分：

(1) $\int_0^4 \frac{x+2}{\sqrt{2x+1}}\mathrm{d}x$；　(2) $\int_1^{\mathrm{e}} \frac{\mathrm{d}x}{x\sqrt{1+\ln x}}$；　(3) $\int_{\frac{1}{\sqrt{2}}}^1 \frac{\sqrt{1-x^2}}{x^2}\mathrm{d}x$；

(4) $\int_1^2 \frac{\sqrt{x^2-1}}{x}\mathrm{d}x$；　(5) $\int_0^2 x^2\sqrt{4-x^2}\mathrm{d}x$；　(6) $\int_{\ln 2}^{2\ln 2} \frac{\mathrm{d}x}{\sqrt{\mathrm{e}^x-1}}$.

2. 计算下列定积分：

(1) $\int_0^1 x\mathrm{e}^{-x}\mathrm{d}x$；　(2) $\int_1^4 \frac{\ln x}{\sqrt{x}}\mathrm{d}x$；　(3) $\int_0^{\frac{\pi}{2}} \mathrm{e}^{2x}\cos x\mathrm{d}x$；

(4) $\int_{\frac{1}{\mathrm{e}}}^{\mathrm{e}} |\ln x|\mathrm{d}x$；　(5) $\int_0^1 x\arctan x\mathrm{d}x$；　(6) $\int_0^3 \mathrm{e}^{2\sqrt{x+1}}\mathrm{d}x$；

(7) $\int_0^1 \arcsin x\mathrm{d}x$；　(8) $\int_0^{2\pi} x\cos^2 x\mathrm{d}x$.　(9) $\int_0^{\frac{\pi}{2}} x^2\sin x\,\mathrm{d}x$

3. 利用函数的奇偶性或周期性计算下列定积分：

(1) $\int_{-\frac{\pi}{4}}^{\frac{\pi}{4}} x^2\tan x\mathrm{d}x$；　(2) $\int_{-\frac{\pi}{2}}^{\frac{\pi}{2}} 4\cos^4\theta\mathrm{d}\theta$；　(3) $\int_{-2}^2 (x-3)\sqrt{4-x^2}\mathrm{d}x$；

(4) $\int_{-2}^3 x\sqrt{|x|}\mathrm{d}x$；　(5) $\int_0^{2\pi} |\cos 2x|\mathrm{d}x$；　(6) $\int_0^{2\pi} \sin^5 x\mathrm{d}x$.

4. 设 $a>0$，证明$\int_0^a f(x)\mathrm{d}x=\int_0^a f(a-x)\mathrm{d}x$，并由此式计算定积分$\int_0^{\frac{\pi}{4}} \frac{1-\sin 2x}{1+\sin 2x}\mathrm{d}x$.

5. 设 $f(x)$ 是以 π 为周期的连续函数，证明：

$$\int_0^{2\pi}(\sin x+x)f(x)\mathrm{d}x=\int_0^{\pi}(2x+\pi)f(x)\mathrm{d}x.$$

6. 设连续函数 $f(x)$ 满足$\int_0^x f(x-t)\mathrm{d}t=\mathrm{e}^{-2x}-1$，求定积分$\int_0^1 f(x)\mathrm{d}x$.

6.4　广义积分与 Γ 函数

前面讨论的定积分都是有界函数及有限区间上的定积分，但是在理论研究和实际应用中，常常会遇到积分区间是无限区间，或被积函数是无界函数的积分，此类积分称为广义积分或反常积分.

6.4.1　无限区间的广义积分

定义 2　设函数 $f(x)$ 在区间$[a,+\infty)$上连续，任取 $b>a$，则极限 $\lim\limits_{b\to+\infty}\int_a^b f(x)\mathrm{d}x$ 称为函数 $f(x)$ **在无限区间**$[a,+\infty)$**上的广义积分**，记作 $\int_a^{+\infty} f(x)\mathrm{d}x$，即

$$\int_a^{+\infty} f(x)\mathrm{d}x=\lim_{b\to+\infty}\int_a^b f(x)\mathrm{d}x.$$

如果上式右边的极限存在，则称**广义积分**$\int_a^{+\infty} f(x)\mathrm{d}x$ **收敛**，否则称**广义积分**$\int_a^{+\infty} f(x)\mathrm{d}x$ **发散.**

类似地，可定义函数 $f(x)$ 在无穷区间$(-\infty,b]$上的广义积分为

$$\int_{-\infty}^{b} f(x)\mathrm{d}x = \lim_{a\to-\infty}\int_{a}^{b} f(x)\mathrm{d}x,$$

同样，广义积分$\int_{-\infty}^{b} f(x)\mathrm{d}x$也有收敛与发散的概念.

函数 $f(x)$ 在无限区间$(-\infty,+\infty)$上的广义积分，可定义为

$$\int_{-\infty}^{+\infty} f(x)\mathrm{d}x = \int_{-\infty}^{c} f(x)\mathrm{d}x + \int_{c}^{+\infty} f(x)\mathrm{d}x,$$

其中 c 为任意给定的实数.

当广义积分$\int_{-\infty}^{c} f(x)\mathrm{d}x$与$\int_{c}^{+\infty} f(x)\mathrm{d}x$都收敛时，称广义积分$\int_{-\infty}^{+\infty} f(x)\mathrm{d}x$收敛，否则称之发散.

上述广义积分统称为**无限区间的广义积分**.

例 1 求$\int_{0}^{+\infty} x\mathrm{e}^{-x^2}\mathrm{d}x$.

解 $\int_{0}^{+\infty} x\mathrm{e}^{-x^2}\mathrm{d}x = \lim\limits_{t\to+\infty}\int_{0}^{t} x\mathrm{e}^{-x^2}\mathrm{d}x = \lim\limits_{t\to+\infty}\left[-\frac{1}{2}\int_{0}^{t}\mathrm{e}^{-x^2}\mathrm{d}(-x^2)\right] = -\frac{1}{2}\lim\limits_{t\to+\infty}\left[\mathrm{e}^{-x^2}\right]_{0}^{t}$

$$= -\frac{1}{2}\lim_{t\to+\infty}(\mathrm{e}^{-t^2}-1) = \frac{1}{2}.$$

有时，为了书写方便，在计算过程中可省略极限记号，例如在$[a,+\infty)$上，若 $F'(x)=f(x)$，则可记

$$\int_{a}^{+\infty} f(x)\mathrm{d}x = [F(x)]_{a}^{+\infty} = F(+\infty)-F(a),$$

其中 $F(+\infty)$ 应理解为 $\lim\limits_{x\to+\infty}F(x)$，另外两种无限区间的广义积分也可用类似的简便写法.

例 2 求$\int_{-\infty}^{0}\mathrm{e}^{x}\mathrm{d}x$.

无限区间的广义积分

解 $\int_{-\infty}^{0}\mathrm{e}^{x}\mathrm{d}x = [\mathrm{e}^{x}]_{-\infty}^{0} = 1.$

例 3 讨论$\int_{1}^{+\infty}\frac{1}{x^p}\mathrm{d}x$ $(p\in\mathbf{R})$的敛散性.

解 当 $p\neq1$ 时，$\int_{1}^{+\infty}\frac{1}{x^p}\mathrm{d}x = \left[\frac{x^{-p+1}}{-p+1}\right]_{1}^{+\infty} = \frac{1}{p-1}+\lim\limits_{x\to+\infty}\frac{x^{1-p}}{1-p}$

$$= \begin{cases}\dfrac{1}{p-1}, & p>1,\\ +\infty, & p<1;\end{cases}$$

P 函数的广义积分

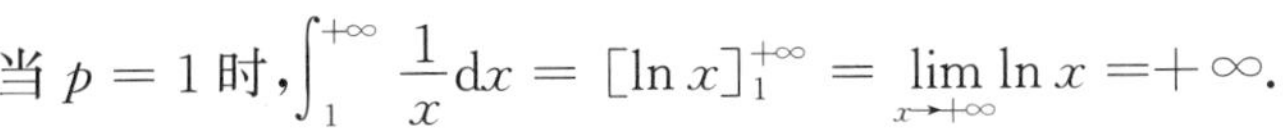

当 $p=1$ 时，$\int_{1}^{+\infty}\frac{1}{x}\mathrm{d}x = [\ln x]_{1}^{+\infty} = \lim\limits_{x\to+\infty}\ln x = +\infty$.

故广义积分$\int_{1}^{+\infty}\frac{1}{x^p}\mathrm{d}x$当 $p>1$ 时收敛于$\frac{1}{p-1}$，当 $p\leqslant1$ 时发散.

例 4 计算$\int_{-\infty}^{+\infty}\frac{1}{1+x^2}\mathrm{d}x$.

解 $\int_{-\infty}^{+\infty}\frac{1}{1+x^2}\mathrm{d}x = [\arctan x]_{-\infty}^{+\infty} = \frac{\pi}{2}-\left(-\frac{\pi}{2}\right) = \pi.$

6.4.2 无界函数的广义积分

我们知道,可积函数必有界.对于无界函数我们可以像无穷限的广义积分一样,用极限方法建立其广义积分.

若 $x=c$ 为 $f(x)$ 的无穷间断点,则称 $x=c$ 为 $f(x)$ 的**瑕点**.积分区间有瑕点的积分称为**无界函数的广义积分**,也称**瑕积分**.

定义 3 设函数 $f(x)$ 在区间 $(a,b]$ 上连续,$x=a$ 为 $f(x)$ 的瑕点,即 $\lim\limits_{x\to a^+}f(x)=\infty$.则极限 $\lim\limits_{\varepsilon\to 0^+}\int_{a+\varepsilon}^{b}f(x)\mathrm{d}x$ 称为函数 $f(x)$ 在区间 $(a,b]$ 上的瑕积分,仍记为 $\int_a^b f(x)\mathrm{d}x$,即

$$\int_a^b f(x)\mathrm{d}x=\lim_{\varepsilon\to 0^+}\int_{a+\varepsilon}^{b}f(x)\mathrm{d}x.$$

如果上式右边的极限存在,则称**瑕积分** $\int_a^b f(x)\mathrm{d}x$ **收敛**,否则称**瑕积分** $\int_a^b f(x)\mathrm{d}x$ **发散**.

类似地,若函数 $f(x)$ 在区间 $[a,b)$ 上连续,$x=b$ 为 $f(x)$ 的瑕点,即 $\lim\limits_{x\to b^-}f(x)=\infty$,则可定义 $f(x)$ 在区间 $[a,b)$ 上的瑕积分为

$$\int_a^b f(x)\mathrm{d}x=\lim_{\varepsilon\to 0^+}\int_{a}^{b-\varepsilon}f(x)\mathrm{d}x.$$

同样地,$f(x)$ 在区间 $[a,b)$ 上瑕积分 $\int_a^b f(x)\mathrm{d}x$ 也有收敛与发散的概念.

若函数 $f(x)$ 在 $[a,b]$ 上除 $c(a<c<b)$ 外均连续,且 $x=c$ 为 $f(x)$ 的瑕点,则 $f(x)$ 在 $[a,b]$ 上的瑕积分定义为

$$\int_a^b f(x)\mathrm{d}x=\int_a^c f(x)\mathrm{d}x+\int_c^b f(x)\mathrm{d}x=\lim_{\varepsilon\to 0^+}\int_{a}^{c-\varepsilon}f(x)\mathrm{d}x+\lim_{\delta\to 0^+}\int_{c+\delta}^{b}f(x)\mathrm{d}x.$$

如果瑕积分 $\int_a^c f(x)\mathrm{d}x$ 与 $\int_c^b f(x)\mathrm{d}x$ 都收敛,则称**瑕积分** $\int_a^b f(x)\mathrm{d}x$ **收敛**,否则称**瑕积分** $\int_a^b f(x)\mathrm{d}x$ **发散**.

无界函数的广义积分

例 5 求 $\int_0^a \frac{\mathrm{d}x}{\sqrt{a^2-x^2}}(a>0)$.

解 由于 $\lim\limits_{x\to a^-}\frac{1}{\sqrt{a^2-x^2}}=+\infty$,故 $x=a$ 是瑕点,于是

$$\int_0^a \frac{\mathrm{d}x}{\sqrt{a^2-x^2}}=\lim_{\varepsilon\to 0^+}\int_0^{a-\varepsilon}\frac{\mathrm{d}x}{\sqrt{a^2-x^2}}=\lim_{\varepsilon\to 0^+}\left[\arcsin\frac{x}{a}\right]_0^{a-\varepsilon}$$

$$=\lim_{\varepsilon\to 0^+}\left[\arcsin\frac{a-\varepsilon}{a}-0\right]=\arcsin 1=\frac{\pi}{2}.$$

同样,在计算瑕积分时,为了书写方便,有时我们也可省略极限记号.例如,若在 $[a,b)$ 上有 $F'(x)=f(x)$,则可记

$$\int_a^b f(x)\mathrm{d}x=[F(x)]_a^{b^-}=F(b^-)-F(a),$$

其中 $F(b^-)$ 应理解为 $\lim\limits_{x\to b^-}F(x)$,另外两种瑕积分也可用类似的简便写法.

例 6 求 $\int_0^1 \ln x\mathrm{d}x$.

解 显然 $x=0$ 是被积函数的瑕点. 因此

$$\int_0^1 \ln x \mathrm{d}x = [x\ln x - x]_{0^+}^1 = -1 - \lim_{x\to 0^+}(x\ln x - x) = -1.$$

例 7 讨论 $\int_{-1}^1 \frac{1}{x^2}\mathrm{d}x$ 的敛散性.

解 因为 $\lim\limits_{x\to 0}\frac{1}{x^2}=\infty$，所以 $x=0$ 是瑕点. 由于

$$\int_{-1}^0 \frac{1}{x^2}\mathrm{d}x = \left[-\frac{1}{x}\right]_{-1}^{0^-} = \lim_{x\to 0^-}\left(-\frac{1}{x}\right) - 1 = +\infty,$$

因此 $\int_{-1}^0 \frac{1}{x^2}\mathrm{d}x$ 发散，故 $\int_{-1}^1 \frac{1}{x^2}\mathrm{d}x$ 发散.

两点说明：

① 若此问题忽视 $x=0$ 是瑕点，将积分当作普通定积分来处理，会导致错误的结果，如下所示：

$$\int_{-1}^1 \frac{1}{x^2}\mathrm{d}x = \left[-\frac{1}{x}\right]_{-1}^1 = -1-1 = -2.$$

② 设有反常积分 $\int_a^b f(x)\mathrm{d}x$，其中 $f(x)$ 在开区间 (a, b) 内连续，a 可以是 $-\infty$，b 可以是 $+\infty$，a，b 也可以是 $f(x)$ 的瑕点，对这样的反常积分，在换元函数单调的情况下，可像定积分一样进行换元.

例 8 求积分 $\int_0^{+\infty}\frac{\mathrm{d}x}{(x^2+1)^{\frac{3}{2}}}$.

解 令 $x=\tan t\left(-\frac{\pi}{2}<t<\frac{\pi}{2}\right)$，则 $\mathrm{d}x=\sec^2 t\mathrm{d}t$，且当 $x=0$ 时，$t=0$，当 $x\to+\infty$ 时，$t\to\frac{\pi}{2}$. 于是

$$\int_0^{+\infty}\frac{\mathrm{d}x}{(x^2+1)^{\frac{3}{2}}} = \int_0^{\frac{\pi}{2}}\frac{\sec^2 t\mathrm{d}t}{\sec^3 t} = \int_0^{\frac{\pi}{2}}\cos t\mathrm{d}t = 1.$$

6.4.3 Γ 函数

在后续课程“概率论与数理统计”中，常常用到一个积分区间无限且含有参变量的积分.

定义 4 积分 $\Gamma(s)=\int_0^{+\infty}x^{s-1}\mathrm{e}^{-x}\mathrm{d}x\ (s>0)$ 是参数 s 的函数，称为 **Γ 函数**.

可以证明 Γ 函数是一个收敛的广义积分，它具有如下重要性质：

(1) $\Gamma(s+1)=s\Gamma(s)\ (s>0)$；

(2) $\Gamma(n+1)=n!\ (n\in\mathbf{Z}^+)$.

Γ 函数

证 (1) $\Gamma(s+1)=\int_0^{+\infty}x^s\mathrm{e}^{-x}\mathrm{d}x = [-x^s\mathrm{e}^{-x}]_0^{+\infty} + s\int_0^{+\infty}x^{s-1}\mathrm{e}^{-x}\mathrm{d}x$

$$= s\int_0^{+\infty}x^{s-1}\mathrm{e}^{-x}\mathrm{d}x = s\Gamma(s);$$

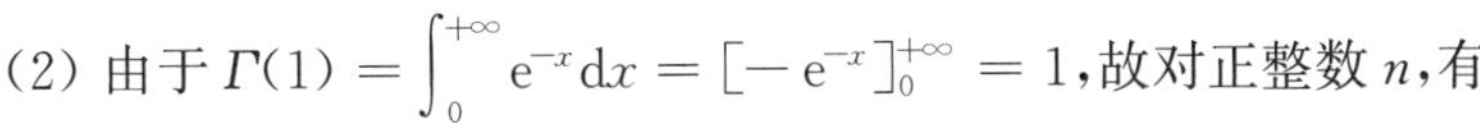

(2) 由于 $\Gamma(1)=\int_0^{+\infty}\mathrm{e}^{-x}\mathrm{d}x=[-\mathrm{e}^{-x}]_0^{+\infty}=1$，故对正整数 n，有

$$\Gamma(n+1) = n\Gamma(n) = n(n-1)\Gamma(n-1) = \cdots$$
$$= n(n-1)(n-2)\cdots 2 \cdot 1\Gamma(1) = n!.$$

例 9 计算下列各题：

(1) $\dfrac{\Gamma(4)}{2\Gamma(2)}$； (2) $\dfrac{\Gamma\left(\frac{5}{2}\right)}{\Gamma\left(\frac{1}{2}\right)}$.

解 (1) $\dfrac{\Gamma(4)}{2\Gamma(2)} = \dfrac{3!}{2\times 1!} = 3$；

(2) $\dfrac{\Gamma\left(\frac{5}{2}\right)}{\Gamma\left(\frac{1}{2}\right)} = \dfrac{\Gamma\left(\frac{3}{2}+1\right)}{\Gamma\left(\frac{1}{2}\right)} = \dfrac{\frac{3}{2}\Gamma\left(\frac{3}{2}\right)}{\Gamma\left(\frac{1}{2}\right)} = \dfrac{\frac{3}{2}\times\frac{1}{2}\Gamma\left(\frac{1}{2}\right)}{\Gamma\left(\frac{1}{2}\right)} = \dfrac{3}{4}$.

例 10 计算下列积分：

(1) $\int_0^{+\infty} x^5 e^{-x} dx$； (2) $\int_0^{+\infty} x^{-\frac{1}{2}} e^{-x} dx$.

解 (1) $\int_0^{+\infty} x^5 e^{-x} dx = \Gamma(6) = 5! = 120$；

(2) 令 $x = t^2 (t \geqslant 0)$，则 $t = \sqrt{x}$，$dt = \dfrac{dx}{2\sqrt{x}}$，于是

$$\int_0^{+\infty} x^{-\frac{1}{2}} e^{-x} dx = 2\int_0^{+\infty} e^{-t^2} dt,$$

所以 $$\Gamma\left(\frac{1}{2}\right) = \int_0^{+\infty} x^{-\frac{1}{2}} e^{-x} dx = 2\int_0^{+\infty} e^{-t^2} dt = 2\times\frac{\sqrt{\pi}}{2} = \sqrt{\pi}.$$

在第 8 章中，我们会得到$\int_0^{+\infty} e^{-t^2} dt = \dfrac{\sqrt{\pi}}{2}$，该结果在概率论中经常用到.

习题 6.4

1. 计算下列广义积分的值或判断其敛散性：

(1) $\int_1^{+\infty} \dfrac{1}{x^3} dx$； (2) $\int_0^{+\infty} x e^{-x} dx$； (3) $\int_e^{+\infty} \dfrac{dx}{x\ln x}$；

(4) $\int_{-\infty}^{+\infty} \dfrac{dx}{x^2+4x+5}$； (5) $\int_1^2 \dfrac{x}{\sqrt{x-1}} dx$； (6) $\int_1^e \dfrac{dx}{x\sqrt{1-(\ln x)^2}}$；

(7) $\int_0^2 \dfrac{dx}{(1-x)^2}$； (8) $\int_1^2 \dfrac{dx}{x\sqrt{x-1}}$.

***2.** 计算下列各题：

(1) $\dfrac{\Gamma(7)}{2\Gamma(4)\Gamma(3)}$； (2) $\dfrac{\Gamma(3)\Gamma\left(\frac{3}{2}\right)}{\Gamma\left(\frac{9}{2}\right)}$.

***3.** 用 Γ 函数表示下列积分，并计算积分值$\left[已知\ \Gamma\left(\frac{1}{2}\right)=\sqrt{\pi}\right]$：

(1) $\int_0^{+\infty} x^m e^{-x} dx$（$m$ 为自然数）； (2) $\int_0^{+\infty} \sqrt{x} e^{-x} dx$； (3) $\int_0^{+\infty} x^5 e^{-x^2} dx$.

6.5 定积分的应用

定积分是由实际问题抽象出来的一个数学概念，利用它自然能解决一些实际问题. 本节中我们利用定积分知识分析和解决一些数学、物理中的问题.

6.5.1 定积分的元素法

用定积分解决实际问题的常用方法是元素法(也称为微元法). 第 6.1 节中讨论了曲边梯形的面积及变速直线运动的路程的计算，通过对这两个量的讨论和计算，可以得出以下的结论.

元素法

设某一实际问题中的所求量 U 符合下列条件：

① U 是与一个变量 x 的变化区间 $[a,b]$ 有关的量；

② U 对于区间 $[a,b]$ 具有可加性，也就是说，如果把区间 $[a,b]$ 分成若干个部分区间，则 U 相应地分成若干个部分量，而 U 等于所有部分量之和；

③ 部分量 ΔU_i 的近似值可以表示为 $f(\xi_i)\Delta x_i$，其中 $f(x)$ 是 $[a,b]$ 上的可积函数，ξ_i 是小区间 $[x_{i-1},x_i]$ 上任一点，$\Delta x_i=x_i-x_{i-1}$，且 ΔU_i 与 $f(\xi_i)\Delta x_i$ 的差是一个比 Δx_i 高阶的无穷小($\Delta x_i \to 0$). 那么这个量 U 就可用定积分来表示.

这时我们可以通过以下四个步骤，将 U 表示成一个定积分.

(1) **分割** 用任意一组分点

$$a=x_0<x_1<x_2<\cdots<x_{i-1}<x_i<\cdots<x_{n-1}<x_n=b,$$

将区间 $[a,b]$ 分成 n 个小区间 $[x_{i-1},x_i]$ $(i=1,2,\cdots,n)$，所求量 U 也相应地分成 n 个部分量 ΔU_i，即

$$U=\sum_{i=1}^{n}\Delta U_i.$$

(2) **近似** 用 $f(\xi_i)\Delta x_i$ 近似表示 ΔU_i $(i=1,2,\cdots,n)$，即

$$\Delta U_i \approx f(\xi_i)\Delta x_i\ (x_{i-1}\leqslant \xi_i \leqslant x_i).$$

(3) **求和** 将 n 个部分量 ΔU_i 的近似值加起来，就得到量 U 的近似值，即

$$U=\sum_{i=1}^{n}\Delta U_i \approx \sum_{i=1}^{n} f(\xi_i)\Delta x_i.$$

(4) **取极限** 当 $\lambda=\max\{\Delta x_1,\Delta x_2,\cdots,\Delta x_n\}$ 趋于零时，和式的极限就是所求量 U 的值，即

$$U=\lim_{\lambda\to 0}\sum_{i=1}^{n} f(\xi_i)\Delta x_i=\int_a^b f(x)\mathrm{d}x.$$

在这四个步骤中，关键是第二步，只要能确定 ΔU_i 的近似值 $f(\xi_i)\Delta x_i$，则所求量 U 的定积分表达式中的被积表达式就确定了，再通过求和取极限就可得到所求量的定积分表达式.

综合以上的讨论，用定积分表达所求量 U 的步骤如下：

① 根据实际问题的具体情况，选择一个变量，如 x 为积分变量，并确定它的变化区间 $[a,b]$；

② 设想把区间分成 n 个小区间，取其中任一小区间并记作 $[x,x+\mathrm{d}x]$，求出相应于这个小区间的部分量 ΔU 的近似值. 如果 ΔU 能近似地表示为 $[a,b]$ 上一个连续函数 $f(x)$ 在 x 处的值 $f(x)$ 与 $\mathrm{d}x$ 的乘积，就把 $f(x)\mathrm{d}x$ 称为量 U 的元素，并记作 $\mathrm{d}U$，即

$$\mathrm{d}U=f(x)\mathrm{d}x;$$

③ 以所求量U的元素$f(x)\mathrm{d}x$为被积表达式,在区间$[a,b]$上求定积分,得

$$U=\int_a^b f(x)\mathrm{d}x,$$

这就是所求量U的积分表达式.

这个方法称为定积分的**元素法**. 下面我们就利用元素法来解决数学、物理中的一些问题.

6.5.2 平面图形的面积

1. 在平面直角坐标系中的情形

我们已经知道,由连续曲线$y=f(x)[f(x)\geqslant 0]$及直线$x=a$,$x=b(a<b)$与x轴所围成的曲边梯形的面积A(图6-9). 可用定积分计算,即

$$A=\int_a^b f(x)\mathrm{d}x. \tag{6-12}$$

利用定积分还可以计算一些比较复杂的平面图形的面积.

设函数$f_1(x)$,$f_2(x)$在区间$[a,b]$上连续,且$f_1(x)\leqslant f_2(x)$. 下面求由曲线$y=f_1(x)$,$y=f_2(x)$及直线$x=a$,$x=b$所围成的平面图形的面积A(图6-10).

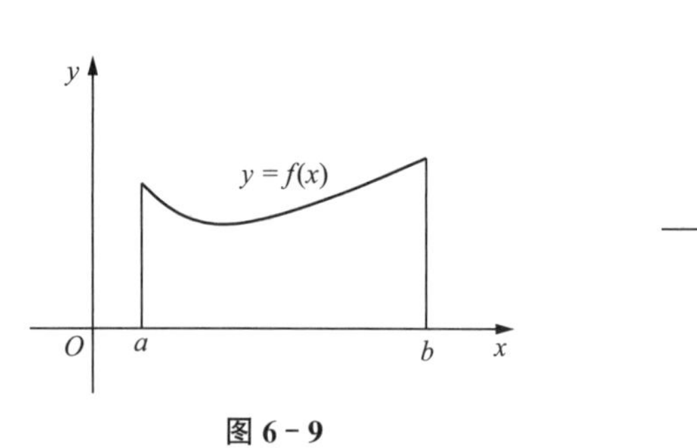

图 6-9

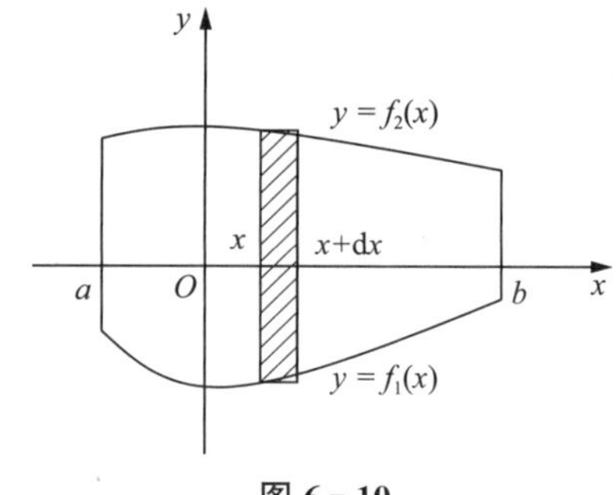

图 6-10

求面积

用元素法:以x为积变量,$x\in[a,b]$,在区间$[a,b]$上任取小区间$[x,x+\mathrm{d}x]$,则该小区间上的图形面积ΔA近似等于高为$f_2(x)-f_1(x)$、底为$\mathrm{d}x$的矩形面积,即面积A的元素为$\mathrm{d}A=[f_2(x)-f_1(x)]\mathrm{d}x$,于是所求面积为

$$A=\int_a^b [f_2(x)-f_1(x)]\mathrm{d}x. \tag{6-13}$$

一般地,由连续曲线$y=f_1(x)$,$y=f_2(x)$及直线$x=a$,$x=b$所围成的平面图形的面积为

$$A=\int_a^b |f_2(x)-f_1(x)|\mathrm{d}x.$$

类似地,当平面图形由连续曲线$x=g_1(y)$,$x=g_2(y)[g_1(y)\leqslant g_2(y)]$及直线$y=c$,$y=\mathrm{d}$所围成时(图6-11),则可在区间$[c,d]$上任取小区间$[y,y+\mathrm{d}y]$,得面积元素$\mathrm{d}A=[g_2(y)-g_1(y)]\mathrm{d}y$,从而所求面积为

$$A=\int_c^d [g_2(y)-g_1(y)]\mathrm{d}y. \tag{6-14}$$

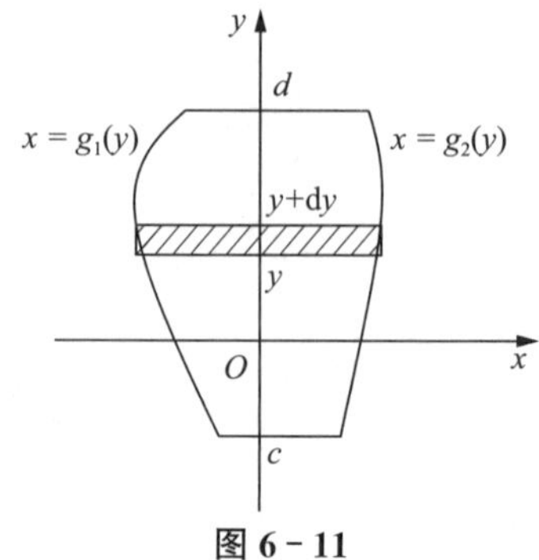

图 6-11

一般地，由连续曲线 $x=g_1(y)$，$x=g_2(y)$ 及直线 $y=c$，$y=d$ 所围成的平面图形的面积为

$$A=\int_c^d \mid g_2(y)-g_1(y)\mid \mathrm{d}y.$$

例 1 求由曲线 $y=x^2$，$x=y^2$ 所围成的平面图形的面积.

解 先求两曲线的交点，解方程组 $\begin{cases}y=x^2,\\y^2=x,\end{cases}$ 得交点为 $(0,0)$，$(1,1)$；画出图形（图 6－12），取 x 为积分变量，其变化区间为 $[0,1]$，于是由式(6－13)得所求面积

$$A=\int_0^1(\sqrt{x}-x^2)\mathrm{d}x=\left[\frac{2}{3}x^{\frac{3}{2}}-\frac{1}{3}x^3\right]_0^1=\frac{1}{3}.$$

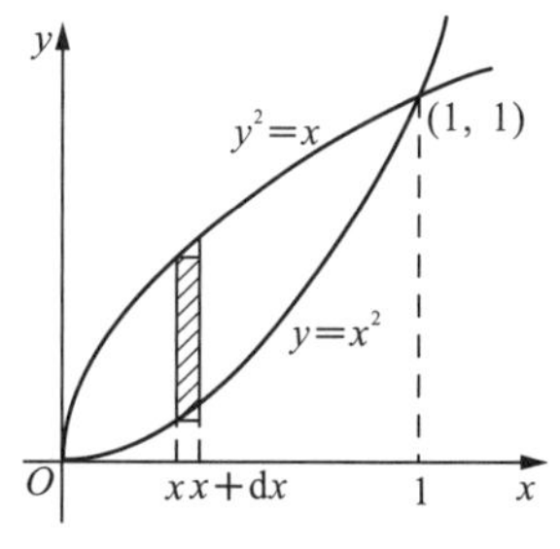

图 6－12

例 2 求曲线 $y=\frac{x^2}{2}$，$y=\frac{1}{1+x^2}$ 与直线 $x=-\sqrt{3}$，$x=\sqrt{3}$ 所围成的平面图形的面积（图 6－13）.

解 由于图形关于 y 轴对称，故所求面积 A 是第一象限内两小块图形面积的 2 倍. 两曲线在第一象限内交点的横坐标为 $x=1$，于是由式(6－13)知

$$\begin{aligned}A&=2\int_0^{\sqrt{3}}\left|\frac{x^2}{2}-\frac{1}{1+x^2}\right|\mathrm{d}x\\&=2\int_0^1\left(\frac{1}{1+x^2}-\frac{x^2}{2}\right)\mathrm{d}x+2\int_1^{\sqrt{3}}\left(\frac{x^2}{2}-\frac{1}{1+x^2}\right)\mathrm{d}x\\&=2\left[\arctan x-\frac{x^3}{6}\right]_0^1+2\left[\frac{x^3}{6}-\arctan x\right]_1^{\sqrt{3}}\\&=\frac{1}{3}(\pi+3\sqrt{3}-2).\end{aligned}$$

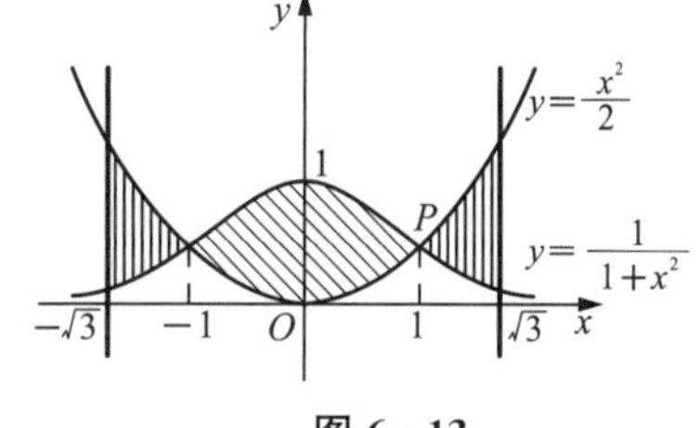

图 6－13

例 3 求由曲线 $y^2=2x$ 与直线 $y=x-4$ 所围成图形的面积（图 6－14）.

解 解方程组 $\begin{cases}y^2=2x,\\y=x-4,\end{cases}$ 得两曲线的交点为 $(2,-2)$，$(8,4)$. 求该图形的面积取 y 为积分变量较为方便. y 的变化区间为 $[-2,4]$，将曲线及直线方程改写为 $x=g(y)$ 的形式，即 $x=\frac{y^2}{2}$ 和 $x=y+4$，则由式(6－14)知

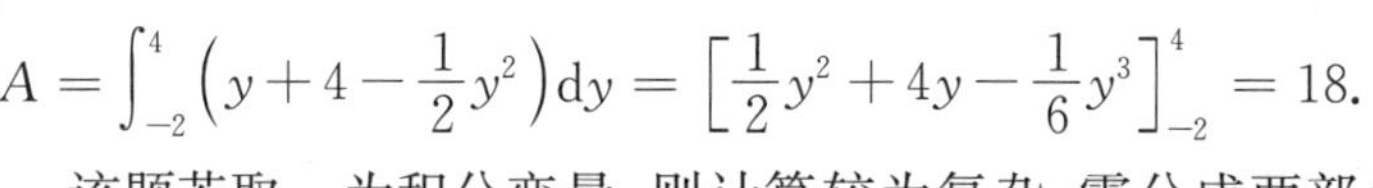

$$A=\int_{-2}^4\left(y+4-\frac{1}{2}y^2\right)\mathrm{d}y=\left[\frac{1}{2}y^2+4y-\frac{1}{6}y^3\right]_{-2}^4=18.$$

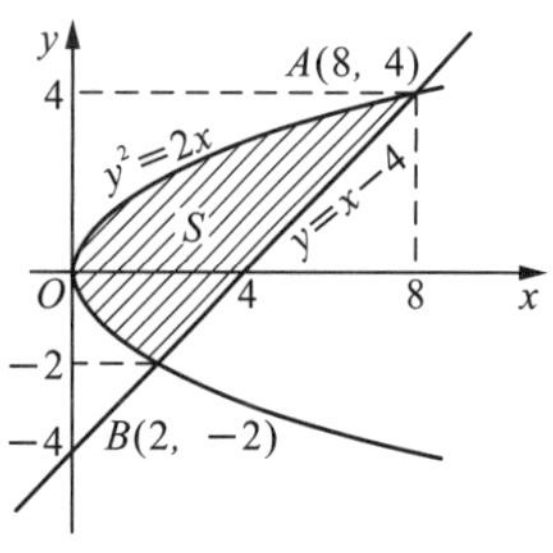

图 6－14

该题若取 x 为积分变量，则计算较为复杂，需分成两部分计算. 故合理地选择积分变量，可使计算简便.

例 4 求椭圆 $\frac{x^2}{a^2}+\frac{y^2}{b^2}=1$ 所围成的图形（图 6－15）的面积.

解 该椭圆关于两坐标轴都对称，所以椭圆所围成图形的

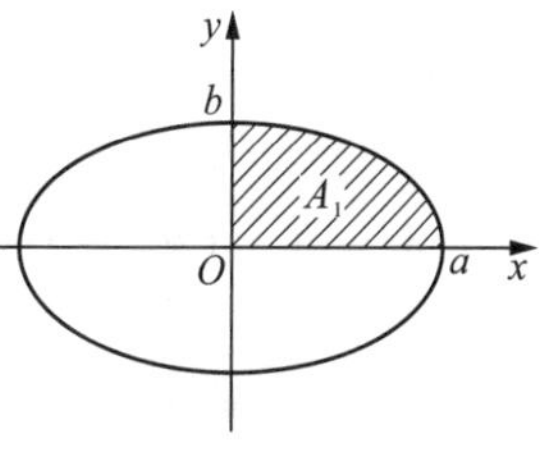

图 6－15

面积等于该椭圆在第一象限部分与两坐标轴所围成图形面积的 4 倍,即

$$A = 4A_1 = 4\int_0^a \frac{b}{a}\sqrt{a^2 - x^2}\,\mathrm{d}x = \pi ab.$$

2. 在极坐标系中的情形

设连续曲线的极坐标方程为 $r = r(\theta)$,由曲线 $r = r(\theta)$ 及射线$\theta = \alpha, \theta = \beta$所围成的平面图形(图 6-16) 称为**曲边扇形**,现在计算它的面积 A.

用元素法,取极角 θ 为积分变量,$\theta \in [\alpha, \beta]$,在区间$[\alpha, \beta]$ 上任取小区间$[\theta, \theta + \mathrm{d}\theta]$,这小区间上的小曲边扇形的面积 ΔA 可用半径为$r = r(\theta)$,中心角为 $\mathrm{d}\theta$的圆扇形面积来近似代替,即曲边扇形的面积 A 的元素为

$$\mathrm{d}A = \frac{1}{2}[r(\theta)]^2\mathrm{d}\theta,$$

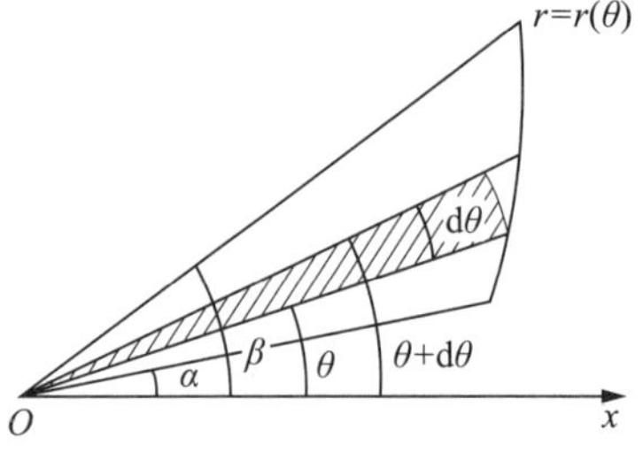

图 6-16

以$\frac{1}{2}[r(\theta)]^2\mathrm{d}\theta$ 为被积表达式,在区间$[\alpha, \beta]$ 上求定积分,则所求曲边扇形的面积为

$$A = \int_\alpha^\beta \frac{1}{2}[r(\theta)]^2\mathrm{d}\theta. \tag{6-15}$$

例 5　求心脏线 $r = a(1 + \cos\theta)$ 所围的图形(图 6-17) 的面积.

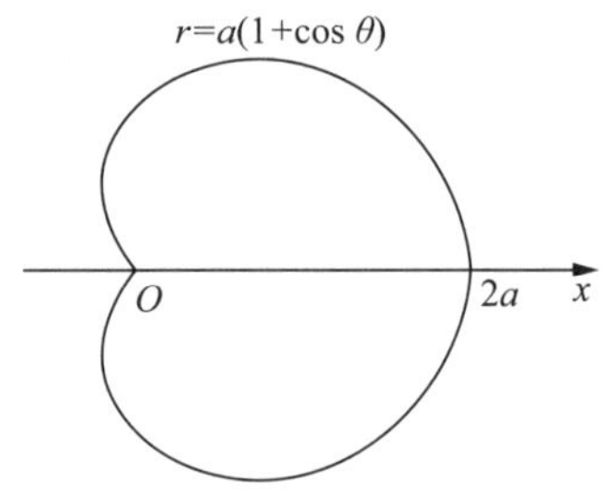

图 6-17

解　利用对称性,只需求位于上半平面的面积 A_1,然后两倍即可. 位于上半平面的曲线对应的极角 θ 的变化范围为$[0, \pi]$,利用公式(6-15) 得所求面积为

$$\begin{aligned} A = 2A_1 &= 2 \times \frac{1}{2}\int_0^\pi [a(1 + \cos\theta)]^2\mathrm{d}\theta \\ &= a^2\int_0^\pi (1 + 2\cos\theta + \cos^2\theta)\mathrm{d}\theta \\ &= a^2\int_0^\pi \left(\frac{3}{2} + 2\cos\theta + \frac{1}{2}\cos 2\theta\right)\mathrm{d}\theta \\ &= a^2\left[\frac{3}{2}\theta + 2\sin\theta + \frac{1}{4}\sin 2\theta\right]_0^\pi = \frac{3}{2}\pi a^2. \end{aligned}$$

例 6　求圆 $r = \sqrt{2}\cos\theta$ 与双纽线 $r^2 = \sqrt{3}\sin 2\theta$ 所围成的公共部分的图形(图 6-18) 的面积.

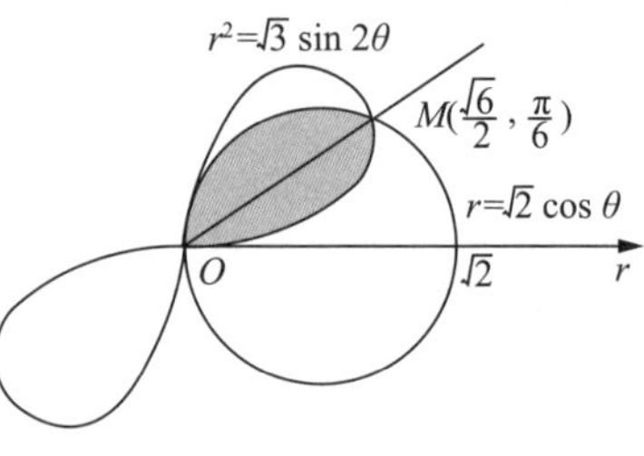

图 6-18

解　先求出两曲线的交点,解方程组

$$\begin{cases} r = \sqrt{2}\cos\theta, \\ r^2 = \sqrt{3}\sin 2\theta, \end{cases}$$

由 $2\cos^2\theta = \sqrt{3}\sin 2\theta$,得 $\cos\theta = 0$ 及 $\tan\theta = \frac{\sqrt{3}}{3}$,故 $\theta = \frac{\pi}{2}$ 及 $\theta = \frac{\pi}{6}$,对应地可得 $r = 0$ 及$\frac{\sqrt{6}}{2}$,所以两曲线的交点为 $O(0,0)$ 及 $M\left(\frac{\sqrt{6}}{2}, \frac{\pi}{6}\right)$. 所求面积为

$$A=\frac{1}{2}\int_0^{\frac{\pi}{6}}\sqrt{3}\sin 2\theta\mathrm{d}\theta+\frac{1}{2}\int_{\frac{\pi}{6}}^{\frac{\pi}{2}}(\sqrt{2}\cos\theta)^2\mathrm{d}\theta$$

$$=\left[-\frac{\sqrt{3}}{4}\cos 2\theta\right]_0^{\frac{\pi}{6}}+\frac{1}{2}\int_{\frac{\pi}{6}}^{\frac{\pi}{2}}(1+\cos 2\theta)\mathrm{d}\theta$$

$$=\frac{\sqrt{3}}{8}+\left[\frac{1}{2}\left(\theta+\frac{1}{2}\sin 2\theta\right)\right]_{\frac{\pi}{6}}^{\frac{\pi}{2}}$$

$$=\frac{\sqrt{3}}{8}+\frac{\pi}{6}-\frac{\sqrt{3}}{8}=\frac{\pi}{6}.$$

6.5.3 平面曲线的弧长

设有光滑曲线 $y=f(x)$[$f'(x)$ 连续]，求曲线上从 $x=a$ 到 $x=b$ 一段弧 $\overset{\frown}{AB}$ 的长度(图 6-19).

取 x 为积分变量，$x\in[a,b]$，则曲线 $y=f(x)$ 相应于$[a,b]$上任一小区间$[x,x+\mathrm{d}x]$的一段弧的长度 $\Delta s=\overset{\frown}{MN}$ 可以用该曲线在点 $M(x,f(x))$ 处的切线上对应的一小段直线段 MT 长度来近似代替，这一小段的长度为

$$\sqrt{(\mathrm{d}x)^2+(\mathrm{d}y)^2}=\sqrt{1+y'^2}\,\mathrm{d}x.$$

从而弧长 s 的元素为

$$\mathrm{d}s=\sqrt{1+y'^2}\,\mathrm{d}x.$$

以 $\sqrt{1+y'^2}\,\mathrm{d}x$ 为被积表达式，在$[a,b]$ 上求定积分，得所求弧长为

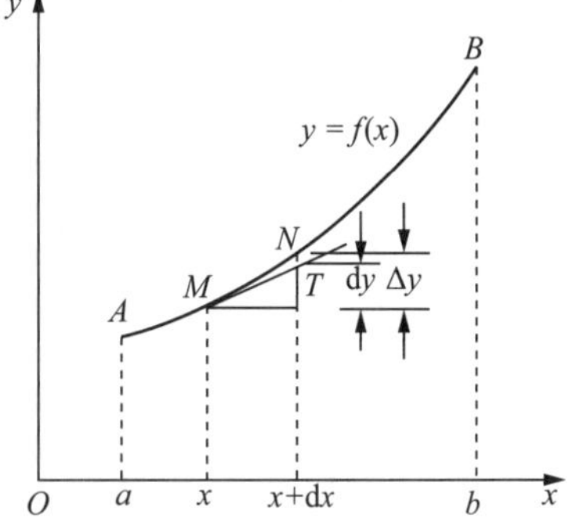

图 6-19

$$s=\int_a^b\sqrt{1+y'^2}\,\mathrm{d}x. \tag{6-16}$$

求弧长

例 7 求曲线 $y=\frac{1}{4}x^2-\frac{1}{2}\ln x(1\leqslant x\leqslant \mathrm{e})$ 的弧长.

解 由 $y'=\frac{1}{2}x-\frac{1}{2x}=\frac{1}{2}\left(x-\frac{1}{x}\right)$，得

$$\mathrm{d}s=\sqrt{1+y'^2}\,\mathrm{d}x=\sqrt{1+\frac{1}{4}\left(x-\frac{1}{x}\right)^2}\,\mathrm{d}x=\frac{1}{2}\left(x+\frac{1}{x}\right)\mathrm{d}x,$$

于是所求弧长为

$$s=\int_1^{\mathrm{e}}\sqrt{1+y'^2}\,\mathrm{d}x=\int_1^{\mathrm{e}}\frac{1}{2}\left(x+\frac{1}{x}\right)\mathrm{d}x=\frac{1}{2}\left[\frac{1}{2}x^2+\ln x\right]_1^{\mathrm{e}}=\frac{1}{4}(\mathrm{e}^2+1).$$

例 8 两根电线杆之间的电线，由于其自身的重量，下垂成一曲线，这样的曲线称为悬链线. 如图 6-20 所示，在建立坐标系后，悬链线的方程为

$$y=\frac{a}{2}(\mathrm{e}^{\frac{x}{a}}+\mathrm{e}^{-\frac{x}{a}}),$$

计算悬链线在区间$[-a,a]$ 上的一段弧长.

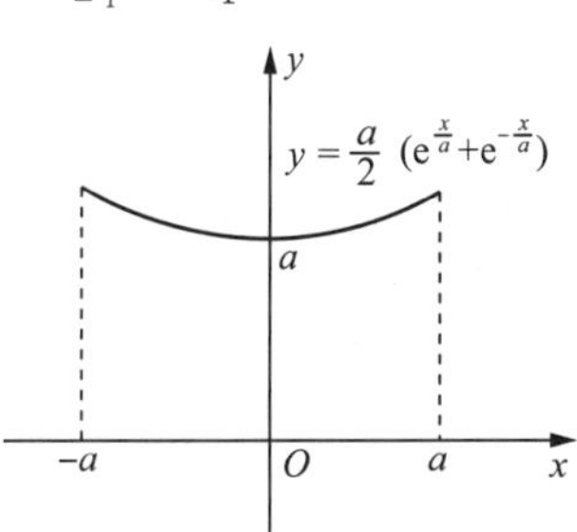

图 6-20

解 由 $y'=\frac{1}{2}(\mathrm{e}^{\frac{x}{a}}-\mathrm{e}^{-\frac{x}{a}})$，得

$$\begin{aligned} ds &= \sqrt{1+y'^2}\,dx = \sqrt{1+\frac{1}{4}(e^{\frac{x}{a}}-e^{-\frac{x}{a}})^2}\,dx \\ &= \frac{1}{2}(e^{\frac{x}{a}}+e^{-\frac{x}{a}})dx, \end{aligned}$$

于是所求弧长为

$$s=\int_{-a}^{a}\frac{1}{2}(e^{\frac{x}{a}}+e^{-\frac{x}{a}})dx=\int_{0}^{a}(e^{\frac{x}{a}}+e^{-\frac{x}{a}})dx=\left[ae^{\frac{x}{a}}-ae^{-\frac{x}{a}}\right]_0^a=a\left(e-\frac{1}{e}\right).$$

6.5.4　旋转体的体积与侧面积

由连续曲线 $y=f(x)$，直线 $x=a$，$x=b(a<b)$ 及 x 轴所围成的平面图形绕 x 轴旋转一周形成一个旋转体(图 6-21)，现在我们用元素法来求旋转体的体积与侧面积.

1. 旋转体的体积

如图 6-21 所示，取 x 为积分变量，$x\in[a,b]$. 在 $[a,b]$ 上任取一小区间 $[x,x+dx]$，在这小区间上相应的窄曲边梯形绕 x 轴旋转一周所形成的薄片的体积近似等于以 $f(x)$ 为底半径、dx 为高的圆柱体的体积，即 $\Delta V\approx\pi[f(x)]^2dx$，从而体积 V 元素为 $dV=\pi[f(x)]^2dx$，于是所求的旋转体的体积为

$$V=\int_a^b\pi[f(x)]^2dx. \tag{6-17}$$

类似地，由曲线 $x=\varphi(y)$ 与直线 $y=c$，$y=d$ 及 y 轴所围成的曲边梯形绕 y 轴旋转一周而形成的立体(图 6-22) 的体积为

$$V=\int_c^d\pi[\varphi(y)]^2dy. \tag{6-18}$$

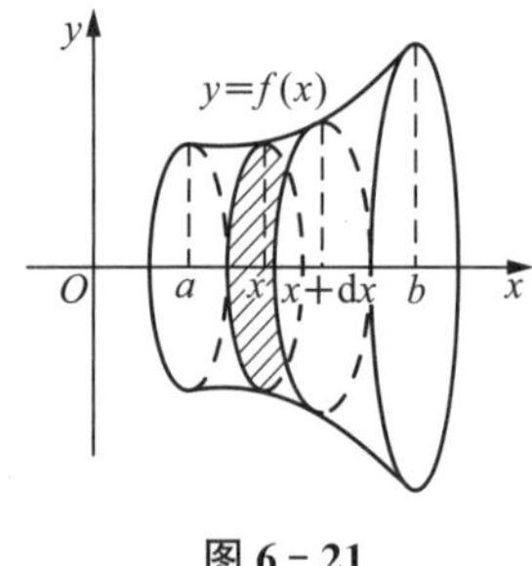

图 6-21

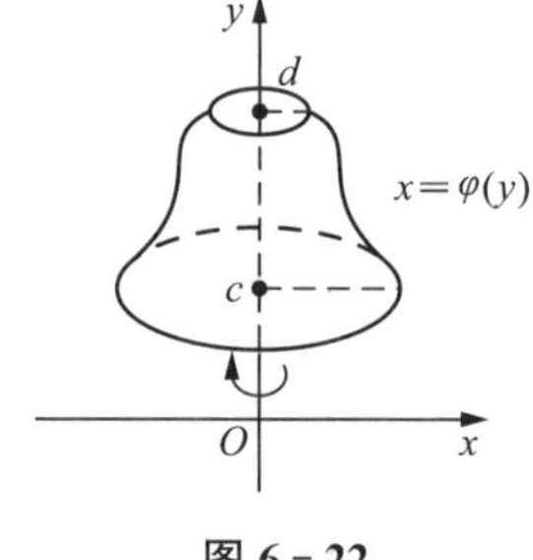

图 6-22

旋转体的体积

例 9　求由椭圆 $\frac{x^2}{a^2}+\frac{y^2}{b^2}=1$ 所围成的图形分别绕 x 轴、y 轴旋转一周形成的旋转体的体积.

解　绕 x 轴旋转一周所成的旋转体，可看作由上半椭圆 $y=\frac{b}{a}\sqrt{a^2-x^2}$ 及 x 轴围成的图形绕 x 轴旋转一周而成的立体，于是有

$$V_x=\int_{-a}^{a}\pi\left[\frac{b}{a}\sqrt{a^2-x^2}\right]^2dx=\frac{2b^2\pi}{a^2}\int_0^a(a^2-x^2)dx=\frac{4}{3}\pi ab^2.$$

同样绕 y 轴旋转一周所成的旋转体可看作由右半椭圆 $x=\frac{a}{b}\sqrt{b^2-y^2}$ 及 y 轴围成的图形绕 y 轴旋转一周而成的立体，从而有

$$V_y=\int_{-b}^{b}\pi\left[\frac{a}{b}\sqrt{b^2-y^2}\right]^2\mathrm{d}y=\frac{2a^2\pi}{b^2}\int_0^b(b^2-y^2)\mathrm{d}y=\frac{4}{3}\pi a^2 b.$$

例 10　求圆 $x^2+(y-b)^2=R^2(b>R>0)$ 绕 x 轴旋转一周所成的环体的体积(图6－23).

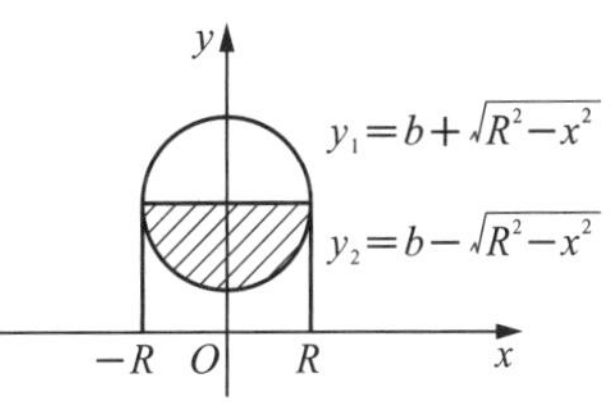

图 6－23

解　该环体的体积可看作上半圆 $y_1=b+\sqrt{R^2-x^2}$，直线 $x=R$，$x=-R$ 及 x 轴围成的图形绕 x 轴旋转一周所得的立体的体积与下半圆 $y_2=b-\sqrt{R^2-x^2}$，直线 $x=R$，$x=-R$ 及 x 轴围成的图形绕 x 轴旋转一周形成的立体的体积之差，因此

$$\begin{aligned}V_x&=\int_{-R}^{R}\pi y_1^2\mathrm{d}x-\int_{-R}^{R}\pi y_2^2\mathrm{d}x\\&=\pi\int_{-R}^{R}(y_1^2-y_2^2)\mathrm{d}x\\&=2\pi\int_0^R 4b\sqrt{R^2-x^2}\,\mathrm{d}x\\&=2\pi^2R^2b.\end{aligned}$$

2. 旋转体的侧面积

旋转体的侧面积

由光滑曲线 $y=f(x)$，直线 $x=a$，$x=b(a<b)$ 及 x 轴所围成的平面图形绕 x 轴旋转一周形成一个旋转体(图 6－24)，取 x 为积分变量，$x\in[a,b]$，在 $[a,b]$ 上任取一小区间 $[x,x+\mathrm{d}x]$，这小区间上相应的窄曲边梯形绕 x 轴旋转一周所形成的薄片的侧面积 ΔA 近似等于 $2\pi f(x)\sqrt{1+[f'(x)]^2}\,\mathrm{d}x$，即侧面积 A 的面积元素为

$$\mathrm{d}A=2\pi f(x)\sqrt{1+[f'(x)]^2}\,\mathrm{d}x,$$

所以旋转体的侧面积为

$$A=2\pi\int_a^b f(x)\sqrt{1+[f'(x)]^2}\,\mathrm{d}x.\qquad(6-19)$$

图 6－24

例 11　求由曲线 $y=2\sqrt{x}$ 与直线 $x=3$ 及 x 轴围成的平面图形绕 x 轴旋转一周所成的旋转体的侧面积.

解　由 $y'=\dfrac{1}{\sqrt{x}}$，得

$$2\pi f(x)\sqrt{1+[f'(x)]^2}\,\mathrm{d}x=4\pi\sqrt{x+1}\,\mathrm{d}x,$$

于是所求的侧面积为

$$A=4\pi\int_0^3\sqrt{x+1}\,\mathrm{d}x=4\pi\times\frac{2}{3}\left[(x+1)^{\frac{3}{2}}\right]_0^3=\frac{56\pi}{3}.$$

平行截面的面积为已知的立体的体积

6.5.5　平行截面的面积为已知的立体的体积

图 6－25 所示的立体不是旋转体，如能知道该立体垂直于一定轴的各个截面的面积，则该立体的体积可利用定积分来计算.

设定轴为 x 轴，且该立体位于两平面 $x=a$，$x=b$ 之间，过 x 点 $(a\leqslant x\leqslant b)$ 且垂直于

x 轴的平面截该立体的截面面积为$A(x)$. 取x为积分变量，它的变化区间为$[a,\ b]$，在$[a,\ b]$上任取一小区间$[x,\ x+\mathrm{d}x]$,对应于该小区间的小立体的体积，近似地等于底面积为 $A(x)$、高为 $\mathrm{d}x$ 的柱体的体积，即体积元素 $\mathrm{d}V=A(x)\mathrm{d}x$,于是该立体的体积为

$$V=\int_a^b A(x)\mathrm{d}x. \tag{6-20}$$

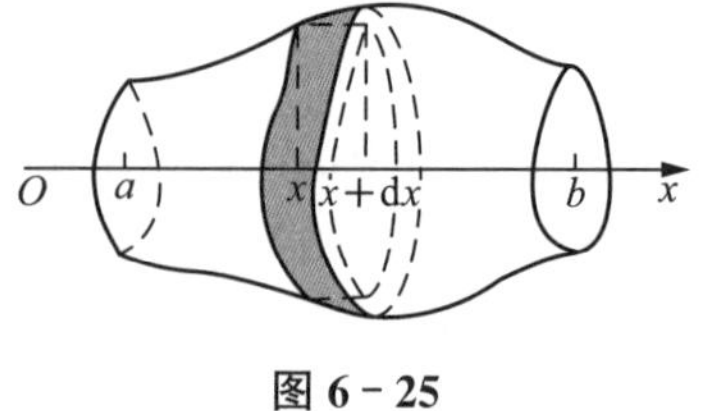

图 6-25

例 12　一平面经过半径为R的圆柱体的底面中心，并与底面交角为30°(图 6-26). 计算该平面截圆柱所得的立体的体积.

解　(方法一) 取平面与圆柱体底面的交线为 x 轴，底面上过圆心且垂直于 x 轴的直线为 y 轴，建立坐标系，如图 6-26 所示. 那么底圆的方程为 $x^2+y^2=R^2$，立体中过 x 轴上的点 x 且垂直于 x 轴的截面是一个直角三角形，它的两条直角边的长度分别为 $\sqrt{R^2-x^2}$ 及 $\sqrt{R^2-x^2}\tan 30^\circ=\frac{\sqrt{3}}{3}\sqrt{R^2-x^2}$，于是截面面积为$A(x)=\frac{\sqrt{3}}{6}(R^2-x^2)$，所以所求的立体的体积为

$$V=\int_{-R}^{R}\frac{\sqrt{3}}{6}(R^2-x^2)\mathrm{d}x=\frac{\sqrt{3}}{6}\left[R^2x-\frac{1}{3}x^3\right]_{-R}^{R}=\frac{2\sqrt{3}}{9}R^3.$$

(方法二) 同方法一建立坐标系，如图 6-27 所示. 立体过 y 轴上的点 y 且垂直于 y 轴的截面是一个矩形，高为 $y\tan 30^\circ=\frac{\sqrt{3}}{3}y$，底为$2\sqrt{R^2-y^2}$，于是截面面积为 $A(y)=\frac{2\sqrt{3}}{3}y\sqrt{R^2-y^2}$，所以所求的立体的体积为

$$\begin{aligned}V&=\int_0^R\frac{2\sqrt{3}}{3}y\sqrt{R^2-y^2}\,\mathrm{d}y=-\int_0^R\frac{\sqrt{3}}{3}\sqrt{R^2-y^2}\,\mathrm{d}(R^2-y^2)\\&=-\frac{2\sqrt{3}}{9}\left[(R^2-y^2)^{\frac{3}{2}}\right]_0^R=\frac{2\sqrt{3}}{9}R^3.\end{aligned}$$

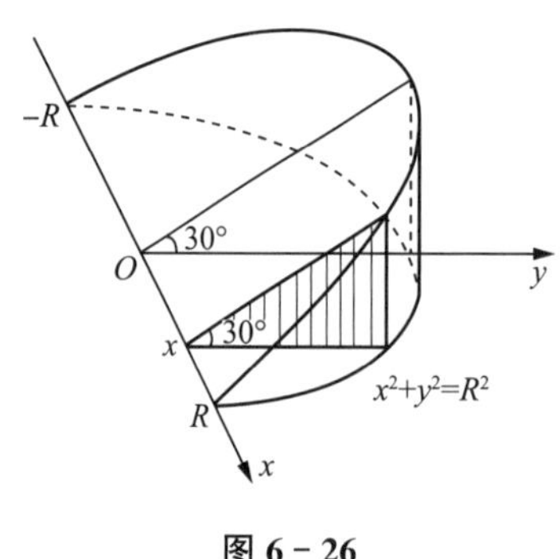

图 6-26

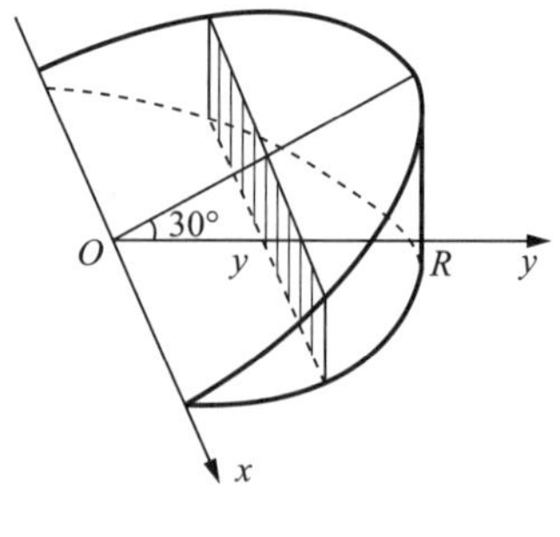

图 6-27

6.5.6　定积分在物理上的应用

1. 变力沿直线所做的功

从物理学知道，如果物体在做直线运动的过程中有一个不变的力 F 作用在这个物体上，且这个力的方向与物体运动的方向一致，那么，在物体移动了距离 s 时，力 F 对物体所做的功为

$$W = F \cdot s.$$

现在一物体受到连续的变力 $F(x)$ 的作用，沿力的方向做直线运动，求物体从 $x = a$ 移动到 $x = b$ 时，变力 $F(x)$ 所做的功(图 6-28).

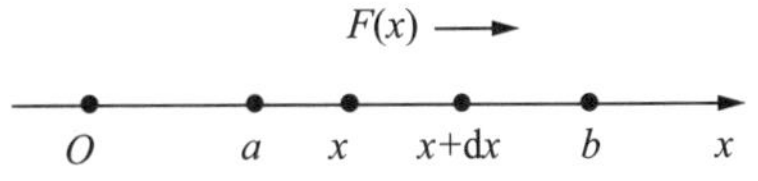

图 6-28

由于 $F(x)$ 是变力，因此这是一个非均匀变化的问题，所求的功是一个整体量，在$[a,b]$上具有可加性，可利用定积分求解.

取 x 为积分变量，$x \in [a,b]$，在$[a,b]$上任取小区间$[x,x+\mathrm{d}x]$，因为力 $F(x)$ 是连续变化的，所以当物体从 x 移动到 $x+\mathrm{d}x$ 时，可以近似地看作常力的作用，因此在此小段上所做的功近似为 $F(x)\mathrm{d}x$，即功 W 的元素为

$$\mathrm{d}W = F(x)\mathrm{d}x.$$

于是，物体从 $x = a$ 移动到 $x = b$ 时，变力 $F(x)$ 所做的功为

$$W = \int_a^b F(x)\mathrm{d}x. \tag{6-21}$$

例 13 设质量分别为 m_1 和 m_2 的两个质点 A,B，它们之间的距离为 a，将质点 B 沿直线 AB 移至与点 A 的距离为 b 的位置 B' 处，求质点 B 克服引力所做的功.

解 如图 6-29 所示建立坐标系，由物理学知，A 和 B 两质点之间的引力大小为

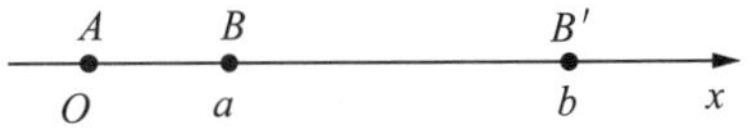

$$F(x) = k \cdot \frac{m_1 m_2}{x^2}\ (k \text{ 为常数}),$$

图 6-29

其中 x 表示 A,B 之间的距离，所以 $F(x)$ 为变力，由式(6-21)得，所做的功为

$$W = \int_a^b \frac{km_1m_2}{x^2}\mathrm{d}x = km_1m_2\left[-\frac{1}{x}\right]_a^b$$

$$= km_1m_2\left(\frac{1}{a} - \frac{1}{b}\right).$$

例 14 半径为 1m 的半球形水池，池中灌满了水，将池内水全部抽完需要做多少功?

解 建立如图 6-30 所示的坐标系，则圆的方程为 $x^2 + y^2 = 1$，选水深 x 为积分变量，其变化区间为$[0,1]$，在区间$[0,1]$上的任意小区间$[x,x+\mathrm{d}x]$上的一薄层水的重量近似为以 $\sqrt{1-x^2}$ 为底半径、$\mathrm{d}x$ 为高的薄圆柱体的水重，即近似为

$$9.8 \times 1\ 000 \times \pi(1 - x^2)\mathrm{d}x.$$

将其抽到池口的距离为 x，所以功 W 的元素为

$$\mathrm{d}W = 9\ 800\pi(1 - x^2)\mathrm{d}x \cdot x = 9\ 800\pi(x - x^3)\mathrm{d}x.$$

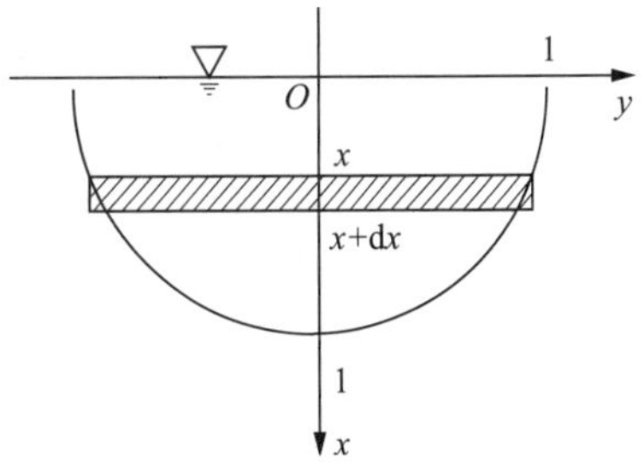

图 6-30

于是所求的功为

$$W = \int_0^1 9\ 800\pi(x - x^3)\mathrm{d}x = 9\ 800\pi\left[\frac{1}{2}x^2 - \frac{1}{4}x^4\right]_0^1$$

$$= \frac{9\ 800}{4}\pi \approx 7.697 \times 10^3(\mathrm{J}).$$

2. 液体的静压力

由物理学可知，在液体中深度为 h 处的压强为 $p = \rho g h$，其中 ρ 为液体的密度，

$g=9.8\ \mathrm{m/s^2}$(重力加速度),如果有面积为 A 的平板,水平地放置在液体中深度为 h 处,则平板一侧所受的压力为

$$F=pA=\rho ghA.$$

如果平板垂直放在液体中,那么由于深度不同的点处压强不相同,就不能用上式来计算平板一侧所受的压力,但我们可以用定积分来计算.下面举例说明.

例 15 一薄板形状为等腰梯形,两底边的长度分别为 1 m 和 0.6 m,高为 2 m,将此薄板垂直放置在水中,并使上底与水平面相齐(图 6-31).计算此薄板一侧所受水的压力.

解 建立坐标系,如图 6-31 所示,其中 x 轴为等腰梯形的对称轴,则腰 BC 的方程为 $y=\frac{1}{2}-\frac{1}{10}x$,选水深 x 为积分变量,其变化区间为 $[0,2]$,在区间 $[0,2]$ 上的任意小区间 $[x,x+\mathrm{d}x]$ 上的小等腰梯形的面积近似于 $2\left(\frac{1}{2}-\frac{1}{10}x\right)\mathrm{d}x$,小等腰梯形上各点处压强近似于 $9\,800x\ \mathrm{N/m^2}$,因此在区间 $[x,x+\mathrm{d}x]$ 上压力 F 的元素为

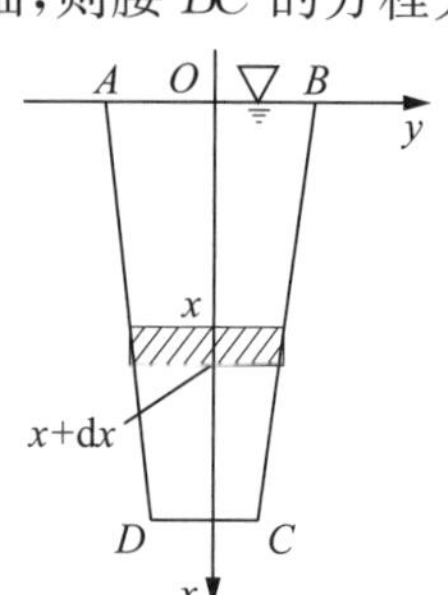

图 6-31

$$\mathrm{d}F=9\,800\times2\left(\frac{1}{2}-\frac{1}{10}x\right)x\,\mathrm{d}x=9\,800\left(x-\frac{1}{5}x^2\right)\mathrm{d}x,$$

于是薄板一侧受到的压力为

$$F=\int_0^2 9\,800\left(x-\frac{1}{5}x^2\right)\mathrm{d}x=9\,800\left[\frac{x^2}{2}-\frac{1}{15}x^3\right]_0^2\approx1.437\times10^4(\mathrm{N}).$$

习题 6.5

1. 求由下列曲线所围成的图形的面积:

(1) $y=x^2$ 与直线 $y=2x+3$;

(2) $y=x^2$, $y=2x^2$ 与直线 $y=1$;

(3) $y=\sin x$, $y=\cos x$ 与直线 $x=0$, $x=\frac{\pi}{2}$;

(4) $y=\frac{1}{2}x^2$ 与 $x^2+y^2=8$(两部分都要计算);

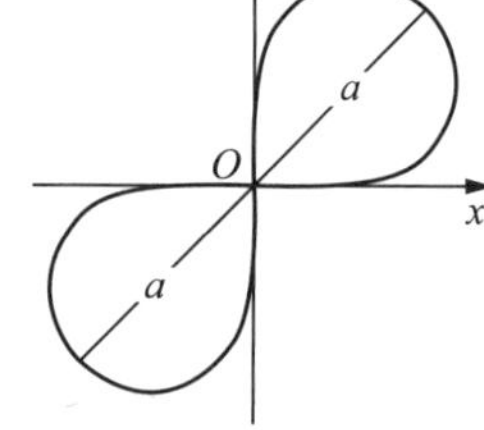

图 6-32

(5) $y=x^2$ 与直线 $y=x$, $y=2x$;

(6) $y^2=x+2$ 与直线 $x-y=0$;

(7) $y=\sin x$ 与直线 $y=2\pi-x$,$x=0$,$x=2\pi$; (8) $xy=1$ 与直线 $y=x$,$y=2$;

(9) 双纽线 $r^2=a^2\sin2\theta$(图 6-32); (10) 抛物线 $r(1+\cos\theta)=a$ 与直线 $\theta=0$,$\theta=\frac{2\pi}{3}$.

2. 求下列曲线所围成的图形,按指定的轴旋转所形成的立体的体积:

(1) $y=2x-x^2$, $y=x$,绕 x 轴; (2) $x=y^2$, $y=x^2$,绕 y 轴;

(3) $y=x^3$, $y=0$, $x=2$,分别绕 x, y 轴; (4) $y=\frac{1}{10}x^2$, $y=\frac{1}{10}x^2+1$, $y=10$,绕 y 轴;

(5) $xy=5$,$x+y=6$,绕 x 轴; (6) $(x-2)^2+y^2=1$,绕 y 轴;

(7) $y=\ln x(\mathrm{e}\leqslant x\leqslant\mathrm{e}^2)$,$x=\mathrm{e}$,$x=\mathrm{e}^2$,$x$ 轴,分别绕 x,y 轴.

3. 求曲线 $y=\frac{2}{3}x^{\frac{3}{2}}$ 上相应于 x 从 0 到 3 的一段弧的长度.

4. 设 D 由曲线 $y=\sqrt{x}$ 与其过点 $(-1,0)$ 的切线及 x 轴围成,求 D 绕 x 轴旋转一周所成旋转体的体积和表面积.

5. 用平行截面面积已知的立体体积公式计算:以半径为 R 的圆为底,以平行于底且长度等于该圆直径的

线段为顶,高为 h 的正劈锥体(图 6-33)的体积.

6. 用平行截面面积已知的立体体积公式和旋转体的体积公式两种方法证明:图 6-34 中球缺的体积为 $V=\pi H^2\left(R-\frac{H}{3}\right)$.

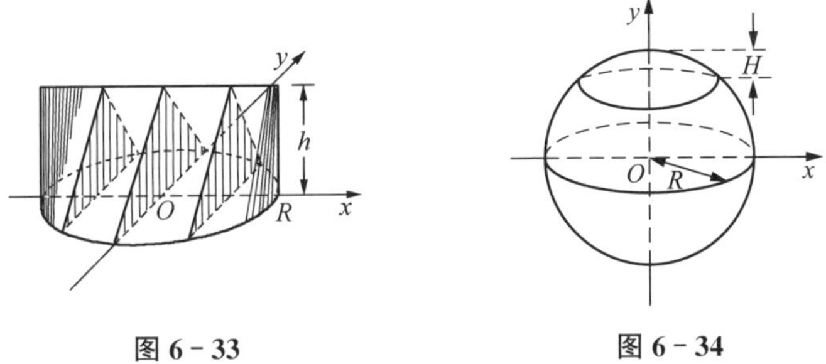

图 6-33　　　图 6-34

7. 一物体沿 x 轴正向运动时所受的外力为 $F(x)=\frac{10}{x^2}$,求此物体从 $x=1$ 运动到 $x=10$ 时外力所做的功.

8. 一条长 100 m 的绳子垂在一个足够高的建筑物上,假设每米绳子的质量是 0.25 kg,求将此绳子全部拉到建筑物顶部所需做的功.

9. 有一圆锥形蓄水池,深 15 m ,口径 20 m,蓄满水,将水从顶抽净,需做多少功?

10. 一个横放的半径为 R 的圆柱形水桶,装有桶的容积的一半的水,水的相对密度为 γ,计算桶的两端面所受的压力.

11. 将一块宽 2 m、高 3 m 的长方形木板竖直放入水中,若其上边缘在水下 2 m 处,求此木板的一侧面所受的水的压力.

总习题六

定积分计算方法小结

1. 填空题.

(1) 设 $f(x)$ 为连续函数,且 $F(x)=\int_{x^2}^{e^{3x}} f(t)\mathrm{d}t$,则 $F'(x)=$ ________.

(2) $\lim\limits_{x\to 0^+}\frac{\int_0^{x^2}\sqrt{t}\sin 3t\mathrm{d}t}{x^5}=$ ________.

(3) $\int_0^{\frac{\pi}{2}}\frac{\sin x}{\sin x+\cos x}\mathrm{d}x=$ ________.

(4) 设 $f(x)=\frac{1}{1+x^2}+x^3\int_0^1 f(x)\mathrm{d}x$,则 $\int_0^1 f(x)\mathrm{d}x=$ ________.

(5) $\int_{-1}^{1}\frac{2x^2+x\cos x}{1+\sqrt{1-x^2}}\mathrm{d}x=$ ________.

2. 选择题.

(1) 设 $\Phi(x)=\int_{x^2}^{10}\sin t^2\mathrm{d}t$,则 $\Phi'(x)=$ (　　).

(A) $-2x\sin x^4$　　(B) $2x\sin x^2$　　(C) $-2x\sin x^2$　　(D) $2x\sin x^4$

(2) 设 $f(x)$ 连续且 $I=t\int_0^{\frac{s}{t}} f(tx)\mathrm{d}x$,其中 $t>0$, $s>0$,则 I 的值(　　).

(A) 依赖于 s, t, x　　(B) 仅依赖于 s 和 t　　(C) 仅依赖于 t 和 x　　(D) 仅依赖于 s

(3) $\int_{-\frac{\pi}{4}}^{\frac{\pi}{4}}\cos^6 2x\mathrm{d}x=$ (　　).

(A) $\frac{5}{8}$　　(B) $\frac{5}{16}\pi$　　(C) $\frac{5}{16}$　　(D) $\frac{5}{32}\pi$

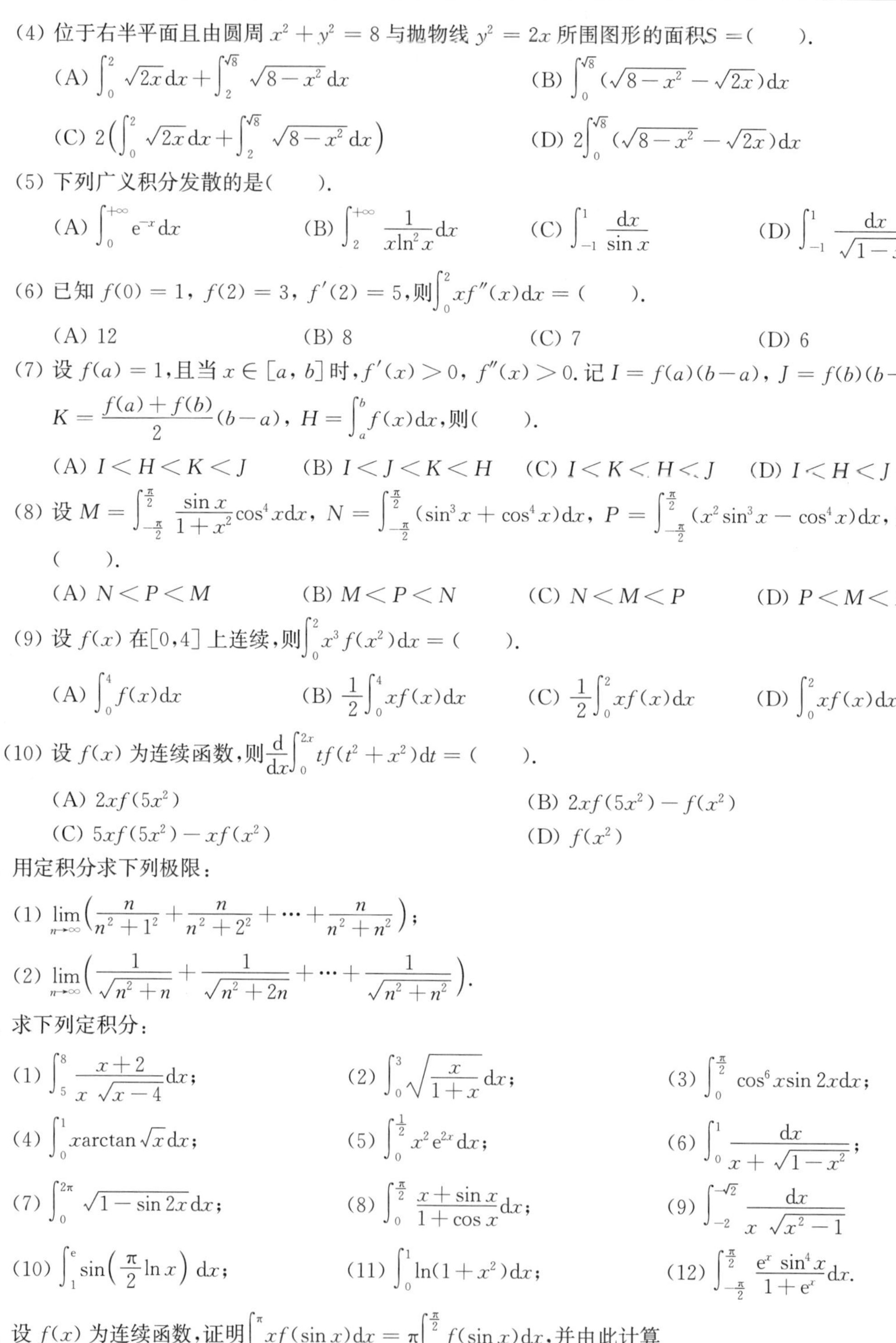

(4) 位于右半平面且由圆周 $x^2+y^2=8$ 与抛物线 $y^2=2x$ 所围图形的面积$S=$(　　).

(A) $\int_0^2\sqrt{2x}\,\mathrm{d}x+\int_2^{\sqrt{8}}\sqrt{8-x^2}\,\mathrm{d}x$　　(B) $\int_0^{\sqrt{8}}(\sqrt{8-x^2}-\sqrt{2x})\mathrm{d}x$

(C) $2\left(\int_0^2\sqrt{2x}\,\mathrm{d}x+\int_2^{\sqrt{8}}\sqrt{8-x^2}\,\mathrm{d}x\right)$　　(D) $2\int_0^{\sqrt{8}}(\sqrt{8-x^2}-\sqrt{2x})\mathrm{d}x$

(5) 下列广义积分发散的是(　　).

(A) $\int_0^{+\infty}\mathrm{e}^{-x}\mathrm{d}x$　　(B) $\int_2^{+\infty}\frac{1}{x\ln^2x}\mathrm{d}x$　　(C) $\int_{-1}^1\frac{\mathrm{d}x}{\sin x}$　　(D) $\int_{-1}^1\frac{\mathrm{d}x}{\sqrt{1-x^2}}$

(6) 已知 $f(0)=1$，$f(2)=3$，$f'(2)=5$，则$\int_0^2xf''(x)\mathrm{d}x=$(　　).

(A) 12　　(B) 8　　(C) 7　　(D) 6

(7) 设 $f(a)=1$，且当 $x\in[a,b]$ 时，$f'(x)>0$，$f''(x)>0$. 记 $I=f(a)(b-a)$，$J=f(b)(b-a)$，$K=\frac{f(a)+f(b)}{2}(b-a)$，$H=\int_a^bf(x)\mathrm{d}x$，则(　　).

(A) $I<H<K<J$　　(B) $I<J<K<H$　　(C) $I<K<H<J$　　(D) $I<H<J<K$

(8) 设 $M=\int_{-\frac{\pi}{2}}^{\frac{\pi}{2}}\frac{\sin x}{1+x^2}\cos^4x\,\mathrm{d}x$，$N=\int_{-\frac{\pi}{2}}^{\frac{\pi}{2}}(\sin^3x+\cos^4x)\mathrm{d}x$，$P=\int_{-\frac{\pi}{2}}^{\frac{\pi}{2}}(x^2\sin^3x-\cos^4x)\mathrm{d}x$，则有(　　).

(A) $N<P<M$　　(B) $M<P<N$　　(C) $N<M<P$　　(D) $P<M<N$

(9) 设 $f(x)$ 在$[0,4]$上连续，则$\int_0^2x^3f(x^2)\mathrm{d}x=$(　　).

(A) $\int_0^4f(x)\mathrm{d}x$　　(B) $\frac{1}{2}\int_0^4xf(x)\mathrm{d}x$　　(C) $\frac{1}{2}\int_0^2xf(x)\mathrm{d}x$　　(D) $\int_0^2xf(x)\mathrm{d}x$

(10) 设 $f(x)$ 为连续函数，则$\frac{\mathrm{d}}{\mathrm{d}x}\int_0^{2x}tf(t^2+x^2)\mathrm{d}t=$(　　).

(A) $2xf(5x^2)$　　(B) $2xf(5x^2)-f(x^2)$

(C) $5xf(5x^2)-xf(x^2)$　　(D) $f(x^2)$

3. 用定积分求下列极限：

(1) $\lim\limits_{n\to\infty}\left(\frac{n}{n^2+1^2}+\frac{n}{n^2+2^2}+\cdots+\frac{n}{n^2+n^2}\right)$；

(2) $\lim\limits_{n\to\infty}\left(\frac{1}{\sqrt{n^2+n}}+\frac{1}{\sqrt{n^2+2n}}+\cdots+\frac{1}{\sqrt{n^2+n^2}}\right)$.

4. 求下列定积分：

(1) $\int_5^8\frac{x+2}{x\sqrt{x-4}}\mathrm{d}x$；　(2) $\int_0^3\sqrt{\frac{x}{1+x}}\mathrm{d}x$；　(3) $\int_0^{\frac{\pi}{2}}\cos^6x\sin 2x\,\mathrm{d}x$；

(4) $\int_0^1x\arctan\sqrt{x}\,\mathrm{d}x$；　(5) $\int_0^{\frac{1}{2}}x^2\mathrm{e}^{2x}\mathrm{d}x$；　(6) $\int_0^1\frac{\mathrm{d}x}{x+\sqrt{1-x^2}}$；

(7) $\int_0^{2\pi}\sqrt{1-\sin 2x}\,\mathrm{d}x$；　(8) $\int_0^{\frac{\pi}{2}}\frac{x+\sin x}{1+\cos x}\mathrm{d}x$；　(9) $\int_{-2}^{-\sqrt{2}}\frac{\mathrm{d}x}{x\sqrt{x^2-1}}$；

(10) $\int_1^{\mathrm{e}}\sin\left(\frac{\pi}{2}\ln x\right)\mathrm{d}x$；　(11) $\int_0^1\ln(1+x^2)\mathrm{d}x$；　(12) $\int_{-\frac{\pi}{2}}^{\frac{\pi}{2}}\frac{\mathrm{e}^x\sin^4x}{1+\mathrm{e}^x}\mathrm{d}x$.

5. 设 $f(x)$ 为连续函数，证明$\int_0^{\pi}xf(\sin x)\mathrm{d}x=\pi\int_0^{\frac{\pi}{2}}f(\sin x)\mathrm{d}x$，并由此计算

$$I_n=\int_0^{\pi}\frac{x\sin^{2n}x}{\sin^{2n}x+\cos^{2n}x}\mathrm{d}x\text{(}n\text{ 为正整数)}.$$

6. 由区间$[a,b]$上的连续曲线 $y=f(x)[f(x)\geqslant 0]$ 及直线 $x=a,x=b(0\leqslant a<b)$ 和 $y=0$ 所围成的曲边梯形绕 y 轴旋转一周得到一个旋转体，用微元法推导该旋转体的体积为

$$V=2\pi\int_a^b xf(x)\mathrm{d}x.$$

7. 设连续函数 $f(x)$ 满足 $f(1)=2$，且$\int_0^x tf(2x-t)\mathrm{d}t=x^2$，求定积分$\int_1^2 f(x)\mathrm{d}x$.

8. 设 $f(x)$ 在$[a,b]$上连续，在(a,b)内可导，且 $f'(x)<0$，求证：函数$F(x)=\dfrac{1}{x-a}\int_a^x f(t)\mathrm{d}t$ 在(a,b)内单调减少.

9. 计算下列广义积分：

(1) $\int_3^{+\infty}\dfrac{\mathrm{d}x}{x(x-2)}$；　(2) $\int_0^2\dfrac{\mathrm{d}x}{\sqrt{|x-1|}}$；　(3) $\int_0^{+\infty}\dfrac{1}{\sqrt{x}}\mathrm{e}^{-\sqrt{x}}\mathrm{d}x$.

10. 设 $f(x)=\int_1^{x^2}\dfrac{\sin t}{t}\mathrm{d}t$，求$\int_0^1 xf(x)\mathrm{d}x$.

11. 设直线 $y=ax(0<a<1)$ 与抛物线 $y=x^2$ 所围成图形的面积为 S_1，它们与直线 $x=1$ 所围成的图形面积为 S_2，试确定 a 的值，使 S_1+S_2 最小，并求出最小值.

12. 过原点作抛物线 $y=x^2+4$ 的切线，切线与抛物线所围图形为 D，求 D 绕 x 轴旋转一周所成立体的体积.

13. 求极坐标下曲线 $r=\cos 2\theta$ 在第一象限与 x 轴围成图形的面积.

14. 求曲线 $y^2=2px$ 上从点$(0,0)$到点$\left(\dfrac{p}{2},p\right)$的一段曲线弧的长.

15. 金字塔的底为正方形，底边长 230 m，高 150 m，如果所用的花岗岩密度为 2.6 t/m^3，那么堆起这座金字塔约需做多少功?

16. 如图 6-35 所示，抛物线板垂直放置在水中，水面与板的上边平行且在边以下距离 5 m 处，求水对板一侧的压力.

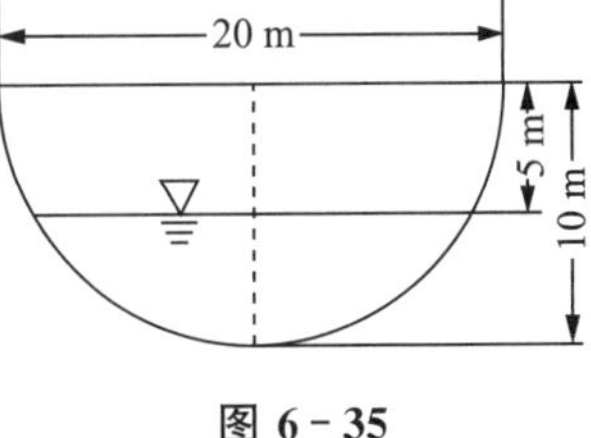

图 6-35

7 多元函数微分学

前面我们讨论了一元函数的微积分，但在许多实际问题中，往往涉及多个因素之间的关系，反映到数学上就表现为一个变量依赖于多个变量的情形，从而产生了多元函数的概念. 因此，我们有必要研究多元函数的微积分问题.

本章将讨论多元函数的微分方法及其应用，主要讨论二元函数，但所得到的概念、性质和结论都可以自然地推广到一般的多元函数中. 在研究多元函数之前，我们先介绍一些空间解析几何的知识.

7.1 空间解析几何简介

7.1.1 空间直角坐标系

利用代数的方法研究空间图形，首先要建立空间中的点与有序数组之间的联系. 依照平面解析几何的方法，可以通过建立空间直角坐标系来实现.

在空间中任取一点 O，过点 O 作三条互相垂直的有向数轴，依次记作 x 轴、y 轴和 z 轴，统称为**坐标轴**，在各轴上规定一个共同的长度单位. 通常将 x 轴和 y 轴置于水平面上，z 轴取铅直方向. 它们的正方向符合右手规则，即以右手握住 z 轴，当四个手指从 x 轴的正向旋转 $90°$ 到 y 轴的正向时，竖起的拇指的指向为 z 轴的正向(图 7－1). 这样就建立了一个空间直角坐标系，称为 $Oxyz$ **直角坐标系**，点 O 称为该坐标系的**原点**.

三个坐标轴中的每两个坐标轴可以确定一个平面，称为坐标面. x 轴和 y 轴所在的平面称为 xOy 平面，类似地，还有 yOz 平面和 zOx 平面. 这三个坐标面把空间分成八个部分，每个部分叫做一个卦限，在 xOy 平面上方且在 yOz 平面前方、zOx 平面右方的那个卦限称为第Ⅰ卦限，Ⅰ，Ⅱ，Ⅲ，Ⅳ卦限均在 xOy 平面上方且按逆时针方向排定，在 xOy 平面下方与Ⅰ，Ⅱ，Ⅲ，Ⅳ卦限相对的依次为Ⅴ，Ⅵ，Ⅶ，Ⅷ卦限(图 7－2).

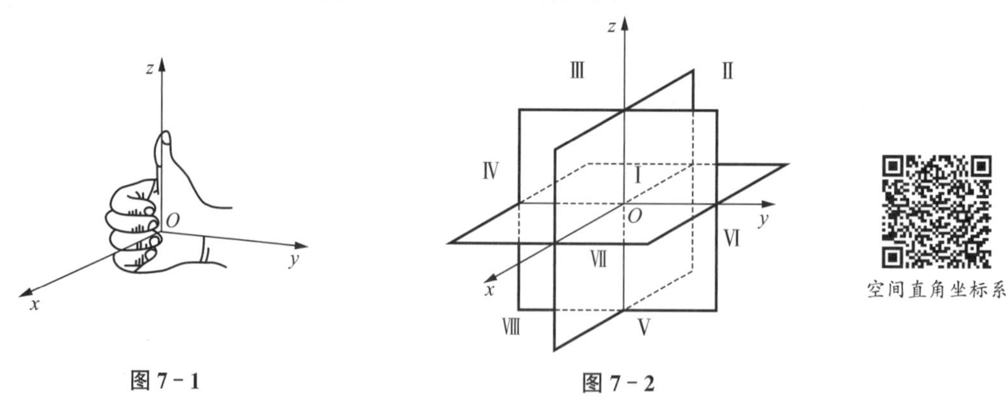

图 7－1　　图 7－2

设 M 是空间中的一点，过 M 作三个平面分别垂直于 x 轴、y 轴和 z 轴并与这三个坐标轴分别交于点 P，Q 和 R. 这三点在 x 轴、y 轴和 z 轴上的坐标分别为 x，y 和 z，这样，空间中

的一点 M 就唯一确定了一个有序数组(x,y,z)；反过来，给定一个有序数组(x,y,z)，则可分别在 x 轴、y 轴和 z 轴上取坐标为 x,y,z 的点 P,Q,R，再过这三点各作平面分别垂直于 x 轴、y 轴和 z 轴，这三个平面的交点 M 就是由有序数组(x,y,z)唯一确定的点(图 7-3)．这样，空间中的点 M 与有序数组(x,y,z)之间就建立了一一对应的关系，我们称(x,y,z)为点 M 的坐标；x,y,z 依次称为点 M 的**横坐标**、**纵坐标**和**竖坐标**，并把点 M 记作 $M(x,y,z)$．

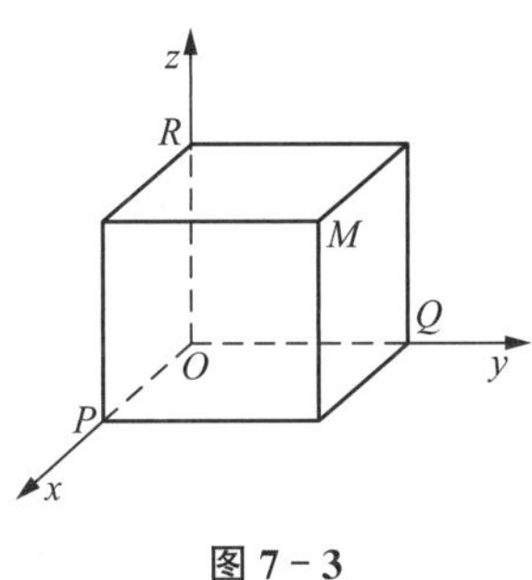

图 7-3

7.1.2 空间两点间的距离

设 $M_1(x_1,y_1,z_1)$和 $M_2(x_2,y_2,z_2)$是空间中的两点，我们过 M_1 和 M_2 各作三个分别垂直于 x 轴、y 轴和 z 轴的平面，这六个平面围成一个以 M_1M_2 为对角线的长方体(图 7-4)，各棱的长度分别为

$$|x_2-x_1|,\ |y_2-y_1|,\ |z_2-z_1|,$$

根据勾股定理，对角线 M_1M_2 的长度，即空间中两点 M_1，M_2 之间的距离公式为

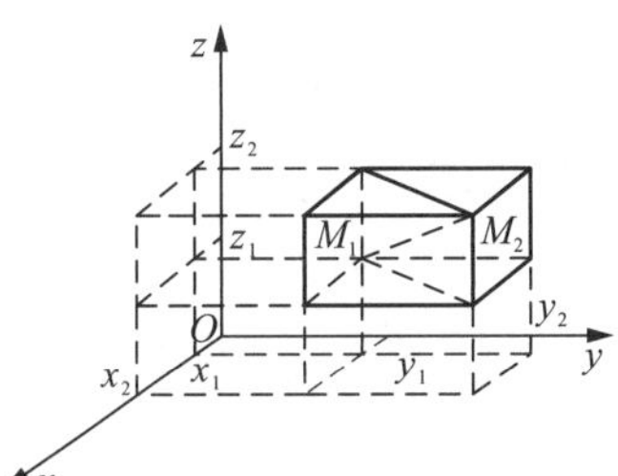

图 7-4

$$d=|M_1M_2|=\sqrt{(x_2-x_1)^2+(y_2-y_1)^2+(z_2-z_1)^2},$$

特别地，点 $M(x,\ y,\ z)$与坐标原点 $O(0,\ 0,\ 0)$的距离为

$$d=|OM|=\sqrt{x^2+y^2+z^2}.$$

例 1 在 x 轴上求一点，使该点与点 $A(-3,\ 1,\ 4)$和点 $B(2,\ -1,\ 5)$的距离相等．

解 因所求的点在 x 轴上，所以可设该点为 $M(x,\ 0,\ 0)$，由题意得$|MA|=|MB|$，即

$$\sqrt{(x+3)^2+(0-1)^2+(0-4)^2}=\sqrt{(x-2)^2+(0+1)^2+(0-5)^2},$$

解得 $x=\dfrac{2}{5}$，故所求点为 $M\left(\dfrac{2}{5},\ 0,\ 0\right)$．

7.1.3 *n* 维空间

设 n 是给定的一个正整数，n 元有序数组$(x_1,x_2,\cdots,x_n)$的全体构成的集合称为 ***n* 维空间**，记作 $\mathbf{R}^n$，即

$$\mathbf{R}^n=\{(x_1,x_2,\cdots,x_n)\,|\,x_i\in\mathbf{R},i=1,2,\cdots,n\}.$$

当 $n=2$ 时，二维空间 $\mathbf{R}^2$ 一般表示为

$$\mathbf{R}^2=\{(x,y)\,|\,x,y\in\mathbf{R}\}.$$

我们知道在平面直角坐标系中，平面上的点与二元有序数组(x,y)一一对应，所以常用 $\mathbf{R}^2$ 表示平面上的所有点．

类似地，当 $n=3$ 时，三维空间 $\mathbf{R}^3$ 一般表示为

$$\mathbf{R}^3=\{(x,y,z)\,|\,x,y,z\in\mathbf{R}\}.$$

在空间直角坐标系中，空间中的点与三元有序数组(x,y,z)一一对应，所以常用 $\mathbf{R}^3$ 表示空间中的所有点．

某个 n 元有序数组$(x_1,x_2,\cdots,x_n)$也称为 n 维空间 $\mathbf{R}^n$ 中的一个点，数 x_i 称为该点的第 i 个坐标.

n 维空间 $\mathbf{R}^n$ 中点 $P(x_1,x_2,\cdots,x_n)$与点 $Q(y_1,y_2,\cdots,y_n)$的距离为

$$|PQ|=\sqrt{(x_1-y_1)^2+(x_2-y_2)^2+\cdots+(x_n-y_n)^2}.$$

7.1.4 空间曲面及其方程

与平面解析几何中建立曲线与方程的对应关系一样，可以建立空间曲面与方程的对应关系.

定义 1 如果曲面 S 上任意点的坐标都满足方程 $F(x,y,z)=0$，而不在曲面 S 上的点的坐标都不满足方程 $F(x,y,z)=0$，则称方程 $F(x,y,z)=0$ 为曲面 S 的方程，而称曲面 S 为方程 $F(x,y,z)=0$ 的图形，见图 7－5.

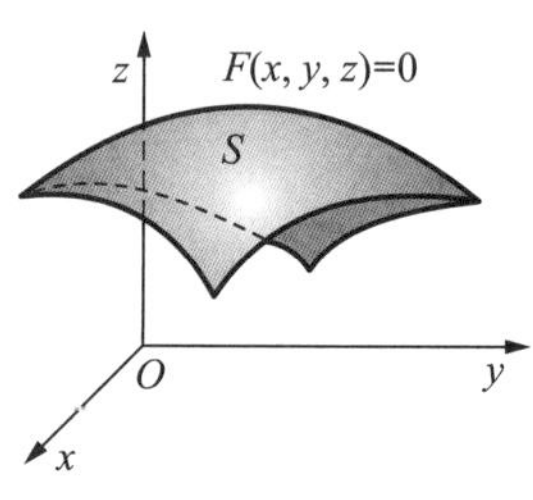

图 7－5

在研究的过程中，有时需要根据曲面上的点所满足的条件去建立方程，有时则先给出曲面 S 的方程，再讨论它的图形.

例 2 求半径为 R、球心为点 $M_0(x_0,\ y_0,\ z_0)$的球面方程.

解 设 $M(x,\ y,\ z)$是球面上的任意点，则有 $|M_0M|=R$，由距离公式得

$$\sqrt{(x-x_0)^2+(y-y_0)^2+(z-z_0)^2}=R,$$

两边平方后得所求的球面方程为

$$(x-x_0)^2+(y-y_0)^2+(z-z_0)^2=R^2.$$

其图形见图 7－6.

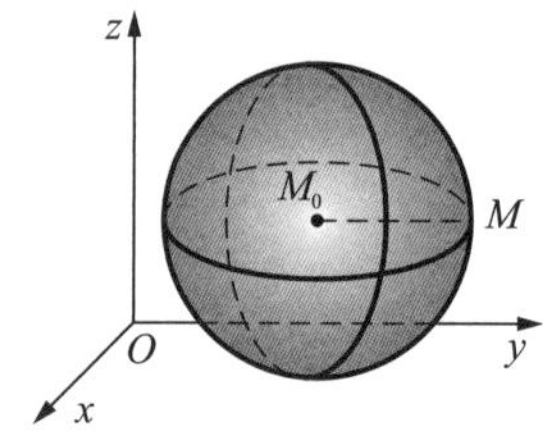

图 7－6

特别地，当球心为原点时，$x_0=y_0=z_0=0$，球面方程为

$$x^2+y^2+z^2=R^2.$$

例 3 一动点 $M(x,\ y,\ z)$与两定点 $M_1(-1,\ 0,\ 1)$和 $M_2(0,\ 1,\ -2)$的距离相等，求此动点 M 的轨迹方程.

解 依题意有 $|MM_1|=|MM_2|$，得

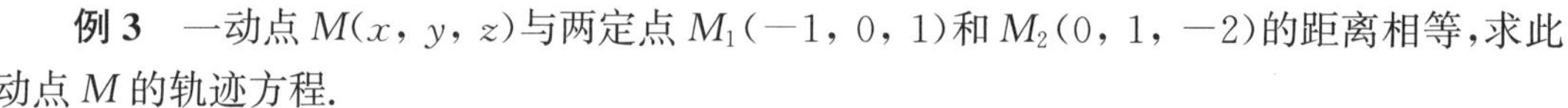

$$\sqrt{(x+1)^2+(y-0)^2+(z-1)^2}=\sqrt{(x-0)^2+(y-1)^2+(z+2)^2},$$

化简后可得 M 点的轨迹方程为

$$2x+2y-6z-3=0.$$

这个方程的图形是垂直且平分线段 M_1M_2 的平面，它是一个三元一次方程，可以证明空间中任意一个平面方程为三元一次方程

$$Ax+By+Cz+D=0,$$

其中 A,B,C,D 均为常数，且 A,B,C 不全为零.

例 4 方程 $x^2+y^2+z^2+2x-6z=0$ 表示怎样的曲面?

解 配方后可将方程变形为

$$(x+1)^2+y^2+(z-3)^2=10,$$

可以看出，方程的图形是一个球心为点 $M(-1,\ 0,\ 3)$、半径为 $\sqrt{10}$ 的球面.

常见的空间曲面还有柱面和二次曲面等，下面分别介绍它们的方程及图形.

柱面 平行于定直线 L 的直线沿定曲线 C 移动所形成的曲面称为**柱面**(图 7－7)，定曲线 C 称为柱面的**准线**，动直线称为柱面的**母线**.

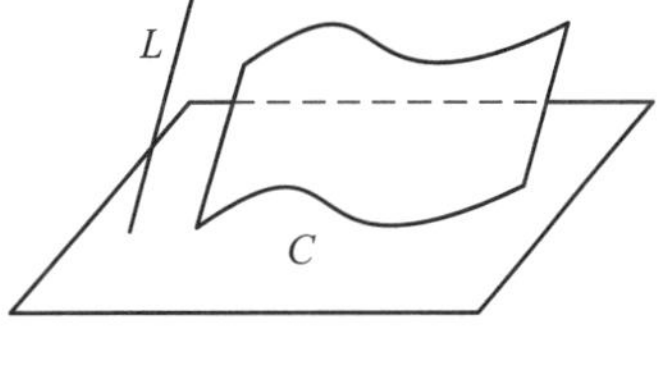

图 7－7

一般地，一个仅含有 x 和 y 而不含 z 的方程 $F(x,y)=0$ 在空间中的图形是一个母线平行于 z 轴的柱面，柱面的准线是一条位于 xOy 平面上的曲线，准线的方程为

$$\begin{cases}F(x,y)=0,\\z=0.\end{cases}$$

例如，$x^2+y^2=R^2$ 在空间的图形是一个母线平行于 z 轴，准线方程为

$$\begin{cases}x^2+y^2=R^2,\\z=0\end{cases}$$

的柱面，称为**圆柱面**，见图 7－8. 而方程

$$x^2=2z$$

表示一个准线是 zOx 平面上的抛物线 $x^2=2z$，母线平行于 y 轴的柱面，称为**抛物柱面**，见图 7－9.

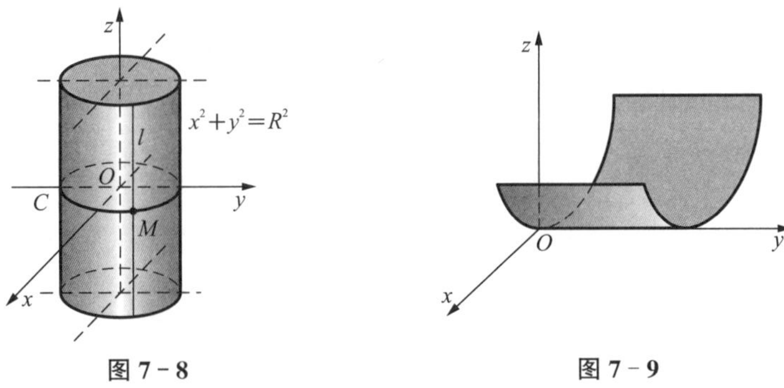

图 7－8 图 7－9

二次曲面 三元二次方程所表示的曲面称为二次曲面，如果用坐标面及平行于坐标面的平面与二次曲面相截，其交线称为截痕. 我们可以考查截痕的形状，从而了解曲面的形状，这样的方法称为截痕法. 下面研究几种常见的二次曲面.

截痕法

椭球面 由方程

$$\frac{x^2}{a^2}+\frac{y^2}{b^2}+\frac{z^2}{c^2}=1\ (a,b,c>0)$$

所表示的曲面称为**椭球面**，由方程可知

$$\frac{x^2}{a^2}\leqslant 1,\ \frac{y^2}{b^2}\leqslant 1,\ \frac{z^2}{c^2}\leqslant 1,$$

即 $|x|\leqslant a$，$|y|\leqslant b$，$|z|\leqslant c$，这说明椭球面包含在由平面 $x=\pm a$，$y=\pm b$，$z=\pm c$ 围成的长方体内.

如果用 xOy 平面截椭球面，截痕方程为

$$\begin{cases}\dfrac{x^2}{a^2}+\dfrac{y^2}{b^2}=1,\\z=0,\end{cases}$$

这是 xOy 平面上的椭圆方程. 同样地,用 yOz 平面、zOx 平面截椭球面,所得的截痕也均为椭圆;用平行于坐标平面的平面 $x=k$, $y=h$, $z=l$ ($|k|\leqslant a$, $|h|\leqslant b$, $|l|\leqslant c$)截椭球面,所得的截痕也均为椭圆. 综上分析可得到椭球面的图形,见图 7-10.

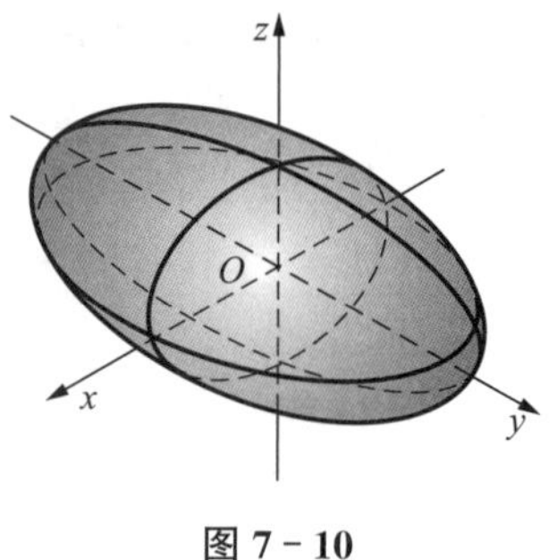

图 7-10

抛物面 抛物面分椭圆抛物面与双曲抛物面两种.

由方程 $$\frac{x^2}{a^2}+\frac{y^2}{b^2}=z\ (a,\ b>0)$$

表示的曲面称为**椭圆抛物面**. 用平面 $z=h$ 截该曲面,当$h>0$时,截痕为椭圆

$$\begin{cases}\dfrac{x^2}{a^2}+\dfrac{y^2}{b^2}=h,\\ z=h;\end{cases}$$

当 $h=0$(xOy 平面)时,截痕为坐标原点;当 $h<0$ 时,截痕不存在. 用平面$y=k$ 截该曲面, 截痕为抛物线

$$\begin{cases}x^2=a^2\left(z-\dfrac{k^2}{b^2}\right),\\ y=k.\end{cases}$$

同样地,用平面 $x=l$ 截该曲面, 截痕也为抛物线. 综合以上分析可知,椭圆抛物面的图形见图 7-11.

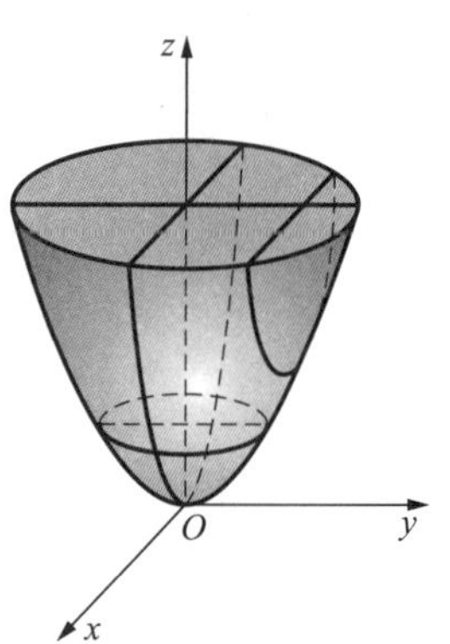

图 7-11

由方程 $$\frac{x^2}{a^2}-\frac{y^2}{b^2}=z\ (a,\ b>0)$$

表示的曲面称为**双曲抛物面**,又称为马鞍面. 用平面 $z=h$ 截该曲面,当 $h=0$ 时,截痕是xOy 平面上的两条相交于原点的直线

$$\frac{x}{a}\pm\frac{y}{b}=0\ (z=0);$$

当 $h>0$ 时,截痕是双曲线,其实轴平行于 x 轴;当 $h<0$ 时,截痕也是双曲线,其实轴平行于 y 轴. 用平面 $x=k$ 截该曲面,截痕方程为

$$\begin{cases}\dfrac{y^2}{b^2}=\dfrac{k^2}{a^2}-z,\\ x=k,\end{cases}$$

这是平面 $x=k$ 上的抛物线,开口向下. 而用平面 $y=l$ 截该曲面,截痕为平面 $y=l$ 上的抛物线,开口向上. 分析可得双曲抛物面的图形,见图 7-12.

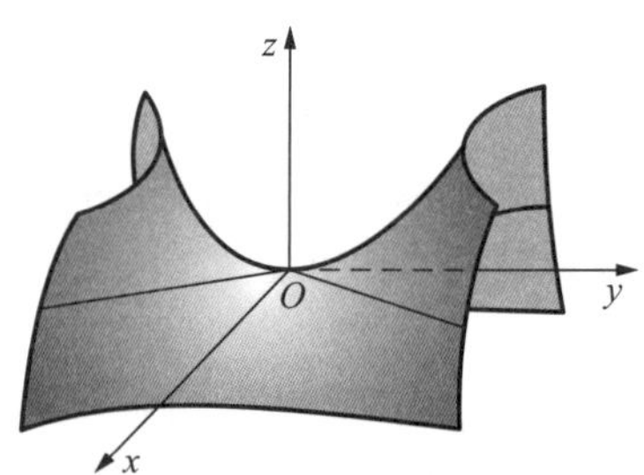

图 7-12

双曲面 双曲面有单叶双曲面和双叶双曲面两种. 由方程

$$\frac{x^2}{a^2}+\frac{y^2}{b^2}-\frac{z^2}{c^2}=1\ (a,\ b,\ c>0)$$

表示的曲面称为**单叶双曲面**,而由方程

$$\frac{x^2}{a^2}+\frac{y^2}{b^2}-\frac{z^2}{c^2}=-1\ (a,\ b,\ c>0)$$

表示的曲面称为**双叶双曲面**.我们同样可以采用截痕法分析得出单叶双曲面和双叶双曲面的图形,单叶双曲面的图形如图 7-13(a)所示,双叶双曲面的图形如图 7-13(b)所示.

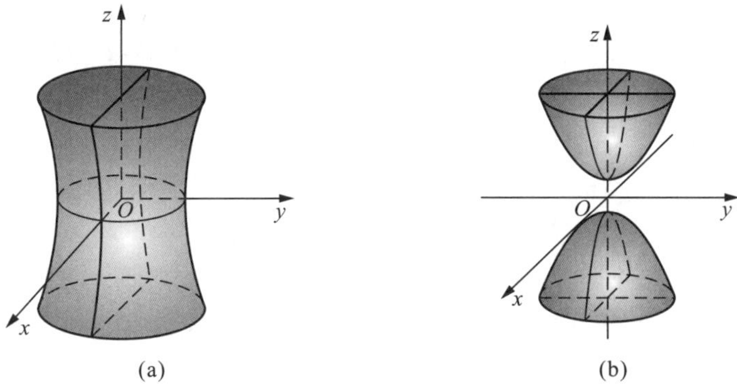

(a)　　(b)

图 7-13

习题 7.1

1. 指出下列各点的位置:

(1) (1, 0, 0);　(2) (0, −7, 1);　(3) (2, 3, 1);

(4) (−1, 0, −2);　(5) (−1, −2, −4);　(6) (3, −5, 6).

2. 指出下列平面的位置:

(1) $x=0$;　(2) $x+y=0$;　(3) $x+y+z=1$.

3. 指出下列方程在平面解析几何与空间解析几何中分别表示什么几何图形:

(1) $x+3y=1$;　(2) $x^2+y^2=1$;　(3) $1+x^2=2y$.

4. 在 z 轴上求与两点 $A(-4, 1, 7)$ 和 $B(3, 5, -2)$ 等距离的点.

5. 求到原点和点(2,3,4)的距离的平方之比为 2∶1 的点的轨迹方程,并指出它表示什么曲面.

7.2　多元函数的基本概念

以前,我们所讨论的函数是只有一个自变量的函数,但在许多的实际问题中,我们常遇到依赖于两个或更多个自变量的函数,即多元函数.

例如,正圆锥的侧面积 S 依赖于底半径 r 和高 h,它们之间满足

$$S=\pi r\sqrt{r^2+h^2}\,(r>0,h>0);$$

长方体的体积 V 依赖于长 x、宽 y 和高 z,它们之间满足

$$V=xyz(x>0,y>0,z>0).$$

上述实例中的变量 S 是变量 r,h 的二元函数,变量 V 是变量 x,y,z 的三元函数,二元及二元以上的函数统称为**多元函数**.

7.2.1　平面点集

在讨论一元函数时,经常用到实数轴上点的邻域和区间的概念,在讨论二元函数时需要用到平面上的邻域、区域.

我们把 $\mathbf{R}^2$ 中的点集称为平面点集,首先介绍平面点集的一些基本概念.

邻域 设 $P_0(x_0,y_0)\in\mathbf{R}^2$，$\delta$ 为一正数，称 $\mathbf{R}^2$ 中与 P_0 的距离小于 δ 的点 $P(x,y)$ 组成的平面点集为点 P_0 的 δ **邻域**，记作 $U(P_0,\delta)$，即

$$U(P_0,\delta)=\{(x,\ y)\mid\sqrt{(x-x_0)^2+(y-y_0)^2}<\delta\}.$$

$U(P_0,\delta)$ 中除去点 P_0 后所剩部分，称为 P_0 的**去心 $\boldsymbol{\delta}$ 邻域**，记作 $\overset{\circ}{U}(P_0,\ \delta)$. 当不需要强调邻域的半径时，可用 $U(P_0)$ 和 $\overset{\circ}{U}(P_0)$ 分别表示 P_0 的某个邻域和某个去心邻域.

我们可以利用邻域来描述点和点集之间的关系，设 P 为平面上的任意点，E 是一平面点集，则 P 与 E 有以下三种关系.

内点 若存在 $\delta>0$，使得 $U(P,\ \delta)\subset E$，则称点 P 是 E 的内点.

外点 若存在 $\delta>0$，使得 $U(P,\ \delta)$ 内不含有 E 的任何点，则称点 P 为 E 的外点.

边界点 若在点 P 的任意邻域内，既含有属于 E 的点，又含有不属于 E 的点，则称 P 为 E 的边界点，E 的所有边界点的集合称为 E 的边界.

点集 E 的内点必定属于 E，E 的外点必不属于 E，而 E 的边界点可能属于 E，也可能不属于 E.

例如，点集 $E=\{(x,y)\mid 1\leqslant x^2+y^2<9\}$，满足 $1<x^2+y^2<9$ 的点都是 E 的内点；满足 $x^2+y^2=1$ 的点均为 E 的边界点，它们都属于 E；满足 $x^2+y^2=9$ 的点也均为 E 的边界点，但它们都不属于 E. E 的边界是圆周 $x^2+y^2=1$ 和 $x^2+y^2=9$(图 7-14).

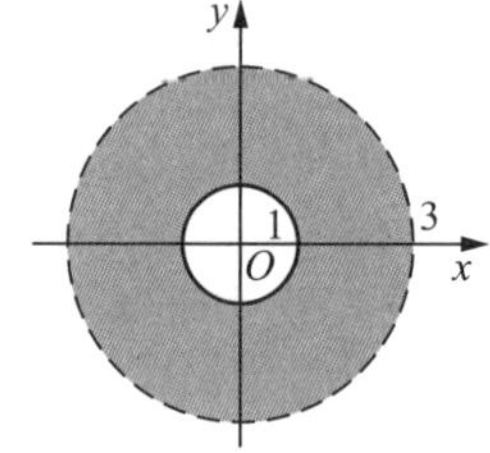

图 7-14

开集 若 E 的每一点都是它的内点，则称 E 为开集.

区域 设 E 为一开集，对于 E 内任意两点 P_1 和 P_2，若在 E 内总存在一条连接 P_1 和 P_2 的折线，则称 E 为区域(或开区域). 区域与区域的边界所构成的集合，称为闭区域.

如果存在常数 $k>0$，使得 $E\subset U(O,k)$，则称 E 为有界区域，否则称 E 为无界区域，这里 $U(O,k)$ 表示以原点 $O(0,0)$ 为中心、k 为半径的邻域.

例如，$\{(x,y)\mid x+y>0\}$ 和 $\{(x,y)\mid 1<x^2+y^2<9\}$ 均是 $\mathbf{R}^2$ 中的开区域；$\{(x,y)\mid x+y\geqslant 0\}$ 和 $\{(x,y)\mid 1\leqslant x^2+y^2\leqslant 9\}$ 均是 $\mathbf{R}^2$ 中的闭区域，而且 $\{(x,y)\mid x+y\geqslant 0\}$ 为无界闭区域，$\{(x,y)\mid 1<x^2+y^2<9\}$ 为有界开区域.

聚点 若对于任意给定的 $\delta>0$，P 的去心邻域 $\overset{\circ}{U}(P,\ \delta)$ 内总有 E 中的点，则称 P 是 E 的聚点.

7.2.2 二元函数的概念

1. 二元函数的定义

定义 2 设 x,y,z 是三个变量，如果当变量 x,y 在它们的变化范围 D 中任意取定一对值时，变量 z 按照某一对应法则 f 都有唯一确定的数值与它对应，则称对应法则 f 为定义在 D 上的**二元函数**，或称变量 z 是变量 x,y 的**二元函数**，记作

$$z=f(x,y)\quad \text{或}\quad z=f(P).$$

其中，x,y 称为自变量；z 称为因变量；D 称为函数的定义域，一般记为 $D(f)$.

如同用 x 轴上的点表示实数 x 一样，可用 xOy 面上的点 $P(x,y)$ 表示变量 x,y 的一对取值 (x,y)，所以二元函数 $z=f(x,y)$ 也可看成定义在 xOy 面上一个非空点集 D 上的函数，有时也记作 $z=f(P)$.

与一元函数一样，定义域和对应法则是确定二元函数的两个要素. 对于二元函数的定义

域，若函数的自变量具有某种实际意义，那么应该根据它的实际意义来确定其取值范围；对于单纯由解析式表示的函数，则使得解析式有意义的自变量的取值范围就是函数的定义域. 一般地，二元函数的定义域是平面上由一条或几条曲线所围成的平面区域.

例 1 圆锥的侧面积 S 是底面半径 r 和高 h 的二元函数，具体的解析式为

$$S=\pi r\sqrt{r^2+h^2},$$

这二元函数的定义域应为 $\{(r,h)\,|\,r>0,h>0\}$.

例 2 求函数 $z=\dfrac{\sqrt{x^2+y^2-4}}{\sqrt{x-\sqrt{y}}}$ 的定义域，并画出其定义域的示意图.

解 要使函数有意义，必须满足

$$\begin{cases}x^2+y^2-4\geqslant 0,\\ x-\sqrt{y}>0,\end{cases}$$

即

$$\begin{cases}x^2+y^2\geqslant 4,\\ x>\sqrt{y},\\ y\geqslant 0,\end{cases}$$

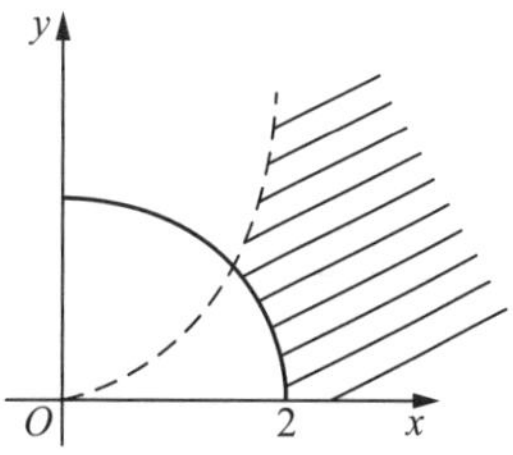

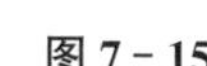

图 7-15

故函数的定义域为

$$D=\{(x,\ y)\,|\,x^2+y^2\geqslant 4,\ x>\sqrt{y},\ y\geqslant 0\},$$

D 的图形如图 7-15 所示.

二元函数的图形

2. 二元函数的图形

设二元函数 $z=f(x,y)$ 的定义域为 $D\subset\mathbf{R}^2$，对于区域 D 中的任意一点 $P(x,y)$，必有唯一的函数值 $z=f(x,y)$ 与之对应，这样三元有序数组 (x,y,z) 就确定了空间中的一点 $M(x,y,z)$，所有这些点的集合就是函数 $f(x,y)$ 的图形，二元函数的图形通常是空间中的一张曲面，如图 7-16 所示.

图 7-16

例如，二元函数 $z=ax+by+c$ 的图形是一张平面，而二元函数 $z=\sqrt{1-x^2-y^2}$ 的图形是以原点为中心、半径为 1 的上半球面，它的定义域是 xOy 平面上的以原点为中心的单位圆.

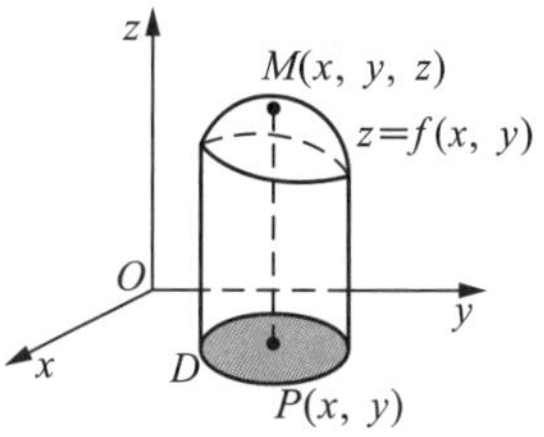

7.2.3 二元函数的极限与连续

1. 二元函数的极限

与一元函数极限的概念类似，二元函数的极限也是反映函数值随自变量变化而变化的趋势.

定义 3 设函数 $f(x,y)$ 的定义域为 D，点 $P_0(x_0,y_0)$ 是 D 的聚点，A 为常数，如果当点 $P(x,y)$ $(P\in D)$ 无限趋于 $P_0(x_0,y_0)$ 时，函数 $f(x,y)$ 的值无限趋于常数 A，则称 A 是 $f(x,y)$ 当 $P(x,y)\to P_0(x_0,y_0)$ 时的极限，记为

$$\lim_{P\to P_0}f(P)=A,\qquad \lim_{(x,y)\to(x_0,y_0)}f(x,y)=A,$$

或者 $f(P)\to A(P\to P_0)$，$f(x,y)\to A((x,y)\to(x_0,y_0))$.

一般将二元函数的极限叫做**二重极限**. 这里应当注意，按照二重极限的定义，必须当动

点 $P(x,y)$ 以任何方式趋于定点 $P_0(x_0,y_0)$ 时，$f(x,y)$ 都是以常数 A 为极限，才有

$$\lim_{(x,y)\to(x_0,y_0)} f(x,y)=A.$$

如果仅当 $P(x,y)$ 以某种方式趋于 $P_0(x_0,y_0)$ 时，$f(x,y)$ 趋于常数 A，那么还不能断定 $f(x,y)$ 存在极限. 但如果当 $P(x,y)$ 以不同方式趋于 $P_0(x_0,y_0)$ 时，$f(x,y)$ 趋于不同的常数，我们便能断定 $f(x,y)$ 的极限不存在.

例 3　判断下列极限是否存在，若存在，求出其值：

(1) $\lim\limits_{(x,y)\to(0,0)}\dfrac{xy}{x^2+y^2}$；　(2) $\lim\limits_{(x,y)\to(0,0)}\dfrac{xy^2}{x^2+y^2}$；　(3) $\lim\limits_{(x,y)\to(0,2)}\dfrac{\sin xy}{x}$.

解　(1) 当 (x,y) 沿直线 $y=kx$（k 为任意实数）趋于 $(0,0)$ 时，有

$$\lim_{\substack{(x,y)\to(0,0)\\ y=kx}}\frac{xy}{x^2+y^2}=\lim_{x\to0}\frac{kx^2}{x^2+k^2x^2}=\frac{k}{1+k^2},$$

显然，极限值随 k 的不同而不同，因此 $\lim\limits_{(x,y)\to(0,0)}\dfrac{xy}{x^2+y^2}$ 不存在；

(2) 当 $(x,y)\to(0,0)$ 时，由 $x^2+y^2\geqslant 2|xy|$，$x^2+y^2\neq0$，可知 $\dfrac{xy}{x^2+y^2}$ 是有界变量，而 y 是 $(x,y)\to(0,0)$ 时的无穷小量，因为有界变量和无穷小量的乘积仍为无穷小量，所以

$$\lim_{(x,y)\to(0,0)}\frac{xy^2}{x^2+y^2}=0;$$

(3) 当 $(x,y)\to(0,2)$ 时，$xy\to0$，$\sin xy\sim xy$，因此

$$\lim_{(x,y)\to(0,2)}\frac{\sin xy}{x}=\lim_{(x,y)\to(0,2)}\frac{xy}{x}=\lim_{(x,y)\to(0,2)}y=2.$$

2. 二元函数的连续性

与一元函数一样，仍采用极限值等于函数值来定义二元函数的连续性.

定义 4　设函数 $z=f(x,y)$ 在点 $P_0(x_0,y_0)$ 的某个邻域 $U(P_0)$ 内有定义，如果

$$\lim_{(x,y)\to(x_0,y_0)} f(x,y)=f(x_0,y_0),$$

则称函数 $z=f(x,y)$ 在点 $P_0(x_0,y_0)$ 处**连续**，否则称 $z=f(x,y)$ 在 $P_0(x_0,y_0)$ 处**间断**或**不连续**.

如果 $f(x,y)$ 在某一区域 D 上的每一点都连续，则称函数 $f(x,y)$ **在 D 上连续**，或称 $f(x,y)$ 是 **D 上的连续函数**.

由例 3 我们知道，$f(x,y)=\begin{cases}\dfrac{xy^2}{x^2+y^2}, & x^2+y^2\neq0,\\ 0, & x^2+y^2=0\end{cases}$ 在点 $(0,0)$ 处连续，而 $f(x,y)=\begin{cases}\dfrac{xy}{x^2+y^2}, & x^2+y^2\neq0,\\ 0, & x^2+y^2=0\end{cases}$ 在点 $(0,0)$ 处不连续.

而 $x^2+y^2=1$ 上的每一点都是函数 $f(x,y)=\dfrac{1}{x^2+y^2-1}$ 的间断点，一般将 $x^2+y^2=1$ 称为间断线.

和一元函数一样，二元连续函数的和、差、积、商（在分母不为零处）仍是连续函数，二元连续函数的复合函数也是连续函数.

一元连续函数在闭区间上的性质也可推广到二元函数.

性质 1(有界性定理) 如果函数 $f(x,y)$在有界闭区域 D 上连续,则它在 D 上有界,即存在常数 $M>0$,使得$|f(x,y)|\leqslant M$, $(x,y)\in D$.

性质 2(最值定理) 如果函数 $f(x,y)$在有界闭区域 D 上连续,则它在 D 上必有最大值和最小值,即存在$(x_1,y_1)\in D$, $(x_2,y_2)\in D$,使得对任何$(x,y)\in D$,都有

$$f(x_1,y_1)\leqslant f(x,y)\leqslant f(x_2,y_2).$$

性质 3(介值定理) 如果函数 $f(x,y)$在有界闭区域 D 上连续,则它必取得介于最大值 M 和最小值 m 之间的任何值,即对于任何 $c\in[m,M]$,至少存在一点$(x_0,y_0)\in D$,使得 $f(x_0,y_0)=c$.

7.2.4 *n* 元函数的概念

定义 5 设有 $n+1$ 个变量 $x_1,x_2,\cdots,x_n,y$,如果变量 $x_1,x_2,\cdots,x_n$ 在它们的变化范围 D 内任意取定一组值时,变量 y 按照某一对应法则 f 都有唯一确定的数值与它对应,则称对应法则 f 为定义在D 上的一个n 元函数,或称变量 y 是变量$x_1,x_2,\cdots,x_n$ 的n 元函数,记作

$$y=f(x_1,x_2,\cdots,x_n).$$

其中,$x_1,x_2,\cdots,x_n$ 称为自变量;y 称为因变量;D 称为函数的定义域,一般记为 $D(f)$.

如果把变量 $x_1,x_2,\cdots,x_n$ 的一组取值$(x_1,x_2,\cdots,x_n)$看成 n 维空间 $\mathbf{R}^n$ 中的一个点,n 元函数 $y=f(x_1,x_2,\cdots,x_n)$也可看成定义在 n 维空间 $\mathbf{R}^n$ 中一个非空点集 D 上的函数.

三元函数一般记为

$$u=f(x,y,z),$$

其中 x,y,z 称为自变量,u 称为因变量. 例如,

$$u=\sqrt{1-x^2-y^2-z^2}$$

就是一个三元函数,定义域为 $D=\{(x,y,z)\,|\,x^2+y^2+z^2\leqslant 1\}$.

前面关于二元函数的相关讨论都可以没有本质差别地推广到 n 元函数上.

习题 7.2

1. 求下列各函数表达式:

(1) $f(x,y)=x^2-y^2$,求 $f\left(x+y,\dfrac{y}{x}\right)$; (2) $f(x+y,x-y)=2(x^2+y^2)\mathrm{e}^{x^2-y^2}$,求 $f(x,y)$.

2. 求下列函数的定义域,并画出定义域的示意图:

(1) $z=\sqrt{4x^2+y^2-1}$; (2) $z=\sqrt{x-\sqrt{y}}$;

(3) $z=\ln(xy)$; (4) $z=\sqrt{\ln\dfrac{4}{x^2+y^2}}+\arcsin\dfrac{1}{x^2+y^2}$.

3. 证明下列极限不存在:

(1) $\lim\limits_{(x,y)\to(0,0)}\dfrac{x^2y}{x^3-y^3}$; (2) $\lim\limits_{(x,y)\to(0,0)}(1+xy)^{\frac{1}{x+y}}$.

4. 求下列极限:

(1) $\lim\limits_{(x,y)\to(0,0)}\dfrac{2xy}{\sqrt{xy+1}-1}$; (2) $\lim\limits_{(x,y)\to(0,0)}\dfrac{\sin xy}{x}$;

(3) $\lim\limits_{(x,y)\to(1,0)}\dfrac{\ln(x+e^y)}{\sqrt{x^2+y^2}}$;

(4) $\lim\limits_{(x,y)\to(0,0)}\left(x\sin\dfrac{1}{y}+y\cos\dfrac{1}{x}\right)$.

5. 求下列函数在何处是间断的：

(1) $z=\dfrac{y^2+x}{y^2-x}$;

(2) $z=\dfrac{1}{\sin x\cos y}$.

7.3 偏导数

7.3.1 偏导数的定义

在一元函数微分学中，通过研究函数的变化率引入了导数的概念，同样对于多元函数，也要研究类似的问题. 但多元函数的自变量不止一个，函数关系更为复杂，为此我们仅考虑函数对于某一个自变量的变化率，也就是在其中一个自变量发生变化，而其余自变量都保持不变的情形下，考虑函数对于该自变量的变化率.

定义 6 设函数 $z=f(x,y)$ 在点 (x_0,y_0) 的某一邻域内有定义，当 y 固定在 y_0，而 x 在 x_0 处取得增量 Δx 时，相应的函数的增量为 $\Delta_x z=f(x_0+\Delta x,y_0)-f(x_0,y_0)$(称为偏增量). 如果极限

$$\lim_{\Delta x\to 0}\frac{\Delta_x z}{\Delta x}=\lim_{\Delta x\to 0}\frac{f(x_0+\Delta x,y_0)-f(x_0,y_0)}{\Delta x} \tag{7-1}$$

存在，则称此极限为函数 $z=f(x,y)$ 在点 (x_0,y_0) 处对 x 的**偏导数**，记作 $\left.\dfrac{\partial z}{\partial x}\right|_{(x_0,y_0)}$，$\left.\dfrac{\partial f}{\partial x}\right|_{(x_0,y_0)}$，$z'_x(x_0,y_0)$ 或 $f'_x(x_0,y_0)$.

类似地，如果极限

$$\lim_{\Delta y\to 0}\frac{\Delta_y z}{\Delta y}=\lim_{\Delta y\to 0}\frac{f(x_0,y_0+\Delta y)-f(x_0,y_0)}{\Delta y} \tag{7-2}$$

存在，则称此极限为函数 $z=f(x,y)$ 在点 (x_0,y_0) 处对 y 的**偏导数**，记作 $\left.\dfrac{\partial z}{\partial y}\right|_{(x_0,y_0)}$，$\left.\dfrac{\partial f}{\partial y}\right|_{(x_0,y_0)}$，$z'_y(x_0,y_0)$ 或 $f'_y(x_0,y_0)$.

当函数 $z=f(x,y)$ 在点 (x_0,y_0) 处对 x 和 y 的偏导数都存在时，我们称 $f(x,y)$ 在点 (x_0,y_0) 处**可偏导**.

如果函数 $z=f(x,y)$ 在某个区域 D 内每一点 (x,y) 处都可偏导，那么 $f(x,y)$ 关于 x 和 y 的偏导数仍然是 x,y 的二元函数，我们称它们为 $f(x,y)$ 的**偏导函数**，记作 $\dfrac{\partial z}{\partial x}$ 和 $\dfrac{\partial z}{\partial y}$，$\dfrac{\partial f}{\partial x}$ 和 $\dfrac{\partial f}{\partial y}$，$z'_x$ 和 z'_y，$f'_x(x,y)$ 和 $f'_y(x,y)$. 为了简便，偏导函数也简称为偏导数.

对于二元以上的多元函数，可用同样的方法定义偏导数. 例如，三元函数 $u=f(x,y,z)$ 在点 (x,y,z) 处对 x 的偏导数为

$$f'_x(x,y,z)=\lim_{\Delta x\to 0}\frac{f(x+\Delta x,y,z)-f(x,y,z)}{\Delta x}.$$

从偏导数的定义可以看出，在求多元函数对一个自变量的偏导数时，实际上只需先将其余自变量看成常数，再按照一元函数的求导法则求导即可.

例 1　求函数 $z=x^2+2xy+y^3$ 在点(1,2)处的偏导数.

解　将 y 看作常数，对 x 求导得

$$\frac{\partial z}{\partial x}=2x+2y,$$

将 x 看作常数，对 y 求导得

$$\frac{\partial z}{\partial y}=2x+3y^2,$$

所以 $\left.\frac{\partial z}{\partial x}\right|_{(1,2)}=6$，$\left.\frac{\partial z}{\partial y}\right|_{(1,2)}=14$.

例 2　求函数 $z=x^y+\ln(xy)$ $(x,\ y>0)$的偏导数.

解　$\frac{\partial z}{\partial x}=yx^{y-1}+\frac{y}{xy}=yx^{y-1}+\frac{1}{x}$，$\frac{\partial z}{\partial y}=x^y\ln x+\frac{x}{xy}=x^y\ln x+\frac{1}{y}$.

例 3　求函数 $u=xyze^{xyz}$ 的偏导数.

解　$\frac{\partial u}{\partial x}=yz(e^{xyz}+xyze^{xyz})=(1+xyz)yze^{xyz}$，$\frac{\partial u}{\partial y}=(1+xyz)xze^{xyz}$，

$\frac{\partial u}{\partial z}=(1+xyz)xye^{xyz}$.

偏导数的几何意义

7.3.2　偏导数的几何意义及函数连续性与可偏导性的关系

一元函数导数的几何意义是导数值为切线的斜率，二元函数 $z=f(x,y)$在点(x_0,y_0)处的偏导数的几何意义也有类似情况.

设 $M_0(x_0,y_0,f(x_0,y_0))$是曲面 $z=f(x,y)$上一点，过点 M_0 作平面 $y=y_0$，此平面与曲面的交线是平面 $y=y_0$ 上的一条曲线 $\begin{cases}z=f(x,y),\\y=y_0,\end{cases}$ 由于 $f_x'(x_0,y_0)$为一元函数 $z=f(x,y_0)$在点 x_0 处的导数，故由一元函数导数的几何意义可知偏导数的几何意义：$f_x'(x_0,y_0)$表示曲线$\begin{cases}z=f(x,y),\\y=y_0\end{cases}$在点 M_0 处的切线 T_x 对 x 轴的斜率，$f_y'(x_0,y_0)$表示曲线$\begin{cases}z=f(x,y),\\x=x_0\end{cases}$在点 M_0 处的切线 T_y 对 y 轴的斜率(图 7－17).

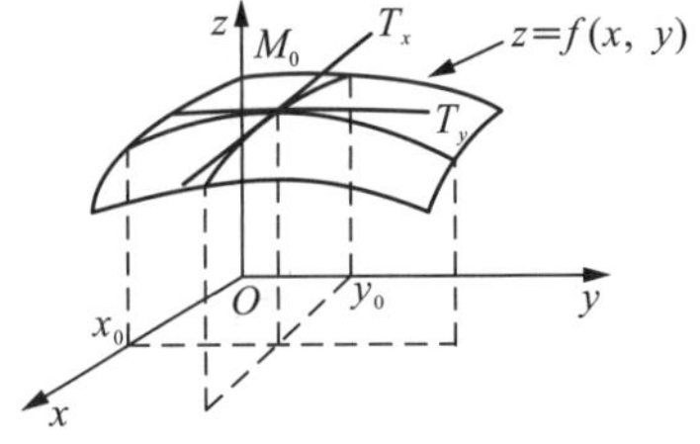

图 7－17

在研究一元函数时，我们给出了 $y=f(x)$在点 x_0 可导与连续的关系，但在可导和连续的关系上，多元函数与一元函数是有所不同的.

例 4　讨论函数

$$f(x,y)=\begin{cases}\dfrac{xy}{x^2+y^2}, & x^2+y^2\neq 0,\\ 0, & x^2+y^2=0\end{cases}$$

在点(0,0)处的可偏导性和连续性.

解 由偏导数的定义,知

$$f_x'(0,0)=\lim_{\Delta x\to 0}\frac{f(\Delta x,0)-f(0,0)}{\Delta x}=\lim_{\Delta x\to 0}\frac{0-0}{\Delta x}=0,$$

$$f_y'(0,0)=\lim_{\Delta y\to 0}\frac{f(0,\Delta y)-f(0,0)}{\Delta y}=\lim_{\Delta y\to 0}\frac{0-0}{\Delta y}=0,$$

可见 $f(x,y)$在点(0,0)处可偏导. 但由第 7.2 节例 3 知,极限 $\lim\limits_{(x,y)\to(0,0)}f(x,y)$不存在,因此 $f(x,y)$在点(0,0)处不连续.

例 4 表明,二元函数 $f(x,y)$在点(x_0,y_0)处可偏导,并不能保证它在该点连续,这是二元函数与一元函数的不同之处.

例 5 讨论函数 $f(x,y)=\sqrt{x^2+y^2}$ 在点(0,0)处的可偏导性和连续性.

解 显然有

二元函数的连续性与可偏导性的关系

$$\lim_{(x,y)\to(0,0)}f(x,y)=\lim_{(x,y)\to(0,0)}\sqrt{x^2+y^2}=0=f(0,0),$$

所以 $f(x,y)$在点(0,0)处连续.

当 $\Delta x\to 0$ 时,因为

$$\frac{f(\Delta x,0)-f(0,0)}{\Delta x}=\frac{|\Delta x|}{\Delta x}$$

的极限不存在,所以 $f_x'(0,0)$不存在,同理 $f_y'(0,0)$也不存在.

此例说明,二元函数 $f(x,y)$在点(x_0,y_0)处连续,也不能确定它在该点可偏导,这一点上二元函数与一元函数是相似的.

7.3.3 高阶偏导数

设函数 $z=f(x,y)$在区域 D 内处处存在偏导数 $f_x'(x,y)$和 $f_y'(x,y)$,如果这两个偏导数仍可偏导,则称它们的偏导数为函数 $f(x,y)$的二阶偏导数,按照对变量求导次序的不同有下列四种二阶偏导数:

$$\frac{\partial}{\partial x}\left(\frac{\partial z}{\partial x}\right)=\frac{\partial^2 z}{\partial x^2}=f_{xx}''(x,y),\quad \frac{\partial}{\partial y}\left(\frac{\partial z}{\partial x}\right)=\frac{\partial^2 z}{\partial x\partial y}=f_{xy}''(x,y),$$

$$\frac{\partial}{\partial x}\left(\frac{\partial z}{\partial y}\right)=\frac{\partial^2 z}{\partial y\partial x}=f_{yx}''(x,y),\quad \frac{\partial}{\partial y}\left(\frac{\partial z}{\partial y}\right)=\frac{\partial^2 z}{\partial y^2}=f_{yy}''(x,y).$$

其中,偏导数 $f_{xy}''(x,y)$,$f_{yx}''(x,y)$称为**二阶混合偏导数**. 类似地,可定义多元函数二阶以上的偏导数,二阶及二阶以上的偏导数统称为**高阶偏导数**.

例 6 求函数 $z=x^3y-2x^2y^3+\cos x$ 的二阶偏导数.

解 $\dfrac{\partial z}{\partial x}=3x^2y-4xy^3-\sin x$, $\dfrac{\partial z}{\partial y}=x^3-6x^2y^2$,

$\dfrac{\partial^2 z}{\partial x^2}=6xy-4y^3-\cos x$, $\dfrac{\partial^2 z}{\partial x\partial y}=3x^2-12xy^2$,

$\dfrac{\partial^2 z}{\partial y\partial x}=3x^2-12xy^2$, $\dfrac{\partial^2 z}{\partial y^2}=-12x^2y$.

此例中的两个二阶混合偏导数相等,即$\dfrac{\partial^2 z}{\partial x\partial y}=\dfrac{\partial^2 z}{\partial y\partial x}$. 但这个关系式并不是对所有的二元函数都成立的,这里不加证明地给出二阶混合偏导数相等的充分条件.

定理 1 如果函数 $z=f(x,y)$ 的两个二阶混合偏导数 $f''_{xy}(x,y)$ 及 $f''_{yx}(x,y)$ 在区域 D 内连续，那么在 D 内必有 $\frac{\partial^2 z}{\partial x\partial y}=\frac{\partial^2 z}{\partial y\partial x}$.

习题 7.3

1. 求下列函数的偏导数：

(1) $z=\arctan\frac{x+y}{x-y}$； (2) $z=e^{\sin x}\cdot\cos y$； (3) $z=\sin(x+y)e^{xy}$；

(4) $z=\ln\tan\frac{x}{y}$； (5) $u=\sqrt{x^2+y^2+z^2}$； (6) $u=x^{\frac{y}{z}}$.

2. 设 $z=\sqrt{|xy|}$，求 $\left.\frac{\partial z}{\partial x}\right|_{(0,0)}$.

3. 设 $z=\ln(\sqrt[3]{x}+\sqrt[3]{y})$，证明：$x\frac{\partial z}{\partial x}+y\frac{\partial z}{\partial y}=\frac{1}{3}$.

4. 求下列函数的二阶偏导数：

(1) $z=x^{2y}$； (2) $z=\arcsin(xy)$； (3) $z=\frac{y^2-x^2}{y^2+x^2}$.

7.4 全微分

7.4.1 全微分的定义

在定义二元函数 $z=f(x,y)$ 的偏导数时，曾给出偏增量的概念，我们称

$$\Delta_x z=f(x+\Delta x,y)-f(x,y),$$

$$\Delta_y z=f(x,y+\Delta y)-f(x,y)$$

为函数 $z=f(x,y)$ 在点 (x,y) 处分别对 x 和 y 的**偏增量**，而当自变量 x,y 在点 (x,y) 处均有增量 $\Delta x,\Delta y$ 时，称

$$\Delta z=f(x+\Delta x,y+\Delta y)-f(x,y)$$

为函数 $z=f(x,y)$ 在点 (x,y) 处的全增量.

一般来说，Δz 的计算往往比较复杂. 对比一元函数的情形，我们希望用自变量增量 Δx 与 Δy 的线性函数来近似地代替全增量，于是产生了全微分的概念.

定义 7 设函数 $z=f(x,y)$ 在点 (x,y) 的某一邻域内有定义，如果函数 $z=f(x,y)$ 在点 (x,y) 的全增量

$$\Delta z=f(x+\Delta x,y+\Delta y)-f(x,y)$$

可表示成为

$$\Delta z=A\Delta x+B\Delta y+o(\rho),$$

其中 A,B 不依赖于 Δx 与 Δy，而仅与 x,y 有关，$\rho=\sqrt{(\Delta x)^2+(\Delta y)^2}$，则称函数 $f(x,y)$ 在点 (x,y) 处**可微分**. 而 $A\Delta x+B\Delta y$ 称为函数 $z=f(x,y)$ 在点 (x,y) 处的**全微分**，记作

$$dz=A\Delta x+B\Delta y.$$

与一元函数类似，自变量 x,y 的增量 Δx 与 Δy 常写成 dx 与 dy，并分别称为自变量 x,y 的微分，于是函数 $z=f(x,y)$ 的全微分可写为

$$dz=Adx+Bdy.$$

当函数 $z=f(x,y)$ 在区域 D 内每一点都可微分时,则称 $z=f(x,y)$ 在 D 内可微分.

7.4.2　函数可微分的条件

定理 2(可微的必要条件)　如果函数 $z=f(x,y)$ 在点 (x,y) 处可微分,则

(1) $f(x,y)$ 在点 (x,y) 处连续;

(2) $f(x,y)$ 在点 (x,y) 处可偏导,且有 $A=f'_x(x,y)$, $B=f'_y(x,y)$.

证　因为函数 $z=f(x,y)$ 在点 (x,y) 可微分,所以

$$\Delta z=f(x+\Delta x,y+\Delta y)-f(x,y)=A\Delta x+B\Delta y+o(\rho).$$

(1) 在上式中,令 $(\Delta x,\Delta y)\to(0,0)$,得 $\lim\limits_{(\Delta x,\Delta y)\to(0,0)}\Delta z=0$,即

$$\lim_{(\Delta x,\Delta y)\to(0,0)}f(x+\Delta x,y+\Delta y)=f(x,y),$$

所以 $z=f(x,y)$ 在点 (x,y) 处连续;

(2) 在 Δz 中,令 $\Delta y=0$,这时 $\rho=|\Delta x|$,则有

$$\Delta_x z=f(x+\Delta x,y)-f(x,y)=A\Delta x+o(|\Delta x|),$$

于是

$$\lim_{\Delta x\to 0}\frac{\Delta_x z}{\Delta x}=\lim_{\Delta x\to 0}\frac{f(x+\Delta x,y)-f(x,y)}{\Delta x}=A,$$

同理有

$$\lim_{\Delta y\to 0}\frac{\Delta_y z}{\Delta y}=\lim_{\Delta y\to 0}\frac{f(x,y+\Delta y)-f(x,y)}{\Delta y}=B,$$

即 $f(x,y)$ 在点 (x,y) 处可偏导,且有 $A=f'_x(x,y)$, $B=f'_y(x,y)$.

可见,如果函数 $z=f(x,y)$ 在点 (x,y) 处可微,我们有

$$dz=\frac{\partial z}{\partial x}dx+\frac{\partial z}{\partial y}dy,$$

这就是全微分的计算公式,上式右端的两项 $\frac{\partial z}{\partial x}dx$, $\frac{\partial z}{\partial y}dy$ 分别称为函数在点 (x,y) 处对 x 和 y 的偏微分,所以二元函数的全微分等于它的两个偏微分之和.

通常,我们把二元函数的全微分等于它的两个偏微分之和称为二元函数的微分符合叠加原理.

二元函数在一点的连续与可微的关系同一元函数一样,连续是可微的必要不充分条件.由 7.3 中的例 5 可知,函数

$$f(x,y)=\sqrt{x^2+y^2}$$

在点 $(0,0)$ 处连续,但两个偏导数不存在,所以由定理 2 可知,该函数在点 $(0,0)$ 处不可微.

二元函数在一点的可导与可微的关系同一元函数就不一样了,可导不再是可微的充分必要条件,也就是说,当二元函数 $z=f(x,y)$ 在点 (x_0,y_0) 处的两个偏导数都存在时,函数在点 (x_0,y_0) 处全微分不一定存在.例如,函数

$$f(x,y)=\begin{cases}\dfrac{xy}{\sqrt{x^2+y^2}}, x^2+y^2\neq 0,\\ 0, x^2+y^2=0\end{cases}$$

在点 $(0,0)$ 处,由定义容易算得两个偏导数为 $f'_x(0,0)=0$, $f'_y(0,0)=0$,但该函数在点 $(0,0)$ 处的全微分并不存在.下面用反证法证明这一点,假设函数 $z=f(x,y)$ 在点 $(0,0)$ 处可微分,

那么由可微分的定义及定理2得

$$\Delta z=f(0+\Delta x,0+\Delta y)-f(0,0)=[f'_x(0,0)\Delta x+f'_y(0,0)\Delta y]+o(\rho),$$

即

$$\frac{\Delta x\Delta y}{\sqrt{(\Delta x)^2+(\Delta y)^2}}=o(\rho),$$

其中 $\rho=\sqrt{(\Delta x)^2+(\Delta y)^2}$，$o(\rho)$是当 $\rho\to 0$ 时，比 ρ 高阶的无穷小.

但由7.2中例3(1)可知极限

$$\lim_{\rho\to 0}\frac{\frac{\Delta x\Delta y}{\sqrt{(\Delta x)^2+(\Delta y)^2}}}{\rho}=\lim_{\rho\to 0}\frac{\Delta x\Delta y}{(\Delta x)^2+(\Delta y)^2}$$

是不存在的. 这与当 $\rho\to 0$ 时，$\frac{\Delta x\Delta y}{\sqrt{(\Delta x)^2+(\Delta y)^2}}=o(\rho)$相矛盾，所以假设不成立，即该函数在点(0,0)处不可微.

由定理2和上例可知，二元函数的偏导数存在是可微分的必要条件，而不是充分条件. 但如果二元函数的两个偏导数连续，就能使函数在该点可微分，下面不加证明地给出可微的充分条件.

定理3(可微的充分条件) 如果函数 $z=f(x,y)$的偏导数$\frac{\partial z}{\partial x}$和$\frac{\partial z}{\partial y}$在点$(x,y)$处连续，则函数在该点可微分.

结合定理2和定理3，我们可得二元函数的可微性、可偏导性及连续性之间的关系为

$$\text{偏导数存在且连续}\Rightarrow\text{可微}\Rightarrow\begin{cases}\text{连续,}\\\text{偏导数存在.}\end{cases}$$

一般情况下，上述关系是不可逆的.

以上关于二元函数全微分的定义、可微的必要条件和充分条件、叠加原理等可以类似地推广到三元及三元以上的多元函数.

例如，如果三元函数 $u=f(x,y,z)$在点(x,y,z)处可微分，那么它的全微分就等于三个偏微分之和，即

$$\mathrm{d}u=\frac{\partial u}{\partial x}\mathrm{d}x+\frac{\partial u}{\partial y}\mathrm{d}y+\frac{\partial u}{\partial z}\mathrm{d}z.$$

二元函数的可微性、可偏导性及连续性之间的关系

例1 求函数 $z=\mathrm{e}^{xy}$在点(1,2)处的全微分.

解 因为$\frac{\partial z}{\partial x}=y\mathrm{e}^{xy}$，$\frac{\partial z}{\partial y}=x\mathrm{e}^{xy}$，故$\left.\frac{\partial z}{\partial x}\right|_{(1,2)}=2\mathrm{e}^2$，$\left.\frac{\partial z}{\partial y}\right|_{(1,2)}=\mathrm{e}^2$，

所以

$$\mathrm{d}z=2\mathrm{e}^2\mathrm{d}x+\mathrm{e}^2\mathrm{d}y.$$

例2 求函数 $u=x+\sin\frac{y}{2}+\mathrm{e}^{yz}$的全微分.

解 因为

$$\frac{\partial u}{\partial x}=1,\ \frac{\partial u}{\partial y}=\frac{1}{2}\cos\frac{y}{2}+z\mathrm{e}^{yz},\ \frac{\partial u}{\partial z}=y\mathrm{e}^{yz},$$

所以

$$\mathrm{d}u=\mathrm{d}x+\left(\frac{1}{2}\cos\frac{y}{2}+z\mathrm{e}^{yz}\right)\mathrm{d}y+y\mathrm{e}^{yz}\mathrm{d}z.$$

7.4.3 全微分在近似计算中的应用

在实际问题中，经常需要考虑一些复杂的多元函数在某点处当自变量发生微小变化时

函数的变化情况,由二元函数全微分的定义及全微分存在的充分条件,我们可以得到计算的近似公式.

当二元函数 $z=f(x,y)$ 在点 (x,y) 处的两个偏导数 $f_x'(x,y)$, $f_y'(x,y)$ 连续,并且 $|\Delta x|$, $|\Delta y|$ 都较小时,就有近似等式

$$\Delta z\approx \mathrm{d}z=f_x'(x,y)\Delta x+f_y'(x,y)\Delta y,$$

上式也可写成

$$f(x+\Delta x,y+\Delta y)\approx f(x,y)+f_x'(x,y)\Delta x+f_y'(x,y)\Delta y.$$

例 3 计算 $(1.03)^{2.01}$ 的近似值.

解 设函数 $f(x,y)=x^y$. 显然要计算的值就是函数在 $x=1.03$, $y=2.01$ 时的函数值 $f(1.03,2.01)$. 取 $x=1$, $y=2$, $\Delta x=0.03$, $\Delta y=0.01$. 因为 $f(1,2)=1$, $f_x'(x,y)=yx^{y-1}$, $f_y'(x,y)=x^y\ln x$, $f_x'(1,2)=2$, $f_y'(1,2)=0$,所以利用公式便有

$$(1.03)^{2.01}\approx 1+2\times 0.03+0\times 0.01=1.06.$$

例 4 要做一个无盖的圆柱形容器,其内径为 2 m,高为 4 m,厚度为 0.01 m,求需用材料多少立方米.

解 因为底面半径为 r、高为 h 的圆柱体体积为 $V=\pi r^2h$,所以所需材料的体积就是二元函数 $V=\pi r^2h$ 在点(2,4)处,当 $\Delta r=0.01$, $\Delta h=0.01$ 时,函数的改变量 ΔV. 用全微分近似代替,得

$$\Delta V\approx \mathrm{d}V=2\pi rh\Delta r+\pi r^2\Delta h.$$

将 $r=2$, $h=4$, $\Delta r=\Delta h=0.01$ 代入,得

$$\Delta V\approx 2\pi\times 2\times 4\times 0.01+\pi\times 2^2\times 0.01=0.2\pi\approx 0.6283.$$

所以需用材料约为 0.628 3 m^3.

习题 7.4

1. 求下列函数的全微分:

(1) $z=3x\mathrm{e}^{-y}-2\sqrt{x}+\ln 5$;　(2) $z=\mathrm{e}^{x^2+y^2}$;　(3) $z=\dfrac{x+y}{x-y}$;

(4) $u=y^{xz}$;　(5) $z=x\cos(x-y)$;　(6) $u=\sin(x^2+y^2+z^2)$.

2. 求函数 $z=\ln(1+x^2+y^2)$ 当 $x=2$, $y=1$ 时的全微分.

3. 求函数 $z=\mathrm{e}^{xy}$ 当 $x=1$, $y=1$, $\Delta x=0.15$, $\Delta y=0.1$ 时的全微分.

4. 求下列函数的近似值:

(1) $(1.02)^{4.05}$;　(2) $\sqrt{(1.02)^3+(1.97)^3}$.

7.5 复合函数与隐函数微分法

7.5.1 复合函数的微分法

在一元函数微分学中,复合函数的求导法则起着重要的作用,现在我们把它推广到多元复合函数中. 为了讨论简便,先讨论中间变量是一元函数的情况,然后推广到其他形式的复合函数中.

定理 4 如果函数 $u=\varphi(t)$ 及 $v=\psi(t)$ 都在点 t 处可导,函数 $z=f(u,v)$ 在对应点 (u,v)

处可微,则复合函数 $z=f[\varphi(t),\psi(t)]$ 在点 t 处可导,且有

$$\frac{\mathrm{d}z}{\mathrm{d}t}=\frac{\partial z}{\partial u}\frac{\mathrm{d}u}{\mathrm{d}t}+\frac{\partial z}{\partial v}\frac{\mathrm{d}v}{\mathrm{d}t}. \tag{7-3}$$

证　设 t 取得增量 Δt,这时 $u=\varphi(t)$,$v=\psi(t)$ 的对应增量分别为 Δu,Δv,函数 $z=f[\varphi(t),\psi(t)]$ 相应地获得增量 Δz. 因为函数 $z=f(u,v)$ 可微,所以有

$$\Delta z=\frac{\partial z}{\partial u}\Delta u+\frac{\partial z}{\partial v}\Delta v+o(\rho),$$

其中 $\rho=\sqrt{(\Delta u)^2+(\Delta v)^2}$. 上式两端同除以 Δt,得

$$\frac{\Delta z}{\Delta t}=\frac{\partial z}{\partial u}\frac{\Delta u}{\Delta t}+\frac{\partial z}{\partial v}\frac{\Delta v}{\Delta t}+\frac{o(\rho)}{\Delta t}.$$

因为 $u=\varphi(t)$,$v=\psi(t)$ 在点 t 处可导,所以当 $\Delta t\to 0$ 时,$\Delta u\to 0$,$\Delta v\to 0$,从而 $\rho\to 0$,并且

多元复合函数的求导法则

有

$$\frac{\Delta u}{\Delta t}\to\frac{\mathrm{d}u}{\mathrm{d}t},\ \frac{\Delta v}{\Delta t}\to\frac{\mathrm{d}v}{\mathrm{d}t},$$

且

$$\lim_{\Delta t\to 0}\left|\frac{o(\rho)}{\Delta t}\right|=\lim_{\Delta t\to 0}\left|\frac{o(\rho)}{\rho}\cdot\frac{\rho}{\Delta t}\right|=\lim_{\Delta t\to 0}\left|\frac{o(\rho)}{\rho}\right|\sqrt{\left(\frac{\Delta u}{\Delta t}\right)^2+\left(\frac{\Delta v}{\Delta t}\right)^2}=0,$$

所以

$$\lim_{\Delta t\to 0}\frac{\Delta z}{\Delta t}=\frac{\partial z}{\partial u}\frac{\mathrm{d}u}{\mathrm{d}t}+\frac{\partial z}{\partial v}\frac{\mathrm{d}v}{\mathrm{d}t}.$$

这就证明了复合函数 $z=f[\varphi(t),\psi(t)]$ 在点 t 处可导,且公式成立.

公式中的导数称为**全导数**. 上述定理对其他形式的复合函数仍成立.

定理 5　如果函数 $u=\varphi(x,y)$,$v=\psi(x,y)$ 都在点 (x,y) 处具有对 x 和 y 的偏导数,函数 $z=f(u,v)$ 在对应于 (x,y) 的点 (u,v) 处可微,则复合函数 $z=f[\varphi(x,y),\psi(x,y)]$ 在点 (x,y) 处的两个偏导数存在,且有

$$\begin{cases}\dfrac{\partial z}{\partial x}=\dfrac{\partial z}{\partial u}\dfrac{\partial u}{\partial x}+\dfrac{\partial z}{\partial v}\dfrac{\partial v}{\partial x},\\[2mm]\dfrac{\partial z}{\partial y}=\dfrac{\partial z}{\partial u}\dfrac{\partial u}{\partial y}+\dfrac{\partial z}{\partial v}\dfrac{\partial v}{\partial y}.\end{cases} \tag{7-4}$$

事实上,在求 $\frac{\partial z}{\partial x}$ 时,将 y 看作常量,因此中间变量 u 及 v 仍可看作一元函数,这样问题就转化为定理 4 的情形. 因为 $u=\varphi(x,y)$,$v=\psi(x,y)$ 及复合函数 $z=f[\varphi(x,y),\psi(x,y)]$ 均是 x,y 的二元函数,所以应先把式(7-3)中的 d 改为 ∂,再把 t 换成 x,这样便由式(7-3)得到式(7-4)中的第一个等式,类似地可得式(7-4)中的第二个等式. 式(7-4)称为求复合函数偏导数的**链式法则**.

对于情况更复杂的复合函数,也有类似的结果. 例如,设 $u=\varphi(x,y)$,$v=\psi(x,y)$ 及 $\omega=\omega(x,y)$ 均在点 (x,y) 处具有对 x 和 y 的偏导数,而函数 $z=f(u,v,\omega)$ 在对应点 (u,v,ω) 处可微,则复合函数 $z=f[\varphi(x,y),\psi(x,y),\omega(x,y)]$ 在点 (x,y) 处的两个偏导数都存在,且

$$\begin{cases}\dfrac{\partial z}{\partial x}=\dfrac{\partial z}{\partial u}\dfrac{\partial u}{\partial x}+\dfrac{\partial z}{\partial v}\dfrac{\partial v}{\partial x}+\dfrac{\partial z}{\partial \omega}\dfrac{\partial \omega}{\partial x},\\[2mm]\dfrac{\partial z}{\partial y}=\dfrac{\partial z}{\partial u}\dfrac{\partial u}{\partial y}+\dfrac{\partial z}{\partial v}\dfrac{\partial v}{\partial y}+\dfrac{\partial z}{\partial \omega}\dfrac{\partial \omega}{\partial y}.\end{cases} \tag{7-5}$$

例 1　设 $z=\mathrm{e}^{2u-3v}$,其中 $u=t^2$,$v=\cos t$,求 $\frac{\mathrm{d}z}{\mathrm{d}t}$.

解 因为 $\frac{\partial z}{\partial u}=2e^{2u-3v}$, $\frac{\partial z}{\partial v}=-3e^{2u-3v}$, $\frac{du}{dt}=2t$, $\frac{dv}{dt}=-\sin t$,

所以 $$\frac{dz}{dt}=\frac{\partial z}{\partial u}\frac{du}{dt}+\frac{\partial z}{\partial v}\frac{dv}{dt}=e^{2u-3v}(4t+3\sin t)=e^{2t^2-3\cos t}(4t+3\sin t).$$

例 2 设 $z=u^v$, $u=x^2+y$, $v=xy$,求$\frac{\partial z}{\partial x}$和$\frac{\partial z}{\partial y}$.

解 $$\frac{\partial z}{\partial x}=\frac{\partial z}{\partial u}\frac{\partial u}{\partial x}+\frac{\partial z}{\partial v}\frac{\partial v}{\partial x}=vu^{v-1}2x+u^v y\ln u=2x^2y(x^2+y)^{xy-1}+y(x^2+y)^{xy}\ln(x^2+y),$$

$$\frac{\partial z}{\partial y}=\frac{\partial z}{\partial u}\frac{\partial u}{\partial y}+\frac{\partial z}{\partial v}\frac{\partial v}{\partial y}=vu^{v-1}+u^v x\ln u=xy(x^2+y)^{xy-1}+x(x^2+y)^{xy}\ln(x^2+y).$$

因为函数可微的充分条件是其偏导数连续,所以可以在函数有连续偏导数的条件下应用链式法则,并且可反复运用链式法则来求复合函数的高阶偏导数.

例 3 设 $z=f(x\sin y, e^{xy})$,其中 f 具有连续偏导数,求$\frac{\partial z}{\partial x}$和$\frac{\partial z}{\partial y}$.

解 设 $u=x\sin y$, $v=e^{xy}$,则

$$\frac{\partial z}{\partial x}=\frac{\partial z}{\partial u}\frac{\partial u}{\partial x}+\frac{\partial z}{\partial v}\frac{\partial v}{\partial x}=\sin y f'_u+ye^{xy}f'_v,$$

$$\frac{\partial z}{\partial y}=\frac{\partial z}{\partial u}\frac{\partial u}{\partial y}+\frac{\partial z}{\partial v}\frac{\partial v}{\partial y}=x\cos y f'_u+xe^{xy}f'_v.$$

例 4 设 $z=f\left(xy, \frac{y}{x}\right)$,其中 f 具有二阶连续偏导数,求$\frac{\partial^2 z}{\partial x^2}$和$\frac{\partial^2 z}{\partial x\partial y}$.

解 设 $u=xy$, $v=\frac{y}{x}$,由链式法则可得

$$\frac{\partial z}{\partial x}=yf'_u-\frac{y}{x^2}f'_v,$$

注意到 $f'_u=f'_u(u,v)$和 $f'_v=f'_v(u,v)$,再由链式法则知

$$\frac{\partial^2 z}{\partial x^2}=y\left(yf''_{uu}-\frac{y}{x^2}f''_{uv}\right)+\frac{2y}{x^3}f'_v-\frac{y}{x^2}\left(yf''_{vu}-\frac{y}{x^2}f''_{vv}\right),$$

因为 f 有连续的二阶偏导数,所以 $f''_{uv}=f''_{vu}$,故有

$$\frac{\partial^2 z}{\partial x^2}=\frac{2y}{x^3}f'_v+y^2f''_{uu}-2\frac{y^2}{x^2}f''_{uv}+\frac{y^2}{x^4}f''_{vv},$$

同样可得

$$\frac{\partial^2 z}{\partial x\partial y}=f'_u+y\left(xf''_{uu}+\frac{1}{x}f''_{uv}\right)-\frac{1}{x^2}f'_v-\frac{y}{x^2}\left(xf''_{vu}+\frac{1}{x}f''_{vv}\right)=f'_u-\frac{1}{x^2}f'_v+xyf''_{uu}-\frac{y}{x^3}f''_{vv}.$$

全微分形式不变性 设函数 $z=f(u,v)$具有连续偏导数,当 u 和 v 是自变量时,其全微分为

$$dz=\frac{\partial z}{\partial u}du+\frac{\partial z}{\partial v}dv.$$

如果 u,v 又是 x,y 的函数 $u=\varphi(x,y)$,$v=\psi(x,y)$,且这两个函数也具有连续偏导数,则复合函数 $z=f[\varphi(x,y),\psi(x,y)]$的全微分为

$$dz=\frac{\partial z}{\partial x}dx+\frac{\partial z}{\partial y}dy,$$

其中$\frac{\partial z}{\partial x}$及$\frac{\partial z}{\partial y}$由式(7－4)给出，将其代入上式，得

$$\begin{aligned}dz&=\left(\frac{\partial z}{\partial u}\frac{\partial u}{\partial x}+\frac{\partial z}{\partial v}\frac{\partial v}{\partial x}\right)dx+\left(\frac{\partial z}{\partial u}\frac{\partial u}{\partial y}+\frac{\partial z}{\partial v}\frac{\partial v}{\partial y}\right)dy\\&=\frac{\partial z}{\partial u}\left(\frac{\partial u}{\partial x}dx+\frac{\partial u}{\partial y}dy\right)+\frac{\partial z}{\partial v}\left(\frac{\partial v}{\partial x}dx+\frac{\partial v}{\partial y}dy\right)=\frac{\partial z}{\partial u}du+\frac{\partial z}{\partial v}dv.\end{aligned}$$

因此无论u,v是自变量还是中间变量，函数$z=f(u,v)$的全微分都可写成相同的形式，这个性质称为全微分形式不变性.

例5　利用全微分形式不变性求函数$z=e^{xy}\sin(x+y)$的全微分dz及偏导数$\frac{\partial z}{\partial x},\frac{\partial z}{\partial y}$.

解　设$u=xy,v=x+y$，则$z=e^u\sin v$，由全微分形式不变性得

$$\begin{aligned}dz&=d(e^u\sin v)=e^u\sin v du+e^u\cos v dv\\&=e^{xy}\sin(x+y)d(xy)+e^{xy}\cos(x+y)d(x+y)\\&=e^{xy}\sin(x+y)(ydx+xdy)+e^{xy}\cos(x+y)(dx+dy)\\&=e^{xy}[y\sin(x+y)+\cos(x+y)]dx+e^{xy}[x\sin(x+y)+\cos(x+y)]dy,\end{aligned}$$

与$dz=\frac{\partial z}{\partial x}dx+\frac{\partial z}{\partial y}dy$比较得

$$\frac{\partial z}{\partial x}=e^{xy}[y\sin(x+y)+\cos(x+y)],$$

$$\frac{\partial z}{\partial y}=e^{xy}[x\sin(x+y)+\cos(x+y)].$$

7.5.2　隐函数的微分法

在一元函数微分学中，我们已经提出了隐函数的概念，并且指出了由二元方程$F(x,y)=0$所确定的一元隐函数$y=f(x)$的求导法则，现在利用偏导数概念深入讨论这一问题，给出隐函数存在定理及隐函数求导公式.

定理6(隐函数存在定理)　设函数$F(x,y)$在点$P_0(x_0,y_0)$的某一邻域内具有连续偏导数，且$F(x_0,y_0)=0$，$F'_y(x_0,y_0)\neq0$，则由方程$F(x,y)=0$在点(x_0,y_0)的某一邻域内能唯一地确定一个具有连续导数的函数$y=f(x)$，它满足条件$y_0=f(x_0)$，并有

$$\frac{dy}{dx}=-\frac{F'_x}{F'_y}.\tag{7-6}$$

式(7－6)就是隐函数的求导公式.

上述定理的证明从略，仅推导式(7－6).

将方程$F(x,y)=0$所确定的函数$y=f(x)$代回到方程中，便得到恒等式

$$F[x,f(x)]\equiv0,$$

方程两端分别对x求导数，由复合函数的求导法则得

$$\frac{\partial F}{\partial x}+\frac{\partial F}{\partial y}\frac{dy}{dx}=0,$$

因为F'_y连续，且$F'_y(x_0,y_0)\neq0$，所以在点(x_0,y_0)的某邻域内$F'_y\neq0$，于是得

$$\frac{\mathrm{d}y}{\mathrm{d}x}=-\frac{F_x'}{F_y'}.$$

例 6　求由方程 $\mathrm{e}^x+\cos xy-y^2=0$ 所确定的隐函数 $y=f(x)$ 的导数.

解　设 $F(x,y)=\mathrm{e}^x+\cos xy-y^2$,则

$$F_x'=\mathrm{e}^x-y\sin xy,\quad F_y'=-(x\sin xy+2y),$$

因此

$$\frac{\mathrm{d}y}{\mathrm{d}x}=-\frac{F_x'}{F_y'}=\frac{\mathrm{e}^x-y\sin xy}{x\sin xy+2y}.$$

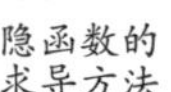

隐函数的求导方法

隐函数的求导方法还可以推广到多元函数中.

若一个三元方程 $F(x,y,z)=0$ 确定一个二元的隐函数 $z=f(x,y)$,代入方程得

$$F[x,y,f(x,y)]\equiv 0,$$

应用链式法则,将上式两端分别对 x,y 求偏导数,可得

$$F_x'+F_z'\frac{\partial z}{\partial x}=0,\quad F_y'+F_z'\frac{\partial z}{\partial y}=0,$$

从而在 $F_z'\neq 0$ 时有

$$\frac{\partial z}{\partial x}=-\frac{F_x'}{F_z'},\quad \frac{\partial z}{\partial y}=-\frac{F_y'}{F_z'}. \tag{7-7}$$

例 7　设 $z=f(x,y)$ 是由方程 $\cos z=xyz$ 所确定的隐函数,求 $\frac{\partial z}{\partial x}$ 和 $\frac{\partial z}{\partial y}$.

解　设 $F(x,y,z)=\cos z-xyz$,则

$$F_x'=-yz,\ F_y'=-xz,\ F_z'=-(\sin z+xy),$$

从而有

$$\frac{\partial z}{\partial x}=-\frac{F_x'}{F_z'}=-\frac{yz}{\sin z+xy},\quad \frac{\partial z}{\partial y}=-\frac{F_y'}{F_z'}=-\frac{xz}{\sin z+xy}.$$

例 8　设 $z=f(x,y)$ 是由方程 $2xyz+1-z^2=0$ 所确定的隐函数,求 $\frac{\partial^2 z}{\partial x\partial y}$.

解　设 $F(x,y,z)=2xyz+1-z^2$,则

$$F_x'=2yz,\ F_y'=2xz,\ F_z'=2xy-2z,$$

从而有

$$\frac{\partial z}{\partial x}=-\frac{F_x'}{F_z'}=\frac{yz}{z-xy},\quad \frac{\partial z}{\partial y}=-\frac{F_y'}{F_z'}=\frac{xz}{z-xy},$$

于是

$$\frac{\partial^2 z}{\partial x\partial y}=\frac{\partial}{\partial y}\left(\frac{yz}{z-xy}\right)=\frac{(z-xy)\left(z+y\frac{\partial z}{\partial y}\right)-yz\left(\frac{\partial z}{\partial y}-x\right)}{(z-xy)^2}=\frac{z(z^2-xyz-x^2y^2)}{(z-xy)^3}.$$

习题 7.5

1. 求下列复合函数的导数或偏导数:

(1) $z=u^2\ln v$, $u=\frac{y}{x}$, $v=x^2+y^2$,求 $\frac{\partial z}{\partial x}$, $\frac{\partial z}{\partial y}$;

(2) $z=\mathrm{e}^{uv}$, $u=\ln\sqrt{x^2+y^2}$, $v=\arctan\frac{y}{x}$,求 $\frac{\partial z}{\partial x}$, $\frac{\partial z}{\partial y}$;

(3) $z=\mathrm{e}^{x+y}$, $x=\tan t$, $y=\cot t$,求 $\frac{\mathrm{d}z}{\mathrm{d}t}$.

2. 设 $z=f(x^2-y^2,\mathrm{e}^{xy})$,其中 f 具有连续偏导数,求 $\frac{\partial z}{\partial x}$, $\frac{\partial z}{\partial y}$.

3. 设 $z=\varphi(xy)+\psi\left(\dfrac{x}{y}\right)$,其中 φ,ψ 可导,求$\dfrac{\partial z}{\partial x}, \dfrac{\partial z}{\partial y}$.

4. 设 $z=\dfrac{y}{f(x^2-y^2)}$,其中 $f(u)$为可导函数,验证:$\dfrac{1}{x}\dfrac{\partial z}{\partial x}+\dfrac{1}{y}\dfrac{\partial z}{\partial y}=\dfrac{z}{y^2}$.

5. 设 $z=f(x+y,xy)$,其中 f 具有二阶连续偏导数,求$\dfrac{\partial^2 z}{\partial x^2}, \dfrac{\partial^2 z}{\partial x\partial y}$.

6. 设 $z=\dfrac{1}{x}f(xy)+y\varphi(x+y)$,其中 f,φ 具有二阶连续导数,求$\dfrac{\partial^2 z}{\partial x\partial y}$.

7. 求由下列方程确定的一元隐函数 $y=f(x)$的导数$\dfrac{\mathrm{d}y}{\mathrm{d}x}$:

(1) $xy-\ln y=\mathrm{e}$;　　(2) $\sin y+\mathrm{e}^x-xy^2=0$.

8. 求由下列方程确定的二元隐函数 $z=f(x,y)$的偏导数$\dfrac{\partial z}{\partial x},\dfrac{\partial z}{\partial y}$:

(1) $z^3-3xyz=a^3$;　　(2) $\mathrm{e}^z=xyz$;

(3) $\sin(x+2y-3z)=x-2y-5z$;　　(4) $F(x^2-y^2,y^2-z^2)=0$(其中 F 可微分).

9. 设函数 $z=f(x,y)$由方程$\dfrac{x}{z}=\ln\dfrac{z}{y}$所确定,求$\dfrac{\partial^2 z}{\partial x\partial y}$.

10. 设函数 $z=f(x,y)$由方程 $xyz=\ln yz-2$ 所确定,求 $f''_{xy}(0,1)$.

11. 证明:由方程 $\varphi(cx-az,cy-bz)=0$ 所确定的隐函数 $z=f(x,y)$满足方程

$$a\frac{\partial z}{\partial x}+b\frac{\partial z}{\partial y}=c.$$

7.6 多元函数的极值问题

在实际问题中,我们经常会遇到多元函数的极值问题,与一元函数类似,多元函数的最值也与其极值有着密切联系.本节以二元函数为例,讨论多元函数的极值问题,所得到的结论,大部分可以推广到三元及三元以上的多元函数中.

多元函数的极值问题

7.6.1 多元函数极值

1. 极值

定义 8 设函数 $z=f(x,y)$在点 $P_0(x_0,y_0)$的某一邻域 $U(P_0)$内有定义,如果对任何 $(x,y)\in\mathring{U}(P_0)$,都有

$$f(x,y)<f(x_0,y_0)[f(x,y)>f(x_0,y_0)],$$

则称 $f(x_0,y_0)$是 $f(x,y)$的一个**极大值(极小值)**,极大值与极小值统称为**极值**;称点(x_0,y_0)为 $f(x,y)$的**极大值点(极小值点)**,极大值点(极小值点)统称为**极值点**.

例如,函数 $z=\sqrt{x^2+y^2}$ 在点$(0,0)$处取得极小值 $z(0,0)=0$(图 7-18);函数 $z=xy$ 在点$(0,0)$处既不取得极大值也不取得极小值,因为在点$(0,0)$处的函数值为零,而在点$(0,0)$的任意邻域内,总有使函数值为正的点,也有使函数值为负的点.

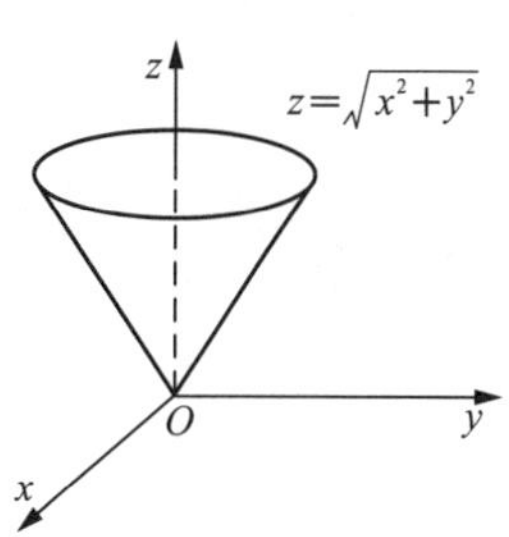

图 7-18

对于可导的一元函数 $y=f(x)$,我们知道在点 x_0 处有极值的必要条件是$f'(x_0)=0$.对于多元函数,我们也有类似的结论.

定理 7(极值存在的必要条件) 设函数 $z=f(x,y)$在点

(x_0,y_0)处具有偏导数,且在点(x_0,y_0)处取得极值,则有

$$f'_x(x_0,y_0)=0,\ f'_y(x_0,y_0)=0.$$

证 不妨设$z=f(x,y)$在点(x_0,y_0)处有极大值.由极大值定义得,在点(x_0,y_0)的某邻域内异于(x_0,y_0)的点(x,y)都满足不等式

$$f(x,y)<f(x_0,y_0).$$

特殊地,在该邻域内取$y=y_0$,而$x\neq x_0$的点,也应有不等式

$$f(x,y_0)<f(x_0,y_0),$$

这表明一元函数$z=f(x,y_0)$在$x=x_0$处取得极大值,因而必有

$$f'_x(x_0,y_0)=0,$$

类似地可得

$$f'_y(x_0,y_0)=0.$$

使$f'_x(x_0,y_0)=0$和$f'_y(x_0,y_0)=0$同时成立的点(x_0,y_0)称为函数$z=f(x,y)$的**驻点**.由定理7可知,对于可偏导的函数$f(x,y)$,极值点必为驻点,但函数的驻点不一定是极值点.例如,点$(0,0)$是函数$z=xy$的驻点,但函数在该点并无极值.

另外,函数$f(x,y)$偏导数不存在的点也可能是它的极值点.例如,函数$z=\sqrt{x^2+y^2}$在点$(0,0)$处取得极小值,但它的两个偏导数在点$(0,0)$处都不存在.

下面给出判别二元函数$f(x,y)$的驻点是否为极值点的充分条件.

定理8(极值存在的充分条件) 设函数$z=f(x,y)$在点(x_0,y_0)的某邻域内具有二阶连续偏导数,且(x_0,y_0)是$f(x,y)$的驻点,记

$$A=f''_{xx}(x_0,y_0),\ B=f''_{xy}(x_0,y_0),\ C=f''_{yy}(x_0,y_0),$$

则$f(x,y)$在点(x_0,y_0)处是否取得极值的情况如下:

(1) 当$B^2-AC<0$时,$f(x,y)$在点(x_0,y_0)处取得极值,且当$A<0$时取得极大值,当$A>0$时取得极小值;

(2) 当$B^2-AC>0$时,$f(x,y)$在点(x_0,y_0)处不取得极值;

(3) 当$B^2-AC=0$时,$f(x,y)$在点(x_0,y_0)处可能取得极值,也可能不取得极值,需用其他方法另做讨论.

定理证明从略.

利用上面两个定理,对于具有二阶连续偏导数的函数$z=f(x,y)$,可有如下求极值的方法:

(1) 解方程组$\begin{cases}f'_x(x,y)=0,\\f'_y(x,y)=0,\end{cases}$求出驻点;

(2) 对于每一个驻点(x_0,y_0),求出相应的二阶偏导数的值A,B和C;

(3) 定出B^2-AC的符号,按定理8的结论判定$f(x_0,y_0)$是否是极值,是极大值还是极小值.

例1 求函数$f(x,y)=x^3-y^3+3x^2+3y^2-9x$的极值.

解 由方程组

$$\begin{cases}f'_x(x,y)=3x^2+6x-9=0,\\f'_y(x,y)=-3y^2+6y=0\end{cases}$$

求得驻点为$(1,0)$,$(1,2)$,$(-3,0)$,$(-3,2)$.

再求二阶偏导数,得

$$f''_{xx}(x,y)=6x+6,\ f''_{xy}(x,y)=0,\ f''_{yy}(x,y)=-6y+6.$$

(1) 在点(1,0)处,$B^2-AC=-72<0$ 且 $A=12>0$,所以函数在点(1,0)处取得极小值 $f(1,0)=-5$;

(2) 在点(1,2)处,$B^2-AC=72>0$,所以 $f(1,2)$不是极值;

(3) 在点(−3,0)处,$B^2-AC=72>0$,所以 $f(-3,0)$也不是极值;

(4) 在点(−3,2)处,$B^2-AC=-72<0$ 且 $A=-12<0$,所以函数在点(−3,2)处取得极大值 $f(-3,2)=31$.

2. 最大值与最小值

如果函数 $f(x,y)$在**有界闭区域D上连续**,则 $f(x,y)$在 D 上必定取得最大值和最小值.使函数取得最大值或最小值的点既可能在 D 的内部,也可能在 D 的边界上.如果函数 $f(x,y)$ 在 D 内部的点(x_0,y_0)处取得最大值或最小值,则(x_0,y_0)必是函数的极值点.因此求 $f(x,y)$在 D 上的最大值和最小值可采用下述方法:

(1) 求出 $f(x,y)$在 D 内的可能极值点,并求出其函数值;

(2) 求出 $f(x,y)$在 D 的边界上的最大值和最小值;

(3) 比较上述函数值的大小,最大的就是函数 $f(x,y)$在 D 上的最大值,最小的就是函数 $f(x,y)$在 D 上的最小值.

多元函数的最值问题

例 2　求函数 $f(x,y)=3x^2+3y^2-2x^3$ 在区域 $D=\{(x,y)\mid x^2+y^2\leqslant 2\}$上的最大值和最小值.

解　由方程组

$$\begin{cases} f'_x(x,y)=6x-6x^2=0, \\ f'_y(x,y)=6y=0 \end{cases}$$

解得 D 内驻点为(0,0)与(1,0),且 $f(0,0)=0$,$f(1,0)=1$.下面考虑 $f(x,y)$在 D 的边界 $x^2+y^2=2$上的情况,这时 $f(x,y)$化为一元函数

$$h(x)=6-2x^3,\ x\in[-\sqrt{2},\sqrt{2}].$$

$h(x)$在$[-\sqrt{2},\sqrt{2}]$上单调减少,所以 $h(x)$在$[-\sqrt{2},\sqrt{2}]$上的最大值为 $h(-\sqrt{2})=6+4\sqrt{2}$,最小值为 $h(\sqrt{2})=6-4\sqrt{2}$.

将 $f(x,y)$在 D 内驻点处的函数值及边界上的最大值、最小值做比较,得 $f(x,y)$在 D 上的最小值为 $f(0,0)=0$,最大值为 $f(-\sqrt{2},0)=6+4\sqrt{2}$.

求函数 $f(x,y)$在区域 D 上的最大值和最小值的过程往往比较复杂.对于实际问题,如果从问题本身能判定 $f(x,y)$的最大值(最小值)一定在 D 的内部取得,而函数在 D 内又只有一个驻点,那么该驻点处的函数值就是函数 $f(x,y)$在 D 上的最大值(最小值).

例 3　要挖一条灌溉渠道,其横断面是等腰梯形,因为事先对流量有要求,所以横断面面积是一定的,应当怎样选取两岸边倾斜角 θ 和高度 h,使得湿周最小?(所谓湿周,是指断面上与水接触的各边总长,一般湿周越小,所用材料和修建工作量越省.)

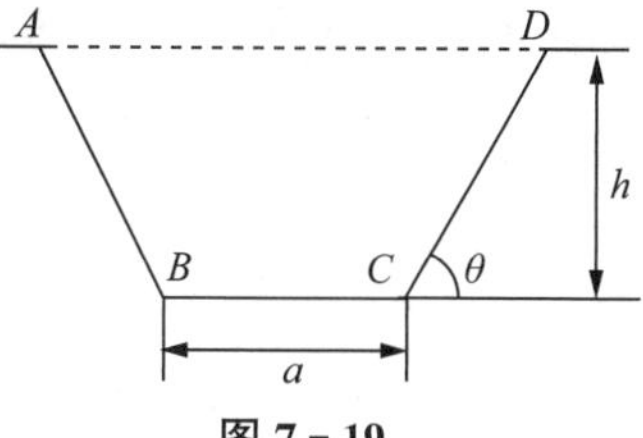

图 7－19

解　如图 7－19 所示,设水渠横断面面积为 S(定值),湿周长为 L,底边长为 a,则 $S=(a+h\cot\theta)h$,由此,得

$a=\frac{S}{h}-h\cot\theta$,又因为腰长为$\frac{h}{\sin\theta}$,所以

$$L=\frac{S}{h}-h\cot\theta+\frac{2h}{\sin\theta}=\frac{S}{h}+\frac{2-\cos\theta}{\sin\theta}h\ \left(h>0,0<\theta\leqslant\frac{\pi}{2}\right),$$

可见湿周 L 是 h 和 θ 的二元函数. 令

$$\begin{cases}L'_h=-\frac{S}{h^2}+\frac{2-\cos\theta}{\sin\theta}=0,\\ L'_\theta=\frac{\sin^2\theta-(2-\cos\theta)\cos\theta}{\sin^2\theta}h=\frac{1-2\cos\theta}{\sin^2\theta}h=0,\end{cases}$$

因为 $h>0,0<\theta\leqslant\frac{\pi}{2}$,所以解得 $\theta=\frac{\pi}{3},h=\frac{\sqrt{S}}{\sqrt[4]{3}}$,即在定义域内只有唯一驻点$\left(\frac{\pi}{3},\frac{\sqrt{S}}{\sqrt[4]{3}}\right)$,根据问题的实际意义,$L$ 必可取得最小值. 因此,当 $\theta=\frac{\pi}{3},h=\frac{\sqrt{S}}{\sqrt[4]{3}}$时,就能使湿周最小.

7.6.2 条件极值与拉格朗日乘数法

上面所讨论的极值问题对于函数的自变量,除了限制其在函数的定义域内并无其他的要求,我们称这类极值为**无条件极值**问题.

在实际问题中,函数的自变量往往还有附加的约束条件,这类带有约束条件的函数极值问题称为**条件极值**问题.

例如,求体积为 V 而表面积最小的长方体的尺寸. 若设长方体的长、宽、高分别为 x,y,z,表面积为 S,则问题就是求函数 $S(x,y,z)=2(xy+yz+zx)$在约束条件 $xyz=V$ 下的最小值.

求解条件极值问题一般有两种方法. 一种方法是将条件极值化为无条件极值来处理. 如本例,可由约束条件 $xyz=V$ 解出 $z=\frac{V}{xy}$,代入函数 S 中,成为求

$$S(x,y)=2\left[xy+V\left(\frac{1}{x}+\frac{1}{y}\right)\right]$$

拉格朗日乘数法

在其定义域 $x>0,y>0$ 内的最小值,这是无条件极值问题. 另一种方法是下面要介绍的拉格朗日乘数法.

现在的问题是求函数 $z=f(x,y)$在约束条件

$$\varphi(x,y)=0 \tag{7-8}$$

下的极值.

如果 $f(x,y)$在(x_0,y_0)处取得条件极值,那么首先应有

$$\varphi(x_0,y_0)=0, \tag{7-9}$$

假定在(x_0,y_0)的某一邻域内 $f(x,y)$与 $\varphi(x,y)$均有连续的一阶偏导数,且 $\varphi'_y(x_0,y_0)\neq0$. 由隐函数存在定理可知,式(7-8)确定了一个具有连续导数的函数 $y=\psi(x)$,将其代入函数 $z=f(x,y)$,得到一元函数

$$z=f[x,\psi(x)].$$

这样,函数 $z=f(x,y)$在(x_0,y_0)取条件极值等同于函数 $z=f[x,\psi(x)]$在$x=x_0$处取无条件极值. 由一元可导函数取极值的必要条件知

$$\left.\frac{\mathrm{d}z}{\mathrm{d}x}\right|_{x=x_0}=f_x'(x_0,y_0)+f_y'(x_0,y_0)\psi'(x_0)=0.$$

根据隐函数的求导公式，有

$$\psi'(x_0)=-\frac{\varphi_x'(x_0,y_0)}{\varphi_y'(x_0,y_0)},$$

从而有

$$f_x'(x_0,y_0)-f_y'(x_0,y_0)\frac{\varphi_x'(x_0,y_0)}{\varphi_y'(x_0,y_0)}=0. \tag{7-10}$$

式(7-9)和式(7-10)为在约束条件 $\varphi(x,y)=0$ 下，函数 $z=f(x,y)$ 在 (x_0,y_0) 处取得极值的必要条件.

设 $\dfrac{f_y'(x_0,y_0)}{\varphi_y'(x_0,y_0)}=-\lambda$，上述必要条件就变为

$$\begin{cases}f_x'(x_0,y_0)+\lambda\varphi_x'(x_0,y_0)=0,\\ f_y'(x_0,y_0)+\lambda\varphi_y'(x_0,y_0)=0,\\ \varphi(x_0,y_0)=0,\end{cases} \tag{7-11}$$

引进辅助函数

$$L(x,y)=f(x,y)+\lambda\varphi(x,y),$$

不难看出，式(7-11)中前两式就是

$$L_x'(x_0,y_0)=0,\ L_y'(x_0,y_0)=0,$$

我们把函数 $L(x,y)$ 称为拉格朗日函数，参数 λ 称为拉格朗日乘数.

由以上讨论给出**拉格朗日乘数法**求条件极值的方法.

求函数 $z=f(x,y)$ 在约束条件 $\varphi(x,y)=0$ 下的极值，一般步骤如下：

(1) 构造拉格朗日函数

$$L(x,y)=f(x,y)+\lambda\varphi(x,y);$$

(2) 由方程组

$$\begin{cases}L_x'(x,y)=f_x'(x,y)+\lambda\varphi_x'(x,y)=0,\\ L_y'(x,y)=f_y'(x,y)+\lambda\varphi_y'(x,y)=0,\\ \varphi(x,y)=0\end{cases}$$

解出 x，y 及 λ，这样得到的 (x,y) 就是函数 $f(x,y)$ 在约束条件 $\varphi(x,y)=0$ 下的可能极值点；

(3) 判别 (x,y) 是否是极值点，一般可以由具体问题的性质进行直接判别.

例 4 某工厂通过电视和报纸两种媒体做广告，已知销售收入 R(万元)与电视广告费 x(万元)、报纸广告费 y(万元)的函数关系为

$$R(x,y)=15+12x+32y-8xy-2x^2-10y^2.$$

如果计划提供 2 万元广告费，求最佳的广告策略.

解 广告费为 2 万元时的最佳的广告策略，就是在 $x+y=2$ 的条件下求 $R(x,y)$ 的最大值问题. 设拉格朗日函数为

$$L(x,y)=15+12x+32y-8xy-2x^2-10y^2+\lambda(x+y-2),$$

解方程组

$$\begin{cases}L'_x=12-8y-4x+\lambda=0,\\L'_y=32-8x-20y+\lambda=0,\\x+y-2=0,\end{cases}$$

得唯一可能极值点(0.5,1.5).

由问题本身可知最大值一定存在,所以当电视广告费为 0.5 万元,报纸广告费为 1.5 万元时,销售收入达到最高,最高销售收入为 $R(0.5,1.5)=40$ 万元.

拉格朗日乘数法还可推广到自变量多于两个及条件多于一个的情形中.

如求三元函数 $u=f(x,y,z)$ 在约束条件 $\varphi(x,y,z)=0$ 的条件极值,可构造拉格朗日函数

$$L(x,y,z)=f(x,y,z)+\lambda\varphi(x,y,z),$$

其中,λ 为参数.由方程组

$$\begin{cases}L'_x(x,y,z)=f'_x(x,y,z)+\lambda\varphi'_x(x,y,z)=0,\\L'_y(x,y,z)=f'_y(x,y,z)+\lambda\varphi'_y(x,y,z)=0,\\L'_z(x,y,z)=f'_z(x,y,z)+\lambda\varphi'_z(x,y,z)=0,\\\varphi(x,y,z)=0\end{cases}\tag{7-12}$$

求出可能的极值点.

又如求函数 $u=f(x,y,z,t)$ 在条件 $\varphi(x,y,z,t)=0,\psi(x,y,z,t)=0$ 下的条件极值,可构造拉格朗日函数

$$L(x,y,z,t)=f(x,y,z,t)+\lambda_1\varphi(x,y,z,t)+\lambda_2\psi(x,y,z,t),$$

其中,λ_1,λ_2 均为参数.由方程组

$$\begin{cases}L'_x(x,y,z,t)=f'_x(x,y,z,t)+\lambda_1\varphi'_x(x,y,z,t)+\lambda_2\psi'_x(x,y,z,t)=0,\\L'_y(x,y,z,t)=f'_y(x,y,z,t)+\lambda_1\varphi'_y(x,y,z,t)+\lambda_2\psi'_y(x,y,z,t)=0,\\L'_z(x,y,z,t)=f'_z(x,y,z,t)+\lambda_1\varphi'_z(x,y,z,t)+\lambda_2\psi'_z(x,y,z,t)=0,\\L'_t(x,y,z,t)=f'_t(x,y,z,t)+\lambda_1\varphi'_t(x,y,z,t)+\lambda_2\psi'_t(x,y,z,t)=0,\\\varphi(x,y,z,t)=0,\\\psi(x,y,z,t)=0\end{cases}\tag{7-13}$$

求出可能的极值点.

例 5 欲用 360 元建造一个无盖的长方体容器,已知底面造价为 30 元/m^2,侧面造价为 10 元/m^2.问:尺寸如何设计,才能使容器的容积最大?

解 设容器的长、宽、高分别为 x,y,z,则目标函数为

$$V=xyz\ (x,y,z>0),$$

约束条件为

$$3xy+2xz+2yz=36.$$

构造拉格朗日函数

$$L(x,y,z)=xyz+\lambda(3xy+2xz+2yz-36),$$

由式(7－12)可得方程组

$$\begin{cases} L'_x=yz+3\lambda y+2\lambda z=0, \\ L'_y=xz+3\lambda x+2\lambda z=0, \\ L'_z=xy+2\lambda x+2\lambda y=0, \\ 3xy+2xz+2yz=36. \end{cases}$$

将上述方程组中的第一个方程乘 x，第二个方程乘 y，第三个方程乘 z，再两两相减，得

$$\begin{cases} x=y, \\ 3y=2z, \end{cases}$$

代入第四个方程得唯一驻点 $x=y=2$，$z=3$，由问题本身可知最大值一定存在，因此，当容器的长、宽均为 2 m，高为 3 m 时容积最大.

习题 7.6

1. 求下列函数的极值，并判别是极大值还是极小值：

(1) $z=x^3+y^3-3xy$；　　(2) $z=4(x-y)-x^2-y^2$；

(3) $z=x^3+3xy^2-15x-12y$；　　(4) $z=\dfrac{8}{x}+\dfrac{x}{y}+y\ (x>0,\ y>0)$.

2. 求函数 $f(x,y)=\sin x+\sin y-\sin(x+y)$ 在有界闭区域 D 上的最大值和最小值，其中 D 是由直线 $x+y=2\pi$、x 轴和 y 轴所围成的三角形区域.

3. 求椭圆 $\dfrac{x^2}{a^2}+\dfrac{y^2}{b^2}=1$ 内接矩形的最大面积.

4. 从斜边长为 l 的一切直角三角形中求有最大周长的直角三角形.

5. 在半径为 a 的半球内，内接一长方体，问：当各边长多少时，其体积为最大？

6. 要造一个容积为定值 k 的长方体无盖水池，应如何选择水池的尺寸，才可使它的表面积最小？

7. 一条敞开的灌溉渠道，横断面是如图 7－20 所示的等腰梯形，设周长为 l(定值)，试设计这条渠道的横断面的尺寸，使得渠道的流量最大.

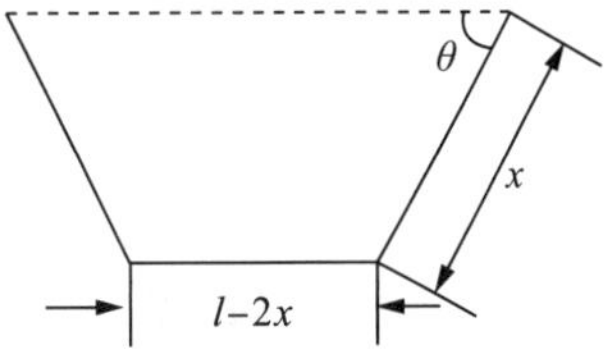

图 7－20

8. 设某公司生产甲、乙两种产品，产量分别为 x 和 y(单位：千件)，利润函数为

$$L(x,y)=6x-x^2+16y-4y^2-2\ (\text{单位：万元}).$$

已知生产这两种产品时，每千件产品均需消耗某种原料 2 000 kg. 现有该原料 12 000 kg，问：当两种产品各生产多少千件时，总利润最大？最大利润为多少？

总习题七

1. 填空题.

(1) $z=\dfrac{\sqrt{4x-y^2}}{\ln(1-x^2-y^2)}$ 的定义域为__________.

(2) $\lim\limits_{(x,y)\to(0,0)}\dfrac{\ln(1+x^2+y^2)}{\arcsin(x^2+y^2)}=$__________.

(3) $f(x,y)$ 在点 (x,y) 可微分是 $f(x,y)$ 在该点连续的________条件；

$f(x,y)$ 在点 (x,y) 连续是 $f(x,y)$ 在该点可微分的________条件.

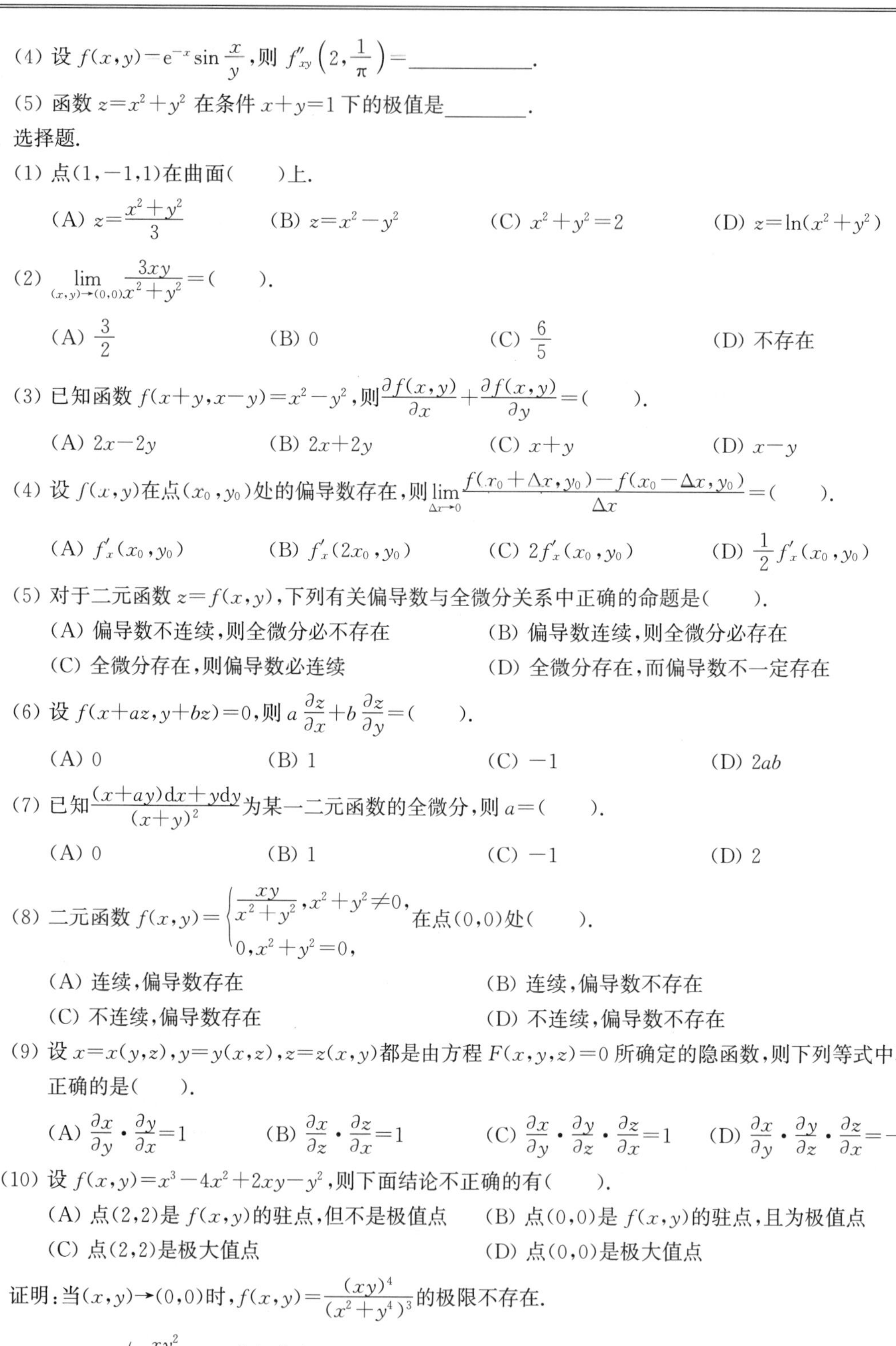

(4) 设 $f(x,y)=\mathrm{e}^{-x}\sin\dfrac{x}{y}$,则 $f''_{xy}\left(2,\dfrac{1}{\pi}\right)=$__________.

(5) 函数 $z=x^2+y^2$ 在条件 $x+y=1$ 下的极值是________.

2. 选择题.

(1) 点(1,−1,1)在曲面(　　)上.

(A) $z=\dfrac{x^2+y^2}{3}$　　(B) $z=x^2-y^2$　　(C) $x^2+y^2=2$　　(D) $z=\ln(x^2+y^2)$

(2) $\lim\limits_{(x,y)\to(0,0)}\dfrac{3xy}{x^2+y^2}=$(　　).

(A) $\dfrac{3}{2}$　　(B) 0　　(C) $\dfrac{6}{5}$　　(D) 不存在

(3) 已知函数 $f(x+y,x-y)=x^2-y^2$,则$\dfrac{\partial f(x,y)}{\partial x}+\dfrac{\partial f(x,y)}{\partial y}=$(　　).

(A) $2x-2y$　　(B) $2x+2y$　　(C) $x+y$　　(D) $x-y$

(4) 设 $f(x,y)$在点(x_0,y_0)处的偏导数存在,则$\lim\limits_{\Delta x\to 0}\dfrac{f(x_0+\Delta x,y_0)-f(x_0-\Delta x,y_0)}{\Delta x}=$(　　).

(A) $f'_x(x_0,y_0)$　　(B) $f'_x(2x_0,y_0)$　　(C) $2f'_x(x_0,y_0)$　　(D) $\dfrac{1}{2}f'_x(x_0,y_0)$

(5) 对于二元函数 $z=f(x,y)$,下列有关偏导数与全微分关系中正确的命题是(　　).

(A) 偏导数不连续,则全微分必不存在　　(B) 偏导数连续,则全微分必存在

(C) 全微分存在,则偏导数必连续　　(D) 全微分存在,而偏导数不一定存在

(6) 设 $f(x+az,y+bz)=0$,则 $a\dfrac{\partial z}{\partial x}+b\dfrac{\partial z}{\partial y}=$(　　).

(A) 0　　(B) 1　　(C) −1　　(D) $2ab$

(7) 已知$\dfrac{(x+ay)\mathrm{d}x+y\mathrm{d}y}{(x+y)^2}$为某一二元函数的全微分,则 $a=$(　　).

(A) 0　　(B) 1　　(C) −1　　(D) 2

(8) 二元函数 $f(x,y)=\begin{cases}\dfrac{xy}{x^2+y^2}, & x^2+y^2\neq 0,\\ 0, x^2+y^2=0,\end{cases}$ 在点(0,0)处(　　).

(A) 连续,偏导数存在　　(B) 连续,偏导数不存在

(C) 不连续,偏导数存在　　(D) 不连续,偏导数不存在

(9) 设 $x=x(y,z)$,$y=y(x,z)$,$z=z(x,y)$都是由方程 $F(x,y,z)=0$ 所确定的隐函数,则下列等式中不正确的是(　　).

(A) $\dfrac{\partial x}{\partial y}\cdot\dfrac{\partial y}{\partial x}=1$　　(B) $\dfrac{\partial x}{\partial z}\cdot\dfrac{\partial z}{\partial x}=1$　　(C) $\dfrac{\partial x}{\partial y}\cdot\dfrac{\partial y}{\partial z}\cdot\dfrac{\partial z}{\partial x}=1$　　(D) $\dfrac{\partial x}{\partial y}\cdot\dfrac{\partial y}{\partial z}\cdot\dfrac{\partial z}{\partial x}=-1$

(10) 设 $f(x,y)=x^3-4x^2+2xy-y^2$,则下面结论不正确的有(　　).

(A) 点(2,2)是 $f(x,y)$的驻点,但不是极值点　　(B) 点(0,0)是 $f(x,y)$的驻点,且为极值点

(C) 点(2,2)是极大值点　　(D) 点(0,0)是极大值点

3. 证明:当$(x,y)\to(0,0)$时,$f(x,y)=\dfrac{(xy)^4}{(x^2+y^4)^3}$的极限不存在.

4. 设 $f(x,y)=\begin{cases}\dfrac{xy^2}{x^2+y^2}, & x^2+y^2\neq 0,\\ 0, & x^2+y^2=0,\end{cases}$ 求 $f'_x(x,y)$和 $f'_y(x,y)$.

5. 设 $z=f(x,y)$,已知$\dfrac{\partial^2 f}{\partial y^2}=2$, $f(x,0)=1$, $f'_y(x,0)=x$,求 $f(x,y)$.

6. 已知 $z=z(u)$，且 $u=\varphi(u)+\int_y^x p(t)\mathrm{d}t$，其中 $z(u)$ 可微，$\varphi'(u)$ 连续，且$\varphi'(u)\neq 1$，$p(t)$ 连续，试求

$$p(y)\frac{\partial z}{\partial x}+p(x)\frac{\partial z}{\partial y}.$$

7. 设 $u=\int_{xz}^{yz}\mathrm{e}^{t^2}\mathrm{d}t$，求$\frac{\partial u}{\partial x}$，$\frac{\partial u}{\partial y}$，$\frac{\partial u}{\partial z}$.

8. 设 $f(x,y)$具有一阶连续偏导数，$\varphi(x,y)=f[x,f(x,y)]$，求$\frac{\partial \varphi}{\partial x}$，$\frac{\partial \varphi}{\partial y}$.

9. 已知$(axy^3-y^2\cos x)\mathrm{d}x+(1+by\sin x+3x^2y^2)\mathrm{d}y$ 为某一函数 $f(x,y)$的全微分，试求 a,b 的值.

10. 若 $f(u)$是关于 u 的可微函数，而二元函数 $z=z(x,y)$ 由方程 $x^2+y^2+z^2=yf\left(\frac{z}{y}\right)$所给定，且 $f'\left(\frac{z}{y}\right)\neq 2z$，证明：

$$(x^2-y^2-z^2)\frac{\partial z}{\partial x}+2xy\frac{\partial z}{\partial y}=2xz.$$

11. 设 $y=f(x)$是由方程 $\ln\sqrt{x^2+y^2}=\arctan\frac{y}{x}$确定的隐函数，求$\frac{\mathrm{d}^2y}{\mathrm{d}x^2}$.

12. 设 $z=\sqrt{x^2-y^2}\tan\frac{z}{\sqrt{x^2-y^2}}$，求$\frac{\partial^2 z}{\partial x^2}$.

13. 设 $z=f(2x-y)+g(x,xy)$，其中 f 具有二阶导数，g 具有二阶连续偏导数，求$\frac{\partial^2 z}{\partial x\partial y}$.

14. 求函数 $f(x,y)=x^2-2xy+2y$ 在矩形区域$D=\{(x,y)|0\leqslant x\leqslant 3,0\leqslant y\leqslant 2\}$上的最大值和最小值.

15. 证明：函数 $f(x,y)=\mathrm{e}^x\cos x-y\mathrm{e}^y$ 有无穷多个极大值，但无极小值.

16. 求半径为 r 的圆的外切三角形中面积最小的三角形面积.

17. 在曲线 $y^2=4x$ 上求一点，使其到点(2,8)的距离最小.

18. 试求 a,b 的值，使得椭圆$\frac{x^2}{a^2}+\frac{y^2}{b^2}=1$ 包含圆 $x^2+y^2=2y$ 且面积最小.

19. 为销售产品做两种形式的广告宣传，当宣传费分别为 x,y(单位：万元)时，销量是 $u=\frac{200x}{5+x}+\frac{100y}{10+y}$，若销售产品得到的利润是销量的$\frac{1}{5}$减去广告费，现要使用广告费 25 万元，应如何分配，使广告产生的利润最大？最大的利润是多少？

20. 一个仓库的下半部是圆柱形，顶部是圆锥形，半径都是 6 m，总的表面积是 200 m^2(不包括底部)，问：当圆柱、圆锥的高各为多少时，仓库的容积最大？

8 二重积分

章节提要

在本章中，我们将把一元函数定积分的概念及其基本性质推广到二元函数中，这样就得到二元函数的二重积分. 二重积分与定积分虽然形式不同，但本质是一样的，都是一种“和式的极限”. 不同的是，定积分的被积函数是一元函数，积分范围是一个区间；二重积分的被积函数是二元函数，积分范围是平面上的一个区域. 二重积分是通过定积分来计算的.

8.1 二重积分的概念与性质

8.1.1 二重积分的概念

曲顶柱体的体积

为了直观起见，我们通过一个几何问题来引入二重积分的概念.

1. 曲顶柱体的体积

设 D 是 xOy 平面上的有界闭区域，$f(x,y)$ 是定义在 D 上的非负连续函数. 我们称以 D 为底、曲面 $z=f(x,y)$ 为顶、D 的边界曲线为准线，母线平行于 z 轴的柱面所围成的空间立体为**曲顶柱体**，见图 8-1.

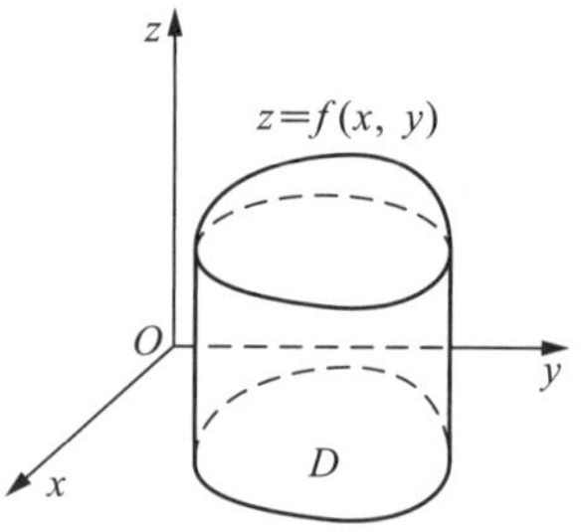

图 8-1

现在我们来讨论如何计算上述曲顶柱体的体积.

对于平顶柱体，它的体积公式为

$$体积=高\times底面积;$$

对于曲顶柱体，当点 (x,y) 在区域 D 上变动时，其高度 $f(x,y)$ 是一个变量，这与我们在计算曲边梯形的面积时所遇到的问题是类似的，所以可以仿照计算曲边梯形面积的方法来计算曲顶柱体的体积.

首先用任意一组曲线网将区域 D 分割成 n 个小闭区域 $\Delta\sigma_1$，$\Delta\sigma_2$，$\cdots$，$\Delta\sigma_n$，并用 $\Delta\sigma_i(i=1,2,\cdots,n)$ 表示第 i 个小闭区域的面积（图 8-2）. 以每个小闭区域 $\Delta\sigma_i$ 为底作母线平行于 z 轴的柱体，这样就将整个曲顶柱体分割成了 n 个小曲顶柱体，这 n 个小曲顶柱体的体积之和就是原曲顶柱体的体积.

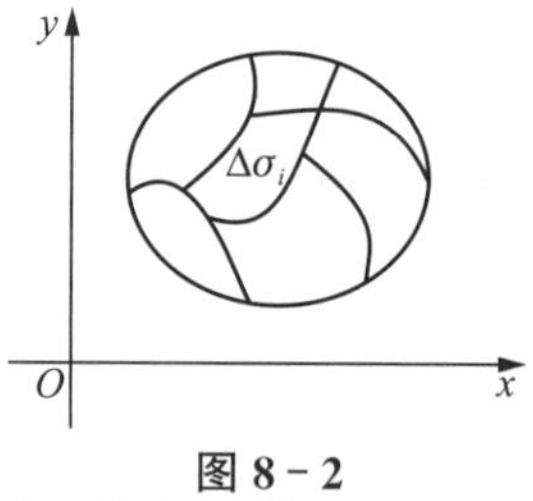

图 8-2

当对区域 D 的分割越来越细时，可将每个小曲顶柱体近似地看作平顶柱体，在第 i 个小闭区域 $\Delta\sigma_i$ 内任取一点 (ξ_i,η_i)，则 $f(\xi_i,\eta_i)$ 可以认为是第 i 个小平顶柱体的高，于是第 i 个小曲顶柱体的体积 ΔV_i 可以近似地表示为

$$\Delta V_i\approx f(\xi_i,\eta_i)\Delta\sigma_i \quad (i=1,2,\cdots,n),$$

求和得

$$\sum_{i=1}^{n} f(\xi_i,\eta_i)\Delta\sigma_i,$$

这就是曲顶柱体体积 V 的近似值，即

$$V\approx\sum_{i=1}^{n} f(\xi_i,\eta_i)\Delta\sigma_i.$$

当对区域 D 的分割越来越细时，上述近似值越接近于曲顶柱体的体积 V. 为此，记 d_i 为 $\Delta\sigma_i$ 中任意两点距离的最大值，称为小闭区域 $\Delta\sigma_i$ 的直径($i=1,2,\cdots,n$)，并记为

$$d=\max\{d_1,d_2,\cdots,d_n\},$$

当 d 趋于零时，$\sum_{i=1}^{n} f(\xi_i,\eta_i)\Delta\sigma_i$ 的极限值就精确地表示了体积 V，即

$$V=\lim_{d\to 0}\sum_{i=1}^{n} f(\xi_i,\eta_i)\Delta\sigma_i.$$

上述求曲顶柱体体积的过程概括起来就是分割、近似求和、取极限得精确值，问题最终化为求和式的极限. 还有许多实际问题都可以化为求上述形式的和式的极限，进行抽象概括就产生了二重积分的概念.

2. 二重积分的定义

定义 1　设 $f(x,y)$ 是有界闭区域 D 上的有界函数，将闭区域 D 任意分成 n 个小闭区域 $\Delta\sigma_1,\Delta\sigma_2,\cdots,\Delta\sigma_n$，其中 $\Delta\sigma_i$ 表示第 i 个小闭区域，也表示它的面积. 在每个 $\Delta\sigma_i$ 上任取一点 (ξ_i,η_i)，求乘积

$$f(\xi_i,\eta_i)\Delta\sigma_i(i=1,2,\cdots,n),$$

并求和

$$\sum_{i=1}^{n} f(\xi_i,\eta_i)\Delta\sigma_i,$$

如果当各小闭区域的直径中的最大值 $d=\max\{d_1,d_2,\cdots,d_n\}$ 趋于零时，这和式的极限总存在，则称此极限值为函数 $f(x,y)$ 在闭区域 D 上的**二重积分**，记作 $\iint\limits_D f(x,y)\mathrm{d}\sigma$，即

$$\iint\limits_D f(x,y)\mathrm{d}\sigma=\lim_{d\to 0}\sum_{i=1}^{n} f(\xi_i,\eta_i)\Delta\sigma_i.$$

其中，$f(x,y)$ 称为被积函数；$f(x,y)\mathrm{d}\sigma$ 称为被积表达式；x 与 y 称为积分变量；D 称为积分区域；$\sum_{i=1}^{n} f(\xi_i,\eta_i)\Delta\sigma_i$ 称为积分和；$\mathrm{d}\sigma$ 称为面积元素(或面积微元).

如果二重积分 $\iint\limits_D f(x,y)\mathrm{d}\sigma$ 存在，则称函数 $f(x,y)$ 在区域 D 上是**可积**的.

在二重积分的定义中，对区域 D 的分割是任意的. 如果在直角坐标系中，用平行于坐标轴的直线网来分割区域 D，则除含边界点的一些小区域外，其余小区域都为矩形区域，故面积元素 $\mathrm{d}\sigma=\mathrm{d}x\mathrm{d}y$. 所以在直角坐标系中，二重积分可记为

$$\iint\limits_D f(x,y)\mathrm{d}\sigma=\iint\limits_D f(x,y)\mathrm{d}x\mathrm{d}y.$$

二重积分的几何意义：当 $f(x,y)$ 连续，且 $f(x,y)\geqslant 0$ 时，$\iint\limits_D f(x,y)\mathrm{d}\sigma$ 表示以积分区域 D 为底、曲面 $z=f(x,y)$ 为顶的曲顶柱体的体积. 当 $f(x,y)<0$ 时，曲顶柱体位于 xOy 面的下方，二重积分的值是负的，其绝对值等于曲顶柱体的体积. 如果 $f(x,y)$ 在积分区域 D 的若干部分是正的，其余部分是负的，则 $f(x,y)$ 在区域 D 上的二重积分等于这些部分区域上的曲顶柱体体积的代数和.

可以证明，如果函数 $f(x,y)$ 在有界闭区域 D 上连续，则 $f(x,y)$ 在闭区域 D 上是可积的，所以我们后面遇到的被积函数 $f(x,y)$ 一般在闭区域 D 上是连续的.

8.1.2　二重积分的性质

二重积分与定积分有类似的性质,其证明也与定积分性质的证明类似,故下面不加证明地给出二重积分的性质.

二重积分性质中的常见问题

性质 1　常数因子可以从积分号里面提到积分号外面,即

$$\iint_D kf(x,y)\mathrm{d}\sigma = k\iint_D f(x,y)\mathrm{d}\sigma.$$

性质 2　函数的代数和的二重积分等于各函数的二重积分的代数和,即

$$\iint_D [f(x,y)\pm g(x,y)]\mathrm{d}\sigma = \iint_D f(x,y)\mathrm{d}\sigma \pm \iint_D g(x,y)\mathrm{d}\sigma.$$

性质 3　如果 $f(x,y)$ 在有界闭区域 D 上可积,D 被连续曲线分成 D_1,D_2 两部分,$D=D_1\cup D_2$ 且 D_1,D_2 无公共内点,则 $f(x,y)$ 在区域 D_1,D_2 上可积,且

$$\iint_D f(x,y)\mathrm{d}\sigma = \iint_{D_1} f(x,y)\mathrm{d}\sigma + \iint_{D_2} f(x,y)\mathrm{d}\sigma.$$

这个性质说明二重积分对积分区域具有可加性.

性质 4　如果在有界闭区域 D 上,$f(x,y)=1$,σ 为 D 的面积,则有

$$\sigma = \iint_D 1\cdot \mathrm{d}\sigma = \iint_D \mathrm{d}\sigma.$$

性质 5　如果在有界闭区域 D 上,$f(x,y)\leqslant g(x,y)$,则有

$$\iint_D f(x,y)\mathrm{d}\sigma \leqslant \iint_D g(x,y)\mathrm{d}\sigma.$$

特殊地,由于

$$-|f(x,y)|\leqslant f(x,y)\leqslant |f(x,y)|,$$

又有

$$\left|\iint_D f(x,y)\mathrm{d}\sigma\right| \leqslant \iint_D |f(x,y)|\mathrm{d}\sigma.$$

性质 6　设 M,m 分别是 $f(x,y)$ 在有界闭区域 D 上的最大值和最小值,σ 是 D 的面积,则有

$$m\sigma \leqslant \iint_D f(x,y)\mathrm{d}\sigma \leqslant M\sigma.$$

性质 7(二重积分的中值定理)　设函数 $f(x,y)$ 在有界闭区域 D 上连续,σ 是 D 的面积,则在 D 上至少存在一点 (ξ,η),使得

$$\iint_D f(x,y)\mathrm{d}\sigma = f(\xi,\eta)\sigma.$$

证　因为函数 $f(x,y)$ 在有界闭区域 D 上连续,所以 $f(x,y)$ 在 D 上必有最大值 M 和最小值 m,由性质 5 得

$$m\sigma \leqslant \iint_D f(x,y)\mathrm{d}\sigma \leqslant M\sigma,$$

即

$$m \leqslant \frac{1}{\sigma}\iint_D f(x,y)\mathrm{d}\sigma \leqslant M.$$

这就是说,确定的数值 $\frac{1}{\sigma}\iint_D f(x,y)\mathrm{d}\sigma$ 介于函数 $f(x,y)$ 在有界闭区域 D 上的最大值和最小值之间,根据闭区域上连续函数的介值定理,在 D 上至少存在一点 (ξ,η),使

$$f(\xi,\eta) = \frac{1}{\sigma}\iint_D f(x,y)\mathrm{d}\sigma,$$

即
$$\iint_D f(x,y)\mathrm{d}\sigma = f(\xi,\eta)\cdot\sigma.$$

习题 8.1

1. 根据二重积分的性质,比较下列积分的大小:

(1) $\iint_D \sin(x+y)\mathrm{d}\sigma$ 与 $\iint_D \mathrm{e}^{x+y}\mathrm{d}\sigma$,其中 $D=\{(x,y)\mid 0\leqslant x\leqslant 1,0\leqslant y\leqslant 1\}$;

(2) $\iint_D (x+y)^2\mathrm{d}\sigma$ 与 $\iint_D (x+y)^3\mathrm{d}\sigma$,其中 D 是由 x 轴、y 轴及直线 $x+y=1$ 所围成的闭区域;

(3) $\iint_D \ln(x+y)\mathrm{d}\sigma$ 与 $\iint_D [\ln(x+y)]^2\mathrm{d}\sigma$,其中 D 是三角形闭区域,三个顶点分别是(1,0),(1,1),(2,0).

2. 根据二重积分的性质,估计下列积分的值:

(1) $I=\iint_D xy(x+y)\mathrm{d}\sigma$,其中 $D=\{(x,y)\mid 0\leqslant x\leqslant 1,0\leqslant y\leqslant 1\}$;

(2) $I=\iint_D \ln(1+x^2+y^2)\mathrm{d}\sigma$,其中 $D=\{(x,y)\mid x^2+y^2\leqslant 1\}$.

8.2　二重积分的计算

二重积分是用和式的极限定义的,对于一般的函数和区域,用定义直接计算二重积分是不可行的.计算二重积分的主要方法是将它化为两次定积分的计算,称为累次积分法(或二次积分法).

8.2.1　在直角坐标系下计算二重积分

我们从几何上研究二重积分 $\iint_D f(x,y)\mathrm{d}\sigma$ 的计算问题——化为两次定积分来计算,为方便以下讨论,假定 $f(x,y)\geqslant 0$.

X-型区域

若积分区域 D 可表示为
$$D=\{(x,y)\mid \varphi_1(x)\leqslant y\leqslant \varphi_2(x),\ a\leqslant x\leqslant b\},$$
则称 D 为 X-**型区域**.它是由直线 $x=a$,$x=b$ 和曲线 $y=\varphi_1(x)$,$y=\varphi_2(x)$ 所围成的(图 8-3),其中函数 $\varphi_1(x)$,$\varphi_2(x)$ 在区间 $[a,b]$ 上连续.X-型区域的特点:任何平行于 y 轴且穿过区域内部的直线与 D 的边界的交点不多于两个.

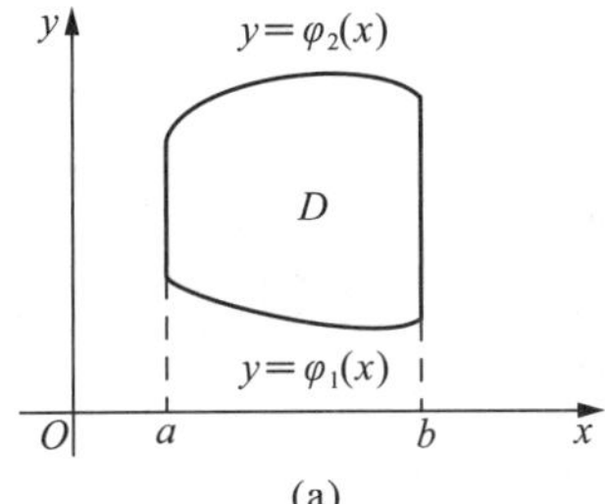

(a)

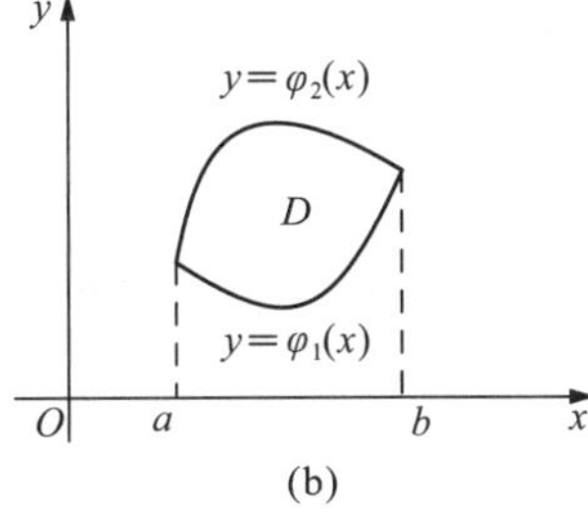

(b)

图 8-3

根据二重积分的几何意义,二重积分$\iint\limits_D f(x,y)\mathrm{d}\sigma$的值等于以$D$为底、曲面$z=f(x,y)$为顶的曲顶柱体(图8-4)的体积.下面应用第6章中计算"平行截面的面积为已知的立体的体积"的方法来计算该曲顶柱体的体积.

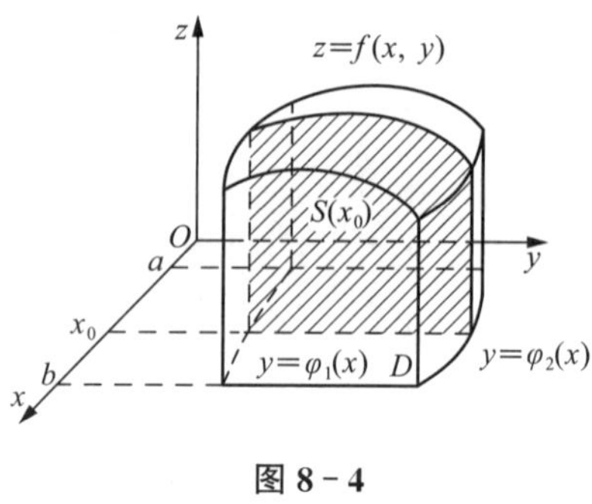

图 8-4

先计算平行截面的面积.为此,在区间$[a,b]$上取定一点x_0,作平行于yOz面的平面$x=x_0$.此平面截曲顶柱体所得的截面是一个以区间$[\varphi_1(x_0),\varphi_2(x_0)]$为底、曲线为$z=f(x_0,y)$的曲边梯形(图8-4中的阴影部分),所以该截面的面积为

$$S(x_0)=\int_{\varphi_1(x_0)}^{\varphi_2(x_0)}f(x_0,y)\mathrm{d}y.$$

一般地,过区间$[a,b]$上任意点x且平行于yOz面的平面截曲顶柱体的截面的面积为

$$S(x)=\int_{\varphi_1(x)}^{\varphi_2(x)}f(x,y)\mathrm{d}y.$$

于是,应用计算已知平行截面面积的立体体积的方法得曲顶柱体的体积为

$$V=\int_a^b S(x)\mathrm{d}x=\int_a^b\left[\int_{\varphi_1(x)}^{\varphi_2(x)}f(x,y)\mathrm{d}y\right]\mathrm{d}x,$$

该值就是所求二重积分的值,从而有等式

$$\iint\limits_D f(x,y)\mathrm{d}\sigma=\int_a^b\left[\int_{\varphi_1(x)}^{\varphi_2(x)}f(x,y)\mathrm{d}y\right]\mathrm{d}x. \tag{8-1}$$

式(8-1)右端的积分叫做先对y后对x的二次积分.就是说,先把x看作常数,只把$f(x,y)$看作y的函数,并对y计算从$\varphi_1(x)$到$\varphi_2(x)$的定积分;然后把计算的结果(实际是x的函数)对x计算在区间$[a,b]$上的定积分.这个先对y后对x的二次积分也常记为

$$\int_a^b\mathrm{d}x\int_{\varphi_1(x)}^{\varphi_2(x)}f(x,y)\mathrm{d}y,$$

因而等式(8-1)也常写成

$$\iint\limits_D f(x,y)\mathrm{d}\sigma=\int_a^b\mathrm{d}x\int_{\varphi_1(x)}^{\varphi_2(x)}f(x,y)\mathrm{d}y.$$

这就是把二重积分化为**先对y后对x的二次积分公式.**

在上述讨论中,我们假定了$f(x,y)\geqslant 0$,实际上式(8-1)成立并不受此条件的限制.

类似地,若积分区域D可表示为

$$D=\{(x,y)\mid\psi_1(y)\leqslant x\leqslant\psi_2(y),\ c\leqslant y\leqslant d\},$$

则称D为**Y-型区域**.它是由直线$y=c$,$y=d$和曲线$x=\psi_1(y)$,$x=\psi_2(y)$所围成的(图8-5),其中函数$\psi_1(y)$,$\psi_2(y)$在区间$[c,d]$上连续.同样地,Y-型区域的特点:任何平行于x轴且穿过区域内部的直线与D的边界的交点不多于两个.

类似可得

$$\iint\limits_D f(x,y)\mathrm{d}\sigma=\int_c^d\left[\int_{\psi_1(y)}^{\psi_2(y)}f(x,y)\mathrm{d}x\right]\mathrm{d}y, \tag{8-2}$$

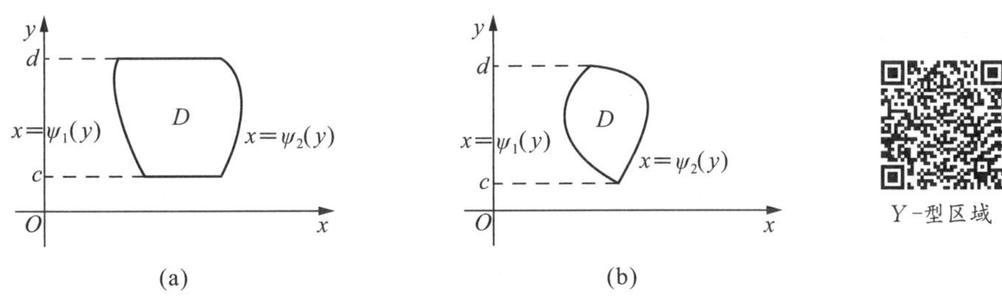

图 8-5

上式右端的积分叫做先对 x 后对 y 的二次积分,这个积分也常记为

$$\int_c^d \mathrm{d}y \int_{\psi_1(y)}^{\psi_2(y)} f(x,y)\mathrm{d}x,$$

因此式(8-2)也常写成

$$\iint\limits_D f(x,y)\mathrm{d}\sigma = \int_c^d \mathrm{d}y \int_{\psi_1(y)}^{\psi_2(y)} f(x,y)\mathrm{d}x.$$

这就是把二重积分化为**先对 x 后对 y 的二次积分公式**.

如果积分区域 D 既可看成 X-型区域,又可看成 Y-型区域(图 8-6),则 D 上的二重积分可利用式(8-1)或式(8-2)计算. 如果积分区域 D 既不是 X-型区域,也不是 Y-型区域(图 8-7),这时我们可以把 D 分成几个小区域,使每个小区域是 X-型区域或 Y-型区域,计算每个小区域上的二重积分后利用二重积分的可加性,就可以得到整个区域 D 上的二重积分.

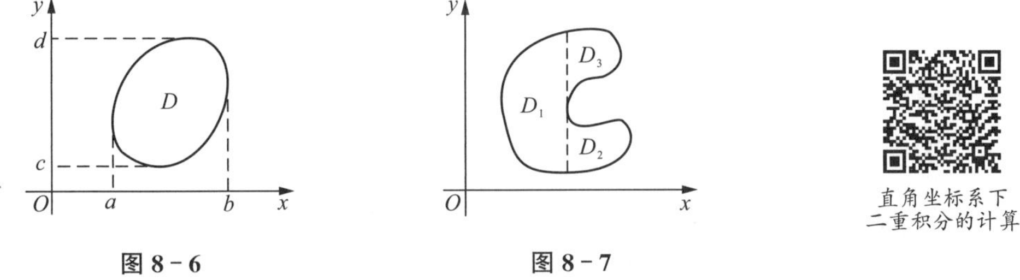

图 8-6　　**图 8-7**

在将二重积分化为二次积分时,确定其积分的上、下限是关键,一般可以画出积分区域的草图,判断区域的类型以确定二次积分的次序,并找出定积分相应的积分上、下限.

例 1　计算二重积分 $\iint\limits_D \mathrm{e}^{x+y}\mathrm{d}x\mathrm{d}y$,其中 D 是由 $x=0, x=1, y=1, y=2$ 所围成的闭区域.

解　积分区域 D 是一个正方形,它既是 X-型区域,又是 Y-型区域. D 可表示为 $D=\{(x,y)\mid 0\leqslant x\leqslant 1, 1\leqslant y\leqslant 2\}$,于是得

$$\begin{aligned}\iint\limits_D \mathrm{e}^{x+y}\mathrm{d}x\mathrm{d}y &= \iint\limits_D \mathrm{e}^x\cdot\mathrm{e}^y\mathrm{d}x\mathrm{d}y = \int_0^1\mathrm{d}x\int_1^2\mathrm{e}^x\mathrm{e}^y\mathrm{d}y \\ &= \int_0^1\Big[\mathrm{e}^x\mathrm{e}^y\Big]_1^2\mathrm{d}x = \int_0^1(\mathrm{e}^2-\mathrm{e})\mathrm{e}^x\mathrm{d}x \\ &= (\mathrm{e}^2-\mathrm{e})\mathrm{e}^x\Big|_0^1 = \mathrm{e}(\mathrm{e}-1)^2.\end{aligned}$$

例 2　计算二重积分 $\iint\limits_D \dfrac{x^2}{y}\mathrm{d}x\mathrm{d}y$,其中 D 是由直线 $y=x, y=2$ 和双曲线 $xy=1$ 所围成

的闭区域.

解 画出积分区域 D,如图 8-8 所示,它是 Y-型区域,D 可表示为

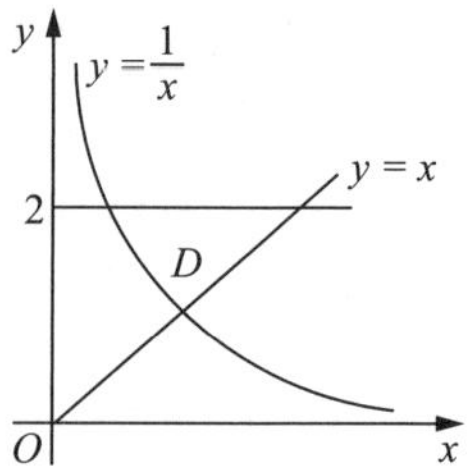

$$D=\{(x,y)\mid \frac{1}{y}\leqslant x\leqslant y,1\leqslant y\leqslant 2\},$$

于是
$$\iint\limits_D \frac{x^2}{y}\mathrm{d}x\mathrm{d}y=\int_1^2\mathrm{d}y\int_{\frac{1}{y}}^{y}\frac{x^2}{y}\mathrm{d}x=\int_1^2\left[\frac{x^3}{3y}\right]_{\frac{1}{y}}^{y}\mathrm{d}y$$
$$=\int_1^2\frac{1}{3}\left(y^2-\frac{1}{y^4}\right)\mathrm{d}y=\frac{1}{9}\left[y^3+\frac{1}{y^3}\right]_1^2$$
$$=\frac{49}{72}.$$

图 8-8

例 3 计算二重积分 $\iint\limits_D xy\mathrm{d}x\mathrm{d}y$,其中 D 是由抛物线 $y=x^2$ 和直线 $y=x+2$ 所围成的闭区域.

解 画出积分区域 D,如图 8-9 所示.

若将 D 看成 X-型区域,则 D 可表示为

$$D=\{(x,y)\mid x^2\leqslant y\leqslant x+2,-1\leqslant x\leqslant 2\},$$

于是
$$\iint\limits_D xy\mathrm{d}x\mathrm{d}y=\int_{-1}^2\mathrm{d}x\int_{x^2}^{x+2}xy\mathrm{d}y=\int_{-1}^2\left[\left(x\cdot\frac{y^2}{2}\right)\right]_{x^2}^{x+2}\mathrm{d}x$$
$$=\frac{1}{2}\int_{-1}^2[x(x+2)^2-x^5]\mathrm{d}x=5\frac{5}{8};$$

若将 D 看成 Y-型区域,则由于区间 $[0,1]$ 和 $[1,4]$ 上 x 的积分下限不同,因而要用直线 $y=1$ 把区域 D 分成 D_1 和 D_2 两个部分(图 8-10),其中

$$D_1=\{(x,y)\mid -\sqrt{y}\leqslant x\leqslant\sqrt{y},0\leqslant y\leqslant 1\},$$
$$D_2=\{(x,y)\mid y-2\leqslant x\leqslant\sqrt{y},1\leqslant y\leqslant 4\},$$

于是
$$\iint\limits_D xy\mathrm{d}x\mathrm{d}y=\int_0^1\mathrm{d}y\int_{-\sqrt{y}}^{\sqrt{y}}xy\mathrm{d}x+\int_1^4\mathrm{d}y\int_{y-2}^{\sqrt{y}}xy\mathrm{d}x=5\frac{5}{8}.$$

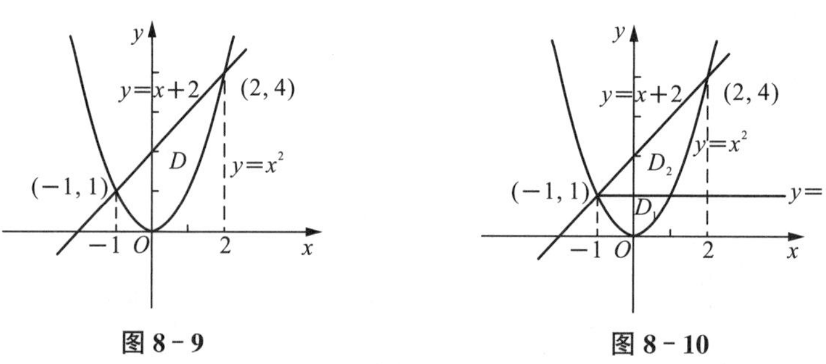

图 8-9　　图 8-10

易见此题将 D 看成 Y-型区域的计算比较麻烦. 由以上例题可以看出,在将二重积分化为二次积分时,选择适当的二次积分的次序对简便计算是很重要的. 但要注意的是,既要考虑积分区域 D 的形状,还要考虑被积函数 $f(x,y)$ 的特性.

例 4 计算二重积分 $\iint\limits_D x^2\mathrm{e}^{-y^2}\mathrm{d}x\mathrm{d}y$,其中 D 是由直线 $y=x$,$y=1$ 和 y 轴所围成的闭区域.

解　画出积分区域 D,如图 8-11 所示.

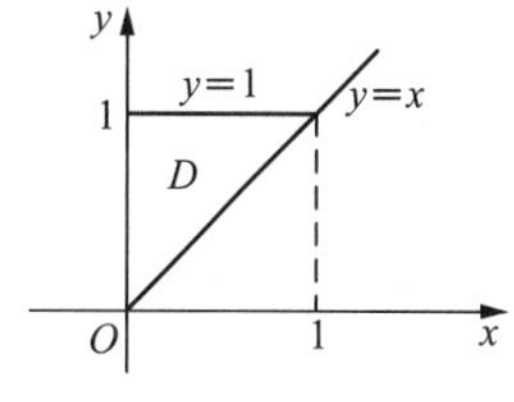

图 8-11

若将 D 看成 X-型区域,则 D 可表示为

$$D=\{(x,y)\mid x\leqslant y\leqslant 1,0\leqslant x\leqslant 1\},$$

于是
$$\iint\limits_D x^2\mathrm{e}^{-y^2}\mathrm{d}x\mathrm{d}y=\int_0^1\mathrm{d}x\int_x^1 x^2\mathrm{e}^{-y^2}\mathrm{d}y,$$

由于 e^{-y^2} 没有初等函数形式的原函数,因而计算无法进行.

若将 D 看成 Y-型区域,则 D 可表示为

$$D=\{(x,y)\mid 0\leqslant x\leqslant y,0\leqslant y\leqslant 1\},$$

于是
$$\iint\limits_D x^2\mathrm{e}^{-y^2}\mathrm{d}x\mathrm{d}y=\int_0^1\mathrm{d}y\int_0^y x^2\mathrm{e}^{-y^2}\mathrm{d}x=\frac{1}{3}\int_0^1 y^3\mathrm{e}^{-y^2}\mathrm{d}y=\frac{1}{6}(1-2\mathrm{e}^{-1}).$$

例 5　交换二次积分$\displaystyle\int_0^1\mathrm{d}x\int_{x^2}^1\frac{xy}{\sqrt{1+y^3}}\mathrm{d}y$ 的积分次序.

解　由所给的二次积分可知,与它对应的二重积分的积分区域为

$$D=\{(x,y)\mid x^2\leqslant y\leqslant 1,0\leqslant x\leqslant 1\},$$

即由 $y=x^2,y=1$ 和 y 轴所围成的闭区域,如图 8-12 所示.要交换积分次序,可将 D 表示为 $D=\{(x,y)\mid 0\leqslant x\leqslant\sqrt{y},0\leqslant y\leqslant 1\}$,则

$$\int_0^1\mathrm{d}x\int_{x^2}^1\frac{xy}{\sqrt{1+y^3}}\mathrm{d}y=\int_0^1\mathrm{d}y\int_0^{\sqrt{y}}\frac{xy}{\sqrt{1+y^3}}\mathrm{d}x.$$

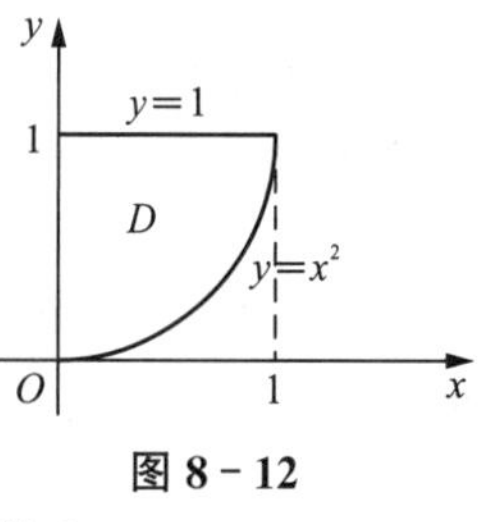

图 8-12

例 6　求两个圆柱曲面 $x^2+y^2=a^2,x^2+z^2=a^2$ 所围成的立体体积.

解　由所求立体的对称性可知,该立体体积 V 是该立体位于第一卦限部分的体积 V_1 的 8 倍,见图 8-13.立体在第一卦限部分可以看成一个曲顶柱体,它的底为区域

$$D=\{(x,y)\mid 0\leqslant y\leqslant\sqrt{a^2-x^2},0\leqslant x\leqslant a\},$$

顶为柱面 $z=\sqrt{a^2-x^2}$,于是

$$\begin{aligned}V=8V_1&=8\iint\limits_D\sqrt{a^2-x^2}\,\mathrm{d}x\mathrm{d}y\\&=8\int_0^a\mathrm{d}x\int_0^{\sqrt{a^2-x^2}}\sqrt{a^2-x^2}\,\mathrm{d}y=8\int_0^a(a^2-x^2)\mathrm{d}x=\frac{16}{3}a^3.\end{aligned}$$

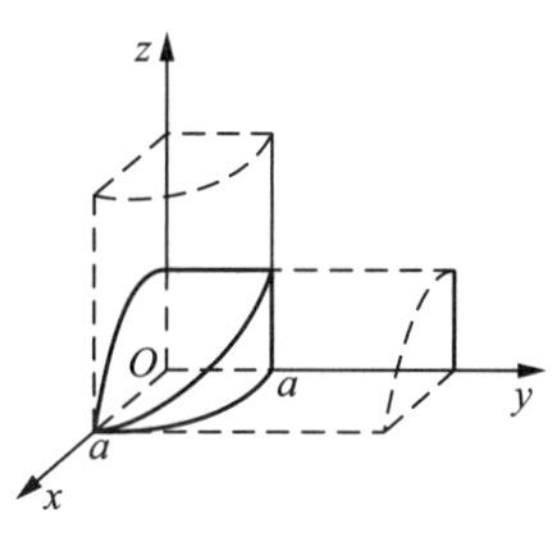

图 8-13

8.2.2　在极坐标系下计算二重积分

有些二重积分的积分区域的边界曲线用极坐标方程表示会比较简单,并且极坐标系中被积函数的表达式也比较简单,所以利用极坐标计算这些二重积分常常较为简便.

极坐标也是一种被广泛采用的坐标,我们先介绍极坐标系以及它和直角坐标系的关系.

在平面上选定一点 O,从点 O 出发引一条射线 Ox,并在射线上规定一个单位长度,这就得到了极坐标系,如图 8-14 所示,其中 O 称为极点,射线 Ox 称为极轴.

图 8-14

对于平面上的一点 M,线段 OM 的长度称为点 M 的极径,记为 r(或 ρ),显然 $r\geqslant 0$;以极轴为始边、线段 OM 位置为终边的角称为点 M 的极角,记为 θ.这样平面上每一点 M 都可以用

它的极径 r 和极角 θ 来确定其位置,有序数对 (r,θ) 称为点 M 的极坐标.

如果我们将直角坐标系中的原点 O 和 x 轴的正半轴分别选为极坐标系中的极点和极轴,如图 8-15 所示,则平面上点 M 的直角坐标 (x,y) 与其极坐标 (r,θ) 有以下的关系

$$\begin{cases} x = r\cos\theta, \\ y = r\sin\theta. \end{cases}$$

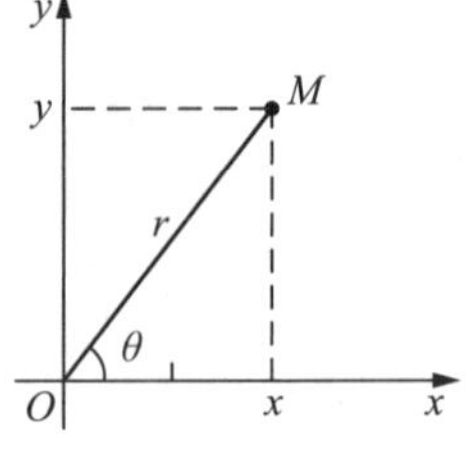

图 8-15

在二重积分的定义中,若函数 $f(x,y)$ 在区域 D 上可积,则二重积分的值与区域 D 的分割无关. 在直角坐标系中,我们利用平行于 x 轴和 y 轴的两组直线来分割区域 D,此时面积元素 $d\sigma = dxdy$,所以有

$$\iint_D f(x,y)d\sigma = \iint_D f(x,y)dxdy.$$

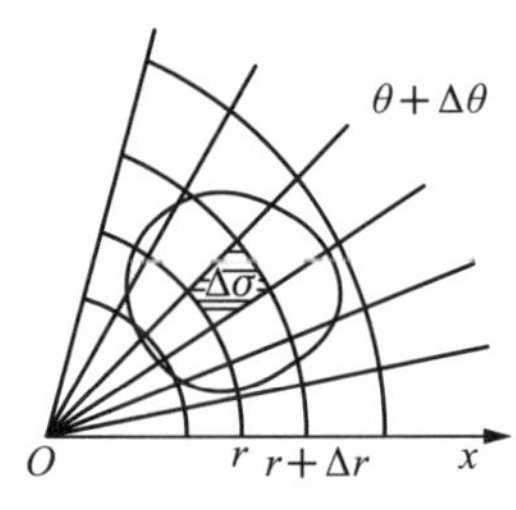

图 8-16

在极坐标系中,点的极坐标是 (r,θ),r 为常数,表示一组圆心在极点的同心圆;θ 为常数,表示一组从极点出发的射线. 用上述的同心圆和射线将区域 D 分成多个小区域,如图 8-16 所示,其中任意小区域 $\Delta\sigma$ 是由极角为 θ 和 $\theta+\Delta\theta$ 的两射线与半径为 r 和 $r+\Delta r$ 的两圆弧所围成的区域,则由扇形面积计算公式得

$$\Delta\sigma = \frac{1}{2}(r+\Delta r)^2\Delta\theta - \frac{1}{2}r^2\Delta\theta = r\Delta r\Delta\theta + \frac{1}{2}(\Delta r)^2\Delta\theta,$$

忽略高阶无穷小 $\frac{1}{2}(\Delta r)^2\Delta\theta$,得 $\Delta\sigma \approx r\Delta r\Delta\theta$,则面积元素为

$$d\sigma = rdrd\theta,$$

所以在极坐标系下,二重积分为

$$\iint_D f(x,y)d\sigma = \iint_D f(r\cos\theta, r\sin\theta)rdrd\theta,$$

故有
$$\iint_D f(x,y)dxdy = \iint_D f(r\cos\theta, r\sin\theta)rdrd\theta.$$

这就是二重积分的变量从直角坐标变换为极坐标的变换公式.

当区域 D 是圆或圆的一部分,或区域边界的方程用极坐标表示较简单,或被积函数为 $\varphi(x^2+y^2)$,$\varphi\left(\frac{y}{x}\right)$ 等形式时,一般采用极坐标计算二重积分较为方便.

在极坐标系下计算二重积分,仍然需要化为二次积分来计算,通常是按先 r 后 θ 的顺序进行,下面分三种情况予以介绍:

(1) 极点 O 在区域 D 之外,且 D 由射线 $\theta=\alpha$,$\theta=\beta$ 和连续曲线 $r=r_1(\theta)$,$r=r_2(\theta)$ 所围成,如图 8-17 所示,这时区域 D 可表示为

$$D = \{(r,\theta) \mid r_1(\theta) \leqslant r \leqslant r_2(\theta), \alpha \leqslant \theta \leqslant \beta\},$$

于是
$$\iint_D f(r\cos\theta, r\sin\theta)rdrd\theta = \int_\alpha^\beta d\theta \int_{r_1(\theta)}^{r_2(\theta)} f(r\cos\theta, r\sin\theta)rdr;$$

(2) 极点 O 在区域 D 的边界上,且 D 由射线 $\theta=\alpha$,$\theta=\beta$ 和连续曲线 $r=r(\theta)$ 所围成,

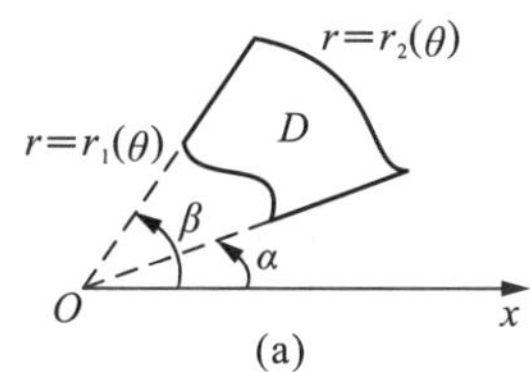

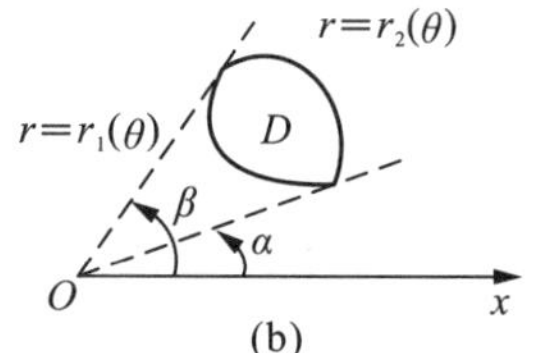

极坐标系下二重积分的计算

图 8-17

如图 8-18 所示，这时区域 D 可表示为

$$D=\{(r,\theta)\mid 0\leqslant r\leqslant r(\theta),\alpha\leqslant\theta\leqslant\beta\},$$

于是 $$\iint_D f(r\cos\theta,r\sin\theta)r\mathrm{d}r\mathrm{d}\theta=\int_\alpha^\beta\mathrm{d}\theta\int_0^{r(\theta)}f(r\cos\theta,r\sin\theta)r\mathrm{d}r;$$

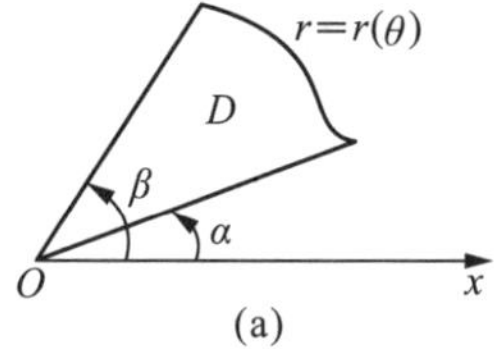

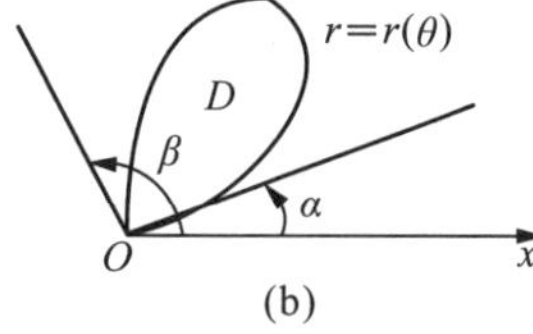

适合用极坐标系计算的二重积分

图 8-18

(3) 极点 O 在区域 D 内部，且 D 的边界曲线为连续封闭曲线 $r=r(\theta)$，如图 8-19 所示，这时区域 D 可表示为

$$D=\{(r,\theta)\mid 0\leqslant r\leqslant r(\theta),0\leqslant\theta\leqslant 2\pi\},$$

于是 $$\iint_D f(r\cos\theta,r\sin\theta)r\mathrm{d}r\mathrm{d}\theta=\int_0^{2\pi}\mathrm{d}\theta\int_0^{r(\theta)}f(r\cos\theta,r\sin\theta)r\mathrm{d}r.$$

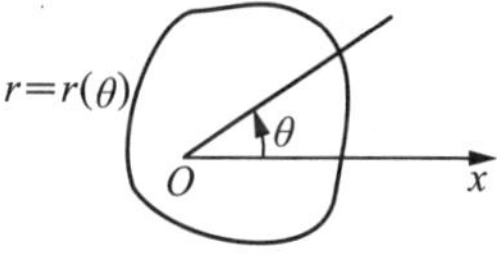

图 8-19

例 7 计算二重积分$\iint\limits_D\dfrac{1}{1+x^2+y^2}\mathrm{d}x\mathrm{d}y$，其中 D 是由圆 $x^2+y^2=a^2(a>0)$ 所围成的闭区域.

解 由于区域 D 在极坐标系下表示为

$$D=\{(r,\theta)\mid 0\leqslant r\leqslant a,0\leqslant\theta\leqslant 2\pi\},$$

因而 $$\iint_D\frac{1}{1+x^2+y^2}\mathrm{d}x\mathrm{d}y=\int_0^{2\pi}\mathrm{d}\theta\int_0^a\frac{r}{1+r^2}\mathrm{d}r=2\pi\left[\frac{1}{2}\ln(1+r^2)\right]_0^a=\pi\ln(1+a^2).$$

例 8 计算二重积分$\iint\limits_D\sin\sqrt{x^2+y^2}\,\mathrm{d}x\mathrm{d}y$，其中 D 是由圆 $x^2+y^2=\pi^2$ 和 $x^2+y^2=4\pi^2$ 所围成的闭区域.

解 积分区域 D 是由两个圆所围成的圆环，在极坐标系下表示为

$$D=\{(r,\theta)\mid \pi\leqslant r\leqslant 2\pi,0\leqslant\theta\leqslant 2\pi\},$$

于是 $$\iint_D\sin\sqrt{x^2+y^2}\,\mathrm{d}x\mathrm{d}y=\int_0^{2\pi}\mathrm{d}\theta\int_\pi^{2\pi}r\sin r\mathrm{d}r=\Big[2\pi(\sin r-r\cos r)\Big]_\pi^{2\pi}=-6\pi^2.$$

例 9 计算二重积分$\iint\limits_D\sqrt{x^2+y^2}\,\mathrm{d}x\mathrm{d}y$，其中 D 是第一象限中同时满足 $x^2+y^2\leqslant 1$ 和 $x^2+(y-1)^2\leqslant 1$ 的点所组成的区域.

解 积分区域 D 如图 8-20 所示，两圆

$$x^2+y^2=1 \text{ 和 } x^2+(y-1)^2=1$$

在第一象限内的交点为 $P\left(\frac{\sqrt{3}}{2},\frac{1}{2}\right)$,而点 P 的极坐标为 $\left(1,\frac{\pi}{6}\right)$,于是射线 OP 可将 D 分成 D_1 和 D_2 两部分,它们在极坐标系下表示为

$$D_1=\left\{(r,\theta)\mid 0\leqslant r\leqslant 2\sin\theta,0\leqslant\theta\leqslant\frac{\pi}{6}\right\},$$

$$D_2=\left\{(r,\theta)\mid 0\leqslant r\leqslant 1,\frac{\pi}{6}\leqslant\theta\leqslant\frac{\pi}{2}\right\},$$

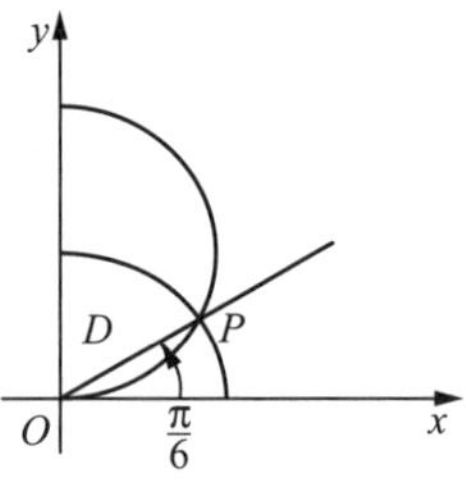

图 8-20

所以

$$\iint\limits_{D}\sqrt{x^2+y^2}\,\mathrm{d}x\mathrm{d}y=\iint\limits_{D_1}r^2\,\mathrm{d}r\mathrm{d}\theta+\iint\limits_{D_2}r^2\,\mathrm{d}r\mathrm{d}\theta=\int_0^{\frac{\pi}{6}}\mathrm{d}\theta\int_0^{2\sin\theta}r^2\,\mathrm{d}r+\int_{\frac{\pi}{6}}^{\frac{\pi}{2}}\mathrm{d}\theta\int_0^1 r^2\,\mathrm{d}r$$

$$=\frac{1}{3}\int_0^{\frac{\pi}{6}}\left[r^3\right]_0^{2\sin\theta}\mathrm{d}\theta+\frac{\pi}{9}=\frac{8}{3}\int_0^{\frac{\pi}{6}}\sin^3\theta\mathrm{d}\theta+\frac{\pi}{9}=\frac{\pi+16-9\sqrt{3}}{9}.$$

8.2.3 广义二重积分

和一元函数类似,二重积分也可以推广到无界区域上的广义二重积分,它在概率统计中是一种被广泛应用的积分形式.

定义 2 设函数 $f(x,y)$ 在无界区域 D 上有定义,用任意光滑或分段光滑的曲线 γ 在 D 中划出有界区域 D_γ,如图 8-21 所示. 若二重积分 $\iint\limits_{D_\gamma}f(x,y)\mathrm{d}\sigma$ 存在,且当曲线 γ 连续变动,使区域 D_γ 无限扩展而趋于区域 D 时,如果不论 γ 的形状如何,也不论 γ 的扩展过程怎样,极限

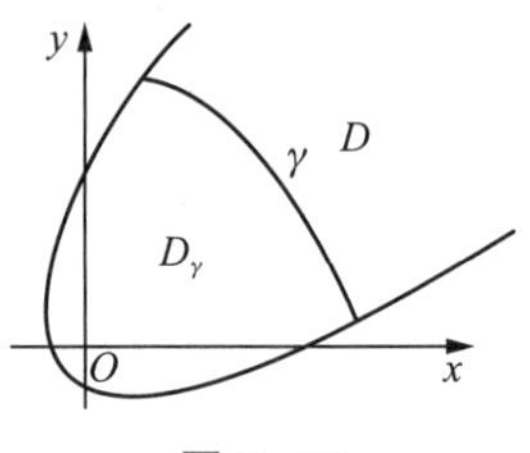

图 8-21

$$\lim_{D_\gamma\to D}\iint\limits_{D_\gamma}f(x,y)\mathrm{d}\sigma$$

总有同一极限值 I,则称 I 是函数 $f(x,y)$ 在无界区域 D 上的广义二重积分,记为

$$I=\iint\limits_{D}f(x,y)\mathrm{d}\sigma=\lim_{D_\gamma\to D}\iint\limits_{D_\gamma}f(x,y)\mathrm{d}\sigma,$$

这时也称函数 $f(x,y)$ 在 D 上的积分收敛,否则称之为发散.

例 10 求广义二重积分 $I=\iint\limits_{D}\frac{\mathrm{d}\sigma}{(1+x^2+y^2)^\alpha}$,$\alpha\neq 1$,$D$ 是整个 xOy 平面.

解 先考虑 $D_\gamma=\{(x,y)\mid x^2+y^2\leqslant R^2\}$ 为一圆域的情形,此时

$$I(R)=\iint\limits_{D_\gamma}\frac{\mathrm{d}\sigma}{(1+x^2+y^2)^\alpha}=\int_0^{2\pi}\mathrm{d}\theta\int_0^R\frac{r\mathrm{d}r}{(1+r^2)^\alpha}=\frac{\pi}{1-\alpha}\left[\frac{1}{(1+R^2)^{\alpha-1}}-1\right].$$

当 $\alpha>1$ 时,因

$$\lim_{R\to+\infty}I(R)=\frac{\pi}{\alpha-1},$$

故原积分收敛,且有 $I=\frac{\pi}{\alpha-1}$;

当 $\alpha<1$ 时,因

$$\lim_{R\to+\infty} I(R)=\infty,$$

故原积分发散.

例 11　利用广义二重积分计算泊松(Poisson)积分 $I=\int_{-\infty}^{+\infty}\mathrm{e}^{-x^2}\,\mathrm{d}x$.

解　因为 e^{-x^2} 的原函数不是初等函数,所以该积分无法直接计算. 由于积分值与积分变量的记号无关,因而有

$$I=\int_{-\infty}^{+\infty}\mathrm{e}^{-x^2}\,\mathrm{d}x=\int_{-\infty}^{+\infty}\mathrm{e}^{-y^2}\,\mathrm{d}y,$$

泊松积分

可得

$$I^2=\left(\int_{-\infty}^{+\infty}\mathrm{e}^{-x^2}\,\mathrm{d}x\right)\left(\int_{-\infty}^{+\infty}\mathrm{e}^{-y^2}\,\mathrm{d}y\right)=\int_{-\infty}^{+\infty}\mathrm{d}x\int_{-\infty}^{+\infty}\mathrm{e}^{-x^2}\mathrm{e}^{-y^2}\,\mathrm{d}y=\iint_D \mathrm{e}^{-(x^2+y^2)}\,\mathrm{d}x\mathrm{d}y,$$

这里区域 D 是整个 xOy 平面. 令 $D_\gamma=\{(x,y)\mid x^2+y^2\leqslant R^2, R>0\}$,则有

$$\begin{aligned}\iint_D \mathrm{e}^{-(x^2+y^2)}\,\mathrm{d}x\mathrm{d}y&=\lim_{D_\gamma\to D}\iint_{D_\gamma}\mathrm{e}^{-(x^2+y^2)}\,\mathrm{d}x\mathrm{d}y=\lim_{R\to+\infty}\int_0^{2\pi}\mathrm{d}\theta\int_0^R \mathrm{e}^{-r^2}r\mathrm{d}r\\&=\pi\lim_{R\to+\infty}(1-\mathrm{e}^{-R^2})=\pi,\end{aligned}$$

于是有 $I^2=\pi$,因此得

$$I=\int_{-\infty}^{+\infty}\mathrm{e}^{-x^2}\,\mathrm{d}x=\sqrt{\pi}.$$

习题 8.2

1. 计算下列二重积分:

(1) $\iint_D (x^2+y^2)\mathrm{d}\sigma$,其中 D 是矩形闭区域 $|x|\leqslant 1, |y|\leqslant 1$;

(2) $\iint_D xy\mathrm{d}\sigma$,其中 D 是由 $x=1, y=x, y=2$ 所围成的闭区域;

(3) $\iint_D (3x+2y)\mathrm{d}\sigma$,其中 D 是由 x 轴、y 轴和直线 $x+y=2$ 所围成的闭区域;

(4) $\iint_D \sqrt{xy-x^2}\,\mathrm{d}\sigma$,其中 D 由 $y=x, y=2x, x=1$ 所围成的闭区域;

(5) $\iint_D \frac{y}{x}\mathrm{d}\sigma$,其中 D 是由 $y=x, y=2x$ 和 $x=1, x=2$ 所围成的闭区域;

(6) $\iint_D \frac{\sin x}{x}\mathrm{d}\sigma$,其中 D 是由直线 $y=x$ 和抛物线 $y=x^2$ 所围成的闭区域.

(7) $\iint_D (1-y)\mathrm{d}\sigma$,其中 D 是由直线 $x+y=2$ 和抛物线 $x=y^2$ 所围成的闭区域;

(8) $\iint_D \frac{x^2}{y^2}\mathrm{d}\sigma$,其中 D 是由直线 $y=x, x=2$ 和曲线 $xy=1$ 所围成的闭区域.

2. 交换下列二次积分的积分次序:

(1) $\int_2^4 \mathrm{d}y\int_y^4 f(x, y)\mathrm{d}x$;　(2) $\int_0^1 \mathrm{d}y\int_y^{\sqrt{y}} f(x, y)\mathrm{d}x$;

(3) $\int_{-1}^1 \mathrm{d}x\int_{-\sqrt{1-x^2}}^{1-x^2} f(x, y)\mathrm{d}y$;　(4) $\int_1^{\mathrm{e}} \mathrm{d}x\int_0^{\ln x} f(x, y)\mathrm{d}y$;

(5) $\int_0^1 dx\int_{-\sqrt{x}}^{\sqrt{x}} f(x, y)dy+\int_1^4 dx\int_{x-2}^{\sqrt{x}} f(x, y)dy$； (6) $\int_0^1 dy\int_0^{\sqrt[3]{y}} f(x, y)dx+\int_1^2 dy\int_0^{2-y} f(x, y)dx$；

3. 如果$\iint\limits_D f(x,y)dxdy$中的被积函数$f(x,y)=f_1(x)f_2(y)$，积分区域$D=\{(x,y)\mid a\leqslant x\leqslant b,c\leqslant y\leqslant d\}$，证明：

$$\iint\limits_D f_1(x)f_2(y)dxdy=\int_a^b f_1(x)dx\int_c^d f_2(y)dy.$$

4. 利用极坐标计算下列二重积分：

(1) $\iint\limits_D ydxdy$，其中$D=\{(x, y)\mid x^2+y^2\leqslant a^2, x\geqslant 0, y\geqslant 0\}$；

(2) $\iint\limits_D \sqrt{R^2-x^2-y^2}dxdy$，其中$D=\{(x, y)\mid x^2+y^2\leqslant Rx, R>0\}$；

(3) $\iint\limits_D \arctan\frac{y}{x}dxdy$，其中$D$是由圆$x^2+y^2=1$，$x^2+y^2=4$和直线$y=x$，$y=0$所围成的在第一象限内的闭区域；

(4) $\iint\limits_D \frac{y}{\sqrt{x^2+y^2}}dxdy$，其中$D=\{(x,y)\mid x^2+y^2\leqslant y\}$；

(5) $\iint\limits_D \sqrt{x^2+y^2}dxdy$，其中$D=\{(x,y)\mid 3x\leqslant x^2+y^2\leqslant 9\}$.

5. 利用二重积分计算下列曲线所围成的区域的面积：

(1) $x^2+y^2=1$，$y=\sqrt{2}x^2$，在上半平面内；

(2) $y=\sin x$，$y=\cos x$，$x=0$，在第一象限中.

6. 利用二重积分计算下列曲面所围成的立体体积：

(1) $x+2y+3z=1$，$x=0$，$y=0$，$z=0$；

(2) $z=x^2+y^2$，$y=1$，$z=0$，$y=x^2$.

7. 计算下列广义二重积分：

(1) $\iint\limits_D e^{-(x+y)}dxdy$，其中$D=\{(x, y)\mid 0\leqslant x\leqslant y\}$；

(2) $\iint\limits_D \frac{dxdy}{(x^2+y^2)^2}$，其中$D=\{(x, y)\mid x^2+y^2\geqslant 1\}$.

总习题八

1. 填空题.

(1) 积分$\int_0^2 dx\int_x^2 e^{-y^2}dy=$ __________.

(2) 设积分区域$D=\{(x, y)\mid |x|+|y|\leqslant 1\}$，则$\iint\limits_D(|x|+|y|)dxdy=$ __________.

(3) 设积分区域$D=\{(x, y)\mid x^2+y^2\leqslant R^2\}$，则$\iint\limits_D x^2dxdy=$ __________.

(4) 设$D=\{(x,y)\mid x^2+y^2\leqslant 4\}$，则$\iint\limits_D \sqrt{4-x^2-y^2}dxdy=$ __________.

(5) 设D是以点$(1,1)$，$(-1,1)$，$(-1,-1)$为顶点的三角形区域，则$\iint\limits_D y(x+1)dxdy=$ __________.

2. 选择题.

(1) 设 $D=\left\{(x,y)\mid 0\leqslant x\leqslant 1,0\leqslant y\leqslant \frac{\pi}{2}\right\}$,则 $\iint\limits_D y\sin(xy)\mathrm{d}x\mathrm{d}y=$ (　　).

(A) $\int_0^1\mathrm{d}x\int_0^{\frac{\pi}{2}}y\sin(xy)\mathrm{d}y=\frac{\pi}{2}$　　(B) $\int_0^1\mathrm{d}x\int_0^{\frac{\pi}{2}}y\sin(xy)\mathrm{d}y=1$

(C) $\int_0^{\frac{\pi}{2}}\mathrm{d}y\int_0^1 y\sin(xy)\mathrm{d}x=\frac{\pi}{2}-1$　　(D) $\int_0^{\frac{\pi}{2}}\mathrm{d}y\int_0^1 y\sin(xy)\mathrm{d}x=\frac{\pi}{2}+1$

(2) 区域 D 是 $\{(x,y)\mid x^2+y^2\leqslant a^2\}$,则 $\iint\limits_D f(x^2+y^2)\mathrm{d}x\mathrm{d}y=$ (　　).

(A) $\pi\int_0^a f(r^2)\mathrm{d}r$　　(B) $2\pi\int_0^a f(r^2)\mathrm{d}r$　　(C) $2\pi\int_0^a f(r^2)r\mathrm{d}r$　　(D) $\pi\int_0^a f(r^2)r\mathrm{d}r$

(3) 设 $f(x,y)$ 连续,且 $f(x,y)=xy+\iint\limits_D f(x,y)\mathrm{d}x\mathrm{d}y$,其中 D 是由 $y=0$, $y=x^2$, $x=1$ 所围成的闭区域,则 $f(x,y)$ 等于(　　).

(A) xy　　(B) $2xy$　　(C) $xy+\frac{1}{8}$　　(D) $xy+1$

(4) 二次积分 $I=\int_{-\sqrt{2}}^{\sqrt{2}}\mathrm{d}x\int_{x^2}^{4-x^2}f(x,y)\mathrm{d}y$,其中 $f(x,y)$ 为连续函数,则 $I=$ (　　).

(A) $\int_0^4\mathrm{d}y\int_{-\sqrt{4-y}}^{\sqrt{4-y}}f(x,y)\mathrm{d}x$　　(B) $\int_0^2\mathrm{d}y\int_{-\sqrt{y}}^{\sqrt{y}}f(x,y)\mathrm{d}x+\int_2^4\mathrm{d}y\int_{-\sqrt{4-y}}^{\sqrt{4-y}}f(x,y)\mathrm{d}x$

(C) $2\int_0^{\sqrt{2}}\mathrm{d}x\int_{x^2}^{4-x^2}f(x,y)\mathrm{d}y$　　(D) $\int_0^{\arctan\sqrt{2}}\mathrm{d}\theta\int_0^{\frac{\sin\theta}{\cos\theta}}f(r\cos\theta,r\sin\theta)r\mathrm{d}r$

(5) 二次积分 $\int_0^{\frac{\pi}{2}}\mathrm{d}\theta\int_0^{2\cos\theta}f(r\cos\theta,r\sin\theta)r\mathrm{d}r$ 可写成(　　).

(A) $\int_0^1\mathrm{d}y\int_0^{1+\sqrt{1-y^2}}f(x,y)\mathrm{d}x$　　(B) $\int_0^2\mathrm{d}x\int_0^{\sqrt{2x-x^2}}f(x,y)\mathrm{d}y$

(C) $\int_0^1\mathrm{d}y\int_0^{1-\sqrt{1-y^2}}f(x,y)\mathrm{d}x$　　(D) $\int_0^2\mathrm{d}y\int_0^{\sqrt{2y-y^2}}f(x,y)\mathrm{d}x$

3. 交换下列二次积分的积分次序:

(1) $\int_{-1}^1\mathrm{d}x\int_0^{\sqrt{1-x^2}}f(x,y)\mathrm{d}y$;　　(2) $\int_0^1\mathrm{d}x\int_{1-x^2}^1 f(x,y)\mathrm{d}y+\int_1^2\mathrm{d}x\int_{x-1}^1 f(x,y)\mathrm{d}y$;

(3) $\int_0^1\mathrm{d}y\int_{\sqrt{y}}^{1+\sqrt{1-y^2}}f(x,y)\mathrm{d}x$;　　(4) $\int_{-1}^0\mathrm{d}x\int_0^{1+x}f(x,y)\mathrm{d}y+\int_0^1\mathrm{d}x\int_0^{1-x}f(x,y)\mathrm{d}y$.

4. 计算下列二重积分:

(1) $\iint\limits_D y e^{xy}\mathrm{d}\sigma$,其中 D 是由 $y=\ln 2$, $y=\ln 3$ 和 $x=2$, $x=4$ 所围成的闭区域;

(2) $\iint\limits_D \sin\frac{x}{y}\mathrm{d}\sigma$,其中 D 是由 $y=\sqrt{x}$, $y=x$ 所围成的闭区域;

(3) $\iint\limits_D \frac{\ln y}{x}\mathrm{d}\sigma$,其中 D 是由 $y=1$, $y=x$, $x=2$ 所围成的闭区域;

(4) $\iint\limits_D |\sin(x-y)|\mathrm{d}\sigma$,其中 $D=\{(x,y)\mid 0\leqslant x\leqslant y\leqslant 2\pi\}$;

(5) $\iint\limits_D y\mathrm{d}\sigma$,其中 $D=\{(x,y)\mid x^2+y^2\leqslant a^2, x\geqslant 0, y\geqslant 0, (a>0)\}$;

(6) $\iint\limits_D \sqrt{\frac{1-x^2-y^2}{1+x^2+y^2}}\mathrm{d}\sigma$,其中 $D=\{(x,y)\mid x^2+y^2\leqslant 1, x\geqslant 0\}$;

(7) $\iint\limits_D \sqrt{x^2+y^2}\mathrm{d}\sigma$,其中 D 是由 $y=x$, $y=x^4\,(x\geqslant 0)$ 所围成的闭区域.

5. 求由球面 $x^2+y^2+z^2=a^2$ 与圆柱面 $x^2+y^2=ay$ 包围在圆柱内的立体体积 V.

6. 设 $f(x, y)$ 连续,求极限 $\lim\limits_{\rho\to 0^+}\dfrac{1}{\rho^2}\iint\limits_{\sqrt{x^2+y^2}\leqslant\rho} f(x, y)\mathrm{d}x\mathrm{d}y$.

7. 设 $f(x)$ 在$[a, b]$上连续,试利用二重积分证明:

$$\left[\int_a^b f(x)\mathrm{d}x\right]^2\leqslant(b-a)\int_a^b f^2(x)\mathrm{d}x.$$

8. 设 $f(x)$ 在$[0, a]$上连续,证明:

$$2\int_0^a f(x)\mathrm{d}x\int_x^a f(y)\mathrm{d}y=\left[\int_0^a f(x)\mathrm{d}x\right]^2.$$

9. 设 $\varphi(x)$ 为连续函数,$f(x)=\int_{x^2}^1 y\varphi(y^3)\mathrm{d}y$,证明:$\int_0^1 xf(x)\mathrm{d}x=\dfrac{1}{6}\int_0^1\varphi(x)\mathrm{d}x$.

10. 设 $f(x)$ 在$[0, 1]$上连续,D 是以 $O(0, 0)$, $A(0, 1)$, $B(1, 0)$ 为顶点的三角形区域,证明:

$$\iint\limits_D f(1-y)f(x)\mathrm{d}x\mathrm{d}y=\frac{1}{2}\left[\int_0^1 f(x)\mathrm{d}x\right]^2.$$

9 无穷级数

章节提要

无穷级数是高等数学的一个重要组成部分，它是表达函数、研究函数的性质、计算函数值的强有力的工具. 本章先讨论常数项级数的有关内容，然后讨论函数项级数，主要讨论幂级数和如何将函数展开成幂级数.

9.1 常数项级数的概念和性质

在一些实际问题中，经常需要计算无穷多个数的和. 比如，某集团公司计划今年筹设永久性“振兴杯”教育奖，从明年开始准备每年发奖一次，奖金额为 A 万元，设银行规定年利率为 r，每年结息一次，那么基金的最低金额 P 应是以下的无穷多个数的和：

$$\frac{A}{1+r},\ \frac{A}{(1+r)^2},\ \frac{A}{(1+r)^3},\ \cdots,\ \frac{A}{(1+r)^n},\ \cdots.$$

对无穷项的求和这一无穷过程困惑了数学家长达几个世纪，有的无穷项的和是一个确定的值，比如

$$\frac{1}{2}+\frac{1}{4}+\frac{1}{8}+\frac{1}{16}+\cdots=1,$$

这一结果可通过图 9 - 1 中的单位正方形被无数次平分后所得的面积得出；而有的无穷项的和是无穷大，比如

$$1+\frac{1}{2}+\frac{1}{3}+\frac{1}{4}+\cdots=\infty,$$

我们稍后就可以证明这一结果.

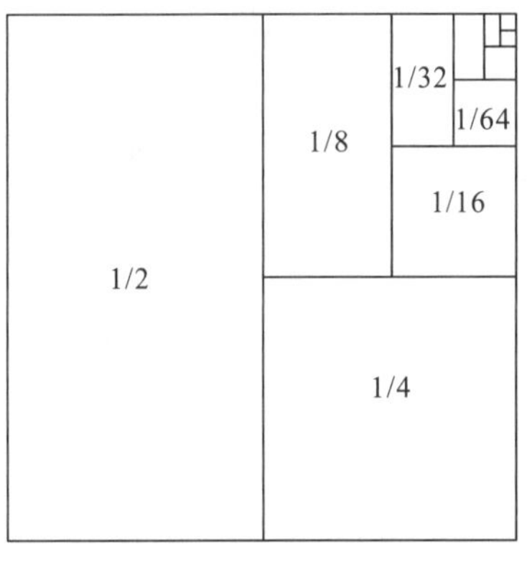

图 9 - 1

类似于这样的数学问题有许多方面可以被研究，如：这样的和存在吗？如存在，则是多少？等等.

芝诺悖论

9.1.1 常数项级数的概念

定义 1 若给定一个数列 $u_1,\ u_2,\ \cdots,\ u_n,\ \cdots$，则由该数列构成的表达式

$$u_1+u_2+\cdots+u_n+\cdots \tag{9-1}$$

称为**常数项无穷级数**，简称(无穷) **级数**，记作 $\sum\limits_{n=1}^{\infty}u_n$，即

$$\sum_{n=1}^{\infty}u_n=u_1+u_2+\cdots+u_n+\cdots,$$

其中第 n 项 u_n 叫做级数的**一般项(或通项)**.

例如，$\frac{1}{2}+\frac{1}{4}+\cdots+\frac{1}{2^n}+\cdots$ 和 $1+\frac{1}{2}+\frac{1}{3}+\frac{1}{4}+\cdots+\frac{1}{n}+\cdots$ 是两个无穷级数，可简记为 $\sum\limits_{n=1}^{\infty}\frac{1}{2^n}$ 和 $\sum\limits_{n=1}^{\infty}\frac{1}{n}$.

该级数定义仅仅是一个形式化的定义，它并未明确无限多个数相加的意义. 无限多个数的相加并不能简单地认为是一项又一项地累加起来就能完成，因为这一累加过程是无法完

成的. 为此我们引入部分和的概念.

把级数 $\sum_{n=1}^{\infty} u_n$ 的前 n 项之和

$$u_1 + u_2 + \cdots + u_n \tag{9-2}$$

称为该级数的**前 n 项部分和**,记为 s_n,即 $s_n = u_1 + u_2 + \cdots + u_n$. 当 n 依次取 1, 2, 3, … 时,它们构成一个新的数列 $\{s_n\}$:

$$\begin{aligned} s_1 &= u_1, \\ s_2 &= u_1 + u_2, \\ s_3 &= u_1 + u_2 + u_3, \\ &\cdots\cdots \\ s_n &= u_1 + u_2 + u_3 + \cdots + u_n, \\ &\cdots\cdots \end{aligned}$$

称此数列为级数 $\sum_{n=1}^{\infty} u_n$ 的**前 n 项部分和数列**.

根据前 n 项部分和数列是否有极限,给出式(9-1)收敛与发散的概念.

定义 2 当 n 无限增大时,如果级数 $\sum_{n=1}^{\infty} u_n$ 的前 n 项部分和数列 $\{s_n\}$ 有极限 s,即

$$\lim_{n\to\infty} s_n = s,$$

则称级数 $\sum_{n=1}^{\infty} u_n$ **收敛**,这时极限 s 称为级数 $\sum_{n=1}^{\infty} u_n$ 的**和**,并记为

$$s = u_1 + u_2 + u_3 + \cdots + u_n + \cdots;$$

如果前 n 项部分和数列 $\{s_n\}$ 没有极限,则称级数 $\sum_{n=1}^{\infty} u_n$ **发散**.

由级数敛散性定义可知,级数 $\sum_{n=1}^{\infty} u_n$ 与它的前 n 项部分和数列 $\{s_n\}$ 同时收敛或同时发散,且级数收敛时,有 $\sum_{n=1}^{\infty} u_n = \lim_{n\to\infty} s_n$. 因而收敛的级数有和值 s,发散的级数没有"和".

当级数 $\sum_{n=1}^{\infty} u_n$ 收敛于 s 时,则其前 n 项部分和 s_n 是级数 $\sum_{n=1}^{\infty} u_n$ 的和 s 的近似值,它们的差

$$r_n = s - s_n = u_{n+1} + u_{n+2} + \cdots + u_{n+k} + \cdots$$

称为级数 $\sum_{n=1}^{\infty} u_n$ 的**余项**. 显然 $\lim_{n\to\infty} r_n = 0$,而 $|r_n|$ 是用 s_n 近似代替 s 所产生的误差.

例 1 讨论级数 $\sum_{n=1}^{\infty} (\sqrt{n+1} - \sqrt{n})$ 的敛散性.

解 因为级数的前 n 项部分和

$$\begin{aligned} s_n &= \sum_{k=1}^{n} (\sqrt{k+1} - \sqrt{k}) \\ &= (\sqrt{2} - \sqrt{1}) + (\sqrt{3} - \sqrt{2}) + (\sqrt{4} - \sqrt{3}) + \cdots + (\sqrt{n+1} - \sqrt{n}) = \sqrt{n+1} - 1, \end{aligned}$$

所以

$$\lim_{n\to\infty} s_n = \lim_{n\to\infty} (\sqrt{n+1} - 1) = +\infty,$$

由此可知级数$\sum_{n=1}^{\infty}(\sqrt{n+1}-\sqrt{n})$发散.

例 2　讨论级数$\sum_{n=1}^{\infty}\frac{1}{n(n+1)}$的敛散性.

解　因为级数的前 n 项部分和

$$
\begin{aligned}
s_n &= \sum_{k=1}^{n}\frac{1}{k(k+1)} = \frac{1}{1\times 2}+\frac{1}{2\times 3}+\frac{1}{3\times 4}+\cdots+\frac{1}{n(n+1)} \\
&= \left(\frac{1}{1}-\frac{1}{2}\right)+\left(\frac{1}{2}-\frac{1}{3}\right)+\left(\frac{1}{3}-\frac{1}{4}\right)+\cdots+\left(\frac{1}{n}-\frac{1}{n+1}\right) \\
&= 1-\frac{1}{n+1},
\end{aligned}
$$

所以
$$\lim_{n\to\infty}s_n = \lim_{n\to\infty}\left(1-\frac{1}{n+1}\right)=1.$$

因此级数$\sum_{n=1}^{\infty}\frac{1}{n(n+1)}$收敛,其和为 1.

例 3　讨论**等比级数**(又称为**几何级数**)

$$\sum_{n=0}^{\infty}aq^n = a+aq+aq^2+\cdots+aq^n+\cdots \ (a\neq 0)$$

的敛散性.

解　(1) 当$|q|=1$时,

若$q=1$,则等比级数的前 n 项部分和

$$s_n = \sum_{k=0}^{n-1}a\cdot 1^k = a+a+a+\cdots+a+a = na;$$

若$q=-1$,则等比级数的前 n 项部分和

$$
\begin{aligned}
s_n &= \sum_{k=0}^{n-1}(-1)^k a = a-a+a-a+\cdots+(-1)^{n-2}a+(-1)^{n-1}a \\
&= \begin{cases} 0, n\text{ 为偶数}, \\ a, n\text{ 为奇数}. \end{cases}
\end{aligned}
$$

显然,当$q=1$或$q=-1$时,$\lim\limits_{n\to\infty}s_n$都不存在,所以等比级数发散.

(2) 当$|q|\neq 1$时,等比级数的前 n 项部分和

$$s_n = \sum_{k=0}^{n-1}aq^k = a+aq+aq^2+\cdots+aq^{n-1} = \frac{a-aq^n}{1-q}.$$

若$|q|<1$,则$\lim\limits_{n\to\infty}q^n=0$,从而$\lim\limits_{n\to\infty}s_n=\frac{a}{1-q}$,因此等比级数收敛,且和为$\frac{a}{1-q}$;

若$|q|>1$,则$\lim\limits_{n\to\infty}q^n=\infty$,从而$\lim\limits_{n\to\infty}s_n=\infty$,因此等比级数发散.

综合以上结果得:当$|q|\geqslant 1$时,级数$\sum_{n=0}^{\infty}aq^n$发散;当$|q|<1$时,级数$\sum_{n=0}^{\infty}aq^n$收敛且收敛于$\frac{a}{1-q}$.

例 4 证明**调和级数** $\sum_{n=1}^{\infty}\frac{1}{n}$ 是发散的.

证 容易证明当 $x>0$ 时,$\ln(1+x)<x$,由此可知,当 $n\geqslant 1$ 时,

$$\frac{1}{n}>\ln\left(1+\frac{1}{n}\right)=\ln(n+1)-\ln n.$$

因此调和级数的前 n 项部分和 s_n 满足

$$s_n=1+\frac{1}{2}+\frac{1}{3}+\cdots+\frac{1}{n}>(\ln 2-\ln 1)+(\ln 3-\ln 2)+\cdots+(\ln(n+1)-\ln n)$$
$$=\ln(n+1).$$

当 $n\to\infty$ 时,$\ln(n+1)\to\infty$,所以调和级数的部分和数列 $\{s_n\}$ 的极限 $\lim\limits_{n\to\infty}s_n$ 不存在,于是调和级数发散.

调和级数是一个发散级数,而且从上面可以看到,当 $n\to\infty$ 时,s_n 是一个正无穷大量.但有个很有趣的现象,由于当 n 越来越大时,调和级数的通项变得越来越小,因而它们的和增大非常缓慢.有几个数据可以更好地帮助我们理解这个级数:该级数的前1000 项和约为 7.485,前100万项和约为14.357,前10亿项和约为21,前 10000 亿项和约为28.要使得这个级数的前若干项的和超过 100,必须至少把10^{43} 项加起来.

9.1.2 级数的基本性质

性质 1 设 k 是任意的非零常数,则级数 $\sum_{n=1}^{\infty}u_n$ 与级数 $\sum_{n=1}^{\infty}ku_n$ 同时收敛或同时发散,当级数 $\sum_{n=1}^{\infty}u_n$ 收敛时,有

$$\sum_{n=1}^{\infty}ku_n=k\sum_{n=1}^{\infty}u_n,$$

即**级数的每一项同乘一个不为零的常数后,它的敛散性不变**.

证 设级数 $\sum_{n=1}^{\infty}u_n$ 与 $\sum_{n=1}^{\infty}ku_n$ 级数的前 n 项部分和分别为 s_n, σ_n,则

$$\sigma_n=k\cdot u_1+k\cdot u_2+\cdots+k\cdot u_n=k\cdot(u_1+u_2+\cdots+u_n)=k\cdot s_n.$$

于是,$\lim\limits_{n\to\infty}\sigma_n=\lim\limits_{n\to\infty}k\cdot s_n=k\cdot\lim\limits_{n\to\infty}s_n$;因 $k\neq 0$,故$\lim\limits_{n\to\infty}\sigma_n$ 与$\lim\limits_{n\to\infty}s_n$ 同时存在或同时不存在,即级数 $\sum_{n=1}^{\infty}u_n$ 与级数 $\sum_{n=1}^{\infty}ku_n$ 同时收敛或同时发散.

当级数 $\sum_{n=1}^{\infty}u_n$ 收敛时,由 $\lim\limits_{n\to\infty}\sigma_n=\lim\limits_{n\to\infty}k\cdot s_n=k\cdot\lim\limits_{n\to\infty}s_n$,即得 $\sum_{n=1}^{\infty}ku_n=k\sum_{n=1}^{\infty}u_n$.

性质 2 设级数 $\sum_{n=1}^{\infty}u_n$, $\sum_{n=1}^{\infty}v_n$ 分别收敛于 s 与 σ, 则级数 $\sum_{n=1}^{\infty}(u_n\pm v_n)$ 也收敛,且收敛于 $s\pm\sigma$.

证 设级数 $\sum_{n=1}^{\infty}u_n$, $\sum_{n=1}^{\infty}v_n$ 的前 n 项部分和分别为 s_n, σ_n, 则级数 $\sum_{n=1}^{\infty}(u_n\pm v_n)$ 的前 n 项部分和

$$z_n=(u_1\pm v_1)+(u_2\pm v_2)+\cdots+(u_n\pm v_n)$$

$$= (u_1 + u_2 + \cdots + u_n) \pm (v_1 + v_2 + \cdots + v_n)$$
$$= s_n \pm \sigma_n,$$

所以 $$\lim_{n\to\infty} z_n = \lim_{n\to\infty}(s_n \pm \sigma_n) = \lim_{n\to\infty} s_n \pm \lim_{n\to\infty} \sigma_n = s \pm \sigma,$$

即级数 $\sum\limits_{n=1}^{\infty}(u_n \pm v_n)$ 收敛且收敛于 $s \pm \sigma$.

由性质 2 容易得到以下几个结论：

(1) 若 $\sum\limits_{n=1}^{\infty} u_n$ 与 $\sum\limits_{n=1}^{\infty} v_n$ 收敛，则

$$\sum_{n=1}^{\infty}(u_n \pm v_n) = \sum_{n=1}^{\infty} u_n \pm \sum_{n=1}^{\infty} v_n \quad (\textstyle\sum \text{ 分配律}),$$

$$\sum_{n=1}^{\infty} u_n \pm \sum_{n=1}^{\infty} v_n = \sum_{n=1}^{\infty}(u_n \pm v_n) \quad (\textstyle\sum \text{ 的一种结合律});$$

(2) 若级数 $\sum\limits_{n=1}^{\infty} u_n$ 收敛，而级数 $\sum\limits_{n=1}^{\infty} v_n$ 发散，则级数 $\sum\limits_{n=1}^{\infty}(u_n \pm v_n)$ 必发散.

证 假设 $\sum\limits_{n=1}^{\infty}(u_n \pm v_n)$ 收敛，已知 $\sum\limits_{n=1}^{\infty} u_n$ 收敛，则由性质 2 可得 $\sum\limits_{n=1}^{\infty}[(u_n \pm v_n) - u_n]$ 亦收敛，即 $\pm \sum\limits_{n=1}^{\infty} v_n$ 收敛，这与已知相矛盾，故级数 $\sum\limits_{n=1}^{\infty}(u_n \pm v_n)$ 发散.

值得注意的是，若级数 $\sum\limits_{n=1}^{\infty} u_n$ 与 $\sum\limits_{n=1}^{\infty} v_n$ 都发散，那么 $\sum\limits_{n=1}^{\infty}(u_n \pm v_n)$ 可能发散，也可能收敛. 例如，取 $u_n = 1, v_n = -1$，显然 $\sum\limits_{n=1}^{\infty} 1$ 与 $\sum\limits_{n=1}^{\infty}(-1)$ 都发散，但 $\sum\limits_{n=1}^{\infty}[1 + (-1)]$ 却是收敛的，而 $\sum\limits_{n=1}^{\infty}[1 - (-1)]$ 是发散的.

例 5 判别级数 $\sum\limits_{n=1}^{\infty}\left(\dfrac{1}{n(n+1)} + \dfrac{1}{2^n}\right)$ 的敛散性，若收敛，求其和.

解 由 9.1.1 中的例 2 可知，级数 $\sum\limits_{n=1}^{\infty} \dfrac{1}{n(n+1)}$ 收敛，和为 1；又因为级数 $\sum\limits_{n=1}^{\infty} \dfrac{1}{2^n}$ 是公比为 $\dfrac{1}{2}$ 的等比级数，所以也收敛，和为 1. 因此，由性质 2 可知级数 $\sum\limits_{n=1}^{\infty}\left(\dfrac{1}{n(n+1)} + \dfrac{1}{2^n}\right)$ 收敛，和为

$$\sum_{n=1}^{\infty}\left(\frac{1}{n(n+1)} + \frac{1}{2^n}\right) = \sum_{n=1}^{\infty} \frac{1}{n(n+1)} + \sum_{n=1}^{\infty} \frac{1}{2^n}$$
$$= 1 + 1 = 2.$$

性质 3 在一个级数的前面去掉有限项、加上有限项或改变有限项，不会影响级数的敛散性；在收敛时，一般来说级数的收敛值是会改变的.

证 设级数为

$$u_1 + u_2 + \cdots + u_k + u_{k+1} + u_{k+2} + \cdots + u_{k+n} + \cdots,$$

去掉前 k 项得到的新级数为

$$u_{k+1} + u_{k+2} + \cdots + u_{k+n} + \cdots,$$

那么该新级数的前 n 项部分和为

$$\sigma_n = u_{k+1} + u_{k+2} + \cdots + u_{k+n} = s_{k+n} - s_k,$$

其中 s_{k+n} 是原级数的前 $k+n$ 项的部分和，而 s_k 是原级数的前 k 项之和(它是一个常数).

故当 $n \to \infty$ 时，σ_n 与 s_{k+n} 有相同的敛散性，且在收敛时，其收敛的和有下列关系式

$$\sigma = s - s_k$$

成立，其中 $\sigma = \lim\limits_{n\to\infty} \sigma_n$，$s = \lim\limits_{n\to\infty} s_n$，$s_k = \sum\limits_{i=1}^{k} u_i$.

类似地可以证明在级数的前面增加有限项、改变有限项也不会改变级数的敛散性.

性质 4 收敛级数任意加括号之后所得到的新级数仍收敛于原来收敛级数的和.

证 设级数

$$\sum_{k=1}^{\infty} u_k = u_1 + u_2 + \cdots + u_n + \cdots$$

收敛于 s，它任意加括号后所成的新级数为

$$(u_1 + \cdots + u_{n_1}) + (u_{n_1+1} + \cdots + u_{n_2}) + \cdots + (u_{n_{k-1}+1} + \cdots + u_{n_k}) + \cdots = \sum_{k=1}^{\infty} v_k.$$

用 σ_k 表示这一新级数 $\sum\limits_{k=1}^{\infty} v_k$ 的前 k 项部分和，而实际它是原级数 $\sum\limits_{n=1}^{\infty} u_n$ 的前 n_k 项部分和 s_{n_k}(其中 $k \leqslant n_k$). 显然，当 $k \to \infty$ 时，有 $n_k \to \infty$，则有

$$\lim_{k\to\infty} \sigma_k = \lim_{k\to\infty} s_{n_k} = s,$$

即新级数 $\sum\limits_{k=1}^{\infty} v_k$ 是收敛的且还是收敛于 s.

级数任意加括号与去括号之后所得新级数的敛散性比较复杂，下列事实以后会常用到：

(1) 如果级数按某一方法加括号之后所形成的新级数是发散的，则该级数也一定发散(显然这是性质 4 的逆否命题)；

(2) 级数加括号之后收敛，该级数也不一定就收敛.

如级数

$$(1-1) + (1-1) + \cdots$$

收敛于 0，但去括号之后所得新级数

$$1 - 1 + 1 - 1 + \cdots + (-1)^{n-1} + (-1)^n + \cdots$$

是发散的.

这一事实也可以反过来表述，即收敛级数去括号之后所形成的新级数不一定收敛.

性质 5(级数收敛的必要条件) 若级数 $\sum\limits_{n=1}^{\infty} u_n$ 收敛，则 $\lim\limits_{n\to\infty} u_n = 0$.

证 因为级数 $\sum\limits_{n=1}^{\infty} u_n$ 收敛，所以它的前 n 项部分和数列 $\{s_n\}$ 有极限，我们设 $\lim\limits_{n\to\infty} s_n = s$，又因为部分和 s_n 与通项 u_n 有关系式

$$u_n = s_n - s_{n-1},$$

因此 $$\lim_{n\to\infty} u_n = \lim_{n\to\infty}(s_n - s_{n-1}) = \lim_{n\to\infty} s_n - \lim_{n\to\infty} s_{n-1} = s - s = 0.$$

注意，性质 5 的逆命题不成立. 也就是说，当 $\lim\limits_{n\to\infty}u_n=0$ 时，级数 $\sum\limits_{n=1}^{\infty}u_n$ 不一定收敛. 例如，调和级数

$$1+\frac{1}{2}+\frac{1}{3}+\cdots+\frac{1}{n}+\cdots$$

满足 $\lim\limits_{n\to\infty}u_n=\lim\limits_{n\to\infty}\frac{1}{n}=0$，但调和级数是发散的. 所以 $\lim\limits_{n\to\infty}u_n=0$ 是级数 $\sum\limits_{n=1}^{\infty}u_n$ 收敛的必要条件，而不是充分条件. 因此由性质 5 可得如下结论：

如果 $\lim\limits_{n\to\infty}u_n\neq 0$，那么级数 $\sum\limits_{n=1}^{\infty}u_n$ 一定发散.

级数性质应用常见误区

例如，级数 $\sum\limits_{n=1}^{\infty}\frac{n}{2n+1}=\frac{1}{3}+\frac{2}{5}+\frac{3}{7}+\cdots+\frac{n}{2n+1}+\cdots$ 的一般项为 $u_n=\frac{n}{2n+1}$，$\lim\limits_{n\to\infty}u_n=\lim\limits_{n\to\infty}\frac{n}{2n+1}=\frac{1}{2}\neq 0$，所以级数一定发散.

习题 9.1

1. 写出下列级数的一般项：

(1) $\frac{1}{3}+\frac{1}{\sqrt{3}}+\frac{1}{\sqrt[3]{3}}+\frac{1}{\sqrt[4]{3}}+\cdots$；　(2) $\frac{1}{2^2}\ln 2+\frac{1}{3^2}\ln 3+\frac{1}{4^2}\ln 4+\cdots$；

(3) $\frac{3}{2}+\frac{2}{3}+\frac{5}{4}+\frac{4}{5}+\frac{7}{6}+\frac{6}{7}+\cdots$.

2. 写出下列级数的前五项：

(1) $\sum\limits_{n=0}^{\infty}\frac{1+n}{1+n^2}$；　(2) $\sum\limits_{n=1}^{\infty}\frac{n^n}{n!}$；　(3) $\sum\limits_{n=0}^{\infty}\sin\frac{n\pi}{4}$.

3. 已知级数 $\sum\limits_{n=1}^{\infty}u_n$ 的部分和为 $s_n=\frac{2n}{n+1}$，求 u_2 和 u_n.

4. 利用级数的定义或性质判别下列级数的敛散性：

(1) $\sum\limits_{n=1}^{\infty}(\sqrt{n-1}-\sqrt{n})$；　(2) $\sum\limits_{n=1}^{\infty}\frac{1}{(3n-1)(3n+2)}$；　(3) $\sum\limits_{n=1}^{\infty}\cos\frac{\pi}{2n}$；

(4) $\sum\limits_{n=1}^{\infty}\frac{(\ln 3)^n}{3^n}$；　(5) $\sum\limits_{n=1}^{\infty}\frac{n}{100n-7}$；　(6) $\sum\limits_{n=1}^{\infty}\frac{1}{\sqrt[n]{0.001}}$；

(7) $\sum\limits_{n=1}^{\infty}\ln\left(1+\frac{1}{n}\right)$；　(8) $\sum\limits_{n=1}^{\infty}\left(\frac{3}{2^n}-\frac{4}{5^n}\right)$；　(9) $\sum\limits_{n=1}^{\infty}\left[\frac{1}{3n}+\left(\frac{1}{2}\right)^n\right]$.

9.2　正项级数的审敛法

一般情况下，利用定义或级数的性质来判别级数的敛散性是很困难的，是否有更简单易行的判别方法呢？由于级数的敛散性可较好地归结为正项级数的敛散性问题，因而正项级数的敛散性判定就显得十分重要.

定义 3　若级数 $\sum\limits_{n=1}^{\infty}u_n$ 中的每一项都是非负的，即 $u_n\geqslant 0$（$n=1,2,\cdots$），则称级数 $\sum\limits_{n=1}^{\infty}u_n$ 为**正项级数**.

由正项级数的特性很容易得到下面的结论.

定理 1 正项级数$\sum_{n=1}^{\infty} u_n$收敛的充分必要条件是它的前n项部分和数列$\{s_n\}$有界.

证 (1) 充分性,级数$\sum_{n=1}^{\infty} u_n$的前n项部分和数列$\{s_n\}$满足

$$s_n = s_{n-1} + u_n (n = 2,3,\cdots),$$

显然$\{s_n\}$是单调增加的,且$\{s_n\}$有界,则由数列的单调有界准则得数列$\{s_n\}$是收敛的,即级数$\sum_{n=1}^{\infty} u_n$收敛;

(2) 必要性,若正项级数$\sum_{n=1}^{\infty} u_n$是一个收敛的级数,设其收敛于s,又由其前n项部分和数列$\{s_n\}$是单调增加的,则可得$0 \leqslant s_n \leqslant s \leqslant M$,其中$M$是一正常数,即数列$\{s_n\}$有界.

借助于正项级数收敛的充分必要条件,我们可建立一系列具有较强实用性的正项级数审敛法.

定理 2(比较审敛法) 设$\sum_{n=1}^{\infty} u_n$和$\sum_{n=1}^{\infty} v_n$都是正项级数,且

$$u_n \leqslant v_n \quad (n = 1,2,\cdots). \tag{9-3}$$

(1) 如果$\sum_{n=1}^{\infty} v_n$收敛,则$\sum_{n=1}^{\infty} u_n$亦收敛;

(2) 如果$\sum_{n=1}^{\infty} u_n$发散,则$\sum_{n=1}^{\infty} v_n$亦发散.

证 (1) 设$\sum_{n=1}^{\infty} v_n$收敛于σ,且$u_n \leqslant v_n$,则$\sum_{n=1}^{\infty} u_n$的部分和s_n满足

$$s_n = u_1 + u_2 + \cdots + u_n \leqslant v_1 + v_2 + \cdots + v_n \leqslant \sigma,$$

即单调增加的部分和数列$\{s_n\}$有上界,由定理 1 可得$\sum_{n=1}^{\infty} u_n$收敛;

(2) 用反证法,假设$\sum_{n=1}^{\infty} v_n$是收敛的,因为

$$u_n \leqslant v_n \quad (n = 1,2,\cdots),$$

则由(1) 可知,$\sum_{n=1}^{\infty} u_n$收敛,这与已知$\sum_{n=1}^{\infty} u_n$发散相矛盾,故$\sum_{n=1}^{\infty} v_n$是发散的.

由于级数的每一项同乘以一个非零常数,以及去掉级数的有限项不改变级数的敛散性,因而比较审敛法又可表述如下.

推论 1 设C为正数,$\mathbf{N}$为正整数,$\sum_{n=1}^{\infty} u_n$和$\sum_{n=1}^{\infty} v_n$都是正项级数,且

$$u_n \leqslant C v_n \quad (n = N, N+1,\cdots). \tag{9-4}$$

(1) 如果$\sum_{n=1}^{\infty} v_n$收敛,则$\sum_{n=1}^{\infty} u_n$亦收敛;

(2) 如果$\sum_{n=1}^{\infty} u_n$发散,则$\sum_{n=1}^{\infty} v_n$亦发散.

例 1 判别下列级数的敛散性:

(1) $\sum\limits_{n=1}^{\infty}\dfrac{2n}{3n^2-2}$; (2) $\sum\limits_{n=1}^{\infty}\left(\dfrac{n}{4n+1}\right)^n$.

解 (1) 因为 $u_n=\dfrac{2n}{3n^2-2}>\dfrac{2}{3n}$,且调和级数 $\sum\limits_{n=1}^{\infty}\dfrac{1}{n}$ 发散,故级数 $\sum\limits_{n=1}^{\infty}\dfrac{2}{3n}$ 也发散,由比较审敛法得级数 $\sum\limits_{n=1}^{\infty}\dfrac{2n}{3n^2-2}$ 发散;

(2) 因为 $u_n=\left(\dfrac{n}{4n+1}\right)^n<\left(\dfrac{1}{4}\right)^n$,而等比级数 $\sum\limits_{n=1}^{\infty}\dfrac{1}{4^n}$ 收敛,由比较审敛法得级数 $\sum\limits_{n=1}^{\infty}\left(\dfrac{n}{4n+1}\right)^n$ 收敛.

例 2 讨论 p-级数

$$\sum_{n=1}^{\infty}\frac{1}{n^p}=1+\frac{1}{2^p}+\frac{1}{3^p}+\cdots+\frac{1}{n^p}+\cdots$$

的敛散性,其中 $p>0$.

欧拉与 p-级数

解 (1) 若 $0<p\leqslant 1$,则 $n^p\leqslant n$,可得$\dfrac{1}{n^p}\geqslant\dfrac{1}{n}$,又因调和级数 $\sum\limits_{n=1}^{\infty}\dfrac{1}{n}$ 发散,由定理 2 知 $\sum\limits_{n=1}^{\infty}\dfrac{1}{n^p}$ 发散;

(2) 若 $p>1$,则对于满足 $n-1\leqslant x\leqslant n$ 的 $x(n\geqslant 2)$,则有

$$(n-1)^p\leqslant x^p\leqslant n^p,$$

即

$$\frac{1}{x^p}\geqslant\frac{1}{n^p},$$

由此得

$$\frac{1}{n^p}=\int_{n-1}^{n}\frac{\mathrm{d}x}{n^p}\leqslant\int_{n-1}^{n}\frac{\mathrm{d}x}{x^p}.$$

因此 p-级数的前 n 项部分和

$$\begin{aligned}s_n&=1+\frac{1}{2^p}+\frac{1}{3^p}+\cdots+\frac{1}{n^p}\leqslant 1+\int_1^2\frac{1}{x^p}\mathrm{d}x+\int_2^3\frac{1}{x^p}\mathrm{d}x+\cdots+\int_{n-1}^{n}\frac{1}{x^p}\mathrm{d}x\\&=1+\int_1^n\frac{1}{x^p}\mathrm{d}x=1+\frac{1}{p-1}\left(1-\frac{1}{n^{p-1}}\right)<1+\frac{1}{p-1},\end{aligned}$$

这说明 p-级数的前 n 项部分和数列 $\{s_n\}$ 有界,由正项级数收敛的充分必要条件得 p-级数收敛.

综合以上讨论,**当 $0<p\leqslant 1$ 时,p-级数 $\sum\limits_{n=1}^{\infty}\dfrac{1}{n^p}$ 是发散的;当 $p>1$ 时,p-级数 $\sum\limits_{n=1}^{\infty}\dfrac{1}{n^p}$ 是收敛的.** p-级数是一个很重要的级数,在解题中往往会充当比较审敛法的比较对象,其他的比较对象还有几何级数等.

利用比较审敛法判别级数的敛散性,必须对该级数的一般项与一已知敛散性的级数(如 p-级数)的一般项比较大小,有时这样的比较较困难. 为了使用方便,下面以推论的形式给出比较审敛法的极限形式.

推论 2(比较审敛法的极限形式) 设 $\sum\limits_{n=1}^{\infty}u_n$, $\sum\limits_{n=1}^{\infty}v_n$ 为两个正项级数,如果两级数的通项 u_n, v_n 满足

$$\lim_{n\to\infty}\frac{u_n}{v_n}=l \quad (0<l<+\infty), \tag{9-5}$$

则级数$\sum\limits_{n=1}^{\infty}u_n$与$\sum\limits_{n=1}^{\infty}v_n$同时收敛或同时发散.

证　由极限的定义,取$\varepsilon=\frac{l}{2}$,存在着自然数$\mathbf{N}$,当$n>\mathbf{N}$时,有不等式

$$\left|\frac{u_n}{v_n}-l\right|<\frac{l}{2}$$

成立,由此可得$\frac{l}{2}<\frac{u_n}{v_n}<\frac{3l}{2}$,即$\frac{l}{2}\cdot v_n<u_n<\frac{3l}{2}\cdot v_n$,再由推论1即得结论.

例3　判别下列级数的敛散性:

(1) $\sum\limits_{n=1}^{\infty}n\sin\frac{1}{n^2}$;　　(2) $\sum\limits_{n=1}^{\infty}\frac{\sqrt{n}}{n^2+1}$.

解　(1) 因为$\lim\limits_{n\to\infty}\dfrac{n\sin\frac{1}{n^2}}{\frac{1}{n}}=1$,由于$\sum\limits_{n=1}^{\infty}\frac{1}{n}$发散,所以由推论2得级数$\sum\limits_{n=1}^{\infty}n\sin\frac{1}{n^2}$发散;

(2) 因为$\lim\limits_{n\to\infty}\dfrac{\frac{\sqrt{n}}{n^2+1}}{\frac{1}{n\sqrt{n}}}=1$,由于$\sum\limits_{n=1}^{\infty}\frac{1}{n\sqrt{n}}$收敛,所以由推论2得级数$\sum\limits_{n=1}^{\infty}\frac{\sqrt{n}}{n^2+1}$收敛.

例4　讨论级数$\sum\limits_{n=1}^{\infty}\frac{1}{1+a^n}(a>0)$的敛散性.

解　(1) 当$a>1$时,级数$\sum\limits_{n=1}^{\infty}\frac{1}{1+a^n}$的通项$\frac{1}{1+a^n}<\frac{1}{a^n}$,而$\sum\limits_{n=1}^{\infty}\frac{1}{a^n}$是一个公比为$\frac{1}{a}$的等比级数,且$\frac{1}{a}<1$,则$\sum\limits_{n=1}^{\infty}\frac{1}{a^n}$收敛,故级数$\sum\limits_{n=1}^{\infty}\frac{1}{1+a^n}$收敛;

(2) 当$a=1$时,级数$\sum\limits_{n=1}^{\infty}\frac{1}{1+a^n}$的通项$\frac{1}{1+a^n}=\frac{1}{2}$,且$\sum\limits_{n=1}^{\infty}\frac{1}{2}$发散,故级数$\sum\limits_{n=1}^{\infty}\frac{1}{1+a^n}$发散;

(3) 当$0<a<1$时,级数$\sum\limits_{n=1}^{\infty}\frac{1}{1+a^n}$的通项$\frac{1}{1+a^n}>\frac{1}{2}$,而$\sum\limits_{n=1}^{\infty}\frac{1}{2}$发散,故级数$\sum\limits_{n=1}^{\infty}\frac{1}{1+a^n}$发散.

例5　设$a_n\leqslant b_n\leqslant c_n(n=1,2,\cdots)$,且级数$\sum\limits_{n=1}^{\infty}a_n$和$\sum\limits_{n=1}^{\infty}c_n$都收敛,证明级数$\sum\limits_{n=1}^{\infty}b_n$收敛.

证　由$a_n\leqslant b_n\leqslant c_n(n=1,2,\cdots)$,可得$0\leqslant b_n-a_n\leqslant c_n-a_n$,因为级数$\sum\limits_{n=1}^{\infty}a_n$和$\sum\limits_{n=1}^{\infty}c_n$都收敛,所以由级数收敛的性质知正项级数$\sum\limits_{n=1}^{\infty}(c_n-a_n)$收敛,再由比较审敛法得正项级数$\sum\limits_{n=1}^{\infty}(b_n-a_n)$也收敛,而

$$\sum_{n=1}^{\infty}b_n=\sum_{n=1}^{\infty}[(b_n-a_n)+a_n],$$

因此级数$\sum_{n=1}^{\infty} b_n$ 收敛.

定理 3(比值审敛法,又称达朗贝尔审敛法) 若正项级数$\sum_{n=1}^{\infty} u_n$ 满足

$$\lim_{n\to\infty}\frac{u_{n+1}}{u_n}=\rho, \tag{9-6}$$

(1) 当 $\rho<1$ 时,级数$\sum_{n=1}^{\infty} u_n$ 收敛;

(2) 当 $\rho>1$(或 $\rho=+\infty$) 时,级数$\sum_{n=1}^{\infty} u_n$ 发散;

(3) 当 $\rho=1$ 时,级数$\sum_{n=1}^{\infty} u_n$ 的敛散性用此法无法判定.

证 (1) 当$\rho<1$时,则可取一足够小的正数ε,使得 $\rho+\varepsilon=r<1$. 又因$\lim\limits_{n\to\infty}\frac{u_{n+1}}{u_n}=\rho$,据极限的定义,对于正数$\varepsilon$,存在自然数 N,当 $n\geqslant N$ 时,使得

$$\left|\frac{u_{n+1}}{u_n}-\rho\right|<\varepsilon$$

成立,即

$$-\varepsilon+\rho<\frac{u_{n+1}}{u_n}<\varepsilon+\rho,$$

则有$\frac{u_{n+1}}{u_n}<\rho+\varepsilon=r$,得

$$u_{n+1}<r\cdot u_n \quad (n=N,N+1,N+2,\cdots),$$

即有

$$\begin{aligned}
&u_{N+1}<r\cdot u_N,\\
&u_{N+2}<r\cdot u_{N+1}<r^2\cdot u_N,\\
&u_{N+3}<r\cdot u_{N+2}<r^2\cdot u_{N+1}<r^3\cdot u_N,\\
&\cdots\cdots\\
&u_{N+k}<r^k\cdot u_N,\\
&\cdots\cdots
\end{aligned}$$

因$\sum_{k=1}^{\infty} r^k u_N$ 收敛,故$\sum_{k=1}^{\infty} u_{N+k}$ 收敛,再由级数的性质得$\sum_{n=1}^{\infty} u_n$ 收敛.

(2) 当 $\rho>1$ 时,存在充分小的正数ε,使得 $\rho-\varepsilon>1$,同上由极限定义,当$n>N$时,有

$$\frac{u_{n+1}}{u_n}>\rho-\varepsilon>1,$$

即 $u_{n+1}>u_n$,因此当$n>N$时,级数 $\sum_{n=N+1}^{\infty} u_n$ 的一般项是逐渐增大的,故它不趋向于零,由级数收敛的必要条件知$\sum_{n=1}^{\infty} u_n$ 发散.

(3) 当 $\rho=1$ 时,级数可能收敛,也可能发散.

如对于 p-级数$\sum_{n=1}^{\infty}\frac{1}{n^p}$,不论 p 取何值,总有

$$\lim_{n\to\infty}\frac{u_{n+1}}{u_n}=\lim_{n\to\infty}\frac{\frac{1}{(n+1)^p}}{\frac{1}{n^p}}=\lim_{n\to\infty}\left(\frac{n}{n+1}\right)^p=1,$$

但是该级数却在 $p>1$ 时收敛,在 $p\leqslant 1$ 时发散.

例 6 判别下列级数的敛散性:

(1) $\sum\limits_{n=1}^{\infty}\frac{1}{n!}$; (2) $\sum\limits_{n=1}^{\infty}\frac{n^n}{n!}$; (3) $\sum\limits_{n=1}^{\infty}\frac{1}{(2n-1)\cdot 2n}$.

解 (1) 由 $u_n=\frac{1}{n!}$,得

$$\rho=\lim_{n\to\infty}\frac{u_{n+1}}{u_n}=\lim_{n\to\infty}\frac{\frac{1}{(n+1)!}}{\frac{1}{n!}}=\lim_{n\to\infty}\frac{1}{n+1}=0<1,$$

由比值审敛法知级数 $\sum\limits_{n=1}^{\infty}\frac{1}{n!}$ 收敛;

(2) 由 $u_n=\frac{n^n}{n!}$,得

$$\rho=\lim_{n\to\infty}\frac{u_{n+1}}{u_n}=\lim_{n\to\infty}\frac{(n+1)^{n+1}\cdot n!}{n^n\cdot(n+1)!}=\lim_{n\to\infty}\left(1+\frac{1}{n}\right)^n=\mathrm{e}>1,$$

由比值审敛法知级数 $\sum\limits_{n=1}^{\infty}\frac{n^n}{n!}$ 发散;

(3) 由 $u_n=\frac{1}{(2n-1)\cdot 2n}$,得

$$\rho=\lim_{n\to\infty}\frac{u_{n+1}}{u_n}=\lim_{n\to\infty}\frac{(2n-1)\cdot 2n}{(2n+1)\cdot 2(n+1)}=1,$$

用比值审敛法无法确定该级数的敛散性.注意到 $2n>2n-1\geqslant n$,可得 $(2n-1)\cdot 2n>n^2$,即 $\frac{1}{(2n-1)\cdot 2n}<\frac{1}{n^2}$,而级数 $\sum\limits_{n=1}^{\infty}\frac{1}{n^2}$ 收敛,由比较审敛法知级数 $\sum\limits_{n=1}^{\infty}\frac{1}{(2n-1)\cdot 2n}$ 收敛.

定理 4*(根值审敛法或柯西审敛法) 若正项级数 $\sum\limits_{n=1}^{\infty}u_n$ 满足

$$\lim_{n\to\infty}\sqrt[n]{u_n}=\rho, \tag{9-7}$$

(1) 当 $\rho<1$ 时,级数 $\sum\limits_{n=1}^{\infty}u_n$ 收敛;

(2) 当 $\rho>1$(或 $\rho=+\infty$)时,级数 $\sum\limits_{n=1}^{\infty}u_n$ 发散;

(3) 当 $\rho=1$ 时,级数 $\sum\limits_{n=1}^{\infty}u_n$ 的敛散性用此法无法判定.

定理的证明从略,证明思路与比值审敛法的证明思路相同,读者可自行完成.

例 7 判别级数 $\sum\limits_{n=1}^{\infty}\frac{n^2}{\left(2+\frac{1}{n}\right)^n}$ 的敛散性.

正项级数的审敛法

解 由 $u_n=\frac{n^2}{\left(2+\frac{1}{n}\right)^n}$,得

$$\rho=\lim_{n\to\infty}\sqrt[n]{u_n}=\lim_{n\to\infty}\sqrt[n]{\frac{n^2}{\left(2+\frac{1}{n}\right)^n}}=\frac{1}{2}<1,$$

由根值审敛法得级数$\sum\limits_{n=1}^{\infty}\dfrac{n^2}{\left(2+\frac{1}{n}\right)^n}$收敛.

对于利用比值审敛法与根值审敛法失效的情形(当$\rho=1$时),其级数的敛散性应另寻他法加以判定,通常可用构造更精细的比较级数来判别,如例 6(3).

习题 9.2

1. 利用比较判别法及其极限形式判别下列正项级数的敛散性:

(1) $\sum\limits_{n=1}^{\infty}\dfrac{1}{\sqrt{n}}$; (2) $\sum\limits_{n=2}^{\infty}\dfrac{1}{(\ln n)^n}$; (3) $\sum\limits_{n=1}^{\infty}\dfrac{1}{\sqrt{n^4+5}}$;

(4) $\sum\limits_{n=1}^{\infty}\dfrac{n}{(2n-1)(n+2)}$; (5) $\sum\limits_{n=1}^{\infty}3^n\sin\dfrac{\pi}{5^n}$; (6) $\sum\limits_{n=1}^{\infty}\dfrac{\sqrt{n}}{n^2+6}$;

(7) $\sum\limits_{n=1}^{\infty}\dfrac{1}{\sqrt[n]{n+1}}$; (8) $\sum\limits_{n=1}^{\infty}\dfrac{1}{\sqrt{n\sqrt{n+1}}}$; (9) $\sum\limits_{n=2}^{\infty}\dfrac{1}{\sqrt{n}}\ln\dfrac{n+1}{n}$.

2. 用比值审敛法判定下列级数的收敛性:

(1) $\dfrac{5}{1\times2}+\dfrac{5^2}{2\times2^2}+\dfrac{5^3}{3\times2^3}+\cdots+\dfrac{5^n}{n\times2^n}+\cdots$;

(2) $\sum\limits_{n=1}^{\infty}\dfrac{n^2}{2^n}$; (3) $\sum\limits_{n=1}^{\infty}\dfrac{2^n\cdot n!}{n^n}$; (4) $\sum\limits_{n=1}^{\infty}n\tan\dfrac{\pi}{3^{n+1}}$;

(5) $\sum\limits_{n=1}^{\infty}\dfrac{(n+1)^3}{n!}$; (6) $\sum\limits_{n=1}^{\infty}\dfrac{(n!)^2}{4n^3}$; (7) $\sum\limits_{n=1}^{\infty}3^n\ln\left(1+\dfrac{1}{2^n}\right)$.

***3.** 用根值审敛法判定下列级数的收敛性:

(1) $\sum\limits_{n=1}^{\infty}\left(\dfrac{n}{2n+1}\right)^n$; (2) $\sum\limits_{n=1}^{\infty}\dfrac{1}{[\ln(n+1)]^n}$; (3) $\sum\limits_{n=1}^{\infty}\left(\dfrac{n}{3n-1}\right)^{2n-1}$;

(4) $\sum\limits_{n=1}^{\infty}\left(\dfrac{b}{a_n}\right)^n$, 其中$a_n\to a(n\to\infty)$且$a\neq b$, a_n, b, a均为正数.

4. 判定下列级数的收敛性:

(1) $\dfrac{3}{4}+2\left(\dfrac{3}{4}\right)^2+3\left(\dfrac{3}{4}\right)^3+\cdots+n\left(\dfrac{3}{4}\right)^n+\cdots$; (2) $\dfrac{1^4}{1!}+\dfrac{2^4}{2!}+\dfrac{3^4}{3!}+\cdots+\dfrac{n^4}{n!}+\cdots$;

(3) $\sum\limits_{n=1}^{\infty}\dfrac{n+1}{n(n+2)}$; (4) $\sum\limits_{n=1}^{\infty}2^n\sin\dfrac{\pi}{3^n}$;

(5) $\sqrt{2}+\sqrt{\dfrac{3}{2}}+\cdots+\sqrt{\dfrac{n+1}{n}}+\cdots$; (6) $\sum\limits_{n=1}^{\infty}\dfrac{3^n n!}{n^n}$;

(7) $\dfrac{1}{a+b}+\dfrac{1}{2a+b}+\cdots+\dfrac{1}{na+b}+\cdots\ (a>0,b>0)$;(8) $1+\dfrac{2}{3}+\dfrac{2^2}{3\times5}+\cdots+\dfrac{2^{n-1}}{3\times5\times\cdots\times(2n-1)}+\cdots$.

9.3 任意项级数及其审敛法

9.3.1 交错级数的收敛性

定义 4 级数中的各项是正、负交错的,即具有如下形式

$$\sum_{n=1}^{\infty}(-1)^{n-1}u_n \quad 或 \quad \sum_{n=1}^{\infty}(-1)^n u_n \tag{9-8}$$

的级数称为**交错级数**，其中 $u_n \geqslant 0(n=1,2,3,\cdots)$.

因两者的表示只差一个负号，它们的敛散性完全相同，故下面一般只讨论 $\sum_{n=1}^{\infty}(-1)^{n-1}u_n$ 这一形式.

定理 5(交错级数审敛法，又称莱布尼茨定理) 如果交错级数 $\sum_{n=1}^{\infty}(-1)^{n-1}u_n$ 满足条件

(1) $u_n \geqslant u_{n+1}(n=1,2,\cdots)$，　　(2) $\lim\limits_{n\to\infty}u_n=0$，

则交错级数 $\sum_{n=1}^{\infty}(-1)^{n-1}u_n$ 收敛，且收敛和 $s \leqslant u_1$，其余项 r_n 的绝对值 $|r_n| \leqslant u_{n+1}$.

证 (1) 先证 $\lim\limits_{n\to\infty}s_{2n}$ 存在.

级数 $\sum_{n=1}^{\infty}(-1)^{n-1}u_n$ 的前 $2n$ 项的部分和 s_{2n} 可表示为

$$s_{2n}=(u_1-u_2)+(u_3-u_4)+\cdots+(u_{2n-1}-u_{2n}), \tag{9-9}$$

莱布尼茨定理

或 $$s_{2n}=u_1-(u_2-u_3)-(u_4-u_5)-\cdots-(u_{2n-2}-u_{2n-1})-u_{2n}. \tag{9-10}$$

条件(1) $u_n \geqslant u_{n+1}$，即 $u_n-u_{n+1}\geqslant 0(n=1,2,\cdots)$ 及式(9-9)表明，数列 s_{2n} 是非负的且单调增加的；式(9-10)表明，$s_{2n}<u_1$，即数列 s_{2n} 有上界. 由单调有界准则知，当 n 无限增大时，s_{2n} 必有极限，不妨设为 s，显然 $s\leqslant u_1$，即

$$\lim_{n\to\infty}s_{2n}=s\leqslant u_1.$$

(2) 再证 $\lim\limits_{n\to\infty}s_{2n+1}=s$.

因 $s_{2n+1}=s_{2n}+u_{2n+1}$，由条件(2) $\lim\limits_{n\to\infty}u_{2n+1}=0$ 可知

$$\lim_{n\to\infty}s_{2n+1}=\lim_{n\to\infty}s_{2n}+\lim_{n\to\infty}u_{2n+1}=s+0=s,$$

前 $2n$ 项的部分和数列 s_{2n} 与前 $2n+1$ 项的部分和 s_{2n+1} 都趋向于同一极限 s，故级数的前 n 项部分和数列 s_n 在当 $n\to\infty$ 时的极限存在且仍为 s，且 $s\leqslant u_1$.

(3) 最后证明 $|r_n|\leqslant u_{n+1}$.

级数 $\sum_{n=1}^{\infty}(-1)^{n-1}u_n$ 的余项可以写成 $r_n=\pm(u_{n+1}-u_{n+2}+\cdots)$，其绝对值为

$$|r_n|=u_{n+1}-u_{n+2}+\cdots,$$

此式表明，其右端也是一个交错级数，且也满足此定理的两个条件，故 $|r_n|$ 应小于它的首项，即 $|r_n|\leqslant u_{n+1}$.

例 1 判别交错级数 $\sum_{n=1}^{\infty}(-1)^{n-1}\frac{1}{n}$ 的敛散性.

解 因为级数 $\sum_{n=1}^{\infty}(-1)^{n-1}\frac{1}{n}$ 的 u_n 满足

$$u_n=\frac{1}{n}>\frac{1}{n+1}=u_{n+1},$$

且 $$\lim_{n\to\infty}u_n=\lim_{n\to\infty}\frac{1}{n}=0$$

满足定理 5 的条件，故此交错级数收敛，并且其和 $s<1$.

例 2　判别交错级数 $\sum\limits_{n=1}^{\infty}(-1)^{n-1}\dfrac{\ln n}{n}$ 的敛散性.

解　因为级数 $\sum\limits_{n=1}^{\infty}(-1)^{n-1}\dfrac{\ln n}{n}$ 的 $u_n=\dfrac{\ln n}{n}$，令 $f(x)=\dfrac{\ln x}{x}$，当 $x>\mathrm{e}$ 时，有

$$f'(x)=\frac{1-\ln x}{x^2}<0,$$

所以当 $n>\mathrm{e}$ 时，数列 $\left\{\dfrac{\ln n}{n}\right\}$ 是递减数列. 利用洛必达法则，得

$$\lim_{n\to\infty}\frac{\ln n}{n}=\lim_{x\to+\infty}\frac{\ln x}{x}=\lim_{x\to+\infty}\frac{1}{x}=0,$$

满足定理 5 的条件，故此交错级数收敛.

9.3.2　任意项级数的绝对收敛与条件收敛

定义 5　如果级数 $\sum\limits_{n=1}^{\infty}u_n$ 中的每一项 $u_n(n=1,\ 2,\ \cdots)$ 为任意实数，则称该级数为**任意项级数**.

对于任意项级数，我们可以构造一个正项级数 $\sum\limits_{n=1}^{\infty}|u_n|$，通过级数 $\sum\limits_{n=1}^{\infty}|u_n|$ 的敛散性来判别级数 $\sum\limits_{n=1}^{\infty}u_n$ 的敛散性.

定理 6　如果级数 $\sum\limits_{n=1}^{\infty}|u_n|$ 收敛，则级数 $\sum\limits_{n=1}^{\infty}u_n$ 亦收敛.

任意项级数的审敛法

证　因级数 $\sum\limits_{n=1}^{\infty}|u_n|$ 收敛，令

$$v_n=\frac{1}{2}(u_n+|u_n|)\quad(n=1,2,\cdots),$$

显然 $v_n\geqslant 0$，且 $v_n\leqslant|u_n|$，由比较审敛法知正项级数 $\sum\limits_{n=1}^{\infty}v_n$ 收敛，从而 $\sum\limits_{n=1}^{\infty}2v_n$ 亦收敛；另外，$u_n=2v_n-|u_n|$，则由级数性质知级数 $\sum\limits_{n=1}^{\infty}u_n=\sum\limits_{n=1}^{\infty}(2v_n-|u_n|)$ 收敛.

定义 6　(1) 如果级数 $\sum\limits_{n=1}^{\infty}|u_n|$ 收敛，则称级数 $\sum\limits_{n=1}^{\infty}u_n$ **绝对收敛**；

(2) 如果级数 $\sum\limits_{n=1}^{\infty}|u_n|$ 发散，而级数 $\sum\limits_{n=1}^{\infty}u_n$ 收敛，则称级数 $\sum\limits_{n=1}^{\infty}u_n$ **条件收敛**.

例 3　讨论级数 $\sum\limits_{n=1}^{\infty}(-1)^{n-1}\dfrac{1}{\sqrt{n}}$ 的收敛性.

解　因级数 $\sum\limits_{n=1}^{\infty}\dfrac{1}{\sqrt{n}}$ 是 $p=\dfrac{1}{2}$ 的 p-级数，故而发散，而交错级数 $\sum\limits_{n=1}^{\infty}(-1)^{n-1}\dfrac{1}{\sqrt{n}}$ 可由交错级数审敛法知其是收敛的，故级数 $\sum\limits_{n=1}^{\infty}(-1)^{n-1}\dfrac{1}{\sqrt{n}}$ 不是绝对收敛，而是条件收敛.

例 4　判别任意项级数 $\sum\limits_{n=1}^{\infty} \dfrac{\sin(n\alpha)}{n^2}$，$\alpha \in (-\infty, +\infty)$ 的敛散性.

解　对级数的通项取绝对值,得

$$\left|\frac{\sin(n\alpha)}{n^2}\right| \leqslant \frac{1}{n^2},$$

而 $\sum\limits_{n=1}^{\infty} \dfrac{1}{n^2}$ 收敛,由比较审敛法知 $\sum\limits_{n=1}^{\infty} \left|\dfrac{\sin(n\alpha)}{n^2}\right|$ 亦收敛,再由定理 6 得级数 $\sum\limits_{n=1}^{\infty} \dfrac{\sin(n\alpha)}{n^2}$ 收敛,且绝对收敛.

定理 7　如果任意项级数 $\sum\limits_{n=1}^{\infty} u_n$ 满足条件

$$\lim_{n\to\infty}\left|\frac{u_{n+1}}{u_n}\right| = \rho,$$

则当 $\rho < 1$ 时,级数绝对收敛;当 $\rho > 1$(或为 $+\infty$) 时,级数发散.

证　当 $\rho < 1$ 时,由定理 3 知 $\sum\limits_{n=1}^{\infty} |u_n|$ 收敛,所以级数 $\sum\limits_{n=1}^{\infty} u_n$ 绝对收敛;

当 $\rho > 1$(或为 $+\infty$)时,正项级数 $\sum\limits_{n=1}^{\infty} |u_n|$ 的通项 $|u_n|$ 从某一项开始是单调增加的,可知 $\lim\limits_{n\to\infty} |u_n| \neq 0$,从而 $\lim\limits_{n\to\infty} u_n \neq 0$,因此级数 $\sum\limits_{n=1}^{\infty} u_n$ 发散.

例 5　判别级数 $\sum\limits_{n=1}^{\infty} (-1)^n n x^{2n}$ 的敛散性.

数项级数的审敛法小结

解　因为

$$\lim_{n\to\infty}\left|\frac{u_{n+1}}{u_n}\right| = \lim_{n\to\infty}\left|\frac{(-1)^{n+1}(n+1)x^{2(n+1)}}{(-1)^n n x^{2n}}\right| = |x|^2,$$

由定理 7 得,当 $|x|^2 < 1$,即 $-1 < x < 1$ 时,级数 $\sum\limits_{n=1}^{\infty} (-1)^n n x^{2n}$ 绝对收敛;当 $|x|^2 > 1$,即 $x < -1$ 或 $x > 1$ 时,级数发散.

当 $|x| = 1$ 时,因 $\lim\limits_{n\to\infty} u_n = \lim\limits_{n\to\infty} (-1)^n n \neq 0$,故级数发散.

在第 9.1 ~ 9.3 节中,我们较系统地讨论了常数项级数的敛散性的判别方法. 读者在运用这些方法时要注意以下几点:

(1) 首先考虑级数的通项是否趋于零. 若不趋于零,则可判定级数发散;若趋于零,则进入下一步.

(2) 注意级数是否为正项级数. 若是正项级数,则可利用比较审敛法及其极限形式、比值审敛法等判定其敛散性(选择合适的审敛法很重要);若不是正项级数,则先对级数的通项加绝对值后利用正项级数的审敛法判定,如收敛,则原级数为绝对收敛,如发散,则进入下一步.

(3) 此时可利用级数收敛的定义、性质或交错级数的审敛法判定级数是条件收敛或发散.

习题 9.3

1. 判别下列级数是否收敛,若收敛,则是绝对收敛还是条件收敛:

(1) $1-\frac{1}{\sqrt{2}}+\frac{1}{\sqrt{3}}-\frac{1}{\sqrt{4}}+\cdots$；

(2) $\sum_{n=1}^{\infty}(-1)^{n-1}\frac{n}{3^{n-1}}$；

(3) $\frac{1}{3}\cdot\frac{1}{2}-\frac{1}{3}\cdot\frac{1}{2^2}+\frac{1}{3}\cdot\frac{1}{2^3}-\frac{1}{3}\cdot\frac{1}{2^4}+\cdots$；

(4) $\frac{1}{\ln 2}-\frac{1}{\ln 3}+\frac{1}{\ln 4}-\frac{1}{\ln 5}+\cdots$；

(5) $\sum_{n=1}^{\infty}(-1)^{n+1}\frac{2^{n^2}}{n!}$；

(6) $\sum_{n=1}^{\infty}\frac{(-1)^{n-1}}{\ln\sqrt{n^2+2}}$；

(7) $\sum_{n=1}^{\infty}\frac{1}{n^2}\sin\frac{\alpha}{n}$（$\alpha$ 是任意常数）；

(8) $\sum_{n=1}^{\infty}(-1)^{n-1}\left(1-\cos\frac{a}{n}\right)^2$（$a$ 是任意常数）.

2. 设 a 是任意常数，判别级数 $\sum_{n=1}^{\infty}\frac{a^n}{1+a^{2n}}$ 的敛散性，当级数收敛时，其是否绝对收敛？是否条件收敛？

9.4 幂级数

前面三节讨论了常数项级数，本节将讨论一类特殊的函数项级数——幂级数. 幂级数在函数表示、函数逼近及数值计算等方面有着广泛的应用. 下面先简单介绍一般函数项级数的几个基本概念，然后讨论幂级数的收敛性及其运算性质.

9.4.1 函数项级数的一般概念

定义 7 设定义在区间 I 上的函数列为

$$u_1(x),\ u_2(x),\ \cdots,\ u_n(x),\ \cdots,$$

由该函数列构成的表达式

$$\sum_{n=1}^{\infty}u_n(x)=u_1(x)+u_2(x)+\cdots+u_n(x)+\cdots \tag{9-11}$$

称为**函数项级数**，而

$$s_n(x)=u_1(x)+u_2(x)+\cdots+u_n(x) \tag{9-12}$$

称为函数项级数(9－11)的**前 n 项部分和**.

对于确定的值 $x_0\in I$，若常数项级数

$$\sum_{n=1}^{\infty}u_n(x_0)=u_1(x_0)+u_2(x_0)+\cdots+u_n(x_0)+\cdots \tag{9-13}$$

收敛，则称函数项级数 $\sum_{n=1}^{\infty}u_n(x)$ 在点 x_0 收敛，点 x_0 称为函数项级数 $\sum_{n=1}^{\infty}u_n(x)$ 的**收敛点**；若 $\sum_{n=1}^{\infty}u_n(x_0)$ 发散，则称函数项级数 $\sum_{n=1}^{\infty}u_n(x)$ 在点 x_0 发散，点 x_0 称为函数项级数 $\sum_{n=1}^{\infty}u_n(x)$ 的**发散点**. 函数项级数 $\sum_{n=1}^{\infty}u_n(x)$ 的全体收敛点的集合称为它的**收敛域**，函数项级数 $\sum_{n=1}^{\infty}u_n(x)$ 的全体发散点的集合称为它的**发散域**.

设函数项级数 $\sum_{n=1}^{\infty}u_n(x)$ 的收敛域为 D，则对于 D 内任意一点 x，$\sum_{n=1}^{\infty}u_n(x)$ 收敛，其收敛和显然依赖于 x，即其收敛和应为 x 的函数，记为 $s(x)$. 函数 $s(x)$ 称为函数项级数 $\sum_{n=1}^{\infty}u_n(x)$ 的**和函数**. $s(x)$ 的定义域就是级数的收敛域，并记为

$$s(x)=u_1(x)+u_2(x)+\cdots+u_n(x)+\cdots,$$

在收敛域 D 上有 $\lim\limits_{n\to\infty}s_n(x)=s(x)$. 把 $r_n(x)=s(x)-s_n(x)$ 叫做函数项级数 $\sum\limits_{n=1}^{\infty}u_n(x)$ 的**余项**,对于收敛域上的每一点 x,有 $\lim\limits_{n\to\infty}r_n(x)=0$.

从以上的定义可知,函数项级数在区域上的敛散性问题是指在该区域上的每一点的敛散性,因而其实质还是常数项级数的敛散性问题. 因此,我们仍可以用函数项级数的审敛法来判别函数项级数的敛散性.

例 1 求函数项级数

$$\sum_{n=0}^{\infty}x^n=1+x+x^2+\cdots+x^n+\cdots$$

的发散域、收敛域及和函数.

解 因为这是一个以 x 为公比的等比级数,所以由第 9.1 节例 3 的结论可知,当 $|x|\geqslant 1$ 时,级数 $\sum\limits_{n=0}^{\infty}x^n$ 发散,当 $|x|<1$ 时,级数 $\sum\limits_{n=0}^{\infty}x^n$ 收敛. 因此该函数项级数的发散域为 $(-\infty,-1]\cup[1,+\infty)$,收敛域为 $(-1,1)$,且在收敛内的和函数 $s(x)$ 为 $\frac{1}{1-x}$,即

$$s(x)=\sum_{n=0}^{\infty}x^n=1+x+x^2+\cdots+x^n+\cdots=\frac{1}{1-x},x\in(-1,1).$$

此结果可作为公式使用.

9.4.2 幂级数及其收敛性

形如

$$\sum_{n=0}^{\infty}a_n(x-x_0)^n=a_0+a_1(x-x_0)+a_2(x-x_0)^2+\cdots+a_n(x-x_0)^n+\cdots \quad (9-14)$$

的函数项级数称为 $x-x_0$ 的幂级数,简称**幂级数**,其中常数 $a_0, a_1, a_2, \cdots, a_n, \cdots$ 称为幂级数的系数.

当 $x_0=0$ 时,幂级数具有最简形式

$$\sum_{n=0}^{\infty}a_nx^n=a_0+a_1x+a_2x^2+\cdots+a_nx^n+\cdots, \quad (9-15)$$

这种形式的幂级数称为 ***x* 的幂级数**. 如果做变换 $t=x-x_0$,则式(9-14)就转化为式(9-15). 因此,我们着重讨论形如式(9-15)的幂级数.

例 2 求下列幂级数的收敛域:

(1) $\sum\limits_{n=0}^{\infty}\frac{x^n}{n!}$; (2) $\sum\limits_{n=0}^{\infty}n!x^n$; (3) $\sum\limits_{n=1}^{\infty}\frac{n}{3^n}x^n$.

解 (1) 因为

$$\lim_{n\to\infty}\left|\frac{u_{n+1}(x)}{u_n(x)}\right|=\lim_{n\to\infty}\frac{|x|^{n+1}}{(n+1)!}\cdot\frac{n!}{|x|^n}=\lim_{n\to\infty}\frac{|x|}{n+1}=0<1,$$

所以由 9.3.2 中的定理 7 知,对于任意 $x\in(-\infty,+\infty)$,幂级数都绝对收敛. 因此,收敛域为 $(-\infty,+\infty)$.

(2) 因为

$$\lim_{n\to\infty}\left|\frac{u_{n+1}(x)}{u_n(x)}\right|=\lim_{n\to\infty}\frac{|x|^{n+1}}{n!}\cdot\frac{(n+1)!}{|x|^n}=\lim_{n\to\infty}(n+1)|x|,$$

所以当 $x \neq 0$ 时，都有 $\lim\limits_{n\to\infty}\left|\dfrac{u_{n+1}(x)}{u_n(x)}\right| = +\infty$，故由 9.3.2 中的定理 7 知，幂级数发散. 在 $x=0$ 处，幂级数收敛. 因此，收敛域为 $\{0\}$.

(3) 因为

$$\lim_{n\to\infty}\left|\frac{u_{n+1}(x)}{u_n(x)}\right| = \lim_{n\to\infty}\frac{(n+1)\ |x|^{n+1}}{3^{n+1}} \times \frac{3^n}{n\ |x|^n} = \frac{|x|}{3},$$

所以由 9.3.2 中定理 7 得，当 $\dfrac{|x|}{3}<1$，即 $-3<x<3$ 时，幂级数绝对收敛；当 $\dfrac{|x|}{3}>1$，即 $x<-3$ 或 $x>3$ 时，幂级数发散. 当 $x=-3$ 时，幂级数成为 $\sum\limits_{n=1}^{\infty}(-1)^n n$，发散；当 $x=3$ 时，幂级数成为 $\sum\limits_{n=1}^{\infty}n$，也发散. 因此，收敛域为 $(-3,3)$.

为了进一步讨论幂级数 $\sum\limits_{n=0}^{\infty}a_n x^n$ 的收敛域，我们介绍下面的定理.

定理 8(阿贝尔定理)

阿贝尔定理的几何意义

(1) 若幂级数 $\sum\limits_{n=0}^{\infty}a_n x^n$ 在点 $x_0(x_0\neq 0)$ 处收敛，则对于满足不等式 $|x|<|x_0|$ 的一切 x，幂级数 $\sum\limits_{n=0}^{\infty}a_n x^n$ 绝对收敛；

(2) 若幂级数 $\sum\limits_{n=0}^{\infty}a_n x^n$ 在点 $x_0(x_0\neq 0)$ 处发散，则对于满足不等式 $|x|>|x_0|$ 的一切 x，幂级数 $\sum\limits_{n=0}^{\infty}a_n x^n$ 发散.

证　(1) 先设 $x_0\neq 0$ 是幂级数 $\sum\limits_{n=0}^{\infty}a_n x^n$ 的收敛点，即级数 $\sum\limits_{n=0}^{\infty}a_n x_0^n$ 收敛，则由级数收敛的必要条件知 $\lim\limits_{n\to\infty}a_n x_0^n = 0$，则存在一个正数 M，使得

$$|a_n x_0^n| \leqslant M \quad (n=0,1,2,\cdots),$$

所以级数 $\sum\limits_{n=0}^{\infty}a_n x^n$ 的通项满足

$$|a_n x^n| = \left|a_n x_0^n \cdot \frac{x^n}{x_0^n}\right| = |a_n x_0^n| \cdot \left|\frac{x}{x_0}\right|^n \leqslant M \cdot \left|\frac{x}{x_0}\right|^n,$$

则当 $|x|<|x_0|$，即 $\left|\dfrac{x}{x_0}\right|<1$ 时，等比级数 $\sum\limits_{n=0}^{\infty}M\cdot\left|\dfrac{x}{x_0}\right|^n$ 收敛，由比较审敛法知级数 $\sum\limits_{n=0}^{\infty}|a_n x^n|$ 收敛，故幂级数 $\sum\limits_{n=0}^{\infty}a_n x^n$ 绝对收敛.

(2) 用反证法证明.

假设另有一点 x_1，满足 $|x_1|>|x_0|$，使得级数 $\sum\limits_{n=0}^{\infty}a_n x_1^n$ 收敛. 根据(1) 的结论，级数 $\sum\limits_{n=0}^{\infty}a_n x_0^n$ 也应收敛，这与定理的已知条件相矛盾，故结论(2) 成立.

阿贝尔定理表明：如果幂级数 $\sum\limits_{n=0}^{\infty}a_n x^n$ 在点 $x_0(x_0\neq 0)$ 处收敛，那么对于任意 $x\in(-|x_0|,$

$|x_0|$),幂级数 $\sum_{n=0}^{\infty} a_n x^n$ 都绝对收敛;如果幂级数 $\sum_{n=0}^{\infty} a_n x^n$ 在 x_0($x_0 \neq 0$)处发散,那么对于闭区间 $[-|x_0|, |x_0|]$ 外的任何 x,幂级数 $\sum_{n=0}^{\infty} a_n x^n$ 都发散. 所以根据定理 8,再结合例 2,可以得到以下结论.

幂级数 $\sum_{n=0}^{\infty} a_n x^n$ 的收敛性必为下列三种情况之一:

(1) 仅在 $x = 0$ 处收敛;

(2) 在 $(-\infty, +\infty)$ 内处处绝对收敛;

(3) 存在确定的正数 R,当 $|x| < R$ 时,绝对收敛,当 $|x| > R$ 时,级数发散.

对于情况(3),我们再做一些分析说明. 当幂级数 $\sum_{n=0}^{\infty} a_n x^n$ 不是仅在 $x = 0$ 处收敛,也不是在整个数轴上收敛,那么在数轴上既有不为零的收敛点,也有发散点. 于是,我们可以这样来寻找幂级数的收敛域与发散域. 首先从原点出发,沿数轴向右搜寻,最初只遇到收敛点,然后就只遇到发散点,设这两部分的分界点为 P,而点 P 可能是收敛点,也可能是发散点. 再从原点出发,沿数轴向左方搜寻,也可找到另一个分界点 P'. 由定理 8 可以证明,这两个分界点关于原点对称(图 9-2). 设 $|OP| = R$,即可得:当 $|x| < R$ 时,幂级数绝对收敛;当 $|x| > R$ 时,幂级数发散.

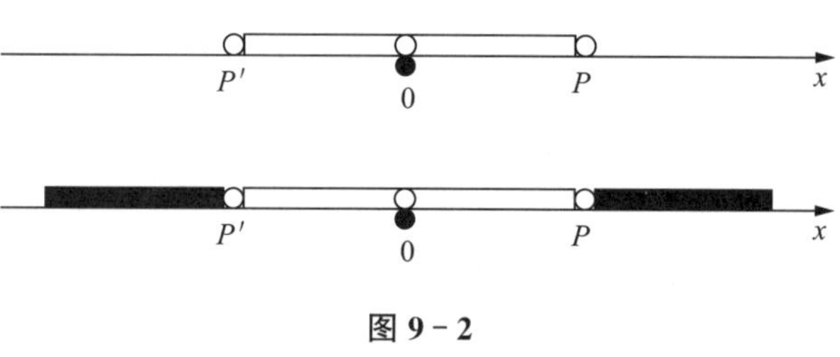

图 9-2

我们把情况(3)中的正数 R 叫做幂级数的**收敛半径**,$(-R, R)$ 称为幂级数的**收敛区间**. 在区间端点 $x = \pm R$ 处,幂级数的收敛性需另行讨论,幂级数 $\sum_{n=0}^{\infty} a_n x^n$ 的收敛域可能为 $(-R, R)$,$[-R, R)$,$(-R, R]$ 或 $[-R, R]$.

为统一起见,当幂级数只在 $x = 0$ 处收敛时,规定收敛半径 $R = 0$,收敛域为单点集 $\{0\}$;当幂级数在 $(-\infty, +\infty)$ 内处处绝对收敛时,规定收敛半径 $R = +\infty$,收敛域为 $(-\infty, +\infty)$.

下面我们给出求幂级数的收敛半径的方法.

定理 9 设幂级数 $\sum_{n=0}^{\infty} a_n x^n$ 的所有系数 $a_n \neq 0$,且

$$\lim_{n\to\infty} \left| \frac{a_{n+1}}{a_n} \right| = \rho.$$

(1) 当 $\rho \neq 0$ 时,该幂级数的收敛半径 $R = \dfrac{1}{\rho}$;

(2) 当 $\rho = 0$ 时,该幂级数的收敛半径 $R = +\infty$;

(3) 当 $\rho = +\infty$ 时,该幂级数的收敛半径 $R = 0$.

证 对幂级数 $\sum_{n=0}^{\infty} a_n x^n$ 的各项取绝对值,所成的级数为正项级数,利用比值审敛法有

$$\lim_{n\to\infty} \frac{|a_{n+1} x^{n+1}|}{|a_n x^n|} = \lim_{n\to\infty} \left| \frac{a_{n+1}}{a_n} \right| \cdot |x| = \rho |x|.$$

(1) 当 $\rho \neq 0$ 时,由第 9.3 节的定理 7 得,当 $\rho|x|<1$,即 $|x|<\frac{1}{\rho}$ 时,幂级数 $\sum_{n=0}^{\infty} a_n x^n$ 绝对收敛,当 $\rho|x|>1$,即 $|x|>\frac{1}{\rho}$ 时,幂级数 $\sum_{n=0}^{\infty} a_n x^n$ 发散,所以幂级数的收敛半径 $R=\frac{1}{\rho}$;

(2) 当 $\rho=0$ 时,对于任意的 $x \neq 0$,都有

$$\lim_{n\to\infty} \frac{|a_{n+1}x^{n+1}|}{|a_n x^n|}=0<1,$$

由第 9.3 节的定理 7 得,当 $x \neq 0$ 时,幂级数 $\sum_{n=0}^{\infty} a_n x^n$ 都绝对收敛,又 $x=0$ 一定是幂级数的收敛点,因此幂级数 $\sum_{n=0}^{\infty} a_n x^n$ 的收敛半径 $R=+\infty$;

(3) 当 $\rho=+\infty$ 时,对于任意的 $x \neq 0$,都有

$$\lim_{n\to\infty} \frac{|a_{n+1}x^{n+1}|}{|a_n x^n|}=+\infty,$$

所以当 $x \neq 0$ 时,幂级数 $\sum_{n=0}^{\infty} a_n x^n$ 都发散,因而幂级数 $\sum_{n=0}^{\infty} a_n x^n$ 只在 $x=0$ 处收敛,因此幂级数的收敛半径 $R=0$.

例 3　求下列幂级数的收敛半径、收敛区间和收敛域:

(1) $\sum_{n=1}^{\infty}(-1)^{n-1}\frac{1}{4^n \cdot n}x^n$;　(2) $\sum_{n=1}^{\infty}\frac{2n-1}{2^n}x^{2n-2}$;　(3) $\sum_{n=1}^{\infty}(-1)^n\frac{2^n}{\sqrt{n}}\left(x-\frac{1}{2}\right)^n$.

解　(1) 由 $a_n=(-1)^{n-1}\frac{1}{4^n \cdot n}$,得

$$\rho=\lim_{n\to\infty}\left|\frac{a_{n+1}}{a_n}\right|=\lim_{n\to\infty}\left|\frac{(-1)^n\frac{1}{4^{n+1}(n+1)}}{(-1)^{n-1}\frac{1}{4^n \cdot n}}\right|=\lim_{n\to\infty}\frac{n}{4(n+1)}=\frac{1}{4},$$

所以幂级数的收敛半径 $R=4$,收敛区间为 $(-4,4)$. 当 $x=-4$ 时,幂级数成为 $\sum_{n=1}^{\infty}\left(-\frac{1}{n}\right)$,显然是发散的;当 $x=4$ 时,幂级数成为 $\sum_{n=1}^{\infty}(-1)^{n-1}\frac{1}{n}$,这个交错项级数是收敛的. 因此,收敛域为 $(-4,4]$.

(2) 此幂级数缺少奇次项,不能直接用定理 9 的公式求收敛半径,下面用比值审敛法求收敛半径. 由 $u_n(x)=\frac{2n-1}{2^n}x^{2n-2}$,得

$$\lim_{n\to\infty}\left|\frac{u_{n+1}(x)}{u_n(x)}\right|=\lim_{n\to\infty}\frac{2n+1}{4n-2}|x|^2=\frac{1}{2}|x|^2,$$

由第 9.3 节的定理 7 得,当 $\frac{1}{2}|x|^2<1$,即 $|x|<\sqrt{2}$ 时,幂级数收敛;当 $\frac{1}{2}|x|^2>1$,即 $|x|>\sqrt{2}$ 时,幂级数发散.

对于左、右端点 $x=\pm\sqrt{2}$，此时幂级数成为 $\sum\limits_{n=1}^{\infty}\dfrac{2n-1}{2^n}(\pm\sqrt{2})^{2n-2}=\sum\limits_{n=1}^{\infty}\dfrac{2n-1}{2}$，显然是发散的，故收敛区间、收敛域为 $(-\sqrt{2},\sqrt{2})$，收敛半径为 $R=\sqrt{2}$.

(3) 由 $u_n=(-1)^n\dfrac{2^n}{\sqrt{n}}\left(x-\dfrac{1}{2}\right)^n$，得

$$\lim_{n\to\infty}\left|\frac{u_{n+1}(x)}{u_n(x)}\right|=\lim_{n\to\infty}\frac{2\sqrt{n}}{\sqrt{n+1}}\left|x-\frac{1}{2}\right|=2\left|x-\frac{1}{2}\right|,$$

由第 9.3 节的定理 7，得

当 $2\left|x-\dfrac{1}{2}\right|<1$，即 $0<x<1$ 时，幂级数收敛；

当 $2\left|x-\dfrac{1}{2}\right|>1$，即 $x<0$ 或 $x>1$ 时，幂级数发散.

对于左端点 $x=0$，此时幂级数成为 $\sum\limits_{n=1}^{\infty}(-1)^n\dfrac{2^n}{\sqrt{n}}\left(-\dfrac{1}{2}\right)^n=\sum\limits_{n=1}^{\infty}\dfrac{1}{\sqrt{n}}$，显然是发散的；对于右端点 $x=1$，此时幂级数成为 $\sum\limits_{n=1}^{\infty}(-1)^n\dfrac{2^n}{\sqrt{n}}\left(1-\dfrac{1}{2}\right)^n=\sum\limits_{n=1}^{\infty}(-1)^n\dfrac{1}{\sqrt{n}}$，是收敛的. 故收敛区间为 $(0,1)$，收敛域为 $(0,1]$，收敛半径为 $R=\dfrac{1}{2}$.

一般地，对于幂级数 $\sum\limits_{n=0}^{\infty}a_n(x-x_0)^n$，如果 $\lim\limits_{n\to\infty}\left|\dfrac{a_{n+1}}{a_n}\right|=\rho$，则 $R=\dfrac{1}{\rho}$ 是该幂级数的收敛半径，以点 x_0 为中心的对称区间 (x_0-R,x_0+R) 为该幂级数的收敛区间.

幂级数的收敛半径、收敛区间和收敛域

***例 4** 求函数项级数 $\sum\limits_{n=1}^{\infty}n2^{2n}(1-x)^n x^n$ 的收敛域.

解 当然此问题可用例 2 的方法求解，现介绍另一种方法.

令 $t=(1-x)x$，则原函数项级数变成了幂级数 $\sum\limits_{n=1}^{\infty}n2^{2n}t^n$，因 $a_n=n2^{2n}$，则

$$\rho=\lim_{n\to\infty}\left|\frac{(n+1)2^{2(n+1)}}{n2^{2n}}\right|=\lim_{n\to\infty}\frac{4(n+1)}{n}=4,$$

故幂级数 $\sum\limits_{n=1}^{\infty}n2^{2n}t^n$ 的收敛半径为 $R_t=\dfrac{1}{4}$.

当 $t=-\dfrac{1}{4}$ 时，幂级数成为 $\sum\limits_{n=1}^{\infty}n2^{2n}\left(-\dfrac{1}{4}\right)^n=\sum\limits_{n=1}^{\infty}(-1)^n n$，它是发散的；当 $t=\dfrac{1}{4}$ 时，幂级数成为 $\sum\limits_{n=1}^{\infty}n2^{2n}\left(\dfrac{1}{4}\right)^n=\sum\limits_{n=1}^{\infty}n$，它也是发散的.

故幂级数 $\sum\limits_{n=1}^{\infty}n2^{2n}t^n$ 的收敛区间为 $-\dfrac{1}{4}<t<\dfrac{1}{4}$，即 $-\dfrac{1}{4}<(1-x)x<\dfrac{1}{4}$，解得原函数项级数 $\sum\limits_{n=1}^{\infty}n2^{2n}(1-x)^n x^n$ 的收敛域为 $\left(\dfrac{1-\sqrt{2}}{2},\dfrac{1}{2}\right)\cup\left(\dfrac{1}{2},\dfrac{1+\sqrt{2}}{2}\right)$.

9.4.3 幂级数的运算性质

下面我们不加证明地给出幂级数的一些运算性质及分析性质.

性质 6(加法和减法运算)　设幂级数 $\sum_{n=0}^{\infty} a_n x^n$ 和 $\sum_{n=0}^{\infty} b_n x^n$ 的收敛区间分别为 $(-R_1, R_1)$ 与 $(-R_2, R_2)$，则当 $|x| < R$ 时，

$$\sum_{n=0}^{\infty} a_n x^n \pm \sum_{n=0}^{\infty} b_n x^n = \sum_{n=0}^{\infty} (a_n \pm b_n) x^n,$$

其中 $R = \min\{R_1, R_2\}$.

性质 7(乘法运算)　设幂级数 $\sum_{n=0}^{\infty} a_n x^n$ 和 $\sum_{n=0}^{\infty} b_n x^n$ 的收敛区间分别为 $(-R_1, R_1)$ 与 $(-R_2, R_2)$，则当 $|x| < R$ 时，

$$\left(\sum_{n=0}^{\infty} a_n x^n\right) \cdot \left(\sum_{n=0}^{\infty} b_n x^n\right) = \sum_{n=0}^{\infty} c_n x^n,$$

其中 $R = \min\{R_1, R_2\}$，$c_n = a_0 b_n + a_1 b_{n-1} + \cdots + a_n b_0$.

性质 8(连续性)　幂级数 $\sum_{n=0}^{\infty} a_n x^n$ 的和函数 $s(x)$ 在收敛域 D 上连续.

性质 9(可导性)　幂级数 $\sum_{n=0}^{\infty} a_n x^n$ 的和函数 $s(x)$ 在收敛区间 $(-R, R)$ 内可导，且有逐项求导公式

$$s'(x) = \left(\sum_{n=0}^{\infty} a_n x^n\right)' = \sum_{n=0}^{\infty} (a_n x^n)' = \sum_{n=1}^{\infty} n \cdot a_n x^{n-1},\ x \in (-R, R).$$

性质 10(可积性)　幂级数 $\sum_{n=0}^{\infty} a_n x^n$ 的和函数 $s(x)$ 在收敛区间 $(-R, R)$ 内可积，且有逐项可积公式

$$\int_0^x s(x)\mathrm{d}x = \int_0^x \left(\sum_{n=0}^{\infty} a_n x^n\right)\mathrm{d}x = \sum_{n=0}^{\infty} \int_0^x a_n x^n \mathrm{d}x = \sum_{n=0}^{\infty} \frac{a_n}{n+1} x^{n+1},\ x \in (-R, R).$$

要注意的是，利用幂级数的可导性与可积性所得的新级数的收敛区间不变，收敛域会改变. 例如，例 2 中的级数 $\sum_{n=1}^{\infty} (-1)^{n-1} \frac{x^n}{n}$ 的收敛域为 $(-1, 1]$，而级数 $\sum_{n=1}^{\infty} (-1)^{n-1} x^{n-1}$ 的收敛域为 $(-1, 1)$.

上述的性质 9 和性质 10 常用于求幂级数的和函数及数项级数的和.

例 5　求幂级数 $\sum_{n=1}^{\infty} (-1)^{n-1} \frac{x^n}{n}$ 的和函数及数项级数 $\sum_{n=1}^{\infty} (-1)^{n-1} \frac{1}{n}$ 的和.

解　由例 2(1) 可知，幂级数 $\sum_{n=1}^{\infty} (-1)^{n-1} \frac{x^n}{n}$ 的收敛域为 $(-1, 1]$，设它的和函数为 $s(x)$，即

$$s(x) = \sum_{n=1}^{+\infty} (-1)^{n-1} \frac{x^n}{n} = x - \frac{x^2}{2} + \frac{x^3}{3} - \frac{x^4}{4} + \cdots + (-1)^{n-1} \frac{x^n}{n} + \cdots, x \in (-1, 1].$$

当 $x \in (-1, 1)$ 时，根据性质 9，得

$$\begin{aligned} s'(x) &= \left(\sum_{n=1}^{+\infty} (-1)^{n-1} \frac{x^n}{n}\right)' = \sum_{n=1}^{+\infty} \left((-1)^{n-1} \frac{x^n}{n}\right)' = \sum_{n=1}^{+\infty} (-1)^{n-1} x^{n-1} \\ &= 1 - x + x^2 - \cdots + (-1)^{n-1} x^{n-1} + \cdots \end{aligned}$$

$$=\frac{1}{1-(-x)}=\frac{1}{1+x},x\in(-1,1),$$

对上式从 0 到 x 积分,得

$$s(x)=\int_0^x\frac{1}{1+x}\mathrm{d}x=\ln(1+x),x\in(-1,1).$$

由性质 8 可知,幂级数的和函数 $s(x)$ 在收敛域$(-1,1]$上连续,所以有

$$s(1)=\lim_{x\to1^-}s(x)=\lim_{x\to1^-}\ln(1+x)=\ln 2,$$

因此　　$$s(x)=\ln(1+x),x\in(-1,1].$$

又因为当 $x=1$ 时,幂级数 $\sum\limits_{n=1}^{\infty}(-1)^{n-1}\frac{x^n}{n}$ 为级数 $\sum\limits_{n=1}^{\infty}(-1)^{n-1}\frac{1}{n}$,所以级数 $\sum\limits_{n=1}^{\infty}(-1)^{n-1}\frac{1}{n}$ 是收敛的,且其和为 $s(1)$,即

幂级数的和函数的计算方法

$$\sum_{n=1}^{\infty}(-1)^{n-1}\frac{1}{n}=s(1)=\ln(1+1)=\ln 2.$$

例 6　求幂级数 $\sum\limits_{n=1}^{\infty}nx^n$ 的和函数及数项级数 $\sum\limits_{n=1}^{\infty}\frac{n}{2^n}$ 的和.

解　易知幂级数的收敛域为$(-1,1)$,设和函数为 $s(x)$,因为

$$\sum_{n=1}^{+\infty}nx^n=x\sum_{n=1}^{+\infty}nx^{n-1},$$

所以下面先求幂级数 $\sum\limits_{n=1}^{+\infty}nx^{n-1}$ 的和函数 $s_1(x)$. 显然它的收敛域也为$(-1,1)$,由幂级数在收敛区间内求导与求和可交换次序,得

$$s_1(x)=\sum_{n=1}^{+\infty}nx^{n-1}=\sum_{n=1}^{+\infty}(x^n)'=\Big(\sum_{n=1}^{+\infty}x^n\Big)'=\left(\frac{x}{1-x}\right)'$$
$$=\frac{1}{(1-x)^2},x\in(-1,1).$$

所以原幂级数的和函数 $s(x)=x\cdot s_1(x)=\frac{x}{(1-x)^2}$,即

$$s(x)=\sum_{n=1}^{\infty}nx^n=\frac{x}{(1-x)^2}\quad x\in(-1,1).$$

将 $x=\frac{1}{2}$ 代入,得

$$\sum_{n=1}^{\infty}\frac{n}{2^n}=s\left(\frac{1}{2}\right)=2.$$

习题 9.4

1. 求下列幂级数的收敛半径、收敛区间和收敛域:

(1) $\sum\limits_{n=1}^{\infty}\frac{x^n}{2^n\cdot n}$;　(2) $\sum\limits_{n=1}^{\infty}\frac{4^n+(-5)^n}{n}x^n$;　(3) $\sum\limits_{n=1}^{\infty}\frac{n^k}{n!}x^n$($k$ 为常数);

(4) $\sum\limits_{n=1}^{\infty}\frac{(n!)^2}{(2n)!}x^n$;　(5) $\sum\limits_{n=1}^{\infty}\frac{\lambda^n}{n^2+1}x^n$;　(6) $\sum\limits_{n=1}^{\infty}\frac{(-1)^{n-1}}{4^n\sqrt{n}}(x-3)^n$;

(7) $\sum_{n=1}^{\infty}\frac{1}{3^n(2n+1)}(x+3)^n$；　(8) $\sum_{n=1}^{\infty}\frac{(-1)^{n-1}}{3n-2}(x-2)^{2n+1}$；　(9) $\sum_{n=1}^{+\infty}\frac{x^{2n}}{3^n(n+1)}$.

2. 已知幂级数$\sum_{n=1}^{\infty}a_n(x-2)^n$在$x=0$处收敛，在$x=4$处发散，求幂级数$\sum_{n=1}^{\infty}a_nx^n$的收敛半径和收敛域.

3. 求下列幂级数的和函数：

(1) $\sum_{n=1}^{\infty}nx^{n-1}$；　(2) $\sum_{n=1}^{\infty}\frac{1}{2n-1}x^{2n-1}$；　(3) $\sum_{n=1}^{\infty}\frac{2n}{3^n}x^{2n-1}$.

4. 利用幂级数的和函数求下列数项级数的和：

(1) $\sum_{n=1}^{\infty}\frac{(-1)^{n-1}}{2n-1}$；　(2) $\sum_{n=0}^{\infty}\frac{n+1}{2^n}$；　(3) $\sum_{n=1}^{\infty}\frac{(-1)^{n-1}}{n(2n-1)3^n}$.

9.5 函数展开成幂级数

前面我们讨论了幂级数的收敛域问题和幂级数的性质，以及利用性质求和函数的问题. 实际中也常遇到相反的问题，即给定的函数$f(x)$能否在某个区间内用幂级数表示，如能表示，则如何表示？这就是函数的幂级数展开问题，该问题无论在理论上还是在应用中都具有重要的价值.

9.5.1 泰勒级数

第4章中我们讨论过函数$f(x)$的n阶泰勒中值公式，也就是如果函数$f(x)$在含有x_0的某个开区间(a,b)内具有直到$n+1$阶导数，那么对任一$x\in(a,b)$，有

$$f(x)=P_n(x)+R_n(x),$$

其中$P_n(x)=\sum_{k=0}^{n}\frac{f^{(k)}(x_0)}{k!}(x-x_0)^k$称为$n$次泰勒多项式，$R_n(x)=\frac{f^{(n+1)}(\xi)}{(n+1)!}(x-x_0)^{n+1}$($\xi$介于$x$与$x_0$之间)称为拉格朗日型余项.

如果函数$f(x)$具有任意阶的导数，让$P_n(x)=\sum_{k=0}^{n}\frac{f^{(k)}(x_0)}{k!}(x-x_0)^k$中的$n$无限地增大，那么这个多项式就成了一个$x-x_0$的幂级数.

定义 8 如果$f(x)$在包含$x=x_0$的区间(a,b)内具有任意阶的导数，则称下列幂级数

$$\sum_{k=0}^{\infty}\frac{f^{(k)}(x_0)}{k!}(x-x_0)^k=f(x_0)+\frac{f'(x_0)}{1!}(x-x_0)+\frac{f''(x_0)}{2!}(x-x_0)^2+\cdots+\frac{f^{(n)}(x_0)}{n!}(x-x_0)^n+\cdots \tag{9-16}$$

为函数$f(x)$在$x=x_0$处的**泰勒(Taylor)级数**.

当$x_0=0$时，幂级数

$$\sum_{k=0}^{\infty}\frac{f^{(k)}(0)}{k!}x^k=f(0)+\frac{f'(0)}{1!}x+\frac{f''(0)}{2!}x^2+\cdots+\frac{f^{(n)}(0)}{n!}x^n+\cdots \tag{9-17}$$

称为函数$f(x)$的**麦克劳林(Maclaurin)级数**.

例 1 写出函数$f(x)=\mathrm{e}^x$的麦克劳林级数.

解 因为

$$f^{(n)}(x)=\mathrm{e}^x\ (n=0,1,2,3,\cdots),$$

所以
$$f^{(n)}(0)=1(n=0,1,2,3,\cdots).$$
把 e^x 在 $x=0$ 处的各阶导数值代入式(9-17),得函数 $f(x)=e^x$ 的麦克劳林级数为
$$1+x+\frac{x^2}{2!}+\cdots+\frac{x^n}{n!}+\cdots=\sum_{n=0}^{\infty}\frac{x^n}{n!}.$$

例 2 写出函数 $f(x)=\frac{1}{x}$ 在 $x=1$ 处的泰勒级数.

解 因为
$$f^{(n)}(x)=\left(\frac{1}{x}\right)^{(n)}=(-1)^n\frac{n!}{x^{n+1}}(n=0,1,2,3,\cdots),$$
所以
$$f^{(n)}(1)=(-1)^n n!(n=0,1,2,3,\cdots).$$
把 $\frac{1}{x}$ 在 $x=1$ 处的各阶导数值代入式(9-16),得函数 $f(x)=\frac{1}{x}$ 在 $x=1$ 处的泰勒级数为
$$1-(x-1)+(x-1)^2+\cdots+(-1)^n(x-1)^n+\cdots=\sum_{n=0}^{\infty}(-1)^n(x-1)^n.$$

由函数的泰勒级数的概念和上述例子我们可以知道,只要 $f(x)$ 在包含点 x_0 的区间 (a,b) 内具有任意阶的导数,我们就可以在形式上写出 $f(x)$ 在 $x=x_0$ 处的泰勒级数.但该泰勒级数在 (a,b) 内是否收敛?若收敛,则是否收敛到 $f(x)$?我们利用泰勒公式来回答这两个问题.

如果我们用 $s_{n+1}(x)$ 表示 $f(x)$ 在 $x=x_0$ 处的泰勒级数式(9-16)的前 $n+1$ 的和,则 $s_{n+1}(x)$ 就是 $f(x)$ 的 n 阶泰勒公式中的泰勒多项式 $P_n(x)$.所以有
$$f(x)=s_{n+1}(x)+R_n(x),$$
其中 $R_n(x)$ 为 $f(x)$ 的 n 阶泰勒公式中的余项.由此可知,在包含点 x_0 的区间 (a,b) 内,如果
$$\lim_{n\to\infty}R_n(x)=0,$$
则有
$$\lim_{n\to\infty}s_{n+1}(x)=\lim_{n\to\infty}[f(x)-R_n(x)]=f(x)-\lim_{n\to\infty}R_n(x)=f(x).$$
也就是说,这时 $f(x)$ 在 $x=x_0$ 处的泰勒级数式(9-16)收敛,其和为 $f(x)$.

反之,如果 $f(x)$ 在 $x=x_0$ 处的泰勒级数式(9-16)收敛,其和为 $f(x)$,即
$$\lim_{n\to\infty}s_{n+1}(x)=f(x),$$
则
$$\lim_{n\to\infty}R_n(x)=\lim_{n\to\infty}[f(x)-s_{n+1}(x)]=f(x)-\lim_{n\to\infty}s_{n+1}(x)=0.$$

从上述讨论,我们可以得到如下定理.

定理 10 设在包含点 x_0 的区间 (a,b) 内,$f(x)$ 具有任意阶的导数,则函数 $f(x)$ 在 $x=x_0$ 处的泰勒级数式(9-16)收敛,其和为 $f(x)$ 的充分必要条件是函数 $f(x)$ 的泰勒公式中的余项 $R_n(x)$,当 $n\to\infty$ 时的极限为零,即
$$\lim_{n\to\infty}R_n(x)=0.$$

如果函数 $f(x)$ 的泰勒级数收敛,其和为 $f(x)$,即
$$\begin{aligned}f(x)&=\sum_{n=0}^{\infty}\frac{f^{(n)}(x_0)}{n!}(x-x_0)^n\\&=f(x_0)+\frac{f'(x_0)}{1!}(x-x_0)+\frac{f''(x_0)}{2!}(x-x_0)^2+\cdots+\frac{f^{(n)}(x_0)}{n!}(x-x_0)^n+\cdots,\end{aligned}\tag{9-18}$$
我们就说**函数 $f(x)$ 在 $x=x_0$ 处可展开成泰勒级数**,并称式(9-18)为函数 $f(x)$ 在 $x=x_0$ 处

的泰勒展开式.

特别地,当 $x_0=0$ 时,如果

$$f(x)=\sum_{n=0}^{\infty}\frac{f^{(n)}(0)}{n!}x^n=f(0)+\frac{f'(0)}{1!}x+\frac{f''(0)}{2!}x^2+\cdots+\frac{f^{(n)}(0)}{n!}x^n+\cdots, \tag{9-19}$$

我们就说**函数 $f(x)$ 可展开成麦克劳林级数**,并称式(9-19)为函数 $f(x)$ 的麦克劳林展开式.

定理 11　如果函数 $f(x)$ 在包含 0 的区间 (a,b) 内可展开成 x 的幂级数,那么这种展开式是唯一的,它一定是 $f(x)$ 的麦克劳林展开式.

证　设 $f(x)$ 在包含 0 的区间 (a,b) 内可展开成 x 的幂级数,即

$$f(x)=a_0+a_1x+a_2x^2+\cdots+a_nx^n+\cdots,$$

对一切 $x\in(a,b)$ 都成立,其中 $a_n(n=0,1,2,\cdots)$ 是常数. 根据幂级数在收敛区间内可以逐项求导,有

$$f'(x)=a_1+2a_2x+3a_3x^2+\cdots+n\cdot a_nx^{n-1}+\cdots,$$
$$f''(x)=2!a_2+3\cdot 2a_3x+\cdots+n\cdot(n-1)a_nx^{n-2}+\cdots,$$
$$f'''(x)=3!a_3+\cdots+n(n-1)(n-2)a_nx^{n-3}+\cdots,$$
$$\cdots\cdots$$
$$f^{(n)}(x)=n!a_n+(n+1)\cdot n(n-1)+\cdots+2a_{n+1}x+\cdots,$$
$$\cdots\cdots$$

把 $x=0$ 代入以上各式,得

$$f(0)=a_0,\ f'(0)=a_1,\ f''(0)=2!a_2,\ \cdots,\ f^{(n)}(0)=n!a_n,\ \cdots,$$

从而得
$$a_0=f(0),\ a_1=\frac{f'(0)}{1!},\ a_2=\frac{f''(0)}{2!},\ \cdots,\ a_n=\frac{f^{(n)}(0)}{n!},\ \cdots,$$

所以函数 $f(x)$ 展开成 x 的幂级数为

$$f(x)=f(0)+\frac{f'(0)}{1!}x+\frac{f''(0)}{2!}x^2+\cdots+\frac{f^{(n)}(0)}{n!}x^n+\cdots.$$

这就是函数 $f(x)$ 的麦克劳林展开式.

同理可证,如果函数 $f(x)$ 在包含 x_0 的区间 (a,b) 可展开成 $x-x_0$ 的幂级数,那么这种展开式也是唯一的,一定是 $f(x)$ 在 $x=x_0$ 处的泰勒级数.

9.5.2　函数展开成幂级数的方法

1. 直接展开法

从以上的讨论知,将函数 $f(x)$ 展开成麦克劳林级数可按以下步骤进行:

(1) 计算 $f^{(n)}(0)(n=1,2,3,\cdots)$,若函数的某阶导数不存在,则不能展开;

(2) 写出对应的麦克劳林级数

$$f(0)+\frac{f'(0)}{1!}x+\frac{f''(0)}{2!}x^2+\cdots+\frac{f^{(n)}(0)}{n!}x^n+\cdots,$$

并求得其收敛区间 $(-R,\ R)$;

(3) 验证当 $x\in(-R,\ R)$ 时,函数 $f(x)$ 的拉格朗日型余项

$$R_n(x)=\frac{f^{(n+1)}(\theta\cdot x)}{(n+1)!}x^{n+1}\quad(0<\theta<1),$$

当 $n\to\infty$ 时是否趋向于零. 若 $\lim\limits_{n\to\infty} R_n(x)=0$，则(2)写得的级数就是函数 $f(x)$ 的麦克劳林展开式；若 $\lim\limits_{n\to\infty} R_n(x)\neq 0$，则函数 $f(x)$ 无法展开成麦克劳林级数.

下面我们先讨论几个基本初等函数的麦克劳林级数.

例 3 将函数 $f(x)=\mathrm{e}^x$ 展开成麦克劳林级数.

解 由例 1 可知，函数 e^x 的麦克劳林级数为

$$1+\frac{x}{1!}+\frac{x^2}{2!}+\cdots+\frac{x^n}{n!}+\cdots,$$

又因为

$$\rho=\lim_{n\to\infty}\left|\frac{a_{n+1}}{a_n}\right|=\lim_{n\to\infty}\left|\frac{\frac{1}{(n+1)!}}{\frac{1}{n!}}\right|=\lim_{n\to\infty}\frac{1}{n+1}=0,$$

故收敛半径 $R=+\infty$，收敛区间为 $(-\infty,+\infty)$.

对于任意 $x\in(-\infty,+\infty)$，e^x 的麦克劳林级数的余项满足

$$|R_n(x)|=\left|\frac{\mathrm{e}^{\theta\cdot x}}{(n+1)!}\cdot x^{n+1}\right|\leqslant \mathrm{e}^{|x|}\cdot\frac{|x|^{n+1}}{(n+1)!}\quad(0<\theta<1),$$

其中 $\mathrm{e}^{|x|}$ 是与 n 无关的有限数.

考虑辅助级数 $\sum\limits_{n=1}^{\infty}\dfrac{|x|^{n+1}}{(n+1)!}$ 的敛散性，由比值审敛法知

$$\lim_{n\to\infty}\left|\frac{u_{n+1}(x)}{u_n(x)}\right|=\lim_{n\to\infty}\left|\frac{|x|^{n+2}}{(n+2)!}\Big/\frac{|x|^{n+1}}{(n+1)!}\right|=\lim_{n\to\infty}\frac{|x|}{n+2}=0,$$

故级数 $\sum\limits_{n=1}^{\infty}\dfrac{|x|^{n+1}}{(n+1)!}$ 收敛，由级数收敛的必要条件知

$$\lim_{n\to\infty}\frac{|x|^{n+1}}{(n+1)!}=0,$$

因此

$$\lim_{n\to\infty}R_n(x)=0,$$

故

$$\mathrm{e}^x=1+\frac{x}{1!}+\frac{x^2}{2!}+\cdots+\frac{x^n}{n!}+\cdots\ (-\infty<x<+\infty),\tag{9-20}$$

或记作

$$\mathrm{e}^x=\sum_{n=0}^{+\infty}\frac{x^n}{n!}(-\infty<x<+\infty).$$

例 4 将函数 $f(x)=\sin x$ 在 $x=0$ 处展开成幂级数.

解 因为 $f^{(n)}(x)=\sin\left(x+n\cdot\dfrac{\pi}{2}\right)(n=0,1,2,\cdots)$，所以

$$f^{(n)}(0)=\sin\left(n\cdot\frac{\pi}{2}\right)=\begin{cases}0, & n=0,2,4,\cdots,\\(-1)^{\frac{n-1}{2}}, & n=1,3,5,\cdots,\end{cases}$$

于是对应于 $\sin x$ 的幂级数为

$$\frac{x}{1!}-\frac{x^3}{3!}+\frac{x^5}{5!}-\cdots+(-1)^{n-1}\frac{x^{2n-1}}{(2n-1)!}+\cdots,$$

易求出该幂级数的收敛半径为 $R=+\infty$.

对于任意的 $x\in(-\infty,+\infty)$，$\sin x$ 的麦克劳林展开式的余项 $R_n(x)$ 满足

$$|R_n(x)|=\left|\frac{\sin\left(\theta x+\frac{(n+1)\pi}{2}\right)}{(n+1)!}\cdot x^{n+1}\right|\leqslant\frac{|x|^{n+1}}{(n+1)!}\quad(0<\theta<1).$$

因对于任意的 $x\in(-\infty,+\infty)$，级数 $\sum\limits_{n=0}^{\infty}\dfrac{|x|^{n+1}}{(n+1)!}$ 收敛，由级数收敛的必要条件知

$$\lim_{n\to\infty}\frac{|x|^{n+1}}{(n+1)!}=0,$$

故

$$\lim_{n\to\infty}R_n(x)=0.$$

最后，我们得到 $\sin x$ 的麦克劳林展开式为

$$\sin x=\frac{x}{1!}-\frac{x^3}{3!}+\frac{x^5}{5!}-\cdots+(-1)^{n-1}\frac{x^{2n-1}}{(2n-1)!}+\cdots\quad x\in(-\infty,+\infty),\qquad(9-21)$$

或记作

$$\sin x=\sum_{n=0}^{+\infty}(-1)^n\frac{x^{2n+1}}{(2n+1)!}(-\infty<x<+\infty).$$

例 5　将函数 $f(x)=(1+x)^\alpha$ 展开成 x 的幂级数，其中 α 为任意实数.

解　因为 $f(x)=(1+x)^\alpha$ 的各阶导数分别为

$$f'(x)=\alpha(1+x)^{\alpha-1},$$
$$f''(x)=\alpha(\alpha-1)(1+x)^{\alpha-2},$$
$$\cdots\cdots$$
$$f^{(n)}(x)=\alpha(\alpha-1)\cdots(\alpha-n+1)(1+x)^{\alpha-n},$$
$$\cdots\cdots$$

所以　$f(0)=1,f'(0)=\alpha,f''(0)=\alpha(\alpha-1),\cdots,f^{(n)}(0)=\alpha(\alpha-1)\cdots(\alpha-n+1),\cdots.$

于是得到函数 $f(x)=(1+x)^\alpha$ 的麦克劳林级数为

$$1+\frac{\alpha}{1!}\cdot x+\frac{\alpha(\alpha-1)}{2!}x^2+\cdots+\frac{\alpha(\alpha-1)\cdots(\alpha-n+1)}{n!}x^n+\cdots,$$

该级数的通项的系数为 $a_n=\dfrac{\alpha(\alpha-1)\cdots(\alpha-n+1)}{n!}$，由此得

$$\rho=\lim_{n\to\infty}\left|\frac{a_{n+1}}{a_n}\right|=\lim_{n\to\infty}\left|\frac{\alpha-n}{n+1}\right|=1.$$

所以对于任意实数 α，$f(x)=(1+x)^\alpha$ 的麦克劳林级数的收敛半径 $R=1$，收敛区间为 $(-1,1)$. 可以证明函数 $(1+x)^\alpha$ 的麦克劳林公式中的余项 $R_n(x)$，当 $x\in(-1,1)$ 时，$\lim\limits_{n\to\infty}R_n(x)=0$. 因此，在 $(-1,1)$ 内，$(1+x)^\alpha$ 可展开成麦克劳林级数，即

$$(1+x)^\alpha=1+\frac{\alpha}{1!}x+\frac{\alpha(\alpha-1)}{2!}x^2+\cdots+\frac{\alpha(\alpha-1)\cdots(\alpha-n+1)}{n!}x^n+\cdots.\qquad(9-22)$$

在区间端点 $x=\pm1$ 处，展开式是否成立要看实数 α 的取值. $\alpha=\dfrac{1}{2}$，$\alpha=-\dfrac{1}{2}$ 时的展开式分别为

$$\sqrt{1+x}=1+\frac{1}{2}x-\frac{1}{2\times4}x^2+\frac{1\times3}{2\times4\times6}x^3-\frac{1\times3\times5}{2\times4\times6\times8}x^4+\cdots\quad(-1\leqslant x\leqslant1),$$

$$\frac{1}{\sqrt{1+x}}=1-\frac{1}{2}x+\frac{1\times3}{2\times4}x^2-\frac{1\times3\times5}{2\times4\times6}x^3+\frac{1\times3\times5\times7}{2\times4\times6\times8}x^4-\cdots\quad(-1<x\leqslant1).$$

式(9－22)也称为二项展开式. 特殊地，当 α 是正整数时，展开式为 x 的 α 次多项式，就是初等代数中的二项式定理.

从以上三例可以看到，在求得函数的幂级数的展开式时，有些工作不易做到：一是求函数的高阶导数 $f^{(n)}(0)$；二是讨论当 $n\to\infty$ 时麦克劳林展开式的余项是否趋于零.

2. 间接展开法

所谓间接展开法,是指利用一些已知函数的幂级数的展开式及应用幂级数的运算性质(主要指加减运算)或分析性质(指逐项求导和逐项积分)将所给函数展开成幂级数.

例 6 将函数 $f(x)=\cos x$ 展开成 x 的幂级数.

函数的幂级数的间接展开法

解 由例 4 知,$\sin x$ 展开成 x 的幂级数为

$$\sin x=\frac{x}{1!}-\frac{x^3}{3!}+\frac{x^5}{5!}-\cdots+(-1)^{n-1}\frac{x^{2n-1}}{(2n-1)!}+\cdots,x\in(-\infty,+\infty),$$

根据幂级数的性质,两边关于 x 逐项求导,即得 $\cos x$ 展开成 x 的幂级数为

$$\cos x=1-\frac{x^2}{2!}+\frac{x^4}{4!}-\cdots+(-1)^{n-1}\frac{x^{2n-2}}{(2n-2)!}+\cdots,x\in(-\infty,+\infty), \tag{9-23}$$

或记作

$$\cos x=\sum_{n=0}^{+\infty}(-1)^n\frac{x^{2n}}{(2n)!}(-\infty<x<+\infty).$$

例 7 将函数 $f(x)=\ln(1+x)$ 展开成 x 的幂级数.

解 因为 $f'(x)=\frac{1}{1+x}$,而

$$\frac{1}{1+x}=\frac{1}{1-(-x)}=1-x+x^2-x^3+\cdots+(-1)^nx^n+\cdots\ (-1<x<1),$$

利用幂级数的性质,对上式从 0 到 x 逐项积分,得

$$\ln(1+x)=x-\frac{x^2}{2}+\frac{x^3}{3}-\cdots+(-1)^n\frac{x^{n+1}}{n+1}+\cdots,$$

且当 $x=1$ 时,交错级数

$$1-\frac{1}{2}+\frac{1}{3}-\cdots+(-1)^n\frac{1}{n+1}+\cdots$$

是收敛的,所以可得 $\ln(1+x)$ 的关于 x 的幂级数的展开式为

$$\ln(1+x)=x-\frac{x^2}{2}+\frac{x^3}{3}-\cdots+(-1)^n\frac{x^{n+1}}{n+1}+\cdots\ (-1<x\leqslant1), \tag{9-24}$$

或记作

$$\ln(1+x)=\sum_{n=0}^{+\infty}(-1)^n\frac{x^{n+1}}{n+1}(-1<x\leqslant1).$$

从上面两例可以看到间接展开法优于直接展开法之处,其不仅避免了求高阶导数及讨论余项是否趋于零的问题,而且可获得幂级数的收敛半径.

例 8 将函数 $f(x)=4^{x+1}$ 展开成 x 的幂级数.

解 $4^{x+1}=4\times e^{x\ln 4}$,利用 e^x 的展开式得

$$\begin{aligned}4^{x+1}&=4\times\left[1+\frac{(x\ln 4)}{1!}+\frac{(x\ln 4)^2}{2!}+\cdots+\frac{(x\ln 4)^n}{n!}+\cdots\right]\\&=4+8\ln 2\times x+\frac{2^4(\ln 2)^2}{2!}x^2+\cdots+\frac{2^{n+2}(\ln 2)^n}{n!}x^n+\cdots,x\in(-\infty,+\infty).\end{aligned}$$

例 9 将函数 $f(x)=\arctan x$ 展开成 x 的幂级数.

解 $(\arctan x)'=\frac{1}{1+x^2}$,而 $\frac{1}{1+x^2}$ 可展开为

$$\frac{1}{1+x^2}=1+(-x^2)+(-x^2)^2+\cdots+(-x^2)^n+\cdots,x\in(-1,1),$$

两边从 0 到 x 逐项积分,得

$$\arctan x=\int_0^x \frac{1}{1+x^2}\mathrm{d}x=x-\frac{1}{3}x^3+\frac{1}{5}x^5-\cdots+(-1)^n\frac{x^{2n+1}}{2n+1}+\cdots, x\in(-1,1).$$

因为当 $x=1$ 时，级数 $\sum_{n=0}^{\infty}(-1)^n\frac{1}{2n+1}$ 是收敛的，当 $x=-1$ 时，级数 $\sum_{n=0}^{\infty}\frac{(-1)^{n+1}}{2n+1}$ 也是收敛的，所以 $\arctan x$ 在 $x\in[-1, 1]$ 上的幂级数展开式为

$$\arctan x=x-\frac{1}{3}x^3+\frac{1}{5}x^5-\cdots+(-1)^n\frac{x^{2n+1}}{2n+1}+\cdots, x\in[-1, 1]. \tag{9-25}$$

在掌握利用间接展开法求 $f(x)$ 的麦克劳林展开式后，只需利用凑幂级数形式，即把幂级数 $\sum_{n=0}^{\infty}a_n(x-x_0)^n$ 中的 $(x-x_0)$ 看作幂级数 $\sum_{n=0}^{\infty}a_nt^n$ 中的 t，或做变换 $x-x_0=t$，则

$$f(x)=f(t+x_0)=\sum_{n=0}^{\infty}a_nt^n=\sum_{n=0}^{\infty}a_n(x-x_0)^n.$$

例 10　将函数 $f(x)=\frac{1}{x^2+4x+3}$ 展开成 $(x-1)$ 的幂级数，并求 $f^{(n)}(1)$.

解　(方法一)因所求的幂级数具有 $\sum_{n=0}^{\infty}a_n(x-1)^n$ 的形式，故

$$\begin{aligned}f(x)&=\frac{1}{(x+3)(x+1)}=\frac{1}{2}\left(\frac{1}{x+1}-\frac{1}{x+3}\right)\\&=\frac{1}{2}\times\frac{1}{2-[-(x-1)]}-\frac{1}{2}\times\frac{1}{4-[-(x-1)]}\\&=\frac{1}{4}\times\frac{1}{1-\frac{-(x-1)}{2}}-\frac{1}{8}\times\frac{1}{1-\frac{-(x-1)}{4}}\\&=\frac{1}{4}\sum_{n=0}^{\infty}\left[-\frac{(x-1)}{2}\right]^n-\frac{1}{8}\sum_{n=0}^{\infty}\left[-\frac{(x-1)}{4}\right]^n\\&=\sum_{n=0}^{\infty}(-1)^n\left(\frac{1}{2^{n+2}}-\frac{1}{2^{2n+3}}\right)(x-1)^n\quad(-1<x<3),\end{aligned}$$

此式为 $f(x)=\frac{1}{x^2+4x+3}$ 的关于 $(x-1)$ 的幂级数展开式.

(方法二)做变量替换 $t=x-1$，则 $x=t+1$，有

$$f(x)=\frac{1}{(x+3)(x+1)}=\frac{1}{(t+4)(t+2)}=\frac{1}{2(t+2)}-\frac{1}{2(t+4)}=\frac{1}{4\left(1+\frac{t}{2}\right)}-\frac{1}{8\left(1+\frac{t}{4}\right)},$$

因为

$$\frac{1}{4\left(1+\frac{t}{2}\right)}=\frac{1}{4}\sum_{n=0}^{\infty}(-1)^n\left(\frac{t}{2}\right)^n\left(-1<\frac{t}{2}<1\right),$$

$$\frac{1}{8\left(1+\frac{t}{4}\right)}=\frac{1}{8}\sum_{n=0}^{\infty}(-1)^n\left(\frac{t}{4}\right)^n\left(-1<\frac{t}{4}<1\right),$$

于是将 $t=x-1$ 代回，即得 $f(x)=\frac{1}{x^2+4x+3}$ 的关于 $(x-1)$ 的幂级数为

$$f(x)=\frac{1}{4}\sum_{n=0}^{\infty}(-1)^n\left(\frac{t}{2}\right)^n-\frac{1}{8}\sum_{n=0}^{\infty}(-1)^n\left(\frac{t}{4}\right)^n\quad(-2<t<2)$$

$$=\sum_{n=0}^{\infty}(-1)^n\left(\frac{1}{2^{n+2}}-\frac{1}{2^{2n+3}}\right)\cdot(x-1)^n\quad(-1<x<3).$$

根据泰勒展开式的系数公式及唯一性,得

$$\frac{f^{(n)}(1)}{n!}=(-1)^n\left(\frac{1}{2^{n+2}}-\frac{1}{2^{2n+3}}\right),$$

函数展开成幂级数的方法

所以

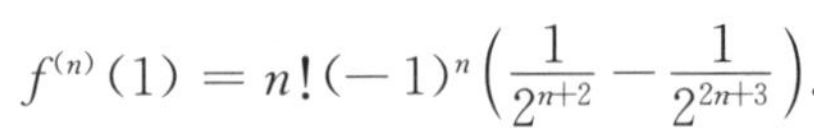

$$f^{(n)}(1)=n!(-1)^n\left(\frac{1}{2^{n+2}}-\frac{1}{2^{2n+3}}\right).$$

习题 9.5

1. 将下列函数展成 x 的幂级数,并求其收敛区间:

(1) e^{2x+3}; (2) $\ln(a+x)\ (a>0)$; (3) $\cos^2 x$;

(4) $(1+x)\ln(1+x)$; (5) $\dfrac{1}{x^2-4x-5}$; (6) $\dfrac{1}{\sqrt{1-x^2}}$;

(7) $\ln\dfrac{1+x}{1-x}$; (8) $\dfrac{x}{1+x-2x^2}$; (9) $\dfrac{1}{(2-x)^2}$.

2. 将函数 $f(x)=\lg x$ 展开成$(x-1)$的幂级数,并求其收敛区间.

3. 将函数 $f(x)=\dfrac{1}{x^2}$展开成$(x+1)$的幂级数.

4. 将函数 $f(x)=\dfrac{1}{x^2+3x+2}$展开成$(x+4)$的幂级数.

5. 利用幂级数的展开式求极限$\lim\limits_{x\to0}\dfrac{\cos x-e^{-\frac{x^2}{2}}}{x^4}$及积分$\int e^{x^2}\,dx$.

9.6 函数的幂级数展开式的应用

*9.6.1 函数值的近似计算

1. 根式的计算

例 1 计算$\sqrt{2}$的近似值(精确到小数点后第四位).

分析 求根式的近似值,首先要选取一个函数的幂级数展开式,可选展开式

$$(1+x)^\alpha=1+\sum_{n=1}^{\infty}\frac{\alpha(\alpha-1)\cdots(\alpha-n+1)}{n!}\cdot x^n.$$

要利用此式,需要将$\sqrt{2}$表示成 $A\cdot(1+x)^\alpha$ 的形式,显然当$|x|$较小时,计算效果会较好,因而做如下相应的变化:

$$\sqrt{2}=\frac{1.4}{\sqrt{\dfrac{1.96}{2}}}=\frac{1.4}{\sqrt{1-\dfrac{0.04}{2}}}=1.4\times\left(1-\frac{1}{50}\right)^{-\frac{1}{2}},$$

即可取 $x=-\dfrac{1}{50}$, $\alpha=-\dfrac{1}{2}$.

解 利用$(1+x)^\alpha$ 的幂级数的展开式,有

$$\left(1-\frac{1}{50}\right)^{-\frac{1}{2}}=1+\sum_{n=1}^{\infty}\frac{\left(-\frac{1}{2}\right)\times\left(-\frac{1}{2}-1\right)\times\cdots\times\left(-\frac{1}{2}-n+1\right)}{n!}\times\left(-\frac{1}{50}\right)^n$$

$$=1+\sum_{n=1}^{\infty}\frac{1\times(1+2\times1)(1+2\times2)\cdots[1+2\times(n-1)]}{2^n\times n!}\times\left(\frac{1}{50}\right)^n$$

$$=1+\sum_{n=1}^{\infty}\frac{(2n-1)!!}{(2n)!!}\times\left(\frac{1}{50}\right)^n,$$

所以

$$\sqrt{2}=1.4\times\left(1-\frac{1}{50}\right)^{-\frac{1}{2}}=1.4\times\left(1+\frac{1}{2}\times\frac{1}{50}+\frac{3}{8}\times\frac{1}{50^2}+\frac{5}{16}\times\frac{1}{50^3}+\frac{35}{128}\times\frac{1}{50^4}+\cdots\right),$$

又误差

$$|r_n|=1.4\times\sum_{k=n+1}^{\infty}\frac{(2k-1)!!}{(2n)!!}\left(\frac{1}{50}\right)^k<1.4\times\left(\frac{1}{50^{n+1}}+\frac{1}{50^{n+2}}+\cdots\right)$$

$$=1.4\times\frac{1}{50^{n+1}}\times\left(1+\frac{1}{50}+\frac{1}{50^2}+\cdots\right)$$

$$=1.4\times\frac{1}{50^{n+1}}\times\frac{1}{1-\frac{1}{50}}=\frac{1.4}{50^n\times49},$$

用试根的办法可知，取前四项计算即可满足误差要求，此时

$$\sqrt{2}\approx1.4\times\left(1+\frac{1}{2}\times\frac{1}{50}+\frac{3}{8}\times\frac{1}{50^2}+\frac{5}{16}\times\frac{1}{50^3}\right)=1.414\,2.$$

注 ① $\sqrt{2}$表达式也可选其他的形式，如

$$\sqrt{2}=1.4\times\sqrt{\frac{2}{1.96}}=1.4\times\sqrt{1+\frac{0.04}{1.96}}=1.4\times\left(1+\frac{1}{49}\right)^{1/2};$$

② 对误差$|r_n|$的估计也可用其他的方式.

2. 对数的计算

例 2 计算 ln 2 的近似值(精确到小数后第四位).

解 我们可利用展开式

$$\ln(1+x)=x-\frac{x^2}{2}+\frac{x^3}{3}-\frac{x^4}{4}+\cdots+(-1)^{n-1}\frac{x^n}{n}+\cdots\quad(-1<x\leqslant1),$$

令 $x=1$，即 $\ln 2=1-\frac{1}{2}+\frac{1}{3}-\frac{1}{4}+\cdots+(-1)^{n-1}\frac{1}{n}+\cdots$,

其误差为

$$|R_n|=|\ln 2-S_n|=\left|(-1)^n\frac{1}{n+1}+(-1)^{n+1}\frac{1}{n+2}+\cdots\right|$$

$$=\left|\frac{1}{n+1}-\frac{1}{n+2}+\cdots\right|<\frac{1}{n+1},$$

要使精度达到 10^{-4}，需要的项数 n 应满足$\frac{1}{n+1}<10^{-4}$，即 $n>10^4-1=9\,999$，所以 n 应取到 10 000 项，这个计算量实在是太大了，计算 ln 2 是否有更有效的方法呢?

将展开式

$$\ln(1+x)=x-\frac{x^2}{2}+\frac{x^3}{3}-\frac{x^4}{4}+\cdots+(-1)^{n-1}\frac{x^n}{n}+\cdots\quad(-1<x\leqslant1)$$

中的 x 换成$(-x)$，得

$$\ln(1-x)=-x-\frac{x^2}{2}-\frac{x^3}{3}-\frac{x^4}{4}-\cdots-\frac{x^n}{n}-\cdots\quad(-1\leqslant x<1),$$

两式相减,得到不含有偶次幂的幂级数展开式

$$\ln\frac{1+x}{1-x}=2\left(\frac{x}{1}+\frac{x^3}{3}+\frac{x^5}{5}+\frac{x^7}{7}+\cdots\right)\quad(-1<x<1),$$

令$\frac{1+x}{1-x}=2$,可解得 $x=\frac{1}{3}$,用 $x=\frac{1}{3}$代入上式得

$$\ln 2=2\left(\frac{1}{1}\times\frac{1}{3}+\frac{1}{3}\times\frac{1}{3^3}+\frac{1}{5}\times\frac{1}{3^5}+\frac{1}{7}\times\frac{1}{3^7}+\cdots\right),$$

其误差为

$$|R_{2n+1}|=|\ln 2-S_{2n-1}|=2\times\left|\frac{1}{2n+1}\times\frac{1}{3^{2n+1}}+\frac{1}{2n+3}\times\frac{1}{3^{2n+3}}+\cdots\right|$$

$$\leqslant 2\times\frac{1}{2n+1}\times\frac{1}{3^{2n+1}}\left|1+\frac{1}{3^2}+\frac{1}{3^4}+\cdots\right|=\frac{1}{4(2n+1)\times 3^{2n-1}},$$

用试根的方法可确定 $n=4$ 时满足误差$|R_{2n-1}|<10^{-4}$,此时 $\ln 2\approx 0.693\ 14$. 显然这一计算方法大大提高了计算的速度,这种处理手段通常称作**幂级数收敛的加速技术**.

3. 积分的计算

例 3 计算定积分 $I=\int_0^1\frac{\sin x}{x}\mathrm{d}x$ 的近似值(精确到 0.000 1).

解 因$\lim\limits_{x\to 0}\frac{\sin x}{x}=1$,故所给积分不是广义积分,只需定义函数在 $x=0$ 处的值为 1,则它在[0,1]上就连续了. 将被积函数展开成幂级数,得

$$\frac{\sin x}{x}=1-\frac{x^2}{3!}+\frac{x^4}{5!}-\cdots+(-1)^{n-1}\frac{x^{2(n-1)}}{(2n-1)!}+\cdots\quad(-\infty<x<\infty),$$

根据幂级数的可积性,在区间[0,1]上逐项积分,得

$$\int_0^1\frac{\sin x}{x}\mathrm{d}x=1-\frac{1}{3\times 3!}+\frac{1}{5\times 5!}-\frac{1}{7\times 7!}+\cdots+(-1)^{n-1}\frac{1}{(2n-1)\times(2n-1)!}+\cdots,$$

因其误差满足

$$|R_n|<\frac{1}{7\times 7!}=\frac{1}{35\ 280}<2.9\times 10^{-5},$$

故只需取前三项的和即可作为定积分的近似值,即

$$\int_0^1\frac{\sin x}{x}\mathrm{d}x\approx 1-\frac{1}{3\times 3!}+\frac{1}{5\times 5!}\approx 0.946\ 11.$$

9.6.2 欧拉公式

当 x 是实数时,已有

$$\mathrm{e}^x=1+\frac{x}{1!}+\frac{x^2}{2!}+\cdots+\frac{x^n}{n!}+\cdots\quad(-\infty<x<+\infty).$$

把上式右端中的实数 x 换成复数 z($z=x+y\mathrm{i}$)($x,y\in\mathbf{R}$,i 是虚数单位,即 $\mathrm{i}^2=-1$),所得的级数

$$1+\frac{z}{1!}+\frac{z^2}{2!}+\cdots+\frac{z^n}{n!}+\cdots$$

是一个复数项级数,可以证明其在整个复平面上是绝对收敛的. 将其定义为复变量的指数函数,记作 e^z,即

$$e^z=1+\frac{z}{1!}+\frac{z^2}{2!}+\cdots+\frac{z^n}{n!}+\cdots. \tag{9-26}$$

由式(9－26)得

$$e^{ix}=1+ix-\frac{x^2}{2!}-\frac{ix^3}{3!}+\frac{x^4}{4!}+\frac{ix^5}{5!}-\cdots+(-1)^n\frac{x^{2n}}{(2n)!}+(-1)^n\frac{ix^{2n+1}}{(2n+1)!}+\cdots$$
$$=\left(1-\frac{x^2}{2!}+\frac{x^4}{4!}-\frac{x^6}{6!}+\cdots\right)+i\left(x-\frac{x^3}{3!}+\frac{x^5}{5!}-\frac{x^7}{7!}+\cdots\right),$$

即得

$$e^{ix}=\cos x+i\sin x. \tag{9-27}$$

此公式称为**欧拉(Euler)公式**，也可表示为

$$e^{\alpha+\beta i}=e^{\alpha}(\cos\beta+i\sin\beta). \tag{9-28}$$

其中，α,β 是实数，也称此公式为**复数的指数形式.**

在式(9－27)中，把 x 换为 $-x$，又有

$$e^{-ix}=\cos x-i\sin x, \tag{9-29}$$

把它与式(9－27)相加、相减，可得

$$\begin{cases}\cos x=\dfrac{e^{ix}+e^{-ix}}{2},\\ \sin x=\dfrac{e^{ix}-e^{-ix}}{2i}.\end{cases} \tag{9-30}$$

式(9－30)也叫做**欧拉公式.**

式(9－28)与式(9－30)揭示了三角函数与复变量指数函数之间的联系.

习题 9.6

1. 利用幂级数的展开式求下列各数的近似值：

(1) $\sqrt{3}$（精确到 10^{-4}）；　　(2) $\ln 3$（精确到 10^{-4}）；

(3) $\sqrt[3]{28}$（精确到 10^{-4}）；　　(4) $\cos 3°$（精确到 10^{-4}）.

2. 利用被积函数的幂级数展开式求下列定积分的近似值：

(1) $\int_0^1 e^{x^2}\,dx$（精确到 10^{-4}）；　　(2) 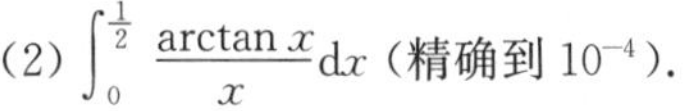 $\int_0^{\frac{1}{2}}\frac{\arctan x}{x}dx$（精确到 10^{-4}）.

函数的幂级数展开式的应用

总习题九

1. 填空题.

(1) 级数 $\sum\limits_{n=1}^{+\infty}\frac{1}{(2n-1)(2n+1)}$ 的和为__________.

(2) 若级数 $\sum\limits_{n=1}^{+\infty}(-1)^n\frac{1}{n^{p-1}}$ 条件收敛，则 p 的取值范围为__________.

(3) 若 $\sum\limits_{n=0}^{+\infty}a_n(x-1)^{n+1}$ 的收敛区间为$(-2,4)$，则级数 $\sum\limits_{n=0}^{+\infty}na_n(x+1)^n$ 的收敛区间为__________.

(4) 若 $\frac{1}{3+x}=\sum\limits_{n=0}^{+\infty}a_n(x-1)^n$，$|x-1|<4$，则 $a_n=$__________.

(5) 级数 $\sum\limits_{n=0}^{+\infty}(-1)^n\frac{n}{(2n+1)!}$ 的和为__________.

2. 选择题.

(1) $\lim\limits_{n\to+\infty} u_n=0$ 是级数 $\sum\limits_{n=1}^{\infty}u_n$ 收敛的(　　).

(A) 充分条件　(B) 必要条件　(C) 充要条件　(D) 无关条件

(2) 正项级数收敛的充分必要条件是(　　).

(A) $\lim\limits_{n\to\infty}u_n=0$　(B) 级数 $\sum\limits_{n=1}^{\infty}u_n$ 的部分和数列有界

(C) $\lim\limits_{n\to\infty}u_n=0$ 且 $u_{n+1}\leqslant u_n(n=1,2,3,\cdots)$　(D) $\lim\limits_{n\to\infty}\dfrac{u_{n+1}}{u_n}=\rho<1$

(3) 正项级数 $\sum\limits_{n=1}^{\infty}u_n$ 收敛,则级数 $\sum\limits_{n=1}^{\infty}(-1)^n\left(1+\dfrac{1}{n}\right)^n u_n$(　　).

(A) 条件收敛　(B) 发散　(C) 绝对收敛　(D) 无法判定

(4) 若级数 $\sum\limits_{n=1}^{\infty}(u_{2n}+u_{2n+1})$ 是收敛的,则下列正确的结论是(　　).

(A) $\sum\limits_{n=1}^{\infty}u_n$ 收敛　(B) $\sum\limits_{n=1}^{\infty}u_n$ 不一定收敛　(C) $\lim\limits_{n\to\infty}u_n=0$　(D) $\sum\limits_{n=1}^{\infty}u_n$ 发散

(5) 若 $\sum\limits_{n=1}^{\infty}a_n(x-2)^n$ 在 $x=-2$ 处收敛,则此级数在 $x=5$ 处(　　).

(A) 条件收敛　(B) 发散　(C) 无法判定　(D) 绝对收敛

(6) 当 a_n 与 b_n 满足(　　)条件时,可由 $\sum\limits_{n=1}^{\infty}a_n$ 发散推出 $\sum\limits_{n=1}^{\infty}b_n$ 发散.

(A) $a_n\leqslant|b_n|$　(B) $a_n\leqslant b_n$　(C) $|a_n|\leqslant b_n$　(D) $|a_n|\leqslant|b_n|$

(7) 下列级数中条件收敛的是(　　).

(A) $\sum\limits_{n=1}^{\infty}(-1)^n\dfrac{n}{n+1}$　(B) $\sum\limits_{n=1}^{\infty}(-1)^n\dfrac{1}{2^n}$　(C) $\sum\limits_{n=1}^{\infty}(-1)^n\dfrac{1}{n^2}$　(D) $\sum\limits_{n=1}^{\infty}(-1)^n\dfrac{1}{\sqrt{n}}$

(8) 若正项级数 $\sum\limits_{n=1}^{\infty}u_n$ 收敛,则(　　).

(A) $\sum\limits_{n=1}^{\infty}u_n^2$ 发散　(B) $\sum\limits_{n=1}^{\infty}\dfrac{\sqrt{u_n}}{n}$ 收敛　(C) $\sum\limits_{n=1}^{\infty}\dfrac{u_n}{u_n+1}$ 发散　(D) $\sum\limits_{n=1}^{\infty}\dfrac{u_n}{\sqrt{n}}$ 发散

(9) 幂级数 $\sum\limits_{n=0}^{\infty}\dfrac{3n+1}{n!}x^{3n}$ 的和函数是(　　).

(A) xe^{3x}　(B) $e^{x^3}(2+3x^3)$　(C) $3x^2e^{x^3}$　(D) $e^{x^3}(1+3x^3)$

(10) 若级数 $\sum\limits_{n=1}^{\infty}a_n$ 收敛,且 $\lim\limits_{n\to+\infty}b_n=1$,则 $\sum\limits_{n=1}^{\infty}a_nb_n$(　　).

(A) 绝对收敛　(B) 发散

(C) 条件收敛　(D) 可能收敛可能发散

3. 若正项级数 $\sum\limits_{n=1}^{\infty}u_n$ 收敛,证明:$\sum\limits_{n=1}^{\infty}u_n^2$ 也收敛.

4. 若级数 $\sum\limits_{n=1}^{\infty}u_n^2$,$\sum\limits_{n=1}^{\infty}v_n^2$收敛,证明:级数 $\sum\limits_{n=1}^{\infty}|u_nv_n|$,$\sum\limits_{n=1}^{\infty}(u_n+v_n)^2$ 也收敛.

5. 判别下列正项级数的敛散性:

(1) $\sum\limits_{n=1}^{+\infty}\dfrac{2+n}{n^2+3}$;　(2) $\sum\limits_{n=1}^{+\infty}\dfrac{n^{n+1}}{(n+5)^{n+2}}$;　(3) $\sum\limits_{n=1}^{+\infty}\dfrac{1\times3\times5\times\cdots\times(2n-1)}{3^n\times n!}$;

(4) $\sum\limits_{n=1}^{+\infty}\dfrac{n}{2^n+\ln n}$;　(5) $\sum\limits_{n=1}^{+\infty}\left(\dfrac{n}{2n+1}\right)^n$;　(6) $\sum\limits_{n=1}^{+\infty}\left[\dfrac{1}{n}-\ln\left(1+\dfrac{1}{n}\right)\right]$.

6. 讨论下列级数的敛散性,并指出是绝对收敛还是条件收敛:

(1) $\sum\limits_{n=1}^{+\infty}(-1)^n(\sqrt{n+1}-\sqrt{n})$; (2) $\sum\limits_{n=1}^{+\infty}\dfrac{n\sin n\alpha}{4^n}$; (3) $\sum\limits_{n=1}^{+\infty}(-1)^n\dfrac{n^2-n+1}{2^n}$;

(4) $\sum\limits_{n=1}^{+\infty}(-1)^{n-1}\sin\dfrac{1}{n^\alpha}(\alpha>0)$; (5) $\sum\limits_{n=1}^{+\infty}(-1)^n\ln\left(1+\dfrac{1}{\sqrt{n}}\right)$; (6) $\sum\limits_{n=2}^{+\infty}\dfrac{(-1)^n}{\sqrt{n+(-1)^n}}$.

7. 若级数 $\sum\limits_{n=1}^{+\infty}(a_{2n-1}+a_{2n})$ 收敛,且 $\lim\limits_{n\to\infty}a_n=0$,证明:级数 $\sum\limits_{n=1}^{+\infty}a_n$ 也收敛.

8. 设 $a_n=\int_0^\pi x\cos nx\,dx$($n$ 为正整数),证明:级数 $\sum\limits_{n=1}^{+\infty}a_n$ 绝对收敛.

9. 设 $a_n=\int_0^{\frac{\pi}{4}}\tan^n x\,dx$,

(1) 求级数 $\sum\limits_{n=1}^{\infty}\dfrac{1}{n}(a_n+a_{n+2})$ 的和; (2) 证明:对任意的常数 $\lambda>0$,级数 $\sum\limits_{n=1}^{\infty}\dfrac{a_n}{n^\lambda}$ 收敛.

10. 求下列幂级数的收敛区间与和函数:

(1) $\sum\limits_{n=1}^{+\infty}\dfrac{(x-2)^{n+1}}{n!}$; (2) $\sum\limits_{n=1}^{+\infty}(2^{n+1}-1)x^n$; (3) $\sum\limits_{n=1}^{+\infty}(-1)^{n+1}\dfrac{2n+1}{n}x^{2n}$.

11. 将下列函数展开成幂级数:

(1) $\dfrac{1+x}{(1-x)^2}$ 在 $x=0$ 处; (2) $\ln(3-2x-x^2)$ 在 $x=0$ 处; (3) $\sin^2 x$ 在 $x=\dfrac{\pi}{2}$ 处.

12. 计算极限 $\lim\limits_{n\to+\infty}\dfrac{n^n}{(n!)^2}$.

13. 求数项级数 $\sum\limits_{n=2}^{+\infty}\dfrac{1}{(n^2-1)2^n}$ 的和.

10 常微分方程

章节提要

在用数学知识解决实际问题的讨论和研究中，经常需要寻找变量之间的函数关系，但许多问题中这种函数关系往往不能直接得出，而只能先列出含有未知函数及其导数满足的关系式，即微分方程，然后通过求解微分方程而得到所需的函数. 因此，微分方程是数学联系实际，并应用于实际的重要途径和桥梁，是各个学科进行科学研究的强有力的工具.

本章主要介绍常微分方程的一些基本概念、常见方程类型及其解法、常微分方程在解决实际问题中的简单应用.

10.1 常微分方程的基本概念

我们先看两个例子.

例 1 一曲线通过点(1,4)，且曲线上任一点处的切线斜率等于该点的横坐标的 2 倍再加 1，求这曲线的方程.

解 设所求曲线的方程为 $y=y(x)$. 按题意，未知函数 $y(x)$应满足关系式

$$y'(x)=2x+1, \tag{10-1}$$

我们得到的这个关系式中含有未知函数的导数.

为了求得未知函数 $y(x)$，对式(10-1)两端积分，得

$$y(x)=x^2+x+C,$$

其中 C 为任意常数.

因为要求的曲线通过点(1,4)，所以未知函数 $y(x)$还应满足条件

$$y(1)=4. \tag{10-2}$$

把式(10-2)代入 $y(x)=x^2+x+C$，得 $C=2$. 所以所求的曲线方程为

$$y(x)=x^2+x+2.$$

例 2 质量为 m 的物体以初速度 $v_0(v_0>0)$从离地面为 h 的空中垂直下落，设此物体在下落中只受重力的影响，求物体在下落过程中离地面距离 s 和时间 t 的关系.

解 选取坐标系，如图 10-1 所示. 设在时刻 t 物体的位置为 $s(t)$，根据牛顿第二定律，未知函数 $s(t)$应满足关系式

$$m\frac{\mathrm{d}^2s}{\mathrm{d}t^2}=-mg,$$

即

$$\frac{\mathrm{d}^2s}{\mathrm{d}t^2}=-g. \tag{10-3}$$

其中，负号是因为重力加速度 g 的方向与所选取坐标系的正方向相反. 这也是一个含有未知函数的导数的关系式.

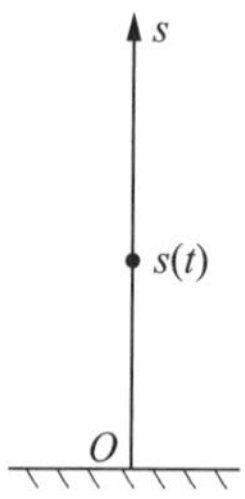

图 10-1

对式(10-3)两端积分，得

$$\frac{\mathrm{d}s}{\mathrm{d}t}=-gt+C_1,$$

再积分一次，得

$$s(t)=-\frac{1}{2}gt^2+C_1t+C_2,$$

其中 C_1,C_2 都是常数.

此外，根据题意，未知函数 $s(t)$ 还应满足条件

$$\begin{cases} s|_{t=0}=h, \\ \left.\dfrac{\mathrm{d}s}{\mathrm{d}t}\right|_{t=0}=-v_0, \end{cases} \tag{10-4}$$

把条件式(10-4)分别代入 $\frac{\mathrm{d}s}{\mathrm{d}t}=-gt+C_1$ 和 $s(t)=-\frac{1}{2}gt^2+C_1t+C_2$，得 $C_1=-v_0,C_2=h$. 所以物体离地面的距离 s 和时间 t 的关系为

$$s(t)=-\frac{1}{2}gt^2-v_0t+h.$$

常微分方程

下面我们介绍有关微分方程的基本概念.

定义 1　含有自变量、未知函数及未知函数的导数(或微分)的方程称为**微分方程**. 如果微分方程中的未知函数中只含有一个自变量，那么这样的微分方程称为**常微分方程**.

本章中只讨论常微分方程. 为方便起见，简称为微分方程或方程.

要注意的是，微分方程中必须含有未知函数的导数(或微分).

在微分方程中，出现的未知函数的导数的最高阶数称为**微分方程的阶**. 例如，方程式(10-1)是一阶微分方程，方程式(10-3)是二阶微分方程. 又如，方程 $y'''=x+5(y')^5+6$ 是三阶微分方程.

一阶微分方程常表示为 $F(x,y,y')=0$ 或 $y'=f(x,y)$；二阶及二阶以上的微分方程称为**高阶微分方程**，一般的 n 阶微分方程常表示为 $F(x,y,y',\cdots,y^{(n)})=0$ 或 $y^{(n)}=f(x,y,y',\cdots,y^{(n-1)})$.

如果函数 $y=y(x)$ 代入微分方程后能使方程成为恒等式，那么这个函数称为该微分方程的一个**解**.

微分方程的解通常有两种形式. 如果解中包含任意常数，且独立的任意常数的个数与方程的阶数相同，那么这样的解称为微分方程的**通解**，不含有任意常数的解称为微分方程的**特解**.

微分方程的通解

例如，函数 $s(t)=-\frac{1}{2}gt^2+C_1t+C_2$ 和 $s(t)=-\frac{1}{2}gt^2-v_0t+h$ 都是微分方程(10—3)的解，其中函数 $s(t)=-\frac{1}{2}gt^2+C_1t+C_2$ 是方程(10-3)的通解，函数 $s(t)=-\frac{1}{2}gt^2-v_0t+h$ 是方程(10-3)的特解.

显然，通解中的任意常数一旦被确定以后，通解就成了特解. 例 1 中的条件式(10-2)和例 2 中的条件式(10-4)是用来确定通解中任意常数的条件. 这样的条件称为**初始条件**.

通常，一阶微分方程 $F(x,y,y')=0$ 的初始条件为

$$y(x_0)=y_0,\text{或写成 } y|_{x=x_0}=y_0,$$

其中 x_0,y_0 为已知数；二阶微分方程 $F(x,y,y',y'')=0$ 的初始条件为

$$\begin{cases} y(x_0)=y_0, \\ y'(x_0)=y_1, \end{cases}\text{或写成}\begin{cases} y|_{x=x_0}=y_0, \\ \dfrac{\mathrm{d}y}{\mathrm{d}x}\Big|_{x=x_0}=y_1, \end{cases}$$

其中 x_0, y_0, y_1 为已知数.

求微分方程满足初始条件下的特解问题,称为**初值问题**.

微分方程解的图形是一条曲线,称为微分方程的**积分曲线**.通解的图形是一族积分曲线,特解是这一族积分曲线中的某一条积分曲线.初值问题的几何意义就是求微分方程满足初始条件的那条积分曲线.

例 3 验证 $y=C_1\sin x+C_2\cos x+e^x$($C_1,C_2$ 为任意常数)是微分方程 $y''+y=e^x$ 的通解,并求方程满足初始条件 $y\big|_{x=0}=0, y'\big|_{x=0}=2$ 的特解.

解 因为

$$y'=C_1\cos x-C_2\sin x+e^x,$$
$$y''=-C_1\sin x-C_2\cos x+e^x,$$

将 y,y'' 代入原方程,得

$$\text{左边}=(-C_1\sin x-C_2\cos x+e^x)+(C_1\sin x+C_2\cos x+e^x)=2e^x=\text{右边},$$

所以函数 $y=C_1\sin x+C_2\cos x+e^x$ 是微分方程 $y''+y=2e^x$ 的解.又因为解中含有两个独立的任意常数,与方程的阶数相同,故 $y=C_1\sin x+C_2\cos x+e^x$ 是微分方程的通解.

将初始条件 $y|_{x=0}=0, y'|_{x=0}=2$代入 y,y',得

$$\begin{cases}C_1\sin 0+C_2\cos 0+e^0=0,\\ C_1\cos 0-C_2\sin 0+e^0=2,\end{cases}$$

即

$$\begin{cases}C_2+1=0,\\ C_1+1=2,\end{cases}$$

解得 $C_1=1, C_2=-1$.故所求特解为 $y=\sin x-\cos x+e^x$.

习题 10.1

1. 指出下列微分方程的阶数:

(1) $\dfrac{dy}{dx}=2xy+y^3$; (2) $(y'')^3=2xyy'+(y')^3$; (3) $y'''=x\sqrt{y}-5xy'$.

2. 验证下列函数是相应微分方程的解,并指出是特解还是通解(C, C_1, C_2 是任意常数):

(1) $xy'=2y,\ y=3x^2$; (2) $(x-2y)y'=2x-y,\ x^2-xy+y^2=C$;

(3) $y''+4y=0,\ y=C_1\sin 2x+C_2\cos 2x$; (4) $y''-2y'+y=0,\ y=(Cx+5)e^x$.

3. 确定下列函数中的未知参数,使函数满足所给的初始条件:

(1) $x^2-xy+y^2=C,\ y|_{x=0}=3$; (2) $y=(C_1+C_2x)e^{2x},\ y|_{x=0}=0,\ y'|_{x=0}=1$;

(3) $y=C_2\sin(x-C_1),\ y|_{x=\pi}=1,\ y'|_{x=\pi}=0$.

10.2 一阶微分方程

一阶微分方程是微分方程中最基本的一类方程,一般形式为

$$F(x,y,y')=0,$$

也常表示为 $y'=f(x,y)$ 或 $P(x,y)dx+Q(x,y)dy=0$. 因类型较多,我们这里只介绍常用的几种.

10.2.1　可分离变量的微分方程

形如

$$\frac{dy}{dx}=f(x)g(y) \tag{10-5}$$

的一阶微分方程称为**可分离变量的微分方程**.

求解可分离变量的微分方程,只要把方程中两个变量分离开,使方程的一端只含变量 y 及 dy,另一端只含变量 x 及 dx,然后两端积分,就可求得方程的解.这种方法称为**分离变量法**.

例如,对于微分方程式(10-5),当 $g(y)\neq 0$ 时,分离变量后得

$$\frac{dy}{g(y)}=f(x)dx,$$

可分离变量的微分方程的求解步骤

再两端积分,得

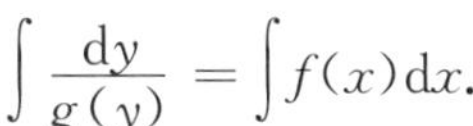

$$\int\frac{dy}{g(y)}=\int f(x)dx.$$

如果 $G(y)$ 是 $\int\frac{1}{g(y)}dy$ 的一个原函数,$F(x)$ 是 $\int f(x)dx$ 的一个原函数,那么微分方程(10-5)的通解为

$$G(y)=F(x)+C,$$

其中 C 为任意常数.

要注意的是,当 $y=y_0$ 时,$g(y)=0$,那么将 $y=y_0$ 代入方程式(10-5),可知它是该方程的一个特解,在其不包含在通解中的情况下应补上.

例 1　求微分方程 $\frac{dy}{dx}=2xy$ 的通解.

解　当 $y=0$ 时,显然 $y=0$ 是方程的一个特解;当 $y\neq 0$ 时,分离变量,得

$$\frac{dy}{y}=2xdx,$$

两端积分得

$$\int\frac{dy}{y}=\int 2xdx,$$

即

$$\ln|y|=x^2+C_1(\text{其中 } C_1 \text{ 为任意常数}),$$

化简得

$$|y|=e^{x^2+C_1}=e^{C_1}e^{x^2},$$

$$y=\pm e^{C_1}e^{x^2}.$$

因为 $\pm e^{C_1}$ 仍是任意非零常数,且 $y=0$ 也是方程的解,所以方程的通解为

$$y=Ce^{x^2},$$

其中 C 是任意常数.

在微分方程的求解中常会出现积分时加绝对值符号,在通解化简过程中又将其去掉的情形,为简便起见,可把 $\ln|y|$ 直接写成 $\ln y$,但要记住最后的结果中的任意常数 C 可正可负.

例 2　求微分方程 $4xdx-3ydy=3x^2ydy+xy^2dx$ 的通解.

解　方程整理得

$$3y(1+x^2)dy=-x(y^2-4)dx.$$

(1) 当 $4-y^2\neq 0$ 时,分离变量得

$$\frac{3y}{y^2-4}\mathrm{d}y=-\frac{x}{1+x^2}\mathrm{d}x,$$

两端积分,得

$$\int\frac{3y}{y^2-4}\mathrm{d}y=-\int\frac{x}{1+x^2}\mathrm{d}x,$$

$$3\ln(y^2-4)=-\ln(1+x^2)+\ln C,$$

化简得(上式中把任意常数写成 $\ln C$ 是为了便于化简)

$$(y^2-4)^3=\frac{C}{1+x^2};$$

(2) 当 $y^2-4=0$ 时,得 $y=\pm2$,显然 $y=\pm2$ 也是方程的解,但它们是上述通解中 $C=0$ 时对应的两个特解,所以方程的通解为

$$(y^2-4)^3=\frac{C}{1+x^2},$$

其中 C 是任意常数.

例 3　设一曲线经过点(2,3),它在两坐标轴间的任意切线段被切点所平分,求这一曲线的方程.

解　设所求的曲线方程为 $y=y(x)$,则曲线上任意点 (x,y) 处的切线方程为

$$\frac{Y-y}{X-x}=y',$$

由已知条件得,当 $Y=0$ 时,$X=2x$,代入上式即得所求曲线应满足的微分方程及初始条件

$$\begin{cases}\dfrac{\mathrm{d}y}{\mathrm{d}x}=-\dfrac{y}{x},\\ y|_{x=2}=3.\end{cases}$$

此方程为可分离变量的微分方程,易求得通解为

$$xy=C,$$

又因 $y|_{x=2}=3$,则 $C=6$,故所求的曲线为 $xy=6$.

10.2.2　齐次方程

一阶微分方程

$$\frac{\mathrm{d}y}{\mathrm{d}x}=f(x,y)$$

中的函数 $f(x,y)$ 可以化为 $\frac{y}{x}$ 的函数,即微分方程为 $\frac{\mathrm{d}y}{\mathrm{d}x}=g\left(\frac{y}{x}\right)$ 的形式,习惯上称这样的微分方程为**齐次方程**. 例如,方程

$$(xy-y^2)\mathrm{d}x-(x^2-2xy)\mathrm{d}y=0$$

就是齐次方程,因为我们可以把此方程化为

齐次方程的求解步骤

$$\frac{\mathrm{d}y}{\mathrm{d}x}=\frac{xy-y^2}{x^2-2xy}=\frac{\frac{y}{x}-\left(\frac{y}{x}\right)^2}{1-2\left(\frac{y}{x}\right)}.$$

要求出齐次方程的通解，可以用变量代换的方法.

设齐次方程为

$$\frac{\mathrm{d}y}{\mathrm{d}x}=g\left(\frac{y}{x}\right), \tag{10-6}$$

令 $u=\frac{y}{x}$，则可以把齐次方程(10-6)化为可分离变量的微分方程. 因为 $u=\frac{y}{x}$，则 $y=ux$，$\frac{\mathrm{d}y}{\mathrm{d}x}=u+x\frac{\mathrm{d}u}{\mathrm{d}x}$代入方程(10-6)，得

$$u+x\frac{\mathrm{d}u}{\mathrm{d}x}=g(u),$$

即

$$x\frac{\mathrm{d}u}{\mathrm{d}x}=g(u)-u,$$

分离变量，得

$$\frac{\mathrm{d}u}{g(u)-u}=\frac{\mathrm{d}x}{x},$$

等式两端积分，得

$$\int\frac{\mathrm{d}u}{g(u)-u}=\int\frac{\mathrm{d}x}{x}.$$

记 $G(u)$ 为$\frac{1}{g(u)-u}$的一个原函数，再把 $u=\frac{y}{x}$代入，则可得方程(10-6)的通解为

$$\mathrm{e}^{G\left(\frac{y}{x}\right)}=Cx,\ C \text{ 为任意常数}.$$

例 4 求微分方程 $y^2+x^2\frac{\mathrm{d}y}{\mathrm{d}x}=xy\frac{\mathrm{d}y}{\mathrm{d}x}$的通解.

解 原方程可变为

$$\frac{\mathrm{d}y}{\mathrm{d}x}=\frac{y^2}{xy-x^2}=\frac{\left(\frac{y}{x}\right)^2}{\frac{y}{x}-1},$$

显然是齐次方程. 故令 $u=\frac{y}{x}$，则

$$y=ux,\quad \frac{\mathrm{d}y}{\mathrm{d}x}=u+x\frac{\mathrm{d}u}{\mathrm{d}x},$$

于是原方程成为

$$u+x\frac{\mathrm{d}u}{\mathrm{d}x}=\frac{u^2}{u-1},$$

即

$$x\frac{\mathrm{d}u}{\mathrm{d}x}=\frac{u}{u-1},$$

再分离变量，得

$$\left(1-\frac{1}{u}\right)\mathrm{d}u=\frac{\mathrm{d}x}{x},$$

两端积分，得

$$u-\ln u=\ln x+\ln C,$$

去对数，以$\frac{y}{x}$代换上式中的 u 便得到原方程的通解为

$$Cy=\mathrm{e}^{\frac{y}{x}}.$$

齐次方程的求解过程实质上是通过变量代换，将方程转化为可分离变量的方程，然后求出方程的解. 在求解其他类型的微分方程中也常会用变量代换. 如何选择适当的变量代换，往往要根据所要求解的微分方程的特点而定.

例 5 求微分方程$\frac{\mathrm{d}y}{\mathrm{d}x}=x^2+2xy+y^2$ 的通解.

解 令 $u=x+y$,则

$$y=u-x,\quad \frac{\mathrm{d}y}{\mathrm{d}x}=\frac{\mathrm{d}u}{\mathrm{d}x}-1.$$

原方程化为
$$\frac{\mathrm{d}u}{\mathrm{d}x}-1=u^2,$$

即
$$\frac{\mathrm{d}u}{u^2+1}=\mathrm{d}x,$$

两端积分,得
$$\arctan u=x+C,$$

把 u 用 $x+y$ 换回,得原方程的通解为
$$x+y=\tan(x+C).$$

10.2.3 一阶线性微分方程

形如
$$\frac{\mathrm{d}y}{\mathrm{d}x}+P(x)y=Q(x) \tag{10-7}$$

的微分方程称为**一阶线性微分方程**,因为它对于未知函数 y 及其导数是一次方程. 当 $Q(x)\equiv 0$ 时,方程(10-7)成为

$$\frac{\mathrm{d}y}{\mathrm{d}x}+P(x)y=0 \tag{10-8}$$

方程式(10-8)称为**一阶齐次线性微分方程.** 当 $Q(x)\neq 0$ 时,方程(10-7)称为**一阶非齐次线性微分方程.**

为求一阶非齐次线性微分方程式(10-7)的通解,首先求它所对应的一阶齐次线性微分方程式(10-8)的通解,这是一个可分离变量的微分方程,分离变量得

$$\frac{\mathrm{d}y}{y}=-P(x)\mathrm{d}x,$$

两端积分,得

$$\ln y=-\int P(x)\mathrm{d}x+\ln C,$$

化简,得
$$y=C\mathrm{e}^{-\int P(x)\mathrm{d}x}.$$

这就是齐次线性微分方程式(10-8)的通解.

下面我们来求一阶非齐次线性方程式(10-7)的通解,先来分析一下通解的形式.

把方程式(10-7)改写成

$$\frac{\mathrm{d}y}{y}=\frac{Q(x)}{y}\mathrm{d}x-P(x)\mathrm{d}x.$$

由于 y 是 x 的函数,可令$\frac{Q(x)}{y}=\varphi(x)$,$\int\varphi(x)\mathrm{d}x=\Phi(x)+C_1$. 对上式两端积分,得

$$\ln y=\Phi(x)+C_1-\int P(x)\mathrm{d}x,$$

即
$$y=\mathrm{e}^{\Phi(x)+C_1}\cdot\mathrm{e}^{-\int P(x)\mathrm{d}x}.$$

若记 $\mathrm{e}^{\Phi(x)+C_1}=u(x)$,得

$$y=u(x)\mathrm{e}^{-\int P(x)\mathrm{d}x}, \tag{10-9}$$

这就是一阶非齐次线性方程(10－7)的通解的形式.对照齐次线性微分方程(10－8)的通解，容易看出只需将方程(10－8)的通解中的常数 C 换成 x 的函数 $u(x)$，就可得到方程式(10－7)的通解,为了确定函数 $u(x)$,将 $y=u(x)e^{-\int P(x)dx}$ 及它的导数

$$y'=u'(x)e^{-\int P(x)dx}-u(x)P(x)e^{-\int P(x)dx}$$

代入方程式(10－7),得

$$u'(x)e^{-\int P(x)dx}-u(x)P(x)e^{-\int P(x)dx}+P(x)u(x)e^{-\int P(x)dx}=Q(x),$$

即
$$u'(x)e^{-\int P(x)dx}=Q(x),$$

也就是
$$u'(x)=Q(x)e^{\int P(x)dx},$$

两边积分,得

$$u(x)=\int Q(x)e^{\int P(x)dx}dx+C.$$

把上式代入式(10－9),得到一阶非齐次线性微分方程式(10－7)的通解为

$$y=e^{-\int P(x)dx}\left(\int Q(x)e^{\int P(x)dx}dx+C\right).\tag{10-10}$$

公式(10－10)中的不定积分 $\int P(x)dx$ 和 $\int Q(x)e^{\int P(x)dx}dx$ 分别理解为 $P(x)$ 和 $Q(x)e^{\int P(x)dx}$ 的一个原函数.

将齐次线性方程的通解中的任意常数 C 变为待定函数 $u(x)$,然后求出非齐次线性方程的通解的方法称为**常数变易法**.

将公式(10－10)写成如下两项之和

$$y=Ce^{-\int P(x)dx}+e^{-\int P(x)dx}\cdot\int Q(x)e^{\int P(x)dx}dx,$$

常数变易法

不难发现:第一项是对应的齐次线性方程式(10－8)的通解;第二项是对应的非齐次线性方程式(10－7)的一个特解[在方程(10－7)的通解式(10－10)中取 $C=0$ 即得此特解].由此得到一阶线性非齐次微分方程的通解的结构为对应的齐次线性微分方程的通解与非齐次线性微分方程的特解之和.

例 6　求微分方程 $\frac{dy}{dx}-\frac{2y}{x+1}=(x+1)^{\frac{3}{2}}$ 的通解.

解　(方法一)　这是一个一阶非齐次线性微分方程,用常数变易法求解.先求相应的一阶齐次线性微分方程

$$\frac{dy}{dx}-\frac{2y}{x+1}=0$$

的通解.分离变量,得

$$\frac{dy}{y}=\frac{2dx}{x+1},$$

两端积分,得
$$\ln y=2\ln(x+1)+\ln C,$$

化简,得
$$y=C(x+1)^2.$$

再用常数变易法,设原方程的解为

$$y=u(x)(x+1)^2,$$

则
$$y'=u'(x)(x+1)^2+2u(x)(x+1).$$

用 y,y' 代入原方程,得 $$u'(x)=(x+1)^{-\frac{1}{2}},$$

积分,得 $$u(x)=2(x+1)^{\frac{1}{2}}+C,$$

所以原方程的通解为

$$y=2(x+1)^{\frac{5}{2}}+C(x+1)^2.$$

(方法二)　直接利用通解公式(10－10)求解,因为

$$P(x)=-\frac{2}{x+1},Q(x)=(x+1)^{\frac{3}{2}},$$

代入公式(10－10),得

$$\begin{aligned} y &= \mathrm{e}^{-\int\left(-\frac{2}{x+1}\right)\mathrm{d}x}\left(\int(x+1)^{\frac{3}{2}}\mathrm{e}^{\int\left(-\frac{2}{x+1}\right)\mathrm{d}x}\mathrm{d}x+C\right) \\ &= \mathrm{e}^{\ln(x+1)^2}\left(\int(x+1)^{\frac{3}{2}}\cdot\mathrm{e}^{-\ln(x+1)^2}\mathrm{d}x+C\right) \\ &= (x+1)^2\left(\int(x+1)^{-\frac{1}{2}}\mathrm{d}x+C\right) \\ &= 2(x+1)^{\frac{5}{2}}+C(x+1)^2. \end{aligned}$$

一阶线性微分方程的求解步骤

例 7　求微分方程 $y\mathrm{d}x+(x-y^3)\mathrm{d}y=0$ 的通解(设 $y>0$).

解　将上述方程变形为

$$\frac{\mathrm{d}y}{\mathrm{d}x}-\frac{y}{y^3-x}=0,$$

显然不是线性微分方程.而将方程改写为

$$\frac{\mathrm{d}x}{\mathrm{d}y}-\frac{y^3-x}{y}=0,$$

即 $$\frac{\mathrm{d}x}{\mathrm{d}y}+\frac{1}{y}x=y^2.$$

这是一个把 x 当因变量而 y 当自变量的形如

$$\frac{\mathrm{d}x}{\mathrm{d}y}+P(y)x=Q(y) \tag{10-11}$$

的一阶线性微分方程,用公式可直接得到通解

$$x=\mathrm{e}^{-\int P(y)\mathrm{d}y}\left[\int Q(y)\mathrm{e}^{\int P(y)\mathrm{d}y}\mathrm{d}y+C\right], \tag{10-12}$$

故通解为 $$x=\mathrm{e}^{-\int\frac{1}{y}\mathrm{d}y}\left(\int y^2\mathrm{e}^{\int\frac{1}{y}\mathrm{d}y}\mathrm{d}y+C\right),$$

积分得 $$x=\frac{1}{y}\left(\frac{1}{4}y^4+C\right).$$

*10.2.4　伯努利方程

形如

$$\frac{\mathrm{d}y}{\mathrm{d}x}+P(x)y=Q(x)y^n \tag{10-13}$$

的微分方程称为**伯努利方程**,其中 n 为常数,且 $n\neq0,1$.

伯努利方程是一类非线性微分方程,但通过适当的变量变换就可以把它转化为线性微

分方程. 在式(10－13)的两端除以 y^n,可得

$$y^{-n}\frac{\mathrm{d}y}{\mathrm{d}x}+P(x)y^{1-n}=Q(x) \quad \text{或} \quad \frac{1}{1-n}(y^{1-n})'+P(x)y^{1-n}=Q(x).$$

于是令 $z=y^{1-n}$,就得到关于变量 z 的一阶线性微分方程为

$$\frac{\mathrm{d}z}{\mathrm{d}x}+(1-n)P(x)z=(1-n)Q(x),$$

利用线性微分方程的求解公式,再把变量 z 换回原变量可得伯努利方程(10－13)的通解为

$$y^{1-n}=\mathrm{e}^{-\int(1-n)P(x)\mathrm{d}x}\left[\int(1-n)Q(x)\mathrm{e}^{\int(1-n)P(x)\mathrm{d}x}\mathrm{d}x+C\right].$$

例 8　求方程 $\dfrac{\mathrm{d}y}{\mathrm{d}x}+\dfrac{y}{x}=(a\ln x)y^2$ 的通解.

解　方程两端除以 y^2,令 $z=y^{-1}$,则原方程可变为

$$\frac{\mathrm{d}z}{\mathrm{d}x}-\frac{z}{x}=-a\ln x,$$

再由线性微分方程的求解公式可得

$$z=x\left[C-\frac{a}{2}(\ln x)^2\right],$$

再把变量 z 换回原变量,可得原方程的通解为

$$yx\left[C-\frac{a}{2}(\ln x)^2\right]=1.$$

习题 10.2

1. 求下列微分方程的通解:

(1) $y(1+x^2)\mathrm{d}y-x(1+y^2)\mathrm{d}x=0$;

(2) $\dfrac{\mathrm{d}y}{\mathrm{d}x}=\dfrac{1+y^2}{xy(1+x^2)}$;

(3) $\sqrt{1+x^2}\,\mathrm{d}y-\sqrt{1-y^2}\,\mathrm{d}x=0$;

(4) $(\mathrm{e}^{x+y}-\mathrm{e}^x)\mathrm{d}x+(\mathrm{e}^{x+y}+\mathrm{e}^y)\mathrm{d}y=0$;

(5) $\dfrac{\mathrm{d}y}{\mathrm{d}x}=\dfrac{x+3y}{x-y}$;

(6) $2x\mathrm{d}y-[\sqrt{x^2+4y^2}+2y]\mathrm{d}x=0$;

(7) $\left(x+y\cos\dfrac{y}{x}\right)\mathrm{d}x-x\cos\dfrac{y}{x}\mathrm{d}y=0$;

(8) $\dfrac{\mathrm{d}y}{\mathrm{d}x}=\dfrac{y}{x}(1+\ln y-\ln x)$;

(9) $y'+y\cos x=\mathrm{e}^{-\sin x}$;

(10) $x\dfrac{\mathrm{d}y}{\mathrm{d}x}-y=(x-1)\mathrm{e}^x$;

(11) $\dfrac{\mathrm{d}y}{\mathrm{d}x}=\dfrac{1}{x-y^2}$;

(12) $y\mathrm{d}x+(1+y)x\mathrm{d}y=\mathrm{e}^y\mathrm{d}y$;

(13) $y'+y\tan x=\sin 2x$;

(14)* $(xy^5-x^2y^2)\mathrm{d}y+(x^2-y^6)\mathrm{d}x=0$.

2. 求下列微分方程在初始条件下的特解:

(1) $x\mathrm{d}x+4y\mathrm{d}y=0$, $y|_{x=4}=2$;

(2) $\cos y\mathrm{d}x+(1+\mathrm{e}^{-x})\sin y\mathrm{d}y=0$, $y|_{x=0}=\dfrac{\pi}{4}$;

(3) $(y^2-3x^2)\mathrm{d}y+2xy\mathrm{d}x=0$, $y|_{x=0}=1$;

(4) $(1+x\sin y)y'-\cos y=0$, $y|_{x=0}=0$.

3. 求一曲线方程,该曲线过点(0, 0)且其在点(x, y)处的斜率为 $2x+y$.

4. 设 $f(x)$可微且满足方程 $\int_0^x[2f(t)-1]\mathrm{d}t=f(x)-1$,求 $f(x)$.

10.3 可降阶的二阶微分方程

可降阶的微分方程

对于二阶微分方程

$$y''=f(x,y,y'),$$

在某些情况下可通过适当的变量代换,把二阶的微分方程转化为一阶的微分方程,习惯上把具有这样性质的微分方程称为**可降阶的微分方程**.其对应的求解方法称为**降阶法**.

下面介绍三种容易用降阶法求解的二阶微分方程.

10.3.1 $y''=f(x)$型的微分方程

微分方程

$$y''=f(x) \tag{10-14}$$

的右端仅含有自变量 x,求解时只需把方程(10-16)理解为$(y')'=f(x)$,对此式两端积分,得

$$y'=\int f(x)\mathrm{d}x+C_1,$$

同理,对上式两端再积分,得

$$y=\int\left(\int f(x)\mathrm{d}x\right)\mathrm{d}x+C_1x+C_2.$$

此方法显然可推广到 n 阶的情形.

例 1 求微分方程 $y''=x\sin x+4$ 的通解.

解 对给定的方程两端连续积分两次,得

$$y'=-x\cos x+\sin x+4x+C_1,$$

$$y=-x\sin x-2\cos x+2x^2+C_1x+C_2.$$

例 2 求微分方程 $y''=\mathrm{e}^{2x}-\cos x$ 满足 $y(0)=0$, $y'(0)=1$ 的特解.

解 对方程两端积分,得

$$y'=\frac{1}{2}\mathrm{e}^{2x}-\sin x+C_1,$$

由初始条件 $y'(0)=1$,得 $C_1=\frac{1}{2}$.上式两端再积分,得

$$y=\frac{1}{4}\mathrm{e}^{2x}+\cos x+\frac{1}{2}x+C_2,$$

由初始条件 $y(0)=0$,得 $C_2=-\frac{5}{4}$.故原方程满足初始条件的特解为

$$y=\frac{1}{4}\mathrm{e}^{2x}+\cos x+\frac{1}{2}x-\frac{5}{4}.$$

10.3.2 $y''=f(x,y')$型的微分方程

微分方程

$$y''=f(x,\ y') \tag{10-15}$$

的特点是不显含未知函数 y,求解方法如下.

做变量代换 $y'=p(x)$,则 $y''=p'(x)$,原方程可化为以 $p(x)$为未知函数的一阶微分方程

$$p'=f(x,p).$$

设此方程的通解为 $p(x)=\varphi(x,C_1)$，得

$$y'=\varphi(x,C_1),$$

方程两端再积分，得 $y=\int\varphi(x,C_1)\mathrm{d}x+C_2$.

例 3 求微分方程 $(1+x^2)y''-2xy'=0$ 的通解.

解 显然该方程不显含有未知函数 y，故令 $y'=p(x)$，则 $y''=p'(x)$，于是原方程化为

$$(1+x^2)\frac{\mathrm{d}p}{\mathrm{d}x}-2xp=0,$$

即

$$\frac{\mathrm{d}p}{p}=\frac{2x\mathrm{d}x}{1+x^2},$$

两端积分，得

$$\ln p=\ln(1+x^2)+\ln C_1,$$

即

$$p=C_1(1+x^2),\ 即\ y'=C_1(1+x^2),$$

两端积分，得原方程的通解为

$$y=C_1\left(x+\frac{x^3}{3}\right)+C_2.$$

例 4 求微分方程 $y''=\frac{1}{x}y'+xe^x$ 满足 $y(1)=2$，$y'(1)=\mathrm{e}$ 的特解.

解 显然该方程为 $y''=f(x,y')$ 型，故令 $y'=p(x)$，则 $y''=p'(x)$，于是原方程化为

$$p'-\frac{1}{x}p=xe^x,$$

这是一阶线性微分方程，易解得

$$p=x(e^x+C_1),即\ y'=x(e^x+C_1),$$

因 $y'(1)=\mathrm{e}$，得 $C_1=0$，即

$$y'=xe^x,$$

两端积分，得

$$y=(x-1)e^x+C_2,$$

又因 $y(1)=2$，可得原方程满足初始条件的特解为

$$y=(x-1)e^x+2.$$

10.3.3 $y''=f(y,y')$ 型的微分方程

微分方程

$$y''=f(y,y') \tag{10-16}$$

的特点在于不显含自变量 x，求解方法如下.

令 $y'=p$，利用复合函数求导法，得

$$y''=\frac{\mathrm{d}p}{\mathrm{d}x}=\frac{\mathrm{d}p}{\mathrm{d}y}\cdot\frac{\mathrm{d}y}{\mathrm{d}x}=p\frac{\mathrm{d}p}{\mathrm{d}y},$$

故方程(10-16)化为

$$p\frac{\mathrm{d}p}{\mathrm{d}y}=f(y,p),$$

此方程为关于 y,p 的一阶微分方程. 如能求出它的通解，不妨设为

$$p=\varphi(y,C_1) \quad 或 \quad \frac{dy}{dx}=\varphi(y,C_1),$$

此方程是一个可分离变量的微分方程,易得原方程的通解为

$$\int \frac{dy}{\varphi(y,C_1)}=x+C_2.$$

例 5 求微分方程 $yy''=(y')^2$ 的通解.

解 显然该方程为 $y''=f(y,y')$ 型,故令 $y'=p$,则 $y''=p\frac{dp}{dy}$,代入原方程得

$$yp\frac{dp}{dy}=p^2,$$

即

$$p\left(y\frac{dp}{dy}-p\right)=0.$$

(1) 如果 $p\neq 0$ 且 $y\neq 0$,则方程两端约去 p 及同除以 y,得

$$\frac{dp}{p}=\frac{dy}{y},$$

两端积分,得

$$\ln p=\ln y+\ln C_1,$$

即

$$p=C_1y, y'=C_1y,$$

再分离变量并积分,可得原方程的通解为

$$y=C_2e^{C_1x};$$

(2) 如果 $p=0$ 或 $y=0$,即 $y=C$(C 为任意实数)是原方程的解(又称平凡解),其实已包括在(1)的通解中(只需取 $C_1=0$).

习题 10.3

1. 求下列各微分方程的通解:

(1) $y''=x+\cos x$; (2) $y''=xe^{2x}$; (3) $y''=2+2(y')^2$; (4) $y''=y'+2x$;

(5) $xy''+y'=0$; (6) $y^3y''-1=0$; (7) $y''=\frac{1}{\sqrt{y}}$; (8) $y''=(y')^3+y'$.

2. 求下列各微分方程满足所给初始条件的特解:

(1) $(1+x^2)y''=2xy'$, $y|_{x=0}=1$, $y'|_{x=0}=3$;

(2) $y''=3\sqrt{y}$, $y|_{x=0}=1$, $y'|_{x=0}=2$;

(3) $y^3y''-1=0$, $y|_{x=1}=1$, $y'|_{x=1}=0$.

3. 试求 $y''=x$ 的经过点 $M(0,1)$ 且在此点与直线 $y=\frac{1}{2}x+1$ 相切的积分曲线.

10.4 二阶线性微分方程解的结构

在应用问题中较多遇到的一类高阶微分方程是二阶线性微分方程,它的一般形式为

$$y''+P(x)y'+Q(x)y=f(x), \tag{10-17}$$

其中,$P(x)$,$Q(x)$,$f(x)$为已知的 x 的函数.

当方程右端函数 $f(x)=0$ 时,方程式(10-17)称为**二阶齐次线性微分方程**,即

$$y''+P(x)y'+Q(x)y=0. \tag{10-18}$$

当方程右端函数 $f(x)\neq 0$ 时,方程式(10-17)称为**二阶非齐次线性微分方程**.

本节主要讨论二阶线性微分方程解的一些性质,这些性质还可以推广到 n 阶线性微分方程

$$y^{(n)}+P_1(x)y^{(n-1)}+\cdots+P_{n-1}(x)y'+P_n(x)y=f(x).$$

定理 1 如果 $y_1(x)$, $y_2(x)$是方程式(10-18)的两个解,则

$$y=C_1y_1(x)+C_2y_2(x) \tag{10-19}$$

也是方程(10-18)的解,其中 C_1, C_2 为任意实数.(请读者自己证明)

此性质表明二阶齐次线性微分方程的解满足叠加原理,即两个解按式(10-19)的形式叠加起来仍然是该方程的解. 但要注意:当 $y_1(x)$, $y_2(x)$是方程(10-18)的两个特解,C_1 和 C_2 是两个任意常数时,函数 $y=C_1y_1(x)+C_2y_2(x)$不一定是方程(10-18)的通解. 不难验证 $y_1=\sin x$, $y_2=5\sin x$, $y_3=\cos x$ 都是二阶齐次线性微分方程 $y''+y=0$ 的特解,但 $y=C_1y_1+C_2y_2=(C_1+5C_2)\sin x$ 不是方程 $y''+y=0$ 的通解,此处(C_1+5C_2)实际上是一个任意常数. 而 $y=C_1y_1+C_2y_3=C_1\sin x+C_2\cos x$ 就是方程 $y''+y=0$ 的通解. 比较后容易发现前一组解的比$\dfrac{y_1}{y_2}=\dfrac{\sin x}{5\sin x}=\dfrac{1}{5}$(常数),而后一组解的比$\dfrac{y_1}{y_3}=\dfrac{\sin x}{\cos x}=\tan x$(不是常数). 为此我们给出如下有关概念.

设 $y_1(x)$, $y_2(x)$是定义在区间 I 内的两个函数,如果存在两个不全为零的常数 k_1, k_2,使得在区间 I 内恒有

$$k_1y_1(x)+k_2y_2(x)=0$$

成立,则称函数 $y_1(x)$, $y_2(x)$在区间 I 内**线性相关**,否则称**线性无关**.

二阶线性微分方程解的结构

显然当$\dfrac{y_1}{y_2}=k$(常数)时,y_1, y_2 线性相关;当$\dfrac{y_1}{y_2}\neq k$(常数)时,y_1, y_2 线性无关.

据此我们有如下二阶齐次线性微分方程的通解结构的定理.

定理 2 如果 $y_1(x)$, $y_2(x)$是方程(10-18)的两个线性无关的特解,则

$$y=C_1y_1(x)+C_2y_2(x)\ (C_1, C_2 \text{ 为任意实数})$$

是方程(10-18)的通解.

下面我们来讨论二阶非齐次微分方程的解的结构. 在一阶线性微分方程的讨论中,我们已知道一阶线性非齐次微分方程的通解之结构为对应的齐次线性微分方程的通解与非齐次线性微分方程的特解之和,那么二阶及以上的线性微分方程是否也有这样解的结构呢? 回答是肯定的.

定理 3 如果 $y^*(x)$是方程(10-17)的一个特解,且 $Y(x)$是其相应的齐次方程(10-18)的通解,则

$$y=y^*(x)+Y(x) \tag{10-20}$$

是二阶非齐次线性微分方程(10-17)的通解.

证 因为 $y^*(x)$是方程(10-17)的解, $Y(x)$是方程(10-18)的通解,所以

$$(y^*)''+P(x)(y^*)'+Q(x)y^*=f(x),$$
$$Y''+P(x)Y'+Q(x)Y=0.$$

将 $y=y^*(x)+Y(x)$代入方程(10-17)的左端,得

$$\text{左边}=(y^*+Y)''+P(x)(y^*+Y)'+Q(x)(y^*+Y)$$

$$=(y^*)''+Y''+P(x)(y^*)'+P(x)Y'+Q(x)y^*+Q(x)Y$$
$$=[(y^*)''+P(x)(y^*)'+Q(x)y^*]+[Y''+P(x)Y'+Q(x)Y]$$
$$=f(x)+0=f(x)=\text{右边},$$

所以 $y=y^*(x)+Y(x)$ 是非齐次方程(10-17)的解,又因为 $Y(x)$ 是其相应的齐次方程(10-18)的通解,它含有两个独立的任意常数,因而 $y=y^*(x)+Y(x)$ 中也包含两个独立的任意常数,由此可知 $y=y^*(x)+Y(x)$ 是方程(10-17)的通解.

例如,方程 $y''+y=2e^x$ 是二阶非齐次线性微分方程,其相应的齐次方程 $y''+y=0$ 的通解为 $Y=C_1\sin x+C_2\cos x$,又容易验证 $y^*=e^x$ 是方程 $y''+y=2e^x$ 的一个特解,因此

$$y=C_1\sin x+C_2\cos x+e^x$$

是方程 $y''+y=2e^x$ 的通解.

在求解非齐次线性微分方程时,有时会用到下面两个定理.

定理 4 如果 $y_1^*(x)$, $y_2^*(x)$ 分别是方程

$$y''+P(x)y'+Q(x)y=f_1(x),$$
$$y''+P(x)y'+Q(x)y=f_2(x)$$

的特解,则 $y_1^*(x)+y_2^*(x)$ 是方程

$$y''+P(x)y'+Q(x)y=f_1(x)+f_2(x)$$

的特解.

这一定理的证明较简单,只需将 $y=y_1^*+y_2^*$ 代入方程

$$y''+P(x)y'+Q(x)y=f_1(x)+f_2(x),$$

便可验证.

这一结论告诉我们,欲求方程 $y''+P(x)y'+Q(x)y=f_1(x)+f_2(x)$ 特解 y^*,可分别求

$$y''+P(x)y'+Q(x)y=f_1(x)$$

与

$$y''+P(x)y'+Q(x)y=f_2(x)$$

的特解 y_1^* 和 y_2^*,然后进行叠加得到 $y^*=y_1^*+y_2^*$.

定理 5 如果 $y_1(x)+iy_2(x)$ 是方程

$$y''+P(x)y'+Q(x)y=f_1(x)+if_2(x)$$

的解,其中 $P(x)$,$Q(x)$,$f_1(x)$,$f_2(x)$ 为实值函数,i 为虚单位.则 $y_1(x)$,$y_2(x)$ 分别为方程

$$y''+P(x)y'+Q(x)y=f_1(x),$$
$$y''+P(x)y'+Q(x)y=f_2(x)$$

的解.

证 由定理的假设,得

$$(y_1+iy_2)''+P(x)(y_1+iy_2)'+Q(x)(y_1+iy_2)=f_1(x)+if_2(x),$$

即 $$[y_1''+P(x)y_1'+Q(x)y_1]+i[y_2''+P(x)y_2'+Q(x)y_2]=f_1(x)+if_2(x),$$

由两复数相等的充分必要条件,得

$$y_1''+P(x)y_1'+Q(x)y_1=f_1(x),$$
$$y_2''+P(x)y_2'+Q(x)y_2=f_2(x).$$

所以 $y_1(x)$,$y_2(x)$ 分别为方程

$$y''+P(x)y'+Q(x)y=f_1(x),$$

$$y''+P(x)y'+Q(x)y=f_2(x)$$

的解.

习题 10.4

1. 下列哪些函数组在其定义区间内是线性无关的：

(1) x^2, x^3；　(2) x^3, $2x^3$；　(3) e^{2x}, e^{4x}；　(4) e^{2x}, $3e^{2x}$；

(5) $\cos 2x$, $\sin 2x$；　(6) $e^x\cos 2x$, $e^x\sin 2x$；　(7) e^{ax}, $e^{bx}(a\neq b)$.

2. 验证 $y_1=\sin ax$, $y_2=\cos ax$ 都是方程 $y''+a^2y=0$ 的解，并写出该方程的通解.

3. 验证 $y=C_1e^x+C_2e^{2x}+\frac{1}{12}e^{5x}$($C_1$, C_2 是任意常数)是方程 $y''-3y'+2y=e^{5x}$ 的通解.

4. 验证 $y=C_1\cos 3x+C_2\sin 3x+\frac{1}{32}(4x\cos x+\sin x)$($C_1$, C_2 是任意常数)是方程 $y''+9y=x\cos x$ 的通解.

10.5　二阶常系数线性微分方程

由第 10.4 节讨论可知，二阶线性微分方程的求解问题关键在于求得二阶齐次方程的通解和非齐次方程的一个特解. 本节将讨论二阶线性方程的一个特殊类型，即二阶常系数线性微分方程及其解法.

把具有形式

$$y''+py'+qy=f(x) \tag{10-21}$$

的方程称为**二阶常系数线性微分方程**，其中 p, q 是常数. 把具有形式

$$y''+py'+qy=0 \tag{10-22}$$

的方程称为**二阶常系数齐次线性方程**.

10.5.1　二阶常系数齐次线性微分方程及其解法

我们已经知道要得到方程(10-22)的通解，只需求出它的两个线性无关解 y_1 与 y_2，即 $\frac{y_1}{y_2}\neq$常数，那么 $y=C_1y_1+C_2y_2$ 就是方程式(10-22)的通解.

我们先分析方程式(10-22)可能具有什么形式的特解. 从方程的形式看，方程的解 y 及 y', y''各乘以常数的和等于零，意味着函数 y 及 y', y''之间只能差一个常数，在初等函数中符合这样的特征的函数很显然是 e^{rx}(r 为常数)，于是假设

$$y=e^{rx}$$

是方程(10-22)的解(其中 r 为待定常数)，则有 $y'=re^{rx}$, $y''=r^2e^{rx}$，代入方程(10-22)中，得

$$(r^2+pr+q)e^{rx}=0,$$

因 $e^{rx}\neq 0$，从而有

$$r^2+pr+q=0. \tag{10-23}$$

由此可见，只要 r 满足代数方程式(10-23)，则 $y=e^{rx}$ 是微分方程式(10-22)的解. 把该代数方程式(10-23)叫做微分方程式(10-22)的**特征方程**，并称特征方程的两个根为**特征根**. 根据初等代数的知识可知，特征根有三种可能的情形，下面分别讨论.

1. 特征方程有两个相异的实根 r_1, r_2

此时,特征方程满足 $p^2-4q>0$,它的两个根 r_1, r_2 可由公式

$$r_{1,2}=\frac{-p\pm\sqrt{p^2-4q}}{2}$$

求出,则 $y_1=e^{r_1x}$ 与 $y_2=e^{r_2x}$ 均是微分方程式(10-22)的两个解,并且$\frac{y_2}{y_1}=\frac{e^{r_2x}}{e^{r_1x}}=e^{(r_2-r_1)x}$不是常数,因此微分方程(10-22)的通解为

$$y=C_1e^{r_1x}+C_2e^{r_2x}, \tag{10-24}$$

其中 C_1, C_2 为任意常数.

2. 特征方程有两个相等的实根 $r_1=r_2$

此时,特征方程满足 $p^2-4q=0$,特征根 $r_1=r_2=-\frac{p}{2}$. 这样只得到微分方程式(10-22)的一个解 $y_1=e^{r_1x}$,为了得到方程的通解,还需另求一个解 y_2,并且要求$\frac{y_2}{y_1}\neq$常数(y_1 与 y_2 线性无关). 故而可设$\frac{y_2}{y_1}=u(x)$[$u(x)$为待定函数],即 $y_2=u(x)e^{r_1x}$,现在只需求得 $u(x)$. 因 $y_2=u(x)e^{r_1x}$是微分方程(10-24)的解,故对 y_2 求一阶和二阶导数,得

$$\begin{aligned}y_2'&=u'(x)\cdot e^{r_1x}+r_1u(x)e^{r_1x}=e^{r_1x}[u'(x)+r_1u(x)],\\y_2''&=r_1e^{r_1x}[u'(x)+r_1u(x)]+e^{r_1x}[u''(x)+r_1u'(x)]\\&=e^{r_1x}[u''(x)+2r_1u'(x)+r_1^2u(x)],\end{aligned}$$

将 y_2, y_2', y_2''代入微分方程(10-24),得

$$e^{r_1x}[(u''(x)+2r_1u'(x)+r_1^2u(x))+(pu'(x)+pr_1u(x))+qu(x)]=0,$$

约去 e^{r_1x},整理得

$$u''(x)+(2r_1+p)u'(x)+(r_1^2+pr_1+q)u(x)=0,$$

因 $r_1=-\frac{p}{2}$是特征方程的二重根,故 $2r_1+p=0$ 且 $r_1^2+pr_1+q=0$,于是

$$u''(x)=0,$$

我们取满足 $u''(x)=0$ 的不为常数的一个解 $u(x)=x$,即得微分方程式(10-22)的另一个特解$y_2=xe^{r_1x}$,所以微分方程式(10-22)的通解为

$$y=C_1e^{r_1x}+C_2xe^{r_1x}, \tag{10-25}$$

其中 C_1, C_2 为任意常数.

3. 特征方程有一对共轭复根:$r_1=\alpha+i\beta$, $r_2=\alpha-i\beta$

此时,$p^2-4q<0$,设一对共轭复根为 $r_1=\alpha+i\beta$, $r_2=\alpha-i\beta$,其中 $\alpha=-\frac{p}{2}$, $\beta=\frac{\sqrt{4q-p^2}}{2}$.

因此

$$\begin{aligned}y_1&=e^{(\alpha+i\beta)x}=e^{\alpha x}\cdot e^{i\beta x}=e^{\alpha x}(\cos\beta x+i\sin\beta x),\\y_2&=e^{(\alpha-i\beta)x}=e^{\alpha x}\cdot e^{-i\beta x}=e^{\alpha x}(\cos\beta x-i\sin\beta x)\end{aligned}$$

是微分方程(10-24)的两个解,根据齐次方程解的叠加原理,得

$$\bar{y}_1=\frac{1}{2}(y_1+y_2)=e^{\alpha x}\cos\beta x,$$

$$\bar{y}_2=\frac{1}{2i}(y_1-y_2)=e^{\alpha x}\sin\beta x$$

也是微分方程(10－22)的解，且$\frac{\bar{y}_2}{\bar{y}_1}=\frac{e^{\alpha x}\sin\beta x}{e^{\alpha x}\cos\beta x}=\tan\beta x\neq$常数($\bar{y}_1$ 与 $\bar{y}_2$ 线性无关)，因而微分方程(10－22)的通解为

$$y=C_1e^{\alpha x}\cos\beta x+C_2e^{\alpha x}\sin\beta x, \tag{10－26}$$

其中 C_1，C_2 为任意常数.

综上所述，求二阶常系数齐次线性微分方程

$$y''+py'+qy=0$$

的通解的步骤如下：

二阶常系数齐次线性微分方程的解法

① 写出微分方程的特征方程；

② 求出特征方程的两个根 r_1，r_2；

③ 根据特征方程的两个根的不同情形，依表 10－1 写出微分方程的通解.

表 10－1

特征方程 $r^2+pr+q=0$ 的两个根 r_1，r_2	微分方程 $y''+py'+qy=0$ 的通解
两个不相等的实根 r_1，r_2	$y=C_1e^{r_1x}+C_2e^{r_2x}$
两个相等的实根 $r_1=r_2$	$y=e^{r_1x}(C_1+C_2x)$
一对共轭复根 $r_{1,2}=\alpha\pm i\beta$	$y=e^{\alpha x}(C_1\cos\beta x+C_2\sin\beta x)$

例 1 求微分方程 $y''-2y'-3y=0$ 的通解.

解 所给微分方程的特征方程为

$$r^2-2r-3=0,$$

解此方程得两个不同的实根为 $r_1=-1$，$r_2=3$，因此微分方程的通解为

$$y=C_1e^{-x}+C_2e^{3x},$$

其中 C_1，C_2 为任意常数.

例 2 求微分方程 $y''-2y'+5y=0$ 的通解.

解 所给微分方程的特征方程为

$$r^2-2r+5=0,$$

解此方程得两个根为 $r_{1,2}=1\pm 2i$，因此微分方程所求通解为

$$y=e^x(C_1\cos 2x+C_2\sin 2x),$$

其中 C_1，C_2 为任意常数.

例 3 求微分方程 $y''-2y'+y=0$ 满足初始条件 $y|_{x=0}=4$，$y'|_{x=0}=-2$ 的特解.

解 所给微分方程的特征方程为

$$r^2-2r+1=0,$$

解此方程得两个根为 $r_{1,2}=1$，因此微分方程所求通解为

$$y=e^x(C_1x+C_2).$$

因 $y|_{x=0}=4$，得 $C_2=4$，又因 $y'|_{x=0}=-2$，得 $C_1=-6$，于是所求的特解为

$$y=e^x(-6x+4).$$

10.5.2 二阶常系数非齐次线性微分方程及其解法

由第 10.4 节可知,方程

$$y''+py'+qy=f(x)$$

的通解的结构为相应的齐次线性微分方程的通解与非齐次线性微分方程的特解之和.我们刚解决了二阶常系数齐次线性方程通解的求法,因而现在只需讨论如何求二阶常系数非齐次线性微分方程的特解的方法.

方程式(10-21)的特解的形式显然与右端的函数 $f(x)$ 有关,而且对一般的函数 $f(x)$ 来讨论方程式(10-21)的特解是非常困难的,在此我们只对两种常见的情形进行讨论.

类型 1 $f(x)=P_m(x)e^{\lambda x}$ 型

在 $f(x)=P_m(x)e^{\lambda x}$ 中,λ 是常数,$P_m(x)$ 是 x 的一个 m 次多项式,即

$$P_m(x)=a_0x^m+a_1x^{m-1}+\cdots+a_{m-1}x+a_m.$$

由于右端函数 $f(x)$ 是指数函数 $e^{\lambda x}$ 与 m 次多项式 $P_m(x)$ 的乘积,而指数函数与多项式的乘积的导数仍是这一类型的函数,因此我们推测方程(10-21)的特解也应是

$$y^*=Q(x)e^{\lambda x}[\text{其中 } Q(x) \text{ 是待定的某个 } x \text{ 的多项式}],$$

把它代入方程(10-21)中,得

$$[\lambda^2Q(x)+2\lambda Q'(x)+Q''(x)]e^{\lambda x}+p[\lambda Q(x)+Q'(x)]e^{\lambda x}+qQ(x)e^{\lambda x}=P_m(x)e^{\lambda x},$$

约去 $e^{\lambda x}$,整理得

$$Q''(x)+(2\lambda+p)Q'(x)+(\lambda^2+p\lambda+q)Q(x)=P_m(x). \tag{10-27}$$

于是根据 λ 是否为方程(10-21)的特征方程 $r^2+pr+q=0$ 的特征根有以下三种情形:

(1) 如果 $\lambda^2+p\lambda+q\neq0$,即 λ 不是特征方程 $r^2+pr+q=0$ 的根.由于 $P_m(x)$ 是一个 m 次多项式,欲使式(10-27)的两端相等,那么 $Q(x)$ 必是一个 m 次的多项式,可设为

$$Q(x)=Q_m(x)=b_0x^m+b_1x^{m-1}+\cdots+b_{m-1}x+b_m, \tag{10-28}$$

将式(10-28)代入式(10-27),比较等式两端 x 的同次幂的系数,可得到含有 $m+1$ 个未知数 $b_0,b_1,\cdots,b_{m-1},b_m$ 的 $(m+1)$ 元线性方程组,解此方程组可得到这 $m+1$ 个待定的系数 b_0,$b_1,\cdots,b_{m-1},b_m$,最后得到特解

$$y^*=Q_m(x)e^{\lambda x}; \tag{10-29}$$

(2) 如果 $\lambda^2+p\lambda+q=0$,且 $2\lambda+p\neq0$,即 λ 是特征方程 $r^2+pr+q=0$ 的单根.由于 $P_m(x)$ 是一个 m 次多项式,欲使式(10-27)的两端相等,那么 $Q'(x)$ 必是一个 m 次的多项式,故可设

$$Q(x)=xQ_m(x),$$

用情形(1)相同的方法可得到 m 次的多项式 $Q_m(x)$ 中的 $m+1$ 个待定的系数 b_0, b_1, $\cdots$, b_{m-1}, b_m,得到特解为

$$y^*=xQ_m(x)e^{\lambda x}; \tag{10-30}$$

(3) 如果 $\lambda^2+p\lambda+q=0$,且 $2\lambda+p=0$,即 λ 是特征方程 $r^2+pr+q=0$ 的二重根.由于 $P_m(x)$ 是一个 m 次多项式,欲使式(10-27)的两端相等,那么 $Q''(x)$ 必是一个 m 次的多项式,故可设

$$Q(x)=x^2Q_m(x),$$

用情形(1)相同的方法可得到 m 次的多项式 $Q_m(x)$ 中的 $m+1$ 个待定的系数 $b_0,b_1,\cdots,b_{m-1}$,

b_m，于是特解为

$$y^* = x^2 Q_m(x) e^{\lambda x}. \tag{10-31}$$

综上所述，可总结此类型的二阶常系数非齐次线性微分方程的特解的求法——待定系数法.

结论 1 如果方程(10-21)的右端函数 $f(x)=P_m(x)e^{\lambda x}$，其中 λ 是常数，$P_m(x)$ 是 x 的一个 m 次多项式，则方程(10-21)具有形如

$$y^* = x^k Q_m(x) e^{\lambda x}$$

二阶常系数非齐次线性微分方程类型1的解法

的特解，其中 $Q_m(x)$ 是与 $P_m(x)$ 同次的一个 m 次多项式，其中 k 的取值可由如下方法确定：

(1) 如果 λ 不是特征方程 $r^2+pr+q=0$ 的根，取 $k=0$；

(2) 如果 λ 是特征方程 $r^2+pr+q=0$ 的单根，取 $k=1$；

(3) 如果 λ 是特征方程 $r^2+pr+q=0$ 的重根，取 $k=2$.

例 4 下列微分方程具有怎样形式的特解？

(1) $y''+4y'+3y=e^{2x}$；　(2) $y''+2y'-3y=xe^x$；　(3) $y''+2y'+y=(x^2-1)e^{-x}$.

解 这三方程都是二阶常系数非齐次线性微分方程，且右端函数类型是 $f(x)=P_m(x)e^{\lambda x}$.

(1) 因 $\lambda=2$ 不是其相应的齐次微分方程的特征方程的根，故方程具有形如 $y^*=b_0e^{2x}$ 的特解；

(2) 因 $\lambda=1$ 是其相应的齐次微分方程的特征方程的单根，故方程具有形如 $y^*=x(b_0x+b_1)e^x$ 的特解；

(3) 因 $\lambda=-1$ 是其相应的齐次微分方程的特征方程的重根，故方程具有形如 $y^*=x^2(b_0x^2+b_1x+b_2)e^{-x}$ 的特解.

例 5 求微分方程 $y''-5y'+6y=xe^{2x}$ 的通解.

解 该微分方程是二阶常系数非齐次线性微分方程，且右端函数类型是 $f(x)=P_m(x)e^{\lambda x}$，故只要先求相应齐次的通解及该方程的一个特解即可.

该方程相应的齐次方程为 $y''-5y'+6y=0$，它的特征方程为

$$r^2-5r+6=0.$$

它的两个根为 $r_1=2$，$r_2=3$，则该方程相应的齐次方程的通解为

$$y=C_1e^{2x}+C_2e^{3x}.$$

因为方程右端函数中的 $\lambda=2$，是特征方程 $r^2-5r+6=0$ 的单根，所以可设原方程的一个特解为

$$y^*=x(b_0x+b_1)e^{2x},$$

将 y^* 及其一阶、二阶导数代入原方程消去 e^{2x}，或记 $Q(x)=x(b_0x+b_1)$，把 $Q(x)$ 及其一阶、二阶导数代入式(10-27)，再化简整理，得

$$-2b_0x+2b_0-b_1=x,$$

比较该等式两端 x 同次幂的系数，得

$$\begin{cases} -2b_0=1, \\ 2b_0-b_1=0, \end{cases}$$

解得 $b_0=-\dfrac{1}{2}$，$b_1=-1$. 这样，原方程的一个特解为

$$y^*=x\left(-\frac{1}{2}x-1\right)e^{2x},$$

从而得到原方程的通解为

$$y=C_1e^{2x}+C_2e^{3x}-x\left(\frac{1}{2}x+1\right)e^{2x},$$

其中 C_1，C_2 为任意常数.

例 6 求微分方程 $y''-4y=e^{2x}$满足初始条件 $y|_{x=0}=4$，$y'|_{x=0}=-2$ 的特解.

解 该方程相应的齐次方程为 $y''-4y=0$,它的特征方程为

$$r^2-4=0,$$

它的两个根为 $r_1=2$，$r_2=-2$,则该方程相应的齐次方程的通解为

$$y=C_1e^{2x}+C_2e^{-2x}.$$

因为方程右端函数中的 $\lambda=2$,是特征方程 $r^2-4=0$ 的单根,所以可设原方程的一个特解为

$$y^*=x\cdot b_0e^{2x},$$

将 y^* 及其一阶、二阶导数代入原方程消去 e^{2x},或记 $Q(x)=b_0x$,把 $Q(x)$ 及其一阶、二阶导数代入式(10－27),再化简整理,得 $b_0=\frac{1}{4}$. 所以原方程的一个特解为

$$y^*=\frac{1}{4}xe^{2x}.$$

从而,得到原方程的通解为

$$y=C_1e^{2x}+C_2e^{-2x}+\frac{1}{4}xe^{2x},$$

其中 C_1，C_2 为任意常数.

由 $y|_{x=0}=4$，$y'|_{x=0}=-2$ 可得

$$\begin{cases}C_1+C_2=4,\\ 2C_1-2C_2+\frac{1}{4}=-2,\end{cases}$$

解得 $C_1=\frac{23}{16}$，$C_2=\frac{41}{16}$. 所以原方程满足初始条件的特解为

$$y=\frac{23}{16}e^{2x}+\frac{41}{16}e^{-2x}+\frac{1}{4}xe^{2x}.$$

类型 2 $f(x)=P_m(x)e^{\alpha x}\cos\beta x$ 或 $P_m(x)e^{\alpha x}\sin\beta x$ 型

对于二阶常系数非齐次线性微分方程

$$y''+py'+qy=P_m(x)e^{\alpha x}\cos\beta x, \tag{10－32}$$

$$y''+py'+qy=P_m(x)e^{\alpha x}\sin\beta x, \tag{10－33}$$

怎么求它们的特解？由欧拉公式可知这两个方程的右边 $P_m(x)e^{\alpha x}\cos\beta x$ 和 $P_m(x)e^{\alpha x}\sin\beta x$ 分别是

$$\begin{aligned}P_m(x)e^{(\alpha+i\beta)x}&=P_m(x)e^{\alpha x}(\cos\beta x+i\sin\beta x)\\&=P_m(x)e^{\alpha x}\cos\beta x+iP_m(x)e^{\alpha x}\sin\beta x(\text{式中 i 为虚数单位})\end{aligned}$$

的实部和虚部,所以如果求出了方程

$$y''+py'+qy=P_m(x)e^{(\alpha+i\beta)x} \tag{10－34}$$

的一个特解 $y^*=y_1^*+\mathrm{i}y_2^*$，由 10.4 中的定理 5 可知，特解 y^* 的实部 y_1^* 和虚部 y_2^* 分别就是方程式(10－32)和方程式(10－33)的特解.

求方程式(10－34)的特解，类似于类型 1，对于特解有以下结论.

结论 2　方程 $y''+py'+qy=P_m(x)\mathrm{e}^{(\alpha+\mathrm{i}\beta)x}$，其中 α,β 是实常数，$P_m(x)$ 是 x 的一个 m 次实系数多项式，它具有形如

$$y^*=x^kQ_m(x)\mathrm{e}^{(\alpha+\mathrm{i}\beta)x}$$

的特解，其中 $Q_m(x)$ 是与 $P_m(x)$ 同次的一个 m 次多项式，k 的取值如下：

(1) 如果 $\alpha+\mathrm{i}\beta$ 不是特征方程 $r^2+pr+q=0$ 的根，取 $k=0$；

(2) 如果 $\alpha+\mathrm{i}\beta$ 是特征方程 $r^2+pr+q=0$ 的单根，取 $k=1$.

将设定的特解 $y^*=x^kQ_m(x)\mathrm{e}^{(\alpha+\mathrm{i}\beta)x}$ 代入原方程，待定出 $Q_m(x)$ 中的 $m+1$ 个系数，就可求得方程式(10－34)特解，从中取其实部或虚部，即可得到方程式(10－32)或式(10－33)的特解. $Q_m(x)$ 中的 $m+1$ 个系数，也可令 $Q(x)=x^kQ_m(x)$，$\lambda=\alpha+\mathrm{i}\beta$ 代入式(10－27)来待定.

类型 3　$f(x)=\mathrm{e}^{\alpha x}[P_m(x)\cos\beta x+P_n(x)\sin\beta x]$

对于二阶常系数非齐次线性微分方程

$$y''+py'+qy=\mathrm{e}^{\alpha x}[P_m(x)\cos\beta x+P_n(x)\sin\beta x],\tag{10－35}$$

它的特解可以用待定系数法直接求得. 特解的形式有如下结论.

结论 3　方程 $y''+py'+qy=\mathrm{e}^{\alpha x}[P_m(x)\cos\beta x+P_n(x)\sin\beta x]$，其中 α,β 是实常数，$P_m(x)$，$P_n(x)$ 分别是 x 的一个 m 次、n 次实系数多项式，它具有形如

$$y^*=x^k\mathrm{e}^{\alpha x}[R_l^{(1)}(x)\cos\beta x+R_l^{(2)}(x)\sin\beta x]$$

的特解，其中 $R_l^{(1)}(x)$、$R_l^{(2)}(x)$ 是 x 的 l 次多项式，$l=\max\{m,n\}$，而 k 的取值如下：

(1) 如果 $\alpha+\beta\mathrm{i}$ 不是特征方程 $r^2+pr+q=0$ 的根，取 $k=0$；

(2) 如果 $\alpha+\beta\mathrm{i}$ 是特征方程 $r^2+pr+q=0$ 的单根，取 $k=1$.

将设定的特解代入原方程，通过比较相应系数，就可求得两个 l 次多项式 $R_l^{(1)}(x)$ 及 $R_l^{(2)}(x)$，从而得出特解，但用这种方法计算量往往比较大.

另外，对于方程式(10－35)只需先分别求出方程

$$y''+py'+qy=P_m(x)\mathrm{e}^{\alpha x}\cos\beta x$$

和　$y''+py'+qy=P_n(x)\mathrm{e}^{\alpha x}\sin\beta x$（这两个方程属于类型 2）

的特解 y_1^* 和 y_2^*，由 10.4 中的定理 4 可知，$y_1^*+y_2^*$ 就是方程(10－35)的特解.

例 7　求 $y''+y=x\cos 2x$ 的通解.

解　(1) 先求对应的齐次方程 $y''+y=0$ 的通解，由特征方程

$$r^2+1=0$$

解得特征根为 $r_1=\mathrm{i}$，$r_2=-\mathrm{i}$，所以齐次方程的通解为

$$Y=C_1\cos x+C_2\sin x.$$

(2) 再求原方程的一个特解，因为方程右边为 $x\cos 2x$，是 $x\mathrm{e}^{2\mathrm{i}x}=x(\cos 2x+\mathrm{i}\sin 2x)$ 的实部，为此我们先求方程

$$y''+y=x\mathrm{e}^{2\mathrm{i}x}\tag{10－36}$$

的特解 y^*. 该特解中的实部就是原方程的特解. 因为 $\alpha+\beta\mathrm{i}=2\mathrm{i}$ 不是特征方程 $r^2+1=0$ 的根，所以设方程(10－36)的特解为

$$y^*=(b_0x+b_1)\mathrm{e}^{2\mathrm{i}x},$$

将 y^*,$(y^*)''$代入原方程,消去 e^{2ix}[或记 $Q(x)=b_0x+b_1$,$\lambda=2i$,代入式(10-27)],再化简整理,得

$$4b_0i-3b_0x-3b_1=x,$$

比较等式两端 x 同次幂的系数,得

$$\begin{cases}4b_0i-3b_1=0,\\-3b_0=1,\end{cases}$$

解得 $b_0=-\dfrac{1}{3}$, $b_1=-\dfrac{4}{9}i$. 这样,方程式(10-36)的一个特解为

$$\begin{aligned}y^*&=\left(-\frac{1}{3}x-\frac{4}{9}i\right)e^{2ix}=\left(-\frac{1}{3}x-\frac{4}{9}i\right)(\cos 2x+i\sin 2x)\\&=-\frac{1}{3}x\cos 2x+\frac{4}{9}\sin 2x-i\left(\frac{4}{9}\cos 2x+\frac{1}{3}x\sin 2x\right),\end{aligned}$$

从而得到原方程的一个特解为

$$\tilde{y}=-\frac{1}{3}x\cos 2x+\frac{4}{9}\sin 2x.$$

(3) 原方程的通解为

$$y=C_1\cos x+C_2\sin x-\frac{1}{3}x\cos 2x+\frac{4}{9}\sin 2x,$$

其中 C_1, C_2 为任意常数.

例 8 求微分方程 $y''-4y=x\cos 2x+\sin 2x$ 的一个特解.

解 该方程属于类型 3,$f(x)=x\cos 2x+\sin 2x$ 中 $\alpha=0$,$\beta=2$,$P_m(x)=x$,$P_n(x)=1$. 因为 $\alpha+\beta i=2i$ 不是对应的齐次方程的特征方程 $r^2-4=0$ 的根,所以特解应设为

$$y^*=(a_0x+a_1)\cos 2x+(b_0x+b_1)\sin 2x,$$

求得它的二阶导数为

$$(y^*)''=(4b_0-4a_0x-4a_1)\cos 2x-(4a_0+4b_1+4b_0x)\sin 2x,$$

用 y^*,$(y^*)''$代入原方程,整理得

$$(-8a_0x+4b_0-8a_1)\cos 2x+(-8b_0x-4a_0-8b_1)\sin 2x=x\cos 2x+\sin 2x,$$

比较两端同类项的系数,得

$$\begin{cases}-8a_0=1,\\4b_0-8a_1=0,\\-8b_0=0,\\-4a_0-8b_1=1,\end{cases}$$

由此解得 $$a_0=-\frac{1}{8},a_1=0,b_0=0,b_1=-\frac{1}{16},$$

所以方程的一个特解为

$$y^*=-\frac{1}{8}x\cos 2x-\frac{1}{16}\sin 2x.$$

例 9 求方程 $y''-4y=e^{2x}+x\cos 2x+\sin 2x$ 的通解.

解 (1) 先求对应的齐次方程 $y''-4y=0$ 的通解,由特征方程

$$r^2-4=0$$

解得特征根为 $r_1=2, r_2=-2$,所以齐次方程的通解为

$$Y=C_1\mathrm{e}^{2x}+C_2\mathrm{e}^{-2x}.$$

(2) 再求原方程的一个特解,由 10.4 中定理 4 可知,原方程的一个特解 y^* 是方程

$$y'-4y=\mathrm{e}^{2x} \tag{10-37}$$

和

$$y''-4y=x\cos 2x+\sin 2x \tag{10-38}$$

的特解 y_1^*, y_2^* 的和.

由例 6 可知,方程 $y''-4y=\mathrm{e}^{2x}$ 的一个特解为

$$y_1^*=\frac{1}{4}x\mathrm{e}^{2x}.$$

由例 8 可知,方程 $y''-4y=x\cos 2x+\sin 2x$ 的一个特解为

$$y_1^*=-\frac{1}{8}x\cos 2x-\frac{1}{16}\sin 2x,$$

所以原方程的一个特解为

$$y^*=y_1^*+y_2^*=\frac{1}{4}x\mathrm{e}^{2x}-\frac{1}{8}x\cos 2x-\frac{1}{16}\sin 2x.$$

因此原方程的通解为

$$\begin{aligned} y&=Y+y^* \\ &=C_1\mathrm{e}^{2x}+C_2\mathrm{e}^{-2x}+\frac{1}{4}x\mathrm{e}^{2x}-\frac{1}{8}x\cos 2x-\frac{1}{16}\sin 2x, \end{aligned} \tag{10-39}$$

其中 C_1, C_2 为任意常数.

习题 10.5

1. 求下列微分方程的通解:

(1) $y''+4y'+3y=0$; (2) $y''-3y'=0$; (3) $y''+4y=0$;

(4) $y''+6y'+13y=0$; (5) $4\frac{\mathrm{d}^2x}{\mathrm{d}t^2}-20\frac{\mathrm{d}x}{\mathrm{d}t}+25x=0$; (6) $y''-4y'+5y=0$.

2. 求下列微分方程满足所给初始条件的特解:

(1) $y''-4y'+3y=0$, $y|_{x=0}=6$, $y'|_{x=0}=10$; (2) $y''+2y'+y=0$, $y|_{x=0}=2$, $y'|_{x=0}=0$;

(3) $y''+4y'+29y=0$, $y|_{x=0}=0$, $y'|_{x=0}=15$; (4) $y''+25y=0$, $y|_{x=0}=2$, $y'|_{x=0}=5$.

3. 求下列微分方程的通解:

(1) $2y''+y'-y=2\mathrm{e}^x$; (2) $2y''+5y'=5x^2-2x-1$; (3) $y''+3y'+2y=x\mathrm{e}^{-x}$;

(4) $y''-6y'+9y=(x+1)\mathrm{e}^{3x}$; (5) $y''-2y'+5y=\mathrm{e}^x\sin 2x$; (6) $y''-9y=37\mathrm{e}^{3x}\cos x$;

(7) $y''+4y=x\cos x$; (8) $y''-y=2\mathrm{e}^x-x^2$; (9) $y''+y=\mathrm{e}^x+\cos x$.

4. 求下列微分方程满足已给初始条件的特解:

(1) $y''-3y'+2y=5$, $y|_{x=0}=2$, $y'|_{x=0}=2$; (2) $y''-4y'=5$, $y|_{x=0}=1$, $y'|_{x=0}=0$.

5. 设函数 $\varphi(x)$ 连续,且满足 $\varphi(x)=\mathrm{e}^x+\int_0^x t\varphi(t)\mathrm{d}t-x\int_0^x\varphi(t)\mathrm{d}t$, 求 $\varphi(x)$.

10.6 微分方程的应用举例

在自然科学和工程技术中,许多问题的研究往往归结为求解微分方程的问题. 本节将通

过一些典型问题,阐述微分方程在实际问题中的应用.

应用微分方程解决具体问题的步骤如下:

(1) 分析问题,建立微分方程,并提出初始条件;

(2) 求出此微分方程的通解;

(3) 根据初始条件确定所需的特解.

例 1 单位质量的物体由静止状态下落,假设空气阻力与物体下落速度成正比(比例系数为 k,$k>0$),求速度随时间变化的规律.

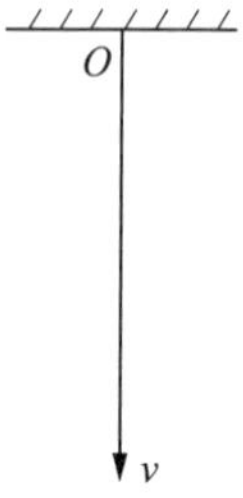

解 建立坐标系(图 10-2),设在时刻 t 时的速度为 $v(t)$. 物体下落时受重力 g(方向与 v 一致)和空气阻力 $-kv$ 的作用,根据牛顿第二定律 $F=ma$,有

$$\frac{\mathrm{d}v}{\mathrm{d}t}=g-kv,$$

初始条件为 $v(0)=0$.

图 10-2

上述方程为可分离变量的微分方程. 分离变量得

$$\frac{\mathrm{d}v}{g-kv}=\mathrm{d}t,$$

两边积分,得

$$\ln(g-kv)=-kt+\ln C,$$

化简,得

$$v=\frac{g}{k}-\frac{C}{k}\mathrm{e}^{-kt}.$$

用初始条件 $v(0)=0$ 代入,得 $C=g$. 所以,速度随时间变化的规律为

$$v(t)=\frac{g}{k}(1-\mathrm{e}^{-kt}).$$

例 2 有一电路如图 10-3 所示,其中电源电动势 $E=E_0\sin\omega t$(E_0,ω 为常量),电阻 R 和电感 L 为常量,在 $t=0$ 时合上开关 S,其时电流为零,求此电路中电流 I 与时间 t 的函数关系式.

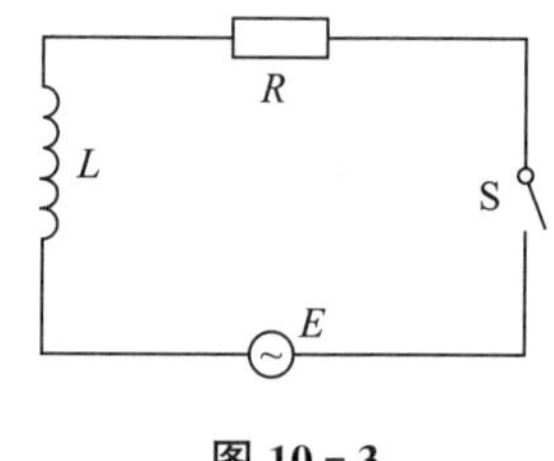

图 10-3

解 根据物理学知识,电感 L 上的感应电动势为 $L\frac{\mathrm{d}I}{\mathrm{d}t}$,则

$$E=RI+L\frac{\mathrm{d}I}{\mathrm{d}t},$$

即

$$\frac{\mathrm{d}I}{\mathrm{d}t}+\frac{R}{L}I=\frac{E_0}{L}\sin\omega t.$$

初始条件为 $I(0)=0$.

上述方程为一阶非齐次线性微分方程. 由通解公式,得

$$\begin{aligned}I(t)&=\mathrm{e}^{-\int\frac{R}{L}\mathrm{d}t}\left(\int\frac{E_0}{L}\sin\omega t\,\mathrm{e}^{\int\frac{R}{L}\mathrm{d}t}\mathrm{d}t+C\right)\\&=\mathrm{e}^{-\frac{R}{L}t}\left(\int\frac{E_0}{L}\sin\omega t\,\mathrm{e}^{\frac{R}{L}t}\mathrm{d}t+C\right)\end{aligned}$$

由于

$$\int\sin\omega t\,\mathrm{e}^{\frac{R}{L}t}\mathrm{d}t=\frac{L}{R^2+L^2\omega^2}\mathrm{e}^{\frac{R}{L}t}(R\sin\omega t-\omega L\cos\omega t),$$

所以通解为 $$I(t)=Ce^{-\frac{R}{L}t}+\frac{E_0}{R^2+L^2\omega^2}(R\sin\omega t-\omega L\cos\omega t).$$

将初始条件 $I(0)=0$ 代入上式，得 $C=\dfrac{E_0\omega L}{R^2+\omega^2L^2}$，于是此电路中电流 I 与时间 t 的函数关系式为

$$I(t)=\frac{E_0}{R^2+L^2\omega^2}(\omega L\mathrm{e}^{-\frac{R}{L}t}+R\sin\omega t-\omega L\cos\omega t)\quad(t\geqslant 0).$$

例 3 设一容器内有 100L 盐水，其中含盐 50g. 现以 3L/min 的速度向容器注入浓度为 2g/L 的盐水，假定注入的盐水与原有盐水因搅拌而迅速成为均匀的混合液，且混合液又以 2L/min 的速度从容器中流出. 求容器内盐量 x 与时间 t 的函数关系.

解 设 t 时刻容器中盐的含量为 $x(t)$，那么浓度为 $\dfrac{x}{100+(3-2)t}$. 在 t 到 $t+\mathrm{d}t$ 这段时间内，容器中盐量的改变量为

$$\begin{aligned}\mathrm{d}x&=\text{盐的注入量}-\text{盐的流出量}\\&=\text{注入速度}\times\text{时间}\times\text{注入盐水浓度}-\text{流出速度}\times\text{时间}\times\text{流出盐水浓度}\\&=3\times\mathrm{d}t\times2-2\times\mathrm{d}t\times\frac{x}{100+t}.\end{aligned}$$

于是有 $$\frac{\mathrm{d}x}{\mathrm{d}t}+\frac{2x}{100+t}=6,$$

初始条件为 $x(0)=50$.

所得方程为一阶非齐次线性微分方程. 由通解公式，得

$$\begin{aligned}x&=\mathrm{e}^{-\int\frac{2}{100+t}\mathrm{d}t}\left(\int 6\mathrm{e}^{\int\frac{2}{100+t}\mathrm{d}t}+C\right)\\&=\mathrm{e}^{-2\ln(100+t)}\left(\int 6\ \mathrm{e}^{2\ln(100+t)}\mathrm{d}t+C\right)\\&=\frac{1}{(100+t)^2}[2(100+t)^3+C],\end{aligned}$$

即通解为 $$x=\frac{1}{(100+t)^2}[2(100+t)^3+C].$$

将初始条件 $x(0)=50$ 代入上式，得 $C=-1\ 500\ 000$，于是容器内盐量 x 与时间 t 的函数关系为

$$x=2(100+t)-\frac{1\ 500\ 000}{(100+t)^2}.$$

例 4(新产品推广模型) 设某产品的销售量 $x(t)$ 是时间 t 的可导函数，如果该产品的销售量对时间的增长速率 $\dfrac{\mathrm{d}x}{\mathrm{d}t}$ 与销售量 $x(t)$ 及销售量接近于饱和水平的程度 $N-x(t)$ 之积成正比(N 为饱和水平，比例常数为 $k>0$)，且当 $t=0$ 时，$x=\dfrac{1}{4}N$. 求销售量与时间 t 之间的函数关系式 $x(t)$.

解 由题意可建立如下的微分方程

$$\frac{\mathrm{d}x}{\mathrm{d}t}=kx(N-x)\quad(k>0),$$

初始条件为 $x(0)=\dfrac{1}{4}N$.

所得方程为可分离变量的微分方程,分离变量得

$$\frac{dx}{x(N-x)}=kdt,$$

两端积分,得

$$\frac{x}{N-x}=Ce^{Nkt}.$$

从中解出 $x(t)$,得方程的通解为

$$x(t)=\frac{NCe^{Nkt}}{Ce^{Nkt}+1}.$$

将初始条件 $x(0)=\frac{1}{4}N$ 代入,得 $C=\frac{1}{3}$. 于是销售量与时间 t 之间的函数关系式 $x(t)$ 为

$$x(t)=\frac{N}{1+3e^{-Nkt}}.$$

习惯上把

$$\frac{dx}{dt}=kx(N-x)\quad(k>0)$$

称为 **Logistic 方程**,该方程的解曲线 $x(t)=\frac{N}{1+Be^{-Nkt}}$ 称为 **Logistic 曲线**. 在经济学、生物学等中常遇到这样的变化规律.

例 5 设有一弹簧,上端固定,下端挂一个质量为 m 的重物,平衡位置为 O 点(图 10-4),如果将重物向下拉开,距离为 s,然后放开让它自由振动(重物做上下振动),求重物离开原点的位移 x 与时间 t 的函数关系.

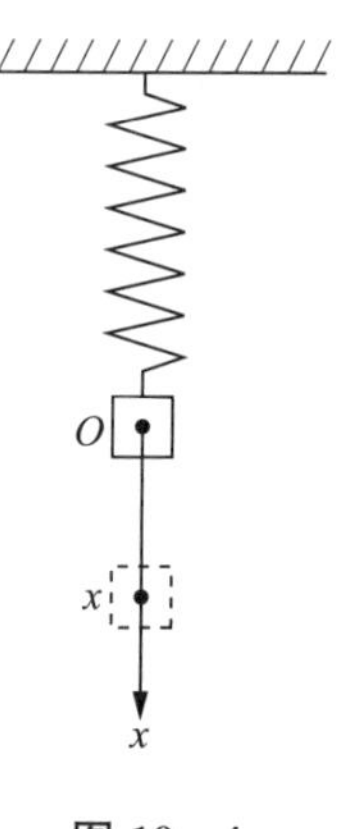

图 10-4

解 设重物在时刻 t 时离开原点的位移为 $x(t)$,由物理学知识知道,此时重物所受的力有弹性恢复力 $f=-Cx$,其中 $C(C>0)$ 为弹簧的弹性系数,负号表示恢复力与位移方向相反,另外还受到介质(空气)的阻力. 由实验知道,阻力的大小与重物运动的速度 $v=\frac{dx}{dt}$ 成正比,即阻力 $R=-\mu v$,其中 $\mu(\mu>0)$ 为比例系数,负号表示阻力与物体的运动方向相反.

根据牛顿第二定律,得下列二阶微分方程

$$m\frac{d^2x}{dt^2}=-Cx-\mu\frac{dx}{dt},$$

令 $2l=\frac{\mu}{m}$, $k^2=\frac{C}{m}(k>0)$,上式可写成

$$\frac{d^2x}{dt^2}+2l\frac{dx}{dt}+k^2x=0,\tag{10-40}$$

初始条件为 $x(0)=s$, $x'(0)=0$.

方程(10-40)称为有阻尼自由振动微分方程,若不考虑空气阻力,方程(10-40)成为

$$\frac{d^2x}{dt^2}+k^2x=0,$$

此方程称为无阻尼振动微分方程.

下面我们对有阻尼微分方程(10-40)进行讨论,来求重物的运动规律.

方程(10-40)是一个二阶常系数齐次微分方程,特征方程为 $r^2+2lr+k^2=0$,两个特征

根为

$$r_{1,2}=-l\pm\sqrt{l^2-k^2}.$$

下面对 l 与 k 分三种情况来讨论.

(1) $l<k$(小阻尼情况),这时特征方程有一对共轭复数根.若记 $\omega=\sqrt{k^2-l^2}$,则 $r_{1,2}=-l\pm\omega\mathrm{i}$,方程的通解为

$$\begin{aligned}x&=\mathrm{e}^{-lt}(C_1\cos\omega t+C_2\sin\omega t)\\&=A\mathrm{e}^{-lt}\sin(\omega t+\varphi),\end{aligned}$$

其中 A,φ 为常数,可由初始条件确定.这时重物的运动是往复的,但振幅 $A\mathrm{e}^{-lt}$ 随着时间 t 的增大而不断减小,最后重物趋于平衡位置(图 10-5).

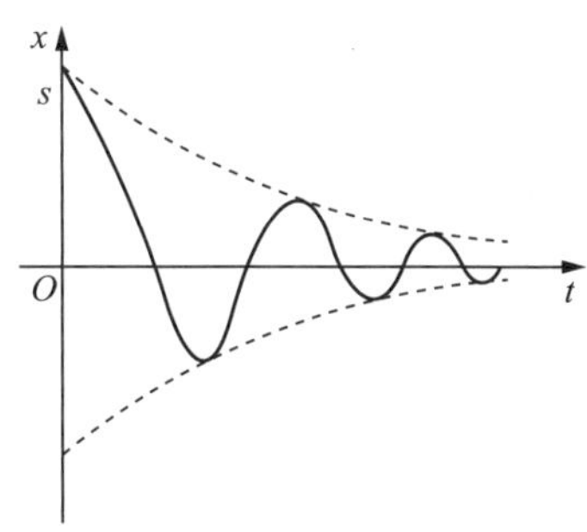

图 10-5

(2) $l>k$(大阻尼情况),这时特征方程有两个不相等的实根

$$r_1=-l+\sqrt{l^2-k^2},r_2=-l-\sqrt{l^2-k^2},$$

所以方程的通解为

$$x=C_1\mathrm{e}^{r_1t}+C_2\mathrm{e}^{r_2t},$$

其中 C_1,C_2 为常数,可由初始条件确定.由于 r_1,r_2 都是负数,所以 $t\to+\infty$时,$x\to0$,即重物随时间 t 的增大而趋于平衡位置.

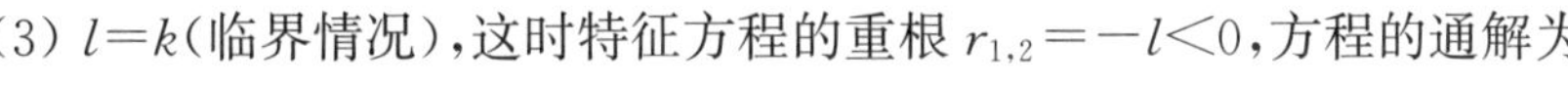

(3) $l=k$(临界情况),这时特征方程的重根 $r_{1,2}=-l<0$,方程的通解为

$$x=(C_1+C_2t)\mathrm{e}^{-lt}.$$

这时与第二种情况类似,重物不发生周期性往复运动,重物随时间 t 的增大而趋于平衡位置.

习题 10.6

1. 求一曲线的方程,它在点(x,y)处的切线斜率为 $x+y$,且曲线经过原点.

2. 镭的衰变有如下规律:镭的衰变速度与它的现存量成正比.由经验材料得知,镭经过 1 600 年后,只剩下原始量 R_0 的一半,试求镭量与时间 t 的函数关系.

3. 质量为 m 的物体由静止状态下落,假设空气阻力与物体下落速度的平方成正比(比例系数为 $k,k>0$),求速度随时间变化的规律.

4. 设一车间容积为 10 800m^3,开始时空气中 CO_2 的浓度为 0.12%,为降低 CO_2 的含量,用一台风量为 1 500m^3/min的鼓风机通入 CO_2 浓度为 0.04%的新鲜空气,假定通入的新鲜空气与车间内原有的空气能极快混合均匀,并以相同的风量排出,求车间中 CO_2 的含量与鼓风机开动的时间的函数关系,并求鼓风机开动 10min 后车间中 CO_2 的浓度.

5. 质量为 25g 的物体固定在弹簧一端,先将物体拉到与平衡位置相距 4cm 的地方,然后放手让物体做无阻尼自由振动.已知弹性系数 $k=400$dyn/cm,求物体的位移函数.

总习题十

1. 填空题.

(1) 微分方程 $\mathrm{d}y=y\mathrm{d}x$ 满足初始条件 $y|_{x=0}=2$ 的特解是__________.

(2) 一阶微分方程 $x^2y'-3xy-2y^2=0$ 的通解为__________.

(3) 二阶微分方程 $y''=3\sqrt{y}$满足初始条件 $y(0)=1,y'(0)=2$ 的特解为____________.

(4) 若 $y_1(x),y_2(x)$都是方程 $y''+p(x)y'+q(x)y=f(x)$的解,则 a,b 满足____________时,$ay_1(x)+by_2(x)$也是上述方程的解.

(5) 已知 $y_1=e^{-x}\cos 2x,y_2=e^{-x}\sin 2x$ 是方程 $y''+py'+qy=0$ 的两个解,则 $p=$______,$q=$______.

2. 选择题.

(1) 微分方程 $y'+\frac{y}{x}=\frac{1}{x(x^2+1)}$ 的通解是(　　).

(A) $y=\arctan x+C$　　(B) $y=\frac{1}{x}(\arctan x+C)$

(C) $y=\frac{1}{x}\arctan x+C$　　(D) $y=\arctan x+\frac{C}{x}$

(2) 微分方程 $y\ln x\mathrm{d}x=x\ln y\mathrm{d}y$ 满足 $y(1)=1$ 的特解是(　　).

(A) $\ln^2 x+\ln^2 y=0$　　(B) $\ln^2 x+\ln^2 y=1$

(C) $\ln^2 x=\ln^2 y$　　(D) $\ln^2 x=\ln^2 y+1$

(3) 设 C_1,C_2,C 是任意常数,则下列的函数哪一个是微分方程 $yy''\ \ 2(y')^2-0$ 的通解(　　).

(A) $y=\frac{1}{C_1-x}$　　(B) $y=\frac{C_1}{1-C_2x}$　　(C) $y=\frac{1}{C_1-C_2x}$　　(D) $y=\frac{1}{C+C_1x+C_2x^2}$

(4) 已知 $y=\frac{x}{\ln x}$是微分方程 $y'=\frac{y}{x}+\varphi\left(\frac{y}{x}\right)$的解,则 $\varphi\left(\frac{y}{x}\right)$的表示式为(　　).

(A) $-\frac{y^2}{x^2}$　　(B) $\frac{y^2}{x^2}$　　(C) $-\frac{x^2}{y^2}$　　(D) $\frac{x^2}{y^2}$

(5) 已知 $y_0(x)$是微分方程 $y'+P(x)y=Q(x)$的一个特解,C 是任意常数,则此方程的通解可表示为(　　).

(A) $y=y_0+e^{-\int P(x)\mathrm{d}x}$　　(B) $y=y_0+Ce^{-\int P(x)\mathrm{d}x}$

(C) $y=y_0+e^{-\int P(x)\mathrm{d}x}+C$　　(D) $y=y_0+e^{\int P(x)\mathrm{d}x}$

(6) 设 A,B 为待定常数,那么微分方程 $y''-4y=e^{2x}+10$ 的一个特解的表示形式为(　　).

(A) $y=Ae^{2x}+B$　(B) $y=Axe^{2x}+B$　(C) $y=Ae^{2x}+Bx$　(D) $y=(Ax+B)e^{2x}$

(7) 设 A,B,a,b,c 都为待定常数,那么微分方程 $y''+y=x^2-x+10+\sin x$的一个特解的表示形式可设为(　　).

(A) $y=ax^2+bx+c+A\sin x+b\cos x$　　(B) $y=x(ax^2+bx+c+A\sin x+b\cos x)$

(C) $y=ax^2+bx+c+Ax\sin x$　　(D) $y=ax^2+bx+c+Bx\cos x$

(8) 设 y_1,y_2,y_3 是微分方程 $y''+py'+qy=f(x)$的线性无关的解,C_1,C_2 是两个任意常数,则此方程的通解为(　　).

(A) $y=C_1y_1+C_2y_2+y_3$　　(B) $y=C_1(y_1-y_2)+C_2(y_3-y_2)+y_3$

(C) $y=C_1y_1+C_2y_2+y_1-y_3$　　(D) $y=C_1y_1+C_2y_2+y_2-y_3$

(9) 若连续函数 $f(x)$满足关系式 $f(x)=\int_0^{2x}f\left(\frac{t}{2}\right)\mathrm{d}t+\ln 2$,则 $f(x)$等于(　　).

(A) $e^x\ln 2$　　(B) $e^{2x}\ln 2$　　(C) $e^x+\ln 2$　　(D) $e^{2x}+\ln 2$

(10) 微分方程$\frac{\mathrm{d}y}{\mathrm{d}x}=1-x+y^2-xy^2$ 满足初始条件 $y\Big|_{x=0}=1$ 的特解为 $y=$(　　).

(A) $\tan\left(x-\frac{x^2}{2}+\frac{\pi}{4}\right)$　　(B) $\cot\left(x-\frac{x^2}{2}+\frac{\pi}{4}\right)$

(C) $\tan\left(x-\frac{x^2}{2}\right)+\frac{\pi}{4}$　　(D) $x-\tan\left(\frac{x^2}{2}-\frac{\pi}{4}\right)$

3. 求下列微分方程的通解：

(1) $\frac{\mathrm{d}y}{\mathrm{d}x}=\frac{2}{x+y}$；　　(2) $xy'=y\ln x+y\ln y-y$；

(3) $\frac{\mathrm{d}y}{\mathrm{d}x}+xy-x^3y^3=0$；　　(4) $y''-y'=\mathrm{e}^x+\sin^2 x$.

4. 求下列微分方程满足初始条件下的特解：

(1) $(y-xy^3)\mathrm{d}x+x\mathrm{d}y=0$，$y\big|_{x=1}=1$；　　(2) $y''-2y'-\mathrm{e}^{2x}=0$，$y(0)=1$，$y'(0)=1$；

(3) $y''+4y=\sin x\cos x$，$y(0)=0$，$y'(0)=0$.

5. 设 y_1，y_2 是线性方程 $y'+p(x)y=q(x)$的两个不同的特解.

(1) 证明：$y=y_1+c(y_1-y_2)$是方程的通解；　　(2) 问：$\alpha y_1+\beta y_2$ 是否为方程的解？(α, β 是常数)

(3) 证明：若 y_3 是异于 y_1，y_2 的解，则$\frac{y_2-y_1}{y_3-y_1}$为一个常数.

6. (社会扩散模型)社会学家有时用“社会扩散”这个短语来描述信息在人群中的传播.此处指的信息可以是谣言、一种文化时尚或一条技术创新的新闻等.在一个充分大的人群中，持有这一信息的人数设为 x，是处理时间 t(单位：日)的可微函数，假定扩散的速度$\frac{\mathrm{d}x}{\mathrm{d}t}$与持有这一信息的人数和没有这一信息的人数的乘积成正比，N 表示人群的总人数.

(1) 试建立该模型的微分方程$\left(\text{设比例常数为}\frac{1}{250}\right)$；

(2) 如果刚开始时只有 2 人知道这一信息，总人数 $N=1\,000$，求出函数$x(t)$；

(3) 何时一半的人群知道这一信息(此时信息传播最快)？

7. 一电动机运转后每分钟温度上升 10℃，设室内温度恒为 15℃，电动机温度升高后冷却速度和电动机与室内温差成正比(比例系数为 k，$k>0$)，求电动机温度与时间的关系 $T(t)$.

8. 在 $R-L-C$ 含电源电路中，电动势为 E 的电源对电容器 C 充电，已知 $E=20$ V，$C=0.2\times10^{-6}$ F，$L=0.1$ H，$R=1\,000\ \Omega$，试求合上开关 K 后的电流 $I(t)$的关系式.

数学趣闻

附录 习题参考答案与提示

习题 1.1

1. 写法对的有：$1\in A$； $0\notin B$； $\{1\}\subset A$； $\{0\}\subset A$； $A\supset B$； $\varnothing\subset A$； $A\subset A$.

2. (1) $A\cup B=\{1, 2, 3, 5\}$； (2) $A\cap B=\{1, 3\}$； (3) $A\cup B\cup C=\{1, 2, 3, 4, 5, 6\}$；
(4) $A\cap B\cap C=\varnothing$； (5) $A\setminus B=\{2\}$.

3. (1) $[-3,3]$；(2) $[1,3]$；(3) $(a-\varepsilon,a+\varepsilon)$；(4) $(-\infty,-5]\cup[5,+\infty)$；(5) $(-\infty,-3)\cup(1,+\infty)$；
(6) $(-1, 1)\cup(3, 5)$.

习题 1.2

1. 都不相同.

2. (1) $[2, 3)\cup(3, 5)$； (2) $[-2, 0)$； (3) $[1-\mathrm{e}^2, 0)\cup(0, 1-\mathrm{e}^{-2}]$； (4) $(-\infty, -1]\cup[1, +\infty)$；
(5) $[1, 4]$； (6) $(-\infty, +\infty)$.

3. (1) $(-4, 4)$； (2) $(-\infty, +\infty)$.

4. $f(0)=1$； $f(1)=-1$； $f(-1.5)=3.25$； $f(1+h)-f(1)=\begin{cases}-2h, & -2\leqslant h\leqslant 0,\\ h^2+2h+3, & h>0 \text{ 或 } h<-2.\end{cases}$

5. (1) $y=\dfrac{1}{2}x-\dfrac{1}{2}$； (2) $y=\dfrac{x+2}{x-1}$； (3) $y=\sqrt[3]{x-2}$； (4) $y=\mathrm{e}^{x-1}-2$.

习题 1.3

1. (1) 偶函数； (2) 奇函数； (3) 奇函数； (4) 奇函数； (5) 非奇非偶函数； (6) 偶函数.

2. (1) 周期函数，周期 $T=\pi$； (2) 非周期函数； (3) 周期函数，周期 $T=\dfrac{\pi}{2}$.

3. (1) 当 $a>0$ 时，在$(-\infty, +\infty)$内单调增加，当 $a<0$ 时，在$(-\infty, +\infty)$内单调减少；
(2) 在$[0, 2]$上单调增加，在$[2, 4]$上单调减少；
(3) 在$(-\infty, -1)$和$(1, +\infty)$上单调增加，在$(-1, 0)$和$(0, 1)$上单调减少.

4. (1) 有界函数； (2) 有界函数； (3) 无界函数.

习题 1.4

1. 略.

2. (1) 可以； (2) 不可以； (3) 可以.

3. (1) $y=\sqrt{u}$, $u=2-x^2$； (2) $y=\ln u$, $u=\sqrt{v}$, $v=1+x$； (3) $y=u^2$, $u=\sin v$, $v=1+2x$；
(4) $y=u^3$, $u=\arcsin v$, $v=1-x^2$； (5) $y=\mathrm{e}^u$, $u=v^3$, $v=\cos x$； (6) $y=\ln u$, $u=\tan v$, $v=\dfrac{x}{2}$.

4. $f[\varphi(x)]=\sin^3 2x-\sin 2x$； $\varphi[f(x)]=\sin 2(x^3-x)$.

习题 1.5

1. $y=\begin{cases}0.15x, & 0\leqslant x<50,\\ 7.5+0.25(x-50), & x\geqslant 50.\end{cases}$

2. $V=\pi x\left(r^2-\dfrac{1}{4}x^2\right), x\in(0,2r)$.

3. $R(x)=\begin{cases}250x, & 0\leqslant x\leqslant 600,\\ 230x+12\,000, & 600<x\leqslant 800,\\ 196\,000, & x>800.\end{cases}$